LE LIVRE
DU CHEVAL

Pur-Sang, Demi-Sang

Cheval de Trait, de Selle et de Harnais
Anglais et Etranger
Avec des Conseils sur l'Equitation
L'Aménagement d'une Ecurie
L'Elevage — le Dressage — l'Entrainement
POUR
LE VOYAGE, LA PROMENADE, LA CHASSE

Par S. SIDNEY

Directeur de l'Exposition des Chevaux au Palais Agricole
Auteur des " Galops et Bavadarges ", etc., etc.

Traduit par
Le Comte René de BEAUMONT

PARIS

PAIRAULT & Cⁱᵉ IMPRIMEURS-ÉDITEURS
3, Passage Nollet, 3

M.D.CCC.XCII

NOTE DU TRADUCTEUR.

En traduisant cet ouvrage, j'ai eu pour but de présenter sous sa forme un travail sérieux, entrepris et mené à bonne fin par un auteur anglais. Aussi, me suis-je efforcé de lui conserver toujours son caractère propre et particulier. J'ai laissé presque toujours les phrases dans leur sens littéral, en sacrifiant quelquefois à la tournure française. Mais j'ai l'espoir que les personnes qui sont quelque peu versées dans les choses du sport m'en sauront gré. Cet ouvrage important a, d'un bout à l'autre, un cachet spécial et bien personnel. Le dénaturer en faisant une traduction fantaisiste, aurait été contre mon but, qui est de faire profiter les lecteurs, auxquels la langue anglaise n'est pas familière, des conseils et des avis d'un expert d'outre-Manche.

Aussi j'ai suivi, le plus possible, le texte, l'avouerai-je, au détriment peut-être de la langue française; mais, je le répète encore, je voulais laisser à cette œuvre son cachet particulier. C'est une des raisons qui m'ont fait adopter les mesures anglaises dans le texte. Il suffira, au Lecteur, de se rappeler que, pour les mesures, un "mille" anglais équivaut à (1,609 mètres environ), un "furlong" à 201^m,16 environ. Quant aux mesures en hauteur, je les ai également laissées en mesures anglaises, prenant les termes "hand", "pouce" dans leur acceptation anglaise. Il sera facile de déterminer la hauteur d'un cheval exprimée en termes anglais, quand on saura que une "hand", que j'ai traduit indifféremment par "main" ou par "palme", équivaut à quatre pouces anglais et le pouce anglais a 0^m,025 millimètres environ. De même, j'ai laissé souvent, dans le texte, le terme "poney" qui n'implique pas toujours l'idée d'un diminutif de cheval. Mais j'ai tenu à laisser l'expression de l'auteur, qui voulait mentionner des chevaux ayant quelquefois plus de 1^m,50 cent. de haut.

Le Lecteur me pardonnera en se rappelant que j'ai voulu seulement faire connaître davantage, un travail intéressant, sérieusement fait. Bien des ouvrages sur les chevaux ont été offerts à l'examen du Lecteur. Dans tous il y a pour l'homme désireux d'acquérir des connaissances pratiques, de bons conseils à prendre et à retenir. Je serais heureux si j'ai réussi à présenter, sous un jour moins connu, les conseils et les avis d'un connaisseur et d'un expert, qui a fait autorité en la matière, et de répandre ses appréciations, parmi lesquelles chacun pourra encore glaner ce qui lui convient pour le genre de sport auquel il s'adonne.

Mon intention est de faire connaître dans un autre volume, qui sera la continuation de celui-ci, tout ce qui se rapporte à la chasse à courre, sujet traité de main de maître par un praticien émérite, qui a recueilli tous les faits anciens et modernes, pouvant intéresser ceux qui se servent du cheval et qui n'ont pas de plus grand plaisir que de monter derrière les chiens.

COMTE RENÉ DE BEAUMONT.

LE

LIVRE DU CHEVAL

INTRODUCTION

L'Angleterre, qui comprend comme de raison sous cette dénomination géographique l'Irlande, le pays de Galles et l'Écosse, est le lieu d'origine et d'élevage des meilleurs chevaux du monde. Les Anglais, ont inventé, s'il est permis d'employer ainsi ce mot de mécanique, le cheval de pur sang qui réunit en y ajoutant la taille, le train et la puissance, tout le feu, le courage et la qualité de ses ancêtres d'Orient, l'arabe et le barbe. Le cheval de pur sang anglais est reconnu universellement comme le seul fondateur des races si variées d'Europe et d'Amérique. Nous en excepterons cependant les chevaux de trait pour les gros travaux. Et toutefois le cheval de trait anglais a été amené à la perfection au moyen des premiers sujets qui ont été employés à la création de l'incomparable cheval de course.

En ce moment, il n'y a peut être pas un état de l'Europe

continentale dans lequel les formes du cheval de selle et du cheval de harnais léger n'aient été modifiées par des croisements avec le sang anglais. Les importations des éleveurs particuliers et celles des directeurs des écuries royales et nationales qui ont eu leur début de suite après la fin des grandes guerres de 1815, ont été continuées depuis avec un soin et une vigueur qui ont toujours été en augmentant. Les premières expériences de sujets anglais furent faites au milieu du xviiie siècle dans ces anciens lieux où, au moyen-âge, on élevait les chevaux de bataille : le Mecklembourg et le Hanovre. Durant la longue période de paix qui suivit Waterloo, les mérites du cheval de pur sang gagnèrent les suffrages des peuples qui détestaient tout ce qui était anglais Et maintenant dans les haras du gouvernement en France, dans les nombreux royaumes et principautés qui forment la partie nord de l'empire d'Allemagne, dans les possessions allemandes de l'Empereur d'Autriche, aussi bien que dans son royaume de prédilection pour les chevaux, la Hongrie, dans le nouveau royaume formé des états d'Italie, et dans les écuries de l'Empereur de toutes les Russies, le cheval de pur sang anglais tient la première place. On peut affirmer que dans les grandes revues du Continent où des empereurs, des rois, des ducs régnants et de fameux chefs militaires sont vus à cheval entourés de leurs brillants états-majors, neuf sur dix des chevaux montés par les personnages les plus remarquables ont été élevés en Angleterre ou sont issus directement de chevaux anglais.

Les meilleurs chevaux des États-Unis descendent directement de pur sang anglais avec un léger mélange d'arabes et de barbes. Les gens expérimentés de la grande république Anglo-Saxonne font remonter les généalogies de leurs meilleurs trotteurs (la spécialité de l'élevage américain) à Messager, étalon de pur sang importé, le fils de Grey Mambrino qui avait été élevé par Lord Grosvenor et peint par le célèbre George Stubbs, en 1724 environ.

La raison de l'énorme succès des Anglais comme éleveurs,

comme fabricants pour ainsi dire d'une nouvelle race de chevaux de pur sang, a son principe, non seulement dans la
condition favorable du sol et du climat, mais aussi dans le
goût excessif qu'a le peuple anglais pour la vie de campagne,
et dans cette passion universelle pour tout ce qui a rapport aux
chevaux.

Dans aucune autre contrée civilisée, on ne trouve autant
d'hommes, de femmes et d'enfants, en proportion avec la population, qui aiment à monter à cheval ou à conduire Nos hommes de cheval ne se trouvent pas seulement dans une classe
privilégiée ou dans la carrière militaire ou dans un petit
groupe des dix mille personnes qui suivent la mode. Monter à
cheval et conduire sont les plaisirs essentiellement nationaux
des Anglais. En affirmant cette chose, nous ne voulons en
aucune façon faire entrer en ligne de comparaison ces habitants mi-nomades de contrées où un cheval est aussi nécessaire dans la vie qu'une paire d'échasses dans les Landes
françaises ou une paire de patins dans les forêts du Canada, ni
les habitants des grandes prairies d'élevage de l'Amérique du
Sud où les hommes sont de vrais Centaures, où l'on voit un
tout jeune enfant à cheval conduisant un troupeau, portant
un enfant plus jeune que lui sur le pommeau de sa selle pendant qu'il galope sur les pampas unies; ni les familles semi-
orientales de bergers des pâturages de Pologne et de Hongrie,
lieux d'origine des lanciers polonais et des hussards hongrois
si connus dans le monde.

Nous ne voulons pas, toutefois, prétendre que les bons cavaliers et les bons cochers se trouvent seulement en Angleterre. C'était l'erreur vulgaire d'une ancienne génération qui
voyageait rarement, qui ne parlait que sa propre langue, pour
qui tout étranger etait Français, et qui se faisait une idée des
Français d'après les caricatures de Gilray.

En Crimée, nos hommes ont appris à respecter les chasseurs
d'Afrique qui chargèrent les batteries Russes à Balaclava pour
sauver les Anglais, leurs alliés. Les faits de la cavalerie allemande sont encore vivants dans notre mémoire. Pour nous,

nous avons vu des Russes et des Autrichiens, des Hanovriens et des Hongrois monter dans une contrée très difficile, d'une manière et avec une audace qui n'auraient pas été déplacées chez nos meilleurs officiers dans les steeple-chases militaires de Windsor et de Rugby. Et il faut remarquer que ces messieurs n'avaient pas comme nous, dans nos pays de chasse, un terrain de préparation toujours ouvert devant eux depuis leur plus tendre enfance.

De plus, les cochers anglais sont très bons dans leur besogne, propres, fermes, rapides, impassibles, peu démonstratifs et entreprenants, caractères de leur nation. Mais les qualités d'un cocher utile sont de mener avec assurance et vitesse dans un pays difficile. Les Russes, les Autrichiens, les Hongrois et les Allemands du Nord ont une race de Jehus (juifs) cochers excellents dans leur genre, tandis que de l'autre côté de l'Atlantique, les conducteurs de landaus ou d'attelages à quatre, sur leurs routes à moitié faites seulement de la Californie, ont surpris nos meilleurs cochers par leur audace et leur allure.

C'est cette passion universellement répandue pour le cheval et pour l'exercice du cheval qui est si remarquable dans la société anglaise, et c'est elle qui contraste si vivement avec les habitudes du continent où un cheval, s'il ne rapporte pas de l'argent ou s'il n'est pas employé pour le service militaire, est considéré plutôt comme un objet de luxe et une manière d'employer sa fortune que comme un instrument d'exercice salutaire à la santé.

M. Taine lui-même, dans ses Essais sur l'Angleterre, les meilleurs et les plus vrais faits par un étranger, bien qu'admirant beaucoup notre goût pour les chevaux, bien que lui attribuant toutes sortes de vertus auxquelles nous n'avions jamais songé, par exemple le caractère vigoureux de la classe aisée, la chasteté de nos riches et jolies épouses, ne peut pas comprendre comment une mère de famille, forte, entre deux âges, peut se montrer revêtue du costume disgracieux d'amazone. Il ne peut pas, en effet, et cela se voit d'après la description suivante de Rotten Row, s'empêcher de regarder l'exercice du cheval comme une chose romanesque, réservée seulement aux hommes vigoureux et aux femmes élégantes :

« Vers deux heures, la grande allée est un manège. Il y a
« dix fois plus d'hommes à cheval et vingt fois plus d'ama-
« zones qu'au bois de Boulogne dans les grands jours; de toutes
« petites filles, des garçons de huit ans, sont à côté de leur
« père sur leurs ponies : j'ai vu trotter des matrones larges et
« dignes. C'est là un de leurs luxes. Par exemple, dans une
« famille de trois personnes à qui je viens de faire visite, il y
« a trois chevaux. La mère et la fille viennent tous les jours
« galoper au parc; souvent même elles font leurs visites à che-
« val ; elles économisent sur d'autres points : sur le théâtre,
« par exemple. Ce grand mouvement paraît indispensable à la
« santé. Les jeunes filles, les dames viennent ici, même par la
« pluie. »

La première idée d'un Anglais qui réussit dans ses affaires est, ou de monter à cheval, ou de donner une voiture à sa femme, ou bien de faire les deux. Ce n'est pas seulement les personnes vigoureuses, jeunes, les membres des familles nobles ou les sujets élégants de la société, les officiers des régiments de cavalerie ou les fils de millionnaires, financiers et banquiers, que l'on rencontre dans le row ; on y voit des juges âgés, des évêques remplis de dignité avec leurs filles; des banquiers sur des cobs de prix, des ingénieurs, des mem-bres du conseil de la Reine, des commerçants, des agioteurs, des marchands de grains de Mark-Lane, des courtiers en in-digo de Mincing-Lane, des représentants de toute classe qui peut jouir d'une heure de repos et avoir un cheval en sa pos-session. Le matin de bonne heure ce sont des enfants, ceux qui exercent une profession, et des employés du gouverne-ment. A midi les dames forment la majorité des personnes civiles qui montent à cheval. En un mot, les chevaux pour un usage ou pour un autre, toute question de mode mise de côté, emploient une grande partie de la vie d'une famille anglaise qui fait les choses comme il faut, et sont souvent regardés comme un moyen indispensable de conserver la santé et de prendre de l'exercice ou de se transporter rapidement, même par celui qui n'a pas de fortune. L'homme vraiment riche — quelquefois cela lui est arrivé tout à coup — désire que des écuries et leurs dépendances soient complètes et irréprochables; pour celui qui a peu de ressources le but est de tenir son écurie et sa remise avec le moins de frais possible. Tous les deux ont besoin d'avis et d'informations détaillés, clairs et pratiques. C'est pour ceux-là (un nombre croissant de mes voisins et voisines de campagne qui veulent monter ou conduire ou être conduits) que cet ouvrage, très long à préparer, a été écrit avec le concours d'hommes célèbres à la chasse et ailleurs : cochers, hommes de chevaux et éleveurs des meilleures espèces, pour lesquels tout ce qui a rappport au cheval est « aussi familier dans leur bouche que ce qui regarde le menage. »

Dans ce but, j'ai entrepris de commencer par le commencement, de ne rien admettre sans examen et d'enseigner l'A, B, C, de chacun des sujets de mon programme. J'aurai quelque chose, mais peu à dire à ceux qui ont vu s'ouvrir en même temps les portes de l'écurie et les portes de l'école; qui ont grandi de l'enfance à l'adolescence et de l'adolescence à la maturité en pouvant choisir leurs chevaux de selle dans tous les degrés de la taille et du service, depuis le poney de famille jusqu'au cheval de chasse de pur sang ou le hack de promenade sous les soins et les instructions des vieux chasseurs ou des hommes d'écurie élevés dans les pâturages du Yorkshire, qui ont commencé à apprendre les mystères du fouet et des rênes avec quelque vétéran cocher de famille et qui ont gravi tous les degrés du menage, commençant par le panier pour le poney pour continuer par le phaéton et le landau et arrivant au sommet que couronne le drag à quatre dont on a fait dernièrement revivre l'ancienne gloire. Mais j'écris plus spécialement pour renseigner une autre classe plus nombreuse : ceux à qui la ville a apporté la fortune avec le désir de jouir et de faire jouir leur famille des plaisirs, des exercices salutaires que les chevaux, les voitures et les chasses peuvent apporter.

Il est parfaitement certain qu'aucun livre sans la pratique ne peut apprendre au lecteur à monter ou à conduire, à choisir ou à élever des chevaux, à les nourrir, à les entraîner, à les traiter à l'écurie, à se procurer des voitures, une sellerie ou des harnais. Les arts pratiques ne peuvent être enseignés que par l'expérience de la pratique. Cependant des livres sur la pêche, le poulailler, le jardinage et la cuisine qui renferment les observations dues à l'expérience de beaucoup de pêcheurs, d'éleveurs de volailles, de jardiniers et de cuisiniers, — si les écrivains comprennent leur sujet et prennent la peine de donner des détails minutieux — peuvent avoir une grande valeur auprès des dames et des messieurs qui désirent ne pas être tout à fait à la merci de leurs fournisseurs et de leurs domestiques et qui préfèrent, quand ils le peuvent, vaincre un principe au lieu d'accepter une " règle de pouce ".

Par suite de ce qui précède, un livre enseignant tout ce qui a rapport au cheval devrait commencer son histoire avec les mythes rappelés dans les bas-reliefs des monuments Egyptiens, le livre de Job, les poèmes d'Homère, les traités de Xénophon et continuer en recherchant dans tout ce qui a été écrit en anglais depuis Chancer jusqu'à Shakespeare, depuis Shakespeare jusqu'à Gervase Markham, sans oublier les annales de Newmarket, les histoires souvent répétées de Flyng-Childers et d'Eclipse, les longs extraits des ouvrages continuellement feuilletés de Nemrod, le fondateur de l'école normale des écrivains sur le sport; ce livre devrait décrire l'histoire naturelle du cheval et son anatomie. Mais de cette manière les détails pratiques ponr l'aménagement d'une écurie, pour monter à cheval ou conduire, ne commenceraient pas avant la moitié du volume au moins. Dans ce travail l'ordre suivi sera renversé; le lecteur ou la lectrice seront traités comme s'ils avaient tout à apprendre et seront entretenus d'abord de toutes les questions concernant l'entretien d'un ou plusieurs chevaux et d'une voiture. Dans neuf cas sur dix une voiture de quelque sorte, un brougham ou un panier est le premier pas dans la tenue des chevaux. Les exercices équestres dans leurs formes variées suivent ensuite. Le hack conduit souvent au cheval de chasse, l'écurie de chasse à l'élevage des chevaux et souvent — dans la génération suivante — à un lot de beagles ou de harriers ou même à la distinction plus relevée encore de maître d'équipage d'une meute pour le renard.

CHAPITRE IER

Estimation des Dépenses Annuelles
pour une Voiture et des Chevaux

Entretien d'une voiture. — Avantages et désavantages. — Notes des dépenses. — Location. — Ses prix. — Prix fixés généralement à Londres. — Location comparée à l'achat. — Cochers. — Leur éducation qui doit être faite de bonne heure. — Caractère. — Qualités et valeur d'un bon cocher. — Mesures du grain. — Dépenses pour la nourriture d'un cheval. — Ce qu'on donne aux chevaux dans les pensions. — Cavalerie. — Calculs d'un loueur.

La première question, quand un homme ou une femme ou quand tous les deux pensent à avoir une voiture, est celle des dépenses.

Il y a un fait certain, c'est que dans toute ville, où il faut payer pour une écurie, où il faut acheter les provisions, où le groom et le cocher doivent toucher des gages assez élevés, une voiture est un luxe et non une économie, quoiqu'on fasse les choses avec la plus grande réserve. Cependant il ne faut pas appliquer cette remarque aux médecins ou aux autres personnes exerçant une profession analogue car alors une voiture fait partie du matériel, est un fonds de commerce. Un médecin qui aspire à avoir la clientèle des classes élevées ne doit pas sortir dans un froid hansom ou une mauvaise voiture à quatre roues. Elles sont nombreuses les dames qui regardent le brougham de leur docteur comme une part et portion de ce qui fait l'élégance de leur situation.

Pour des affaires, une personne qui paie un cab à la fin de la journée aura quatre-vingt-dix-neuf fois sur cent plus d'économies que si elle avait une voiture. Dans les hansoms, il y a les désagréments de l'attelage, les chevaux dangereux, les cochers imprudents ; dans les voitures à quatre roues, il y a les cahots, le roulement, sans parler des odeurs infectes à soulever le cœur. Mais au point de vue de l'argent, on peut avec moitié moins de dépense se servir beaucoup de cabs, au lieu qu'un simple brougham à un cheval tenu convenablement reviendrait le double plus cher.

Pour faire des visites à ses amis, aller aux bals, concerts. théâtres, un équipage loué même à un prix élevé, pour tâcher qu'il ressemble à un équipage de maître, tant au point de vue du cocher que de la voiture, reviendra rarement à plus de 150 livres par an. Et 150 livres par an, sans compter les cas de mortalité, ni les panneaux défoncés, sont loin d'arriver au prix que coûtent un cheval de brougham et un cocher proprement habillé dans une grande ville.

Cela étant admis, on ne peut nier qu'en dehors de la dépense, une voiture bien construite, bien attelée, bien conduite, en ces jours où les rues sont longues, où l'on va dîner chez des amis à une heure de route, si vous êtes frais, dispos, réjoui, pressé, affairé, obligé d'étudier des papiers en route, ou surchargé de travail, fatigué par les plaisirs, à toute heure de la nuit ou dans les courtes heures de la matinée, ne soit un des plus grands bien-être que le superflu de la fortune puisse apporter.

Il y a certainement les petites misères incidentes, des moments désagréables où, ne pouvant prendre congé d'une hôtesse qui vous retient ou d'un hôte trop hospitalier pendant une nuit d'orage, vous entendez ou vous croyez entendre votre meilleur cheval tousser ; des ennuis avec les domestiques dont vous n'êtes pas satisfait; les chevaux malades, boiteux ou crevés. Mais aussi quelle sensation de bien-être quand par une nuit pluvieuse où on cherche vainement un cab, on entend ces mots bien venus : « Votre voiture attend ! », vous vous jetez sur les coussins moelleux, tandis que la lanterne scintille et que les roues tournent joyeusement, et vous rappelez avec vos compagnons de route les événements de la soirée ; ou peut-être tombez-vous dans un sommeil bienfaisant, et cela vaut encore mieux.

Ceux qui sont loin d'une station de cabs ou de voitures de remises et tous les commettants qui doivent aller plus ou moins souvent à la station du chemin de fer, ou s'étant retirés des affaires sont installés tout à fait à la campagne doivent avoir une voiture à eux ou au moins un moyen quelconque de transport.

Dépenses

L'exposé des dépenses qui suit, pourra servir au débutant jeune ou vieux et l'empêchera d'être complètement à la merci des domestiques ou des marchands. Ces dépenses peuvent se diviser comme il suit : 1º La location ou l'achat d'une voiture, d'un ou plusieurs chevaux et les pertes accidentelles causées par la mort ou la maladie; 2º Le coût de la nourriture, de la ferrure et des soins du vétérinaire ; 3º L'achat, l'usure et la perte des instruments pour l'écurie; 4º La location d'une écurie et d'une remise ; 5º Les gages et l'entretien d'un ou de plusieurs domestiques.

Louage

A Londres et probablement dans la plupart des grandes villes d'Angleterre et d'Ecosse, un équipage avec ou sans co-cher peut être loué dans des conditions telles que le locataire n'ait d'autre éventualité ou d'autre responsabilité que de payer exactement. Un carrossier de premier ordre vous donnera un brougham neuf de la couleur que vous désirez avec votre chif-

fre ou votre devise sur les panneaux. Il vous l'entretiendra
sauf les cas d'accidents arrivés par votre négligence (comme
par exemple la perte d'une portière que vous avez ouverte en
passant devant un bec de gaz) pour 40 l. par an ; l'engagement
est fait pour cinq ans, et à l'expiration de ce terme il vous
donnera une voiture neuve. Vous pouvez avoir le même arrangement, sans mentionner une nouvelle voiture, pour 35 livres.

Un courtier vous trouvera une paire de chevaux, en comprenant la ferrure, les harnais et le fourrage, pour 160 à 180
livres par an, ou par mois pour la saison à raison de 20 livres.
Avant que les chevaux ne devinssent si chers, les prix va-
riaient suivant la qualité et on trouvait des paires depuis 150
jusqu'à 180 livres. Le même courtier vous trouvera aussi un
cocher de 60 à 70 livres par an et vous fournirez la livrée si
vous en exigez une. Si vous avez votre propre cocher, le loueur
aura soin de lui donner une gratification pour qu'il prenne soin
de ses chevaux. C'est un point que le propriétaire de chevaux
ne doit pas oublier. Si vous avez des chevaux à vous, il faut
toujours agir en partant du même principe et faire en sorte
de faire sentir à votre homme que son intérêt est d'être de
votre côté, et non du côté du grainetier, du sellier, du carrossier ou du marchand de chevaux. Un seul cheval marchant
bien peut être loué (nourriture comprise) pour 85 livres par
an. Le minimum des dépenses pour un brougham à un cheval,
quand on n'exerce pas une profession, monte à environ 200 l.
par an. A quelques rares exceptions, la noblesse, les gens élégants, des personnes de la famille Royale, tous les Lords-
maires, les shériffs de la ville, et presque tous les médecins
et chirurgiens ayant une grande clientèle à Londres, louent
leurs équipages. Le loueur se charge de remplacer un cheval
malade ou boîteux ; c'est-à-dire que lorsque vous passez marché avec un homme ayant une grande écurie, vous êtes toujours sûr de n'être privé de cheval que le temps nécessaire
pour faire l'échange.

Les inconvénients du système de location c'est que vous ne
pouvez pas toujours vous procurer le genre de cheval que vous

préférez, ni la couleur, ni le genre d'actions ; vous êtes obligé de vous contenter de ce que le loueur a trouvé, et vous ne devez pas vous attendre, si vous prenez seulement un ou deux chevaux à être aussi bien servi que si vous en preniez plusieurs paires par saison.

Les loueurs font attention à suivre les habitudes de leurs clients ordinaires. Ils envoient des chevaux bien meilleurs à ceux qui s'en servent pendant deux ou trois heures à une allure raisonnable, qu'à ceux qui les gardent fort avant dans la nuit ou les prennent le matin de bonne heure, ou qui exigent une allure rapide à l'extrémité des trajets jusqu'aux limites convenues : à Londres ordinairement sept milles de Charing Cross.

D'autre part, si vous êtes assez heureux pour posséder une paire ou plusieurs paires de chevaux qui ne soient jamais — selon l'expression des marchands — malades ou tristes, ils peuvent vous durer trois, cinq et même dix ans. Et même alors, s'ils ont de la taille, quoique vieux, s'ils ne boîtent pas actuellement vous pourrez en retirer quelque chose en les vendant ou en les louant. Un loueur célèbre en Mayfair avait, il y a quelques années, une paire de chevaux bais de barouche a belles actions, qui avaient l'un dix-neuf et l'autre vingt ans, et il les louait à la saison pour les prix les plus élevés.

De cette façon, le cheval qui vous coûtera 80 l. à acheter vous reviendra à 150 l. en location au bout de trois ans. Il faut choisir entre une assurance ou les risques de son côté. Plus sera faible le prix des chevaux dont vous vous servez, plus le calcul sera en faveur de l'achat contre la location. Mais les dames qui sont obligées de s'en rapporter entièrement à leurs domestiques devraient toujours louer, s'il y a un loueur dans un rayon de cinq milles de chez elles.

Un homme qui exerçait une profession (pas celle de médecin) avait adopté le système d'avoir un cheval à lui et un autre en location. Pour aller tous les jours à Westminster, il avait toujours un cheval à son service, et sa femme avait un steppeur convenable pour ses courses de la journée ; et quand il y avait une distance à faire on attelait les deux chevaux ensemble. C'est un système ingénieux qui réunit les avantages des deux choses à la fois.

A la campagne où en général les loueurs demeurent à une journée de distance et où un cheval ordinaire et d'un prix modéré fera ce qu'on en demande, surtout si vous avez un plaisir particulier à admirer et à soigner vos chevaux, il faut acheter. Mais il faut vous préparer à un certain nombre de pertes au bout d'une série d'années, pertes causées par la mort, la maladie, la boîterie et l'usure.

Si vous êtes décidé à acheter, la première chose à faire est d'arrêter un domestique pour vous conduire et faire l'ouvrage de l'écurie. Quoique vous ne connaissiez rien à la cuisine ou aucun des menus détails de la boucherie, ces choses étant continuellement sous vos yeux vous trouvez vite ou vos amis le trouvent pour vous si le cuisinier et le boucher sont aptes à remplir leurs fonctions. De même, il n'est pas très difficile de s'apercevoir si un homme peut mener ou non; mais pour l'accomplissement des devoirs qu'exigent une écurie, chaque propriétaire de chevaux dépend à un degré considérable de la capacité et de la conscience de son groom unique ou de son groom principal; et ceux qui n'y connaissent rien dépendent tout à fait de leurs domestiques et peuvent seulement s'apercevoir de leur savoir et de leur fidélité par les résultats. Moins vous en savez ou plus vous êtes occupé, plus il est nécessaire que votre domestique comprenne les devoirs de son écurie et de sa remise et s'en acquitte avec intelligence. Il y a des domestiques qui savent très bien leur affaire, mais qui deviennent négligents quand il n'y a pas l'œil du maître. Un groom ne peut-être vraiment bon malgré son intelligence et son aptitude s'il n'a pas débuté comme lad sous un maître capable et sous une discipline sévère. Les seules exceptions sont les soldats de cavalerie qui font de très bons domestiques quand ils ne sont pas restés trop longtemps au service. Dans l'Inde, le simple soldat a des domestiques pour le servir et est entièrement gâté après quelques années de service.

La première question à poser est celle-ci : « Chez qui étiez-vous la dernière fois ? » et « Où avez-vous appris votre état ? » Les meilleurs grooms sont ceux qui se forment dans les écuries de chasse et qui commencent à l'âge de 14 ou 15 ans au plus. On en trouve de bons aussi, mais pas trop dégourdis, quelquefois chez les fermiers qui chassent pour vendre leurs jeunes chevaux. Les fils des cochers qui ont reçu dans une écurie depuis le moment où ils ont pu marcher sous l'œil d'un père qui connaissait son affaire et aimait ses aises et qui n'épargnait pas sa peine quand c'était nécessaire, qui fumait habituellement une pipe assis sur le coffre à avoine ou sur un seau renversé en surveillant l'ouvrage du soir de son gamin, sont les meilleurs sans contredit. Les garçons d'écurie, d'une écurie d'entraînement, comprennent généralement bien la manière de panser et de couvrir un cheval, mais ils sont en général peu contents de descendre au hack ou à l'écurie particulière, et ont été renvoyés la plupart du temps, sauf la question de poids, pour motif plus ou moins bon. Quelques grooms très bons sortent de chez les ecclésiastiques des comtés où l'on chasse, où les ressources sont faibles, mais où il y a le goût du cheval. En un mot, un homme d'écurie pour arriver au degré de perfection voulue pour le nombre des minutieux détails d'une écurie, doit être commencé jeune et dressé par un maître juste et sévère.

Quelques-uns des grooms pour monter et pour conduire, qui réunissent le plus de connaissances pratiques, viennent des écuries de chasse au renard, des chirurgiens de campagne qui font de jeunes chevaux pour les vendre. Pour ces hommes-là une place, avec un maître généreux qui ne se sert pas de ses chevaux à toute heure de jour et de nuit, est une fortune. Un homme tombé d'une situation qu'il occupait dans une écurie de premier ordre dans la position de n'avoir à s'occuper que d'un cheval et d'un brougham vaudra rarement mieux. Les maîtres d'équipages formés par souscription, qui surveillent eux-mêmes les écuries, forment d'excellents hommes d'écurie qui les quittent quand ils se croient capables de gagner plus de 16 shilling par semaine. Rarement les hommes d'écurie, c'est-à-dire ceux qui sont un peu forts, peuvent monter un cheval de valeur, et quand cela est nécessaire on ne peut pas le leur apprendre. Mais conduire est un art qu'un élève ayant de l'aptitude et de la docilité peut apprendre dans un temps très court, comme on le montrera dans un autre chapitre sur cette matière. C'est pourquoi il est quelquefois opportun de mettre un homme qui arrive de la campagne quand il est bon homme d'écurie, sobre, industrieux et honnête, sous la coupe d'un de ces cochers de brake étonnants que l'on trouve à Londres chez les marchands de chevaux.

Suivant un préjugé vulgaire de certaines personnes qui d'après leur position et leur éducation devraient être mieux informées, tous les grooms et tous les cochers sont des fripons. L'auteur d'un ouvrage sur « l'Aménagement d'une écurie » qui semble avoir été très malheureux dans ses essais, dit: « La race actuelle des grooms est corrompue au-delà de toute espérance de réforme. » Rien ne peut être plus injuste. On trouve dans ce métier des gens admirables, très dévoués et de la plus stricte honnêteté, en dépit des nombreuses tentations auxquelles ils sont exposés; mais ceux-là sont toujours chez de bons maîtres qui savent comment apprécier et récompenser leurs fidèles services.

Quand vous possédez un serviteur réellement bon qui aime ses chevaux, les entretient toujours en excellente condition, est toujours prêt à obéir à tout ordre raisonnable, (les gentlemen et encore plus les ladies, sont tout à fait ignorants et déraisonnables dans le service des chevaux) qui a vos intérêts à cœur plutôt que ceux du marchand de chevaux, du grainetier, du sellier et du carrossier, tâchez par un traitement intelligent (« de l'argent et des paroles d'encouragement » dit un vieux proverbe) de lui faire apprécier la valeur de sa place. Sans mauvais vouloir absolu, la paresse et le manque de soin chez un groom, peuvent occasionner beaucoup de dépenses. Mais comme un groom peut rendre un cheval malade, paresseux, rétif ou boîteux, sans pouvoir être facilement découvert, des gages avantageux offerts pour retenir et s'assurer un homme réellement bon, sont une vraie économie. Autant que possible faites en sorte que votre place, soit par les gages, soit par le genre de travail, soit par la position — ce que regardent beaucoup de domestiques — commence par être le début d'une position dans le monde.

La capacité d'un cocher, comme tenue d'écurie, peut être expérimentée au bout de peu de mois par le maître le plus ignorant. Si les chevaux ne sont pas surchargés de besogne et sont de robuste constitution, ils doivent paraître en bon état et bien aller, sinon c'est la faute du cocher. Une voiture et une paire de chevaux qui devront sortir tous les jours, pendant trois ou quatre heures en ville, à une belle allure, demanderont, en plus des services intelligents du conducteur, ceux d'un bon aide, qui pourra être un nerveux lad de 16 ou 18 ans. Il devra être choisi par le cocher qui alors en répondra.

Entretien des Chevaux

Il y a une limite à l'appétit des chevaux, même à ceux qui sont les plus grands. Malgré cela les notes de grainetiers, de quelques femmes et de quelques gentlemen ignorants dans ce qui regarde l'écurie, pourraient suffire à la consommation d'une paire d'éléphants. Les chevaux et les ponies dont on ne cherche pas à faire valoir l'apparence, dont l'allure n'excède pas ordinairement six milles à l'heure, qui montent et descendent toutes les côtes au pas, peuvent être nourris avec du foin seulement. Et avec du foin, c'est-à-dire de l'herbe sèche seulement, les chevaux voyagent en Australie et au Canada pendant des jours entiers de suite, marchant douze et quatorze heures par jour au train de quatre milles environ à l'heure. Mais lorsque des chevaux bien soignés doivent avoir bonne apparence, marcher vite et bien, il leur faut de l'avoine. C'est pourquoi le prix de l'avoine et la quantité consommée par jour forment les principales bases du calcul des dépenses d'une tenue d'écurie. Dans la cavalerie et dans les établissements

des omnibus ainsi que dans les autres écuries commerciales, on calcule la nourriture des chevaux au poids, mais dans l'habitude et dans la conversation on compte par mesures.

Table des mesures de grains

(Avoine, féveroles, maïs)

Quatre quarterons, non des quarts (0ˡ, 142 font un peck (9ˡ, 09) ;

Quatre pecks font un boisseau (bushel) (36ˡ, 35) ;

Quatre boisseaux font un sac (1 hectolitre, 09) (en Norfolk et en Suffolk un coomb);

Huit boisseaux font un quarter (2ʰ· 0975),

Une botte de paille pèse 36 livres:

Une botte de foin pèse 56 livres.

La consommation estimée dans une des meilleures écuries de Londres, calculée par cheval et par semaine s'élève à environ deux boisseaux d'avoine, deux boisseaux de balle, une botte de foin et deux bottes de paille.

Les chevaux de louage que le propriétaire a intérêt à toujours maintenir dans la meilleure condition possible, mangent suivant leur taille, par quinzaine, huit ou dix boisseaux d'avoine ou d'avoine avec des féverolles; si les chevaux sont âgés, deux sacs de bonne balle de foin et de trèfle, trois bottes de foin et quatre ou six bottes de paille.

Chevaux de cavalerie

On leur donne habituellement par jour dix livres d'avoine, douze livres de foin, environ le quart d'une botte ; mais ce n'est pas assez quand ils ont à camper dehors par un temps humide.

Chevaux d'Omnibus

On leur donne par jour dans un établissement considérable dix-sept livres de grain, de l'avoine et du maïs mélangés, avec dix livres de foin, herbe et trèfle hachés. La proportion de maïs dépend de son prix relativement à l'avoine. Mais l'avoine est toujours préférable si elle est assez bon marché.

Chevaux de Cab

Dans une écurie où un même propriétaire entretient près de deux cents chevaux de cab, on leur donne par semaine quatre boisseaux de grain avec une quantité proportionnée de balle et une botte de foin (cinquante-six livres). Mais comme une partie de l'avoine est donnée dans des musettes, il y a une grande perte. A toutes les stations de cabs on peut voir une quantité d'oiseaux et de pigeons qui semblent compter pour vivre sur les pertes des musettes.

Chevaux de Chasse (*Hunters*)

Douze hunters en Leicestershire, tous en parfaite condition, ne consommeront pas plus de douze livres d'avoine, deux livres de fèves et six ou huit livres de foin par jour. La litière d'un cheval dans une écurie peut être très bien faite avec deux bottes de paille par semaine.

La bonne avoine doit peser au moins quarante livres par boisseau. Une paire de ponies n'ayant pas plus de 13 1/2 « hands » (mains) en pleine condition de park, peut très bien être entretenue avec 100 livres d'avoine et deux bottes de foin par semaine. Il faudra augmenter l'avoine et diminuer le foin s'ils parcourent de grandes distances coup sur coup. Rien n'égale les ponies pour faire de longs parcours à la voiture.

La nourriture donnée à 100 chevaux entiers embarqués pour l'Inde, pour le gouvernement de cette dépendance, était de dix livres d'avoine, douze livres de foin comprimé et un boisseau de bran de son par jour.

Les fèves qui ne doivent être données qu'aux chevaux de six ans, travaillant beaucoup et par un froid humide, pèsent soixante livres au boisseau et peuvent remplacer un poids égal d'avoine. Quand les chevaux sont en box, on peut leur donner une botte de paille en plus, mais davantage ne doit être employé que pour les chevaux qui travaillent énormément et sont en condition de galoper. Il y a pourtant le cas où la note du grain d'une femme non mariée est montée à deux livres par semaine par cheval, pour une paire d'animaux gras qui ne faisaient jamais plus de 7 milles par jour. Le calcul d'un loueur est qu'avec 100 chevaux, chacun lui coûte par an une somme de 50 livres pour la nourriture, les couvertures et les ferrures.

CHAPITRE II

Voitures

Quand on veut acheter. — Voitures de familles et d'apparat. — Voitures à quatre roues. — Le brougham. — Ses avantages. — Son histoire. — Détails de sa construction. — Meilleure sorte de roues et de timon. — Ses désavantages. — Recherche d'un cheval de brougham. — Harnais de brougham. — Cocher de brougham. — Le landau de société. — Changement pour les voitures qui doivent aller sur le macadam et sur les voies ferrées. — La wagonette. — Ses avantages. — Hauteur nécessaire des sièges et des dossiers. — Le coach. — Le chariot. — Anecdote. — La barouche. — La victoria, — Voitures pour être conduites par un maître. — Le mail-phaéton. Une voiture d'homme. — Le phaéton pour dames. — Nécessité des bons chevaux. — Le phaéton de Stanhope. — Le phaéton vis-à-vis, à quatre rouespour poney. — Changements dans les taxes des voitures et emplois des voitures à quatre roues légères. — Dog-cart à quatre roues. — Voitures à deux roues. — Leur ancien usage. — La cariole. Ses frais et sa disparition. — Le cabriolet. — La gigue. Soins réclamés dans sa construction. — L'hansom. — Bizarreries. — Le traineau. — Les voitures publiques. — Taxe des voitures. — Conseils pour conserver les voitures. — Notes variées.

Quand le propriétaire d'une nouvelle voiture coûtant plus de 100 livres, n'est pas obligé par les exigences de la mode de changer tous les deux ou trois ans ; quand il n'exerce pas une profession, passant sur les pierres du matin au soir; quand il n'est pas l'esclave d'un cocher peu scrupuleux qui force à envoyer la voiture chaque mois chez le carrossier pour augmenter son argent de poche; le meilleur et le plus économique moyen n'est pas alors de louer, mais d'acheter chez un carrossier honnête, de payer comptant et de profiter ainsi des avantages de l'escompte. Il y a certaines maisons dont le nom est une garantie sûre de l'excellence des matériaux et de main-d'œuvre, comme la marque sur une pièce d'argent. Mais, en achetant chez eux, vous devez être préparé à payer quelque chose pour la réputation, juste comme vous payez plus cher pour un costume venant de chez Worth à Paris que pour l'habit du meilleur et du plus habile tailleur qui a sa réputation à faire. Les voitures d'occasion de ces grands carrossiers se vendent toujours un bon prix dans les ventes publiques. On les paye après un an ou deux, même quand il faudrait y mettre des roues neuves et les revernir, enfin y dépenser 30 ou 40 livres. Mais outre ces commerçants renommés, il y a à la fois dans les villes et dans les campagnes un bon nombre de constructeurs habiles dont les produits, coûtant moins cher que ceux des grandes maisons, peuvent offrir au public de très bons articles au comptant et avec une diminution de 20 ou 30 pour cent.

Bien que l'on construise d'excellentes voitures dans le Nord, le Sud et l'Est de Londres aussi bien qu'à Long-Acre, et dans l'Ouest, bien que l'on trouve aussi des constructeurs de réputation locale bien établie en Ecosse et en Irlande, et presque dans tous les comtés d'Angleterre, on peut cependant poser comme une règle sûre, à la ville ou à la campagne, qu'il vaut mieux aller chez un homme qui a l'habitude de construire des voitures. Un carrossier peut bien réussir un excellent dog-cart, une wagonette ou tout autre voiture de gentleman pour conduire soi-même, mais ne pas avoir les ouvriers et les modèles pour faire un brougham réellement satisfaisant, un landau, une barouche, et vice-versa. En règle générale, un carrossier de ville comprendra mieux les exigences de la ville, l'homme de la campagne jugera mieux une voiture pour les longues distances et les mauvais chemins.

Il y a quatre familles essentielles de voitures de famille, quoique trois d'entre elles puissent être suffisantes pour être à la mode : le Brougham, le Landau, la Wagonette et le Phaéton à quatre roues pour poney. Il y a trois sortes de voitures à la mode, très chères quand on les achète neuves, inservables pour ainsi dire quand on les a de seconde main, bien qu'elles soient presque neuves. Ce sont : le coach à huit ressorts avec cou de cygne dans lequel presque toutes les duchesses ayant de nombreuses filles vont à la Cour ; le chariot, qui ne sert presque plus, excepté aux réceptions du Souverain pour les Shérifs de la cité de Londres et quelques médecins qui affectent les vieilles manières et la barouche (calèche), la plus aristocratique de toutes les voitures quand elle est accompagnée d'une paire de grands steppers avec des harnais chargés de métal, un cocher et un valet de pied de taille égale dans des livrées somptueuses, ou arrangée à la manière royale, à la Daumont, comme disent les Français, avec quatre chevaux et deux postillons.

Voiture à quatre roues. Le Brougham

Pour le propriétaire d'une voiture qui ne se fait pas un plaisir de conduire, pour une famille, une dame seule ou un célibataire, à la ville ou à la campagne, le brougham, qui, pour parler histoire, est la voiture fermée la plus récente, occupe la première place. C'est la seule voiture fermée qui fasse bien avec un seul cheval et un seul homme. Il fait également bien avec une paire de chevaux, si leur taille est en harmonie avec la voiture. Il peut être léger et à une seule banquette pour le park, ou vaste et à double siège pour l'heureux ménage qui a des enfants. C'est la voiture la plus chaude en hiver et elle est fraîche en été quand on ouvre toutes les glaces. Il ne demande pas un second domestique bien qu'à côté du cocher il y ait une seconde place. Il est également très commode pour courir les magasins sur les pavés, et on peut y adapter un panier à la campagne, par exemple pour aller et revenir du chemin de fer. Au park ou dans les autres réunions à la mode, les portières du brougham sont faites de manière à présenter la meilleure tournure au point de vue de l'œil et de la conversation. A cause de tout cela il est bien placé, de faire en même temps que le chapitre du brougham, un léger aperçu sur l'origine et les progrès des plaisirs de la voiture en Angleterre.

Le brougham inventé en Angleterre, en 1839, par le grand et excentrique génie Lord chancelier Brougham, dont il porte le nom, fut la conséquence de ce que cet homme ne trouva pas son cocher et son valet de pied, prêts un jour avec un chariot et une paire de chevaux, après une série de nuits passées à attendre l'homme politique, l'orateur, l'auteur et l'homme des salons. Il demanda à son carrossier une voiture fermée qu'un homme seul pouvait conduire et un seul cheval traîner, pas aussi lourde que la boîte à pilules, le chariot à un cheval des pharmaciens, qui était le sujet des risées au temps de Georges III. Les premiers essais furent très durs; ils ressemblaient plutôt aux cabs des rues qu'à autre chose. Mais lorsqu'ils furent entrepris par les principaux commerçants de West-End, ils firent rage en dépit de beaucoup de choses ridicules.

Le Brougham tua le cabriolet comme celui-ci et le tilbury avaient tué le curricle. Les résultats sociaux de cette voiture à un cheval ont été immenses. Il est devenu la seule voiture de famille, du vieux garçon à la mode, de l'homme professionnel travaillant beaucoup, et de la fille du jour. Les hommes, comme les femmes, en ont besoin comme d'une chose d'utilité et d'élégance. Le brougham est le parent du cab à quatre roues qui, avec tous ses inconvénients, était un immense progrès en comfort, convenance, propreté et économie sur la voiture en paille de Jarvey. L'histoire secrète du brougham, son origine, son élévation, ses progrès, son triomphe sur les préjugés de la mode n'a pas encore été écrite. Dans l'ouvrage de M. Brydges Adams, alors carrossier, ouvrage écrit en 1838, il n'en est pas fait mention. Les biographes

industrieux qui emploient toute leur énergie à raconter la vie
des jockeys, filous et boxeurs, rappelant leurs goûts concernant les viandes, les boissons et le pudding, et entremêlant
leurs farces de profession, de citations tirées des dictionnaires
classiques, n'ont pas entrepris ce sujet. Mais probablement les
saltimbanques sont plus reconnaissants que les carrossiers ou
plus désireux de cette sorte de renommée qu'un chroniqueur
de sport ne peut en donner.

Les broughams furent construits d'abord pour ne tenir que
deux personnes. Ils furent ensuite arrangés de manière à en
contenir quatre, et finalement se divisent en deux sortes, les
simples et les doubles. Ils furent rapidement en usage dans
les plus fameux cercles, quand les beaux des beaux eurent
découvert que les glaces présentaient de charmants portraits
et que bas sur leurs roues, ils avaient tous les avantages du
curricle et du cabriolet, sans aucun de leurs dangers et inconvénients. On trouva que la catégorie magnifique de chevaux,
appropriée au cabriolet, paraissait deux fois aussi bien sur un
brougham, pouvait marcher deux fois aussi vite et avec un
poids enlevé aux jambes de devant au moins deux fois aussi
longtemps. En outre, si on avait à faire un long voyage au
lieu d'une suite de courses dans les rues ou au parc, alors en
changeant le stepper de 16 mains contre une paire de chevaux
de sang légers, le brougham devint ce qu'il y avait de plus
convenable quand les beautés de la nature n'étaient pour rien
dans le but du voyage. Dans les débuts des broughams un
essai fut fait par l'ancien Lord Lytton (alors M. Lytton Bulwer)
pour reprendre le chariot avec la housse et la planche à couteaux pour les valets de pied; mais on reconnut vite que c'était
une erreur.

Les premiers broughams, comme on l'a remarqué plus
haut, étaient très lourds; quelques carrossiers à la mode
qui ont pour pratiques des personnes qui ne regardent pas
aux chevaux, les font encore de cette sorte. Ce sont les plus
confortables et aussi les plus chères voitures. Mais la majorité
des carrossiers, maintenant, s'en tiennent au poids de six cents

livres à peu près pour un brongham simple et huit cents pour un double. Les broughams de dames appelés miniatures, traînés par un seul cheval de pur sang au-dessous de 15 mains 2 pouces de haut ne peuvent contenir qu'une personne avec sa crinoline. Le brougham simple a non seulement remplacé le cabriolet, mais aussi le vis-à-vis qui ne contenait aussi que deux personnes et qui avec un cocher, une housse et une planche à couteaux était une voiture de Cour. Pour un service de ville, un cheval de taille suffisante et allant bien fait tout à fait l'affaire, surtout pour la nuit, pour ceux qui n'ont pas une armée de domestiques. Pour l'apparat ou pour de longues courses à la campagne une paire de chevaux entre 14 mains et 15 mains 2 pouces, soit des cobs, soit des pur sang, conviendra mieux.

L'ancienne popularité du brougham est prouvée par ce fait qu'il avait été adopté par feu Sir Richard Sutton, le célèbre propriétaire des chiens de Quorn, pour aller au rendez-vous et Sir Richard était un des seigneurs les plus conservateurs des anciens usages. Nous avons vu une fois feu Sir Charles Knightly, un des derniers gentilshommes de la campagne, à bottes à revers, qui détestait également la poste et le chemin de fer et qui venait toujours à cheval de la campagne en Northamptonshire à la ville; nous l'avons vu dans un brougham, mais nous ne pensons pas qu'il fût à lui.

Les broughams varient en prix depuis 100 livres (fait à la campagne) jusqu'à 180. On peut avoir une très bonne voiture pour 150 livres avec les brancards et le timon. C'est une des voitures où la certitude d'un bon matériel d'une bonne main d'œuvre et d'une bonne vente dans la suite, est considérée comme une chose extra, même par voie d'assurance.

Pour donner une idée des détails minutieux employés dans la construction d'une voiture pour faire un bon service, nous donnons la description des procédés suivants employés pour construire un brougham; procédés que nous trouvons dans la publication " All the year Round " faite par un carrossier de la campagne qui a du succès.

« La première chose à faire pour la construction d'un brou-
« gham, c'est d'en faire un fusain d'égales dimensions sur un
« mur. De cette ébauche dépend le style de la voiture. Quelques
« carrossiers sont heureux ou malheureux en dessinant des
« nouveautés, d'autres ont une forme traditionnelle, une cer-
« taine esquisse caractéristique dont ils ne veulent se départir
« sous aucun prétexte. Le second point c'est de faire des mo-
« dèles de chaque partie. Dans les maisons de première classe,
« chaque homme habile a fait un apprentissage spécial et suit
« seulement sa branche de commerce. Les contre-maîtres en
« bois sont ceux qui font la caisse, ceux qui construisent la
« voiture, ceux qui font les roues, et les menuisiers, tous arti-
« sans excessivement habiles, comme on peut en juger, puis-
« que un seul de leurs nécessaires à outils coûte au moins
« trente livres.

« Ensuite il y a le carrossier, nom technique de l'ouvrier
« qui fait les travaux secondaires, arrange les parties où sont
« soudés les ressorts et les essieux de manière à ce que la
« caisse soit suspendue d'aplomb et puisse tourner avec le
« cheval. Le serrurier et le faiseur de ressorts ont aussi tra-
« vaillé aux ressorts dont la longueur et la force ont dû être
« calculées au poids d'estimation de la voiture. Les extrémités
« de ces ressorts sont garnies de caoutchouc pour que la voi-
« ture puisse rouler légèrement et sans secousse.

« La carcasse est faite en chêne anglais. Les pièces, une fois
« sciées, sont travaillées, rabotées et cannelées pour recevoir
« les panneaux. La carcasse est ainsi prête pour le serrurier
« et l'ajusteur, qui, prenant de l'acier mélangé avec du fer
« homogène, forgent et préparent une bande le long de la
« caisse suivant les courbes diverses et forment ainsi une
« sorte de squelette à la voiture, squelette qui remplace la
« perche, autrefois la base des voitures à quatre roues, avant
« l'emploi général du fer et de l'acier. La charpente est en-
« suite recouverte d'épais panneaux d'acajou bouchés et
« arrondis. Après plusieurs couches de peinture, la partie
« supérieure est recouverte de peau de bœuf, étendue quand

« elle est mouillée. Elle se resserre en séchant et rend la
« construction aussi lisse qu'un tambour. Les joints sont
« imperméables à la pluie et ne souffrent pas des atteintes
« du chaud ou du froid extrêmes.

« Les meilleures roues modernes sont celles à l'américaine
« en deux segments au lieu de plusieurs morceaux recourbés.
« Ceux-ci — grâces soient rendues à M. Bessemer — sont entou-
« rés de cercles d'acier et quand ils sont garnis d'un cercle de
« cuivre et d'une boîte en fer à essieu de Collinge, les roues
« sont prêtes à rouler pendant des milliers de milles. Dans
« les brancards, pour les voitures à quatre roues, un des plus
« grands progrès est la substitution de tubes en fer forgé au
« bois. Les brancards en fer sont beaucoup plus forts et ne
« peuvent en aucune circonstance blesser le cheval en écla-
« tant; on peut aussi, sans perte de force, leur donner les
« courbes les plus gracieuses.

« Le brougham, une fois le plus petit ouvrage terminé,
« peut être livré aux peintres décorateurs. Le bois qui doit
« être verni est d'abord imprégné et rempli d'une substance
« métallique grossière, et ensuite frotté avec de la pierre-
« ponce et de l'eau pour obtenir une splendide surface émail-
« lée, qui fait le fond de la couleur et du vernis des brillants
« panneaux. Sur cette couche de fond, un carrossier qui a
« soin de sa réputation, pour un brougham de premier ordre,
« passera vingt-quatre couches de peinture et vernis, toutes
« bien unies. Cela fait, l'opération ne peut être précipitée, et
« le temps se chargera d'être un élément, que rien ne pourrait
« remplacer, pour faire une voiture bien faite et bien réussie.
« Un peintre héraldique dessine ensuite la couronne ou le
« monogramme du propriétaire avant qu'on étende la der-
« nière couche de vernis. »

Les broughams ont, il faut bien le reconnaître, certains
désavantages. Ils ne sont pas aussi commodes, pour les grands
voyages, que les chariots suspendus, et on ne peut voir les
paysages pittoresques. Ils font aussi souvent un bourdonne-
ment désagréable; ils ont peu de place pour les bagages; de

fait les dernières formes de broughams sont tellement coupées et la courbe est si légère pour les rendre légers et élégants qu'on peut bien juste y mettre le sac de voyage d'une
seule personne.

Le chariot doit son mouvement agréable à ses huit ressorts :
l'un des plus grands progrès de mécanique dans les voitures
au xviiie siècle; toutefois, son mouvement n'est pas agréable
à tout le monde. Les broughams pour les invalides et les
médecins de Londres ont été faits à huit ressorts, mais ils
sont embarrassants, coûteux, impossibles à revendre en seconde main et demandent absolument une paire de chevaux,
la courbe de la caise ajoutant une sensible augmentation au
poids absolu quand la voiture est au repos.

Feu M. Williams Brydges Adams pensait que le bourdonne-
ment, que l'on trouve quelquefois dans les voitures des meilleurs carrossiers, était dû à la construction courbe des plan-
ches rappelant la construction d'un tambour; il avait fait
faire un faux plancher et remplissait l'espace intermédiaire
avec de la sciure de bois. Nous n'en avons pas fait l'expérience, mais nous pensons que cela en vaut la peine.

Pour transporter des bagages, les carrossiers adaptent un
panier que l'on fixe en dessus comme l'impériale d'un chariot
de poste, aux jours où la poste était une des institutions du
pays. Sur ce panier on peut sans danger mettre un nombre
raisonnable de colis et de portemanteaux.

Les broughams sont en général garnis en cuir ou en étoffe,
ou un mélange d'étoffe et de maroquin. Cette dernière manière est commode, car quand il fait chaud, on emploie le côté
de cuir des coussins et quand il fait froid, le côté garni
d'étoffe. Le satin en couleurs voyantes, le bleu, l'œillet, le
rose et même le blanc, ont été quelquefois employés par des
personnes qui ne regardaient pas à la dépense. Durant le
siège de Paris, un coupé de Paris (c'est le nom que les Français donnent au brougham) était à vendre au bazar de la rue
Baker; il était d'un excellent fabricant, garni de velours de
soie violet. Mais ce sont des extravagances peu répandues.

Beaucoup de détails d'agrément ont été ajoutés aux voitures fermées modernes, tels qu'un tube acoustique pour parler au cocher, une lampe pour lire la nuit, une boule d'eau chaude pour les pieds, un miroir artificieusement caché dans lequel une dame peut donner une dernière retouche à sa coiffure avant d'arriver à un château, après une longue route; des poignées s'ouvrant et se fermant comme celles d'un salon.

Le frein employé jusqu'alors, tenant à une poignée, a été poussé à une grande perfection. Mais il y en a peu besoin sur les pavés de Londres, excepté pour les habitants de Highgate et de Hampstead. Dans les pays montueux, c'est indispensable pour n'importe quelle espèce de voiture à quatre roues. Toutes les dernières inventions de ce genre, soit plus utiles, soit plus nouvelles et moins chères, peuvent être étudiées dans une visite aux étalages des carrossiers les plus à la mode, ou aux bazars des voitures de Belgravia ou Baker street, où quelquefois, à la fin de la saison, on trouve de très jolis équipages achetés à crédit et vendus avec une perte effrayante au comptant.

Quoique par certains caprices de mode, on peigne les broughams en couleurs claires et même gaies, cependant lorsqu'on n'en possède qu'un, il vaut mieux adopter les teintes sombres. Les couleurs brillantes demandent un jour brillant. Ce qui serait convenable pour une saison à Paris, paraîtrait, neuf mois sur douze, aussi déplacé à Londres, qu'un paletot d'été en hiver. Les couleurs sont divisées en général en deux classes : le chaud et le froid ; le rouge et le jaune et toutes leurs gradations sont des couleurs chaudes ; le vert et le bleu et toutes leurs gradations sont des couleurs froides. Le mélange de deux couleurs opposées fait les tons neutres. Dans le choix de la couleur d'une voiture, surviennent des considérations variées; soit que l'on s'en servira en été ou en hiver ou dans les deux saisons, soit que l'on veuille que la voiture paraisse riche au début sans s'inquiéter de l'usure, soit que la principale considération soit la durée. Les couleurs chaudes sont, sans contredit, les plus appropriées à l'hiver et les froides à l'été; mais celles qui paraissent les plus riches ne sont pas celles qui en général font le meilleur usage. Cependant, il faut en excepter le jaune qui, tout en étant riche et apparent, est une des couleurs qui durent le plus. Pour les jours de soleil, le jaune paille et le jaune souffre sont d'une couleur très brillante et très jolie. Pour les brouillards d'automne, la teinte orange foncé convient à merveille. Autrefois, le jaune était la couleur universelle pour les coachs et les chariots; maintenant il n'en est plus question. Les verts ont des teintes innombrables, depuis le jaune olive fonçant graduellement, jusqu'à ce qu'ils deviennent presque noirs. Ni le vert thé, ni le vert pomme, ni le vert d'eau, ni aucun vert avec teinte bleue, ne peuvent être employés avec succès dans les voitures comme fond. Mais, dans certaines voitures légères on peut obtenir des effets satisfaisants pour l'été en imitant le vert gazon avec ses nuances variées. Les verts foncés paraissent plus riches, mais ne durent pas autant, les plus petites taches étant reflétées par la surface foncée. Ils font mieux en hiver. Les verts olive sont préférables pour l'été parce que la poussière se voit moins et que c'est une couleur durable. Les bruns sont au moins aussi nombreux que les verts et encore plus durables; mais les reflets sont en général désagréables et cette couleur ne se voit pas bien. Quelques-uns des bruns foncés deviennent excessivement riches en ajoutant du rouge, depuis le rouge brun jusqu'au chocolat, et quand on y met de la laque on obtient les couleurs les plus riches pour fonds que l'on emploie dans la peinture des voitures. On employait anciennement les bleus, comme couleur de fond pour la caisse, pour faire contraste avec un train rouge. Actuellement, on emploie les bleus très foncés comme une couleur générale de fond et quand ils sont neufs, ils sont très riches, parce que cette couleur est brillante et transparente en partie. Mais ils se fanent et s'usent vite, la plus petite tache ou la poussière les abîmant. Le bleu est une couleur froide, et, tout en ne pouvant être employée l'été parce qu'il se salit facilement, c'est une couleur désagréable en hiver parce qu'elle a besoin de chaleur. On emploie rarement le marron quoique, pour des motifs particuliers, il peut être appliqué avec avantages. Quand on a pour but le bon goût et la mode, la couleur de la voiture et celle de la livrée de cocher (s'il y en a une) doivent être en harmonie. La gaieté peut être donnée aux teintes les plus sombres par de riches ornements en métal aux harnais, des housses et des rosettes de couleurs gaies.

Le cheval de Brougham

Toutes sortes de chevaux vont sur un brougham ; les brutes pesantes appropriées aux tapissières de Pickford ; les haridelles légères attelées aux voitures volantes des bouchers ; les giraffes qui se cabrent, qui iraient aux coachs du matin si la couleur pouvait aller ; les gros cobs marchant avec leurs encolures rouées dont on dirait des cochons harnachés. Heureusement beaucoup de personnes se contentent de ce qui les traîne, et ne pensent pas plus à regarder la forme d'un cheval que celle d'une locomotive.

Le cheval de brougham convenable, tout en ayant certains défauts, doit avoir aussi certaines qualités. Il peut porter la tête si haut qu'on ne puisse songer à le monter ; mais il doit se tenir d'aplomb, dans une noble attitude, et doit marcher avec une certaine grandeur de mouvements, juste l'opposé de l'allure rapide et rasante d'une paire de chevaux de phaéton. Il peut avoir une vilaine tête bien dissimulée par une bride *ad hoc* ou une queue de rat ; mais il doit porter l'une et l'autre d'une brillante manière. Pour un grand brougham, il faut un cheval étoffé ; pour un brougham simple, léger ou tout petit, un cheval de sang fera mieux l'affaire. Dans chaque cas, la taille du cheval devra être appropriée à la grandeur du brougham. C'est une aussi grande erreur d'employer un animal grand comme un chameau, qui enlèvera les quatre roues de dessus terre s'il fait un écart, que d'avoir un cheval si petit et qui tirera la tête si basse qu'il semblera perdu dans les brancards. Un brougham destiné à contenir quatre personnes à l'intérieur devra avoir un cheval capable de marcher vite et de trotter au train de 8 milles à l'heure, ce qui est une allure suffisante sur les pierres pour toute espèce de partie de famille. Il n'y a rien de plus mauvais goût, et on le voit cependant dans les quartiers les plus à la mode de Londres, qu'un petit brougham, un cocher massif et un gigantesque valet de pied en livrées somptueuses, et une paire de chevaux de barouche hauts de seize mains.

Le brougham, qui demande un seul cheval depuis 15 mains, deux pouces 1/2 jusqu'à 15 mains trois pouces, sera bien attelé avec une paire de chevaux distingués de 14 mains 1/2 à 15 mains. En supposant toujours qu'un cheval ait la force suffisante pour le poids qu'il a derrière lui, son apparence dépend plus de la façon dont il porte la tête et l'encolure que de la hauteur qu'il a à l'épaule.

Pour ce qui regarde la couleur, l'acheteur d'un cheval de brougham a beaucoup plus de marge que celui qui veut en acheter une paire. Si la tournure et les actions sont bonnes, n'importe quelle couleur fera l'affaire, mais plus la couleur est extraordinaire, plus les actions doivent être remarquables. Comme règle générale, le propriétaire d'un seul cheval ne doit pas choisir un cheval pie ou bigarré; non plus un gris, s'il n'a qu'un homme car les chevaux de cette couleur demandent la moitié plus de soins de la part d'un homme que les autres chevaux; mais quand on doit se servir de sa voiture la nuit, c'est une bonne couleur pour retrouver son cocher dans une file; c'est aussi une bonne couleur pour traverser des sombres plaines, car la lumière se reflète sur la robe du cheval, et les voitures revenant du marché n'ont aucune excuse pour ne pas se déranger.

Le harnais simple d'un brougham doit avoir une apparence solide une forte sellette, de larges traits et quand on emploie le garde-rue — ce qui doit toujours se faire avec une jument — avoir de longues avaloires. Le reculement, quand celui-ci est employé réellement à retenir une voiture, aura plus d'effet s'il est court. Mais depuis l'introduction générale du frein breveté, le reculement ne sert plus que pour faire reculer la voiture. Un cheval de brougham ne paraît pas bien en général quand il est dépouillé de cuir; ses proportions semblent s'harmoniser avec un harnais assez chargé.

Le métal ouvragé peut être l'argent, le cuivre, ou le plaqué. Le cuivre, pour paraître bien et durer, doit être de la meilleure qualité et épais. Il demande plus de travail pour être entretenu propre et briller que l'argent. Les harnais avec du cuivre sont en Angleterre ceux employés pour la Cour et l'aristocratie. Quand il n'y a qu'un homme à l'écurie, moins il y a de métal à nettoyer, mieux cela vaut. Le métal recouvert de cuir, excepté où il y a frottement du cuir vernis, peut perdre son air d'enterrement par des tapis et des rosettes et un frontail de couleur gaie. Les autres détails sur les harnais seront renfermés dans un chapitre spécial consacré à ce sujet.

Le cocher de Brougham.

Dans les jours où il n'y avait comme voiture que les chariots attelés avec une paire, l'équipage n'était pas complet sans un cocher en grande livrée et un valet de pied dont la principale besogne était d'ouvrir et de fermer la portière, de baisser et de relever le marchepied et donner une véritable assistance en offrant le bras à ceux qui montaient et descendaient cet escalier si droit. Le brougham, tout en sauvant 100 livres de dépenses, comparé avec le chariot, attelé avec un seul cheval sans valet de pied, n'a besoin que d'un cocher et rend possible, même aux familles de grande condition, de l'employer avec un personnel moins important et une livrée moins fastueuse. Le cocher d'un brougham porte un chapeau de forme ronde, c'est-à-dire un chapeau haut de forme, sans perruque, des bottes à revers, des guêtres ou souvent un pantalon. Celui-ci est d'invention moderne et ne pourrait aller avec un chariot, une calèche ou un coach.

Un brougham peut être conduit par un enfant, et s'il n'est pas trop petit, un lad de dix-huit ans, qui peut réellement conduire, fera bien mieux sur le siège d'un petit brougham que son respectable grand-père chargé de graisse. Dans un jugement rendu il y a peu de temps sur un accident de voiture, jugement dans lequel un officier aux Gardes, homme ayant un drag, était le plaignant ; on remarquait que sa voiture était conduite par un lad décrit comme très intelligent et n'ayant que dix-sept ans. Mais cela fait présumer que l'ouvrage de l'écurie est fait par un homme ayant l'âge et la force de le faire. Il faut un homme fort pour bien polir un harnais ordinaire. On trouve parfois dans les familles où une voiture est une nécessité et l'économie un but, des hommes qui ont à entretenir une voiture et un cheval, quelquefois à faire le jardin, et qui s'emploient à tous les usages. De tels domestiques sont souvent l'objet de beaucoup de railleries, mais elles ne sont méritées que si le maître prétend que son écurie est tenue d'une manière luxueuse. Il y a d'excellents hommes parmi ces industrieux et énergiques jardiniers qui ne sauraient être trop appréciés quand on les trouve réellement capables et prêts à remplir ces fonctions multipliées. Un homme peut s'occuper d'une voiture et d'une paire de chevaux, mais à la condition seulement que l'apparence est sacrifiée à l'utilité, et qu'on ne se sert de son équipage que tous les deux jours. Le vernis d'une voiture s'abîme vite, si elle n'est lavée aussitôt sa rentrée à la remise, et cela à n'importe quelle heure, et un seul homme ne peut le faire.

Des chevaux de bonne constitution se nourriront et feront bien sans beaucoup de peine de la part du groom; mais ils ne pourront marcher aussi vite, ni paraître aussi propres que ceux qui sont surveillés individuellement, deux fois par jour, par un solide gaillard. Dans les villes où les locations d'écurie sont très chères et où l'on n'a qu'une voiture et qu'un cheval, il est plus économique de les mettre en pension en ayant soin de rénumérer le chef de l'écurie toutes les fois que vous aurez de l'ouvrage en rentrant tard ou autrement. Cet arrangement est perfectionné en employant un domestique pour mener, en plus de ses autres services. Quand cet arrangement peut être fait, votre valet de pied-cocher n'a qu'à changer d'habit, il est toujours propre, est toujours sous la main et ne sent pas l'écurie.

Je sais qu'il y a de mauvais maîtres qui méprisent toutes les petites économies que l'on peut faire avec les chevaux, et de mauvais écrivains qui écrivent comme si on devait mépriser toute écurie qui n'est pas attachée à un établissement coûtant au moins mille livres par an. Tel est le ton des flagorneuses qu'on trouve autour des tables d'une réunion sportive (Sporting Dives) prêtes à pressurer ceux qui endurent leurs flatteries ou à emprunter à ceux qui écoutent leur admiration écrite ou parlée.

Le landau ou le landau de société

Le landau de société actuel est un exemple des nombreux progrès faits dans les voitures depuis 1851 à cause de la légèreté, du bon marché, de l'utilité générale, ce qui fait que la classe moyenne de la société l'a employé et que la classe opulente l'a franchement adopté. Le reporter pour les voitures, à la grande Exposition Internationale de 1851, défunt M. Holland, regrettait l'absence de modèles du « vis à vis » couvert « ou simple (ce dernier étant une forme complètement dis-« parue) le coach couvert ou simple qui n'est plus qu'une « curiosité, excepté dans les établissements royaux et chez « quelques hauts shériffs des comtés, le mail-coach que les « amateurs ont fait revivre depuis, et le « landau. »

Dans le rapport sur le département des voitures à l'Exposition de 1862, on observe que « les goûts et les exigences « pour les voitures de particuliers ont considérablement « changé. Le département anglais ne renferme pas une seule « voiture avec housse ». Il n'y a pas non plus de « voiture « de voyage. « Depuis 1851, on se sert de chevaux de race « plus petite, et on demande des voitures plus petites et plus.

« légères. Il est prouvé que les voitures exposées dans la section
« anglaise en 1862 sont d'un quart plus légères qu'en 1851. »

Plusieurs manufacturiers ont combiné avec grand succès le
comfort, la légèreté et l'élégance. Ils considèrent cela en partie parce qu'ils ont employé « l'acier souple en place de fer »
ce qui est « du fer très dense, très dur et souple capable de
« se souder, mais qui demande à être fait avec beaucoup plus
« de soins que le meilleur fer à voiture employé ordinaire-
« ment. » Dans le cours de onze ans, une voiture alors négligée en 1851 était devenue très en faveur car on dit : « A
« cause des améliorations des landaus surtout par la réduc-
« tion du poids, on en demande maintenant beaucoup plus.
« Ces voitures sont parfaitement appropriées au climat
« variable des îles britanniques, car elles peuvent très
« promptement se couvrir ou se découvrir à volonté. »

La calèche barouche majestueuse est restée substantielle-
ment la même que du temps de Pitt, quand Jockey du
Norfolk, le duc Jacobin protesta contre la taxe sur la poudre
en montant lui-même avec ses cheveux de couleur naturelle
à la Brutus, son cocher, son valet de pied et ses postillons
en perruque de chanvre, tandis que les crinières et les
queues des six chevaux noirs qui traînaient sa voiture
étaient blanchies avec la poudre nouvellement taxée.

Le coche pesant, que l'on conserve encore dans quelques
familles nobles comme un objet héréditaire, est fait dans la
même forme, mais pas dans le même poids que du temps de
la bonne reine Anne, quand il fallait un attelage de juments
flamandes à longues queues pour compléter l'équipage. Les
juments flamandes furent remplacées par les chevaux de
coche bais du Yorkshire ou de Cleveland. Quand les routes
furent améliorées et les voitures rendues moins lourdes, par
des croisements répétés avec des pur sang, le cleveland bai
se changea en cheval de calèche moderne ayant du sang.
Ces changements, ayant pour but de tendre vers des voitures
moins coûteuses, ont eu lieu au profit des classes moins aisées
qui, grâce aux progrès des manufactures et du commerce du

pays, ont pu s'élever à un comfort et un luxe jusque-là inespérés.

Le commerce a fait quelque chose en mettant à la portée de nos carrossiers une grande quantité de matériaux, autrefois rares et chers : la réduction des taxes autrefois levées sur les chevaux, les domestiques, les voitures, sur une échelle augmentant proportionnellement avec le nombre des individus, l'abrogation de toutes les taxes directes et indirectes sur le timbre, le cuir, l'acier, l'argent, la laine, et tous les matériaux employés dans la carrosserie, ont fait encore davantage diminuer le prix et augmenter le nombre et la variété des voitures de plaisir. Mais Macadam fut le grand réformateur du commerce. Avant son époque, les routes pour les mailcoachs et les grands chemins pavés avaient déjà rendu inutiles les six chevaux assistés d'une bande de coureurs à pied et remplacés au besoin par un attelage de bœufs, dont on se servait, sous les règnes des deux premiers Georges, pour traîner un coach dans des ornières remplies de boue. Arthur Young consacre les pages de ses Agriculturals Tours à protester contre la condition affreuse des routes et raconte comment, en allant à Preston, il avait été obligé de louer deux hommes pour soutenir son cabriolet. Macadam, avec la surface plane qu'il a donnée en place des pavés et des ornières, a rendu possible de supprimer un poids considérable de bois et de fer, nécessaire auparavant pour résister aux chocs innombrables d'un voyage à travers les grandes routes du pays.

Les ouvrages de Macadam, perfectionnés par Telford, furent remplacés par les chemins de fer qui tuèrent les stage-coaches, au moment où ils avaient atteint la perfection, et les réduisirent à l'état de vieux matériaux ; ils supprimèrent les professeurs de guides à quatre et abolirent enfin ces luxueux chariots de poste sans lesquels, avant les jours du cheval de fer, aucune remise de gentilhomme à la campagne n'était complète.

Les derniers coches traînés par six chevaux dont quatre

en mains et les deux de devant conduits par un postillon, précédés et suivis d'une paire de piqueurs à cheval avec des brides de harnais, qui étaient là, prêts à prendre la place si un cheval de l'attelage venait à être indisponible, tous les hommes montés portant des brassards armoriés, furent vus aux courses de Doncaster York et Chester, à peu près au temps du premier Bill de réforme, alors que les courses n'étaient qu'une institution de Comté.

Le landau de société est le dernier pas fait depuis les routes unies et la légèreté des voitures. La désignation en est très vieille et dans une proportion immense, on s'en servait au moins au commencement du siècle présent; une voiture à double siège, calculée de manière à contenir depuis quatre jusqu'à six personnes et faite de manière à pouvoir être sans trop grande peine convertie en voiture ouverte ou voiture fermée. Quand elle était de la dimension d'un chariot, on l'appelait un « landaulet ».

En abolissant les lourds dessous de la voiture avec la perche, par l'usage ingénieux du cuir vernis, qui a une apparence, une douceur et une qualité inconnues avant le rappel de l'accise et des autres charges dont le cuir était imposé, on a pu produire une voiture avec autant d'accommodements intérieurs que l'ancien coche, à moitié prix, à moitié poids et avec de tels progrès mécaniques, qu'elle peut être ouverte ou fermée avec la plus grande facilité. De fait, on a breveté récemment toute une série d'inventions qui permettent à une seule personne d'ouvrir ou de fermer la voiture sans l'arrêter.

Ces landaus de société sont faits sur plusieurs modèles en accord avec les demandes des familles les plus nombreuses, et aménagés, s'il est nécessaire, avec un siège de derrière pour mettre, à la campagne, un valet de pied et une femme de chambre. On peut aussi les réduire de poids pour un seul cheval; mais ils ne paraissent pas aussi bien et ne sont pas aussi propres qu'un brougham et durent beaucoup moins. Avec une paire de chevaux moins coûteux qu'une voiture plus lourde n'en demanderait, le landau est une voiture convenable et agréable pour la ville ou la campagne, pour l'hiver ou pour l'été. L'arrangement de la capote mouvante exige une bonne mécanique et doit être fait avec les meilleurs matériaux.

Ces voitures sont faites assez près de terre avec un marchepied automoteur pour dispenser, au besoin, d'un second domestique ; mais elles sont plus complètes avec un groom ou un valet de pied. Elles demandent plus de soins de propreté et d'attention qu'une autre voiture moderne. Elles ont pris une grande extension dans leur dernière forme suspendue, que l'on appelle clarence quand on l'applique au brougham.

La Wagonnette

La wagonnette est une invention tout à fait moderne et ne vint en usage que quelques années avant l'Exposition internationale de 1851, bien que, selon le Rapport sur le département des voitures à l'exposition de 1862 « la première wagonnette fut construite en 1846, sous la direction personnelle de feu le prince Consort. » Les auteurs, promoteurs et organisateurs, quels qu'ils furent — car ce ne fut pas l'ouvrage d'une seule main — méritent le plus grand éloge et la plus chaude gratitude de la part de ceux qui veulent faire des parties de société et des parents économes. Mélange de tous ces bons côtés de la charrette irlandaise, du char à bancs du sportman français, du brake anglais et du tilbury moderne, elle peut être conduite par un groom ou un gentleman, contenant outre le conducteur et son compagnon sur le siège, deux, quatre ou six personnes assises vis-à-vis, pouvant converser agréablement, et de plus deux grooms, assis sur des strapontins suffisants, en dehors de la portière. Elle peut être faite d'une manière qu'on appelle reversible, qu'on peut retourner et être convertie en tilbury, ou bien en abaissant les banquettes, en fourgon pour les bagages ou en wagon pour apporter le fourrage de la ferme. Par l'addition d'une sorte de toit que l'on peut suspendre par une poulie dans la remise, on peut en faire un omnibus confortable. Elle contient par la disposition des banquettes et du plancher assez de place pour laisser le champ libre à l'invention et établir des coffres pour le vin, la glace et toutes les provisions d'un picnic, ou pour étaler les produits d'une chasse ou d'une pêche. Comme chambre d'enfants roulante, c'est parfait, très grand et très sûr. C'est fait également pour mener une société au rendez-vous de chasse. Sur le siège d'une wagonnette tilbury, un homme peut très bien prendre à côté de lui sa femme ou sa sœur et être en rapport avec la société qui est derrière lui. Quand on élève le siège à la hauteur voulue, elle forme un drag à quatre, très commode pour l'été et personne n'est obligé de tourner le dos aux chevaux et de faire face aux grooms, et ainsi c'est une voiture parfaite pour promener les vieux chevaux et dresser les jeunes. Et puis elle a l'avantage d'être accessible aux femmes, aux enfants, aux boîteux ou aux malades, sans la nécessité d'avoir un arrangement spécial de gradins ou d'exercices d'acrobatie pour monter ou passer par dessus les roues. En un mot c'est une des voitures les plus accessibles, tandis qu'avec ses roues bien proportionnées et sa caisse pleine, c'est une des plus faciles à traîner pour les chevaux et à tourner.

La wagonnette est de fait la perfection des voitures de famille pour la campagne. Pouvant être construite avec beaucoup de frais et de dépenses suivant la variété des détails elle, peut aussi l'être dans un but d'utilité et à peu de frais.

Les wagonnettes, avant d'être tout à fait en usage, n'étaient pas confortables; car pour les faire légères, les sièges étaient trop étroits et les dossiers trop bas. Pour être bien, il faut que les sièges n'aient pas moins de 18 pouces de large et les dossiers 14 pouces de haut avec beaucoup d'espace pour les genoux, finissant à chaque extrémité par une courbe gracieuse qui procurera quatre places circulaires dans les coins. Les wagonnettes pour six, y compris le conducteur, peuvent être faites à un cheval ou à deux chevaux, et pour de courtes distances avec une petite charge, un seul cheval de grande taille pourra traîner facilement une wagonnette pour six personnes de côté, car c'est une voiture qui n'a aucune matière encombrante dans ses matériaux et les roues de devant ne sont pas trop petites. Une mécanique est presque indispensable dans les pays accidentés; cela allège le harnais en rendant le reculement inutile et épargne beaucoup de fatigue aux chevaux pour descendre les côtes.

Le Coach.

La famille royale et quelques nobles maisons seulement, ont encore le volumineux coach qui n'est pas complet sans une paire de chevaux ayant au moins 17 mains de haut et de superbes actions, un cocher qui représente et deux gigantesques valets de pied. Le dernier empereur des Français avait dans son écurie pour traîner son coach à l'épreuve des balles, plusieurs paires de chevaux anglais approchant de 18 mains en hauteur. Le prix de ces véhicules est quelque chose de fabuleux, leur durée égale à celle de plusieurs générations. Mais leur valeur marchande, quand par hasard on vient à vendre aux enchères le contenu d'une remise d'un de ces pairs si riches en bien-fonds et d'origine si ancienne, n'arrive pas au prix brut des glaces et des coussins de crin. Le bois et le fer sont tellement enchevêtrés que la dépense faite pour casser un coach semblable, comme pour un vaisseau de guerre, n'est pas couverte par la valeur des matériaux.

Au commencement du siècle présent, on voyait ces véhicules vastes, coûteux, et peu maniables, traînés par six chevaux aux courses, aux jours d'élections dans les comtés, aux assises et aux jours de réunion des magnats campagnards dans chaque comté. A présent, c'est à peine si on en voit ailleurs qu'à Londres, et pour l'usage ordinaire, la cour semble préférer, quand le temps le permet, quelque chose de moins lourd et de moins somptueux, une calèche, un landau, ou un brougham. Mais les grands sheriffs des comtés sont obligés d'avoir un coach aussi bien qu'un trompette et des hérauts pour recevoir le juge des assises. Une maison de commerce à Long Acre a le monopole de la location des coaches et des harnais à quatre pour ces splendides évènements annuels.

Le Chariot

Le chariot complètement appareillé est une partie si brillante de l'équipage d'une dame pour une présentation à la cour et pour sa toilette de cour que, selon toute probabilité, il survivra non seulement dans les grandes familles ou on conserve son usage ainsi que celui des livrées et des armoiries, mais aussi parmi leurs imitateurs, les nouveaux riches d'aujourd'hui, qui, probablement, tiendront le pavé demain. Une dame noble et âgée demande dernièrement à son carrossier d'examiner et de faire un rapport sur ce que coûtait la réparation d'un chariot qu'elle avait amené d'Irlande pour ce motif.

— Eh bien, monsieur, que pensez-vous de ma voiture ?

— Madame, ça coûtera presque autant de la réparer que d'en faire une nouvelle.

— Cela ne fait rien, réparez-la à tout prix. Je tiens à mon chariot comme à un meuble de famille.

Il était évident que la dame n'avait pas lu le chapitre sur les meubles de famille dans '' Eustace Diamonds '' de M. Anthony Trollope. Le chariot de poste, ce triomphe de l'art mécanique du carrossier, est au moins aussi hors de saison que la chaise à porteurs. Quelques-uns subsistent encore en la possession de vieilles demoiselles riches dont les opinions ne changent jamais. Avec le chariot de poste, disparut un lot de véhicules plus ou moins grands pour la poste, tels que la britzska, le drosky, etc. Charles Dickens, écrivant à M. John Forster, en 1843, au moment où il se préparait à faire son premier voyage en Italie, lui raconte comment il a trouvé, dans un coin obscur du '' Pantechnicon '', un pauvre diable de coche tout usé, que finalement il acheta pour 45 liv. « En « ce qui regarde le comfort, il est à peu près de la grandeur

« de votre bibliothèque avec des lampes de jour et de nuit,
« des poches et des impériales, des caves de cuir et les inven-
« tions les plus extraordinaires. Quand vous le verrez, vous
« éclaterez de rire et puis ensuite vous le proclamerez par-
« faitement brillant, mon bon ami. » En passant en Suisse, il
rencontra feu Lord Vernon qui voyageait avec « une voiture
« extraordinaire où, en touchant un ressort, on voyait appa-
« raître un lit; un autre ressort et on voyait une chaise; un
« autre ressort mettait à découvert un garde-manger et une
« provision de conserves. » De même était la voiture de voyage
du docteur Darwin, l'ami de Priestley, le poète, le philosophe,
le prophète des bateaux à vapeur et des locomotives. La voiture
de poste de l'empereur Napoléon 1er a été longtemps l'un des
trophées de l'exposition de Mme Tussaud.

La Calèche *(Barouche)*

La calèche est une voiture propre à la saison d'été. Depuis
plusieurs années, elle a été en grande partie supplantée par
le landau qui, en général, est plus léger, plus logeable et
peut être employé durant toutes les saisons de l'année. Le
corps de la calèche est fait comme celui du coche avec ou
sans le plafond. Le siège, pour conduire, est aménagé pour le
cocher et un valet de pied, assis à côté l'un de l'autre; car
si le valet de pied était derrière, il serait mal placé, plongeant
sur les personnes assises dans la voiture et entendant leurs
conversations. La calèche a deux banquettes comme un coche
ou un landau et, quand la capote est baissée en arrière et les
tabliers relevés, elle peut contenir quatre ou six personnes
vis-à-vis. Les calèches les plus élégantes sont à huit ressorts,
mais on en fait aussi à ressorts elliptiques. Elles ne sont pas
aussi grandes qu'elles paraissent, mais grandes ou petites
demandent toujours une paire de chevaux.

La calèche bien entretenue, avec au moins une paire de
chevaux est une des voitures les plus élégantes et les plus
coûteuses dans une famille riche. Atteler en paire, sur n'im-

porte quelle voiture, suppose au moins trois chevaux à l'écurie, l'un servant à remplacer un camarade qui ne pourrait pas travailler. La calèche fait à merveille pour le parc, avec deux grands chevaux de sang richement harnachés, steppant et relevant jusqu'aux chaînettes, un cocher et un valet de pied imposants sur le siège et une dame presque étendue, déployant une toilette brillante et claire ou de velours et de fourrure suivant la saison. Les calèches, de même que presque toutes les voitures modernes sont faites beaucoup plus larges qu'au temps où il fallait aller en poste. Pour aller à Ascot Heat ou Doncaster Torn Moor, on peut atteler la calèche à quatre chevaux avec deux postillons — ce que les Français appellent à la Daumont.

A la campagne, le cocher de la famille peut atteler fréquemment quatre chevaux à grandes guides sur la calèche, mais ce n'est pas regardé comme aussi correct que les postillons.

A Londres, les loueurs gardent leurs plus jolies paires pour les calèches de leurs nobles et riches pratiques. Un cheval de calèche suppose plus de sang que le plus joli cheval de coche.

On fait des calèches de toutes les dimensions jusqu'à pouvoir atteler une paire de cobs de 14 mains; mais dans cette supposition, si on n'a qu'une voiture, le landau rend plus de service et est généralement préféré.

Pour des personnes qui sortent beaucoup dans le monde, une calèche seule n'est pas une voiture commode. En hiver ou pour la nuit, il faut la remplacer par un coche, un landau ou un brougham. Une grande calèche est tout à fait déplacée excepté quand on a un lot complet de chevaux et de domestiques.

La Victoria.

La victoria est une voiture à quatre roues découverte avec une capote, une seule banquette, sans portière ni tablier, avec un siège pour le conducteur et pouvant s'atteler avec unou deux chevaux. C'est une voiture d'invention relativement moderne, ou plutôt c'est une dérivation du vieux cabriolet-phaéton et a été une création de l'Empire français. On s'en servait comme voiture de promenade sur le continent bien avant qu'elle ait obtenu un nom en Angleterre.

La victoria a l'avantage d'être très commode pour une dame qui peut monter descendre sans abaisser de marche-pied ou sans salir sa robe le long des roues comme dans un brougham. Elle permet aussi mieux que toute autre voiture d'étaler une toilette depuis le haut de la tête jusqu'à l'extrémité des pieds. Certainement, si c'est un plaisir de dépenser sa fortune en toilettes, c'est un plaisir au moins aussi grand de les montrer brillamment et de la manière la plus avantageuse. Ce que le brougham est pour le visage d'une beauté, la victoria l'est pour les robes, un cadre pour l'un, un piédestal pour les autres. Elle a aussi l'immense avantage, pour une certaine classe, d'employer le plus grand luxe imaginable avec le moins de personnes; une paire de chevaux de grand prix, un cocher et un valet de pied de premier ordre avec des livrées coûteuses, une voiture dispendieuse pouvant accommoder deux personnes; une voiture pouvant servir seulement aux occupations de luxe, car on ne peut l'employer la nuit ou par un mauvais temps ou à la campagne ou partout ailleurs, excepté pour le parc, pour faire des visites ou courir les boutiques. Par un temps froid et sec la victoria a un autre mérite, elle permet de déployer un grand assortiment des plus somptueuses fourrures.

La victoria peut être traînée par un seul cheval, mais alors il faut qu'il ait des actions remarquables. On peut se dispenser aussi du valet de pied quand il n'y a pas de cartes à déposer ou de renseignements à demander, car il n'y a ni portière à ouvrir ni marchepied à baisser.

Ayant donné cette description imparfaite d'une voiture essentiellement affectée aux dames, aucun homme, pouvant marcher, ne voudrait être vu seul dans une victoria pendant l'été, — et c'est essentiellement une voiture d'été; j'ajouterai que toute dame qui peut avoir une voiture fermée aussi bien qu'une voiture ouverte, qui peut s'habiller avec le meilleur goût et à la dernière mode, devra en avoir une pour la saison, à moins qu'elle ne puisse ou préfère conduire elle-même dans une voiture aussi luxueuse, plus élégante et généralement plus employée : le phaéton de parc.

Le Mail-Phaéton.

Nons arrivons maintenant au type des voitures à quatre roues pour conduire soi-même, que le propriétaire choisit parce qu'il aime mener, et dans lesquels jamais le cocher, dans le sens strict du mot, (c'est-à-dire un artiste de poids dans une somptueuse livrée avec des culottes courtes et des bas blancs) ne sera employé, excepté en cas d'accident et après protestations de sa part. Le domestique propre à suivre une voiture menée par le maître est un groom en bottes à revers avec une redingote noire ou d'Oxford mélangé ou de couleur foncée. La plus ancienne des voitures de cette classe dont on se serve encore est le mail-phaéton, et encore en voit-on bien peu avec la forme, la hauteur et le poids originaux. Les mails-phaétons étaient un grand progrès mécanique sur le phaéton suspendu (high-perch) du temps de la Régence. Ils vinrent en usage sous la première moitié du règne de Georges IV, comme voitures de ville à la mode; on les employait aussi pour les longs voyages sur de mauvaises routes, par toute sorte de temps, pour transporter deux personnes à l'abri d'une vaste capote mobile et deux grooms sur un siège derrière, pas plus exposés à la pluie et au grésil qu'aucun des quelques centaines de gardes pour le mail-coach de S. M. le roi Georges. Tandis que la caisse était grande et aussi forte que le permettaient le chêne et le fer, les ressorts étaient faits sur les modèles (télégraphe) adoptés par l'expérience pour les mails et les stages-coachs. Pour traîner cette voiture pesante mais admirablement équilibrée il fallait une paire de chevaux de taille, actifs avec une condition aussi belle et un travail aussi constant qu'une distribution libérale d'avoine et de fèves pouvait les rendre. Le conducteur, assis très haut et près des chevaux, pouvait parfaitement commander à son attelage, avec des lanternes à réflecteur et des chaînettes de timon bruissantes, on était à merveille pour faire dix ou vingt milles sur des routes de campagne après dîner. Ces vieux mails-phaé tons à la mode, faits par les meilleures maisons de commerce (un choix peu nombreux en comparaison de la multitude de carrossiers qui existe maintenant) avaient les roues de devant et celles de derrière tellement rapprochées et roulaient si bien qu'ils étaient bien plus faciles à traîner que les autres voitures plus légères soi-disant avec des caisses plus longues, plus larges et les roues plus basses même; on ne les trouvait trop lourdes que pour monter des côtes rapides avec des chevaux de sang légers.

A peu près en 1827, le comte de Clanwilliam importa d'Allemagne la britzska, une voiture de poste légère, supportée par des ressorts elliptiques qui amena une révolution dans la construction des voitures anglaises. Les ressorts elliptiques remplacèrent les huit ressorts pour toutes les voitures, excepté les plus lourdes.

Par degrés, comme les chemins s'améliorèrent et que les voyages par les grandes routes diminuèrent à cause des chemins de fer, les voitures de voyage et particulièrement le mail-phaéton qui a toujours été en même temps voiture de ville et à la mode, furent rendues plus légères. Le lourd mail-coach avec son cou de cygne ayant disparu, le mot mail a perdu sa signification première, et quand on le joint au mot phaéton cela signifie seulement une voiture avec un siège élevé, une capote et une paire de chevaux, pour contenir le conducteur et une autre personne en plus du groom ou des grooms, voiture qui peut être construite d'une manière suffisamment forte pour faire face à toute éventualité, pas trop lourde pour une paire de chevaux de sang légers, également propre pour la campagne et pour la ville, pouvant convenir au célibataire et à l'homme marié.

Pour la commodité des dames on peut y adapter un marche-pied qui, se fixant sous le siège, peut être enlevé et plié facilement.

Pour un conducteur jeune et un ami avec un ou deux grooms par derrière, il n'y a pas de voiture attelée à deux qui puisse rivaliser en agrément et en comfort avec le mail-phaéton. Il y a assez de place pour des bagages d'homme et même pour ceux d'une femme raisonnable, sans oublier, dans ces temps où les auberges sur les routes sont affreuses, l'avoine pour les chevaux. Le siège de devant est élevé de manière non-seulement à commander les chevaux, mais encore à jouir agréablement du paysage que l'on traverse. Il est très bien organisé pour faire valoir à la ville les meilleurs qualités de steppers extravagants, si votre fantaisie incline de ce côté, tandis que votre femme ou votre sœur peut, avec l'approba-tion de la tante non mariée la plus prude, paraître à vos côtés. A la campagne, soit pour aller au rendez-vous, soit à un dîner, soit même à un bal, aucune voiture n'est mieux calculée pour courir les routes avec « sécurité et vitesse » à l'allure aussi rapide que le comportent vos chevaux.

Les chevaux les plus beaux comme brillantes actions « steppant et marchant » font le mieux sur un mail-phaéton. Mais si votre goût et vos moyens vous poussent plutôt à l'utilité qu'à l'ornement pour des longues distances, plutôt que pour les parades de société, encore solennelles, du parc ou des Champs-Élysées, une paire de « screws » à prix modéré comme vos amis plus riches les nommeront, s'ils ont du « ca-ractère » du type et de la race, en parfaite condition d'état et de travail, feront à merveille.

Un des avantages économiques du mail-phaéton bien cons-truit et pas trop lourd, de commun avec toutes les voitures de ce genre, c'est qu'il y a peu de poids dans le collier, sauf à une allure très rapide. Vous pouvez en conséquence y atteler un couple de hacks, chevaux de promenade ou même de hun-ters, chevaux de chasse, en dehors de la saison des chasses, sans préjudice pour leurs actions et avec des avantages con-

4

sidérables pour leur condition. Le mail-phaéton est la voiture
par excellence d'un célibataire qui n'a qu'une voiture.

Si un jeune couple se sert d'un mail-phaéton pour atteler le
jour et faire des excursions, il faudra qu'il ait recours à un
loueur voisin pour avoir une voiture fermée pour les sorties
du soir quand la nuit arrive vite. Un homme public dont la
stricte économie personnelle et l'éloquence ont été le marche-
pied qui l'a élevé aux plus hautes fonctions dans le gouvernement, nous disait un jour : — c'était avant qu'il eut atteint
les grandeurs — qu'il avait un phaéton de préférence à toute
autre voiture, pour prendre de l'exercice et pour sa santé, et
qu'il louait un brougham, employant son propre groom et ses
chevaux pour la nuit. Mais alors il vivait dans un quartier de
Londres où il fallait louer toute chose.

On ne doit jamais oublier que personne ne fait attention à
un brougham de famille — une espèce de chambre d'enfants
sur des roues — ou à une voiture de praticien, en général ou
de fait a aucune voiture choisie au point de vue de l'économie,
de l'utilité et de la place qu'il y a; mais une victoria, un
mail-phaéton ou phaéton de parc, sont tous des voitures à
prétentions, ce que les Français appellent des voitures de
luxe, et semblent misérables si on les rencontre comme on le
fait quelquefois avec le vernis terne, les harnais moisis, un
homme dans une livrée usée avec une cocarde à son chapeau
râpé.

Le moyen d'arriver au siège de derrière d'un phaéton est
devenu un exercice gymnastique très savant de la part des
grooms de premier ordre. Courant après le phaéton à côté
du marche-pied, il met le pied gauche sur la palette et y
reste debout; il ramène ensuite sa jambe droite à angle droit
avec sa hanche et la passe par dessus l'appui-dos de la banquette, enfin il ramène sa jambe gauche en angle droit
avec sa hanche et la passe par dessus la roue, et s'asseoit
aussi régulièrement qu'un soldat présente les armes au commandant. Le groom du côté opposé commence avec le pied
droit. Nous avons noté l'opération comme elle était pratiquée

par les grooms d'un officier des Life-guards, un membre actif de deux clubs pour le menage à quatre (fair horse clubs).

La preuve la plus frappante du progrès de l'art de la carrosserie se trouve dans deux voitures : 1° La voiture moderne où le mail-phaéton, dont avait fait une peinture M. Alfred Corbould pour un gentleman du Yorkshire, rendu fameux par la manière accomplie dont il entretenait un lot très considérable de hacks, harnais et chevaux de pur sang. L'autre est la voiture favorite du prince-régent, l'high perch phaéton. C'était dans une voiture de ce genre que M. Sampson Hambury, le grand brasseur, avait coutume de quitter sa maison de Ware à cinq heures du matin avec une paire de chevaux de sang pour aller à Spitalfields où il faisait des affaires importantes de brasserie, et après avoir pris une paire de bidets frais il revenait à Ware à temps pour chasser avec les Puckeridge hounds dont il était le maître d'équipage.

M. Felton qui a fait un curieux « Traité sur les voitures comprenant les coches, chariots, phaétons, curricles, cabriolets, whiskeys » dans lequel nous avons trouvé cette voiture hideuse, dangereuse, pas maniable, dit dans son introduction datée de 1790 : « L'art de la carrosserie durant le siècle dernier « est arrivé à un haut degré de perfection en respectant à la « fois la beauté, l'élégance et la force de la machine. La con- « séquence a été l'accroissement de demandes pour cet engin « de transport qui, outre son utilité commune, est devenu « maintenant la marque distinctive du goût et du rang de son « propriétaire. » M. Felton prévient candidement ses lecteurs que le high perch phaéton peut verser en tournant s'il n'est pas bien conduit.

Le Phaéton de Parc

Le phaéton de parc est essentiellement une voiture de dames et une des plus élégantes, soit qu'on la construise pour des poneys, soit pour des chevaux de toutes les tailles intermédiaires jusqu'à 15 mains 2 pouces, une hauteur qui ne devra jamais être dépassée. Le phaéton de parc est une voiture pour la ville et pour la campagne et il fait très bien renfermant une gaie société pour suivre les chasses dans les comtés de pâturages. Il a une capote qui protège complètement la conductrice et un de ses compagnons de tout excepté d'une averse venant de face ; mais il n'a pas de lanternes. Il paraît léger mais est lourd à traîner ; il n'a pas de place pour le moindre bagage et doit être suivi par un léger groom assis sur le siège de derrière ; ce groom peut être un tout jeune homme très bien tenu ou un vieux serviteur également bien tenu dans une livrée très correcte. Dans les grandes occasions il peut y avoir deux grooms. Toutefois les grandes dames, par exemple celles de la famille royale, étaient accompagnées par des piqueurs montés sur des poneys de même couleur et du même genre que ceux qui étaient attelés ; mais la coutume en est presque tout à fait éteinte et si parfois on en voit, cela fait sensation.

Le phaéton de parc est une des voitures les plus coûteuses, sans excepter la victoria à deux chevaux ; mais c'est aussi une des plus agréables, parce que, bien que ce soit un groom qui remplace le colossal cocher et son compagnon Jeames, les chevaux ou les poneys doivent être des plus remarquables. De quelque taille qu'ils soient, ils doivent avoir la qualité, les actions, des allures magnifiques, des têtes, des encolures et des queues irréprochables, en un mot la symétrie du cheval arabe idéal avec de vraies actions qui les fassent en même temps « stepper et marcher ». Ils doivent être parfaitement appareillés comme couleur, taille et actions, admirablement mis quoique remplis d'ardeur. En un mot, ils doivent avoir l'apparence de dragons féroces avec la docilité des chevaux de bataille bien dressés, et tandis qu'ils steppent gaiement jusqu'au mors, dévorant l'espace en secouant leurs longues crinières, ne doivent pas peser une once. Le long fouet parasol doit être porté comme un drapeau, pour l'ornement et non pour l'usage. Il est difficile de dire ce qui est le plus désagréable de voir une dame obligée de fouetter ses chevaux à

tour de bras ou de la voir arrachée de sa pose gracieuse qui
doit faire tableau, par une paire de brutes qui tirent : c'est
peut-être bien pour le phaéton d'un homme de sport, mais
c'est tout à fait déplacé dans les mains d'une dame. Le
phaéton de parc de la duchesse de Wellington a été longtemps un des objets que l'on montrait aux cousins de la
campagne, dans le parc ; récemment, il attirait encore plus
l'attention; traîné tantôt par une paire tantôt par trois chevaux pie de la plus brillante action, attelés de front. Il y a
une variété du phaéton de parc avec des roues plus hautes et
une caisse plus courte, mais cependant encore près de terre,
pour un ou deux chevaux de taille. Il est en faveur auprès
des gentlemen d'âge qui, aimant encore à conduire eux-
mêmes, ne se soucient pas d'aller à deux roues ou d'escalader
les marchepieds d'une voiture élevée. Ces deux voitures sont
élevées assez pour converser agréablement, mais sont trop
basses pour jouir du paysage par dessus les haies. Les étrangers qui vont pour la première fois à un rendez-vous en
Leicestershire ou en Northamptonshire, après les amazones,
admirent énormément les jeunes femmes en fourrure et en
velours qui, d'une main ferme, poussent gaiement leurs
petits chevaux sur le chemin encombré, conduisant leurs
maris enveloppés dans de grands paletots et d'apparence lan-
guissante, vers leurs hunters qui les attendent. Peut-être ne
sont-elles pas moins appréciées après un dur galop, les
mères d'âge plus mûr qui, du haut d'une wagonnette bien
approvisionnée, offrent une hospitalité bienveillante à leurs
amis et aux amis de leurs amis.

Pour la campagne, un phaéton de parc peut très bien, sans
aucun sacrifice matériel d'élégance, être construit plus grandement de manière à porter des paquets à la gare, et cela
avec des roues plus hautes et une paire de bonnes lanternes.
Quoique des poneys fassent très bien dans Hyde-Park, à la
campagne, une paire de chevaux de 15 mains a plus d'apparence et en impose davantage, ce qui fait quelque chose pour
la sécurité sur une route où on est exposé à rencontrer, dans

l obscurité, des « traps » et des charrettes de marché. Quand
les phaétons de parc furent employés au début (ils tirent leur
origine du joli phaéton de poney inventé pour Georges IV sur
ses vieux jours, quand il vivait dans son cottage, par Virginia
Water), les lignes étaient toutes courbes et ondulées. La
mode a depuis introduit des voitures composées de lignes
droites et d'angles droits ; — et la mode fait supporter à l'œil,
tout, même ce qui est hideux ; — mais il est difficile de croire
que les carrossiers abandonnent pour toujours « la ligne de
beauté ».

Le Stanhope Phaéton.

Le stanhope-phaéton obtenu primitivement en plaçant sur
quatre roues la caisse d'un stanhope-cabriolet, avec un coffre
pour le domestique, par derrière, est un progrès sur le pesant
cabriolet-phaéton, car il est plus léger et peut être aisément
traîné par un petit cheval de sang. Il a aussi l'avantage d'être
bon marché. Pour ceux qui aiment à conduire eux-mêmes,
c'est une voiture assez commode, bien que le siège ne commande pas aussi bien que dans le mail-phaéton, ou qu'il n'y
ait pas autant de commodités que dans une wagonnette. On
le fait pour un ou deux chevaux légers et peut facilement être
construit dans les limites de poids de 400 liv. du budget de
1870 du chancelier de l'Echiquier. Le stanhope a deux variétés. Dans sa forme primitive, c'était une voiture découverte
comme le cabriolet. Dans les débuts, il était augmenté en
poids par l'addition d'une capote fixe ou mobile et avait quelquefois la largeur d'un mail-phaéton à deux grooms sans la
« perch » ou sans dessous de voiture pesant. Plus tard, et
c'est sa seconde variété, on l'a baissé de hauteur, on retient
le siège de derrière de manière à n'avoir de place que pour
un seul homme et c'est de là qu'on l'a appelé, à cause de sa
configuration, une T.-Cart, nom adopté par le guardsman qui
l'inventa, un exemple de cet « orgueil qui singe l'humilité. »
Les demandes du stanhope à quatre roues, qui était en

faveur en 1858, ont sensiblement diminué dans la classe moyenne depuis la mode de la wagonnette beaucoup plus utile, et qui peut à volonté être convertie en phaéton; mais il n'en reste pas moins une voiture très à la mode pour un célibataire.

Le Phaéton vis-à-vis à quatre roues pour poney.

Un type de plus de voiture à quatre roues, demandé également à la ville et à la campagne, voiture essentiellement de famille, est le phaéton pour poney qui procure peut être plus de plaisir et de bonheur que le plus coûteux et le plus brillant équipage; (sans excepter le chariot de cour d'une dame qui a fait tellement son chemin dans le monde qu'elle a été présentée à la Cour, à l'envie et à l'étonnement de la ville manufacturière d'où est parti son mari, — où shériff de cité, ou maire de province allant à la réception, — et revenant la gloire de la chevalerie avec le titre de sir Peter ou sir John). Il peut avoir la forme d'un panier en osier ou en fil de fer ou en bois non peint, près de terre, être traîné par un animal petit, pas cher et docile pour l'usage immédiat de maman ou de la gouvernante, de la nursery ou pour la nourrice et une demi-douzaine d'enfants, avec ou sans l'aide du jardinier ou du fils du jardinier comme conducteur.

Il y a longtemps (avant que le principe de la simplicité ait entièrement pris possession du Budget anglais, avant que toutes les demandes extra fussent réglées par l'impôt sur le revenu avec un penny extra de temps en temps), un chancelier de l'échiquier avait essayé de soulager une classe de grevés qui renfermait beaucoup d'ecclésiastiques, d'officiers en demi-solde dans l'armée de terre et de mer, et d'autres personnes de classes pauvres et fières ayant beaucoup d'enfants, en exemptant de l'impôt toutes les voitures à ressorts dont les roues avaient moins de 30 pouces de diamètre, et qui étaient traînés par des poneys, des mules ou des ânes n'ayant pas 13 mains de hauteur. Le résultat fut la création d'une variété de tapissières (cruelty-vans) de toutes les formes les plus ingénieuses. Des roues basses entraînent un grand frottement. Le problème à résoudre était d'avoir le plus grand nombre possible de personnes sur quatre roues non taxées. Le dog-cart (voiture à chiens) de 19 guinées, qui n'a jamais porté de chiens, et le phaéton à roues de 18 pouces pour poney émanèrent du même budget. La loi barbare appliquée aux petits poneys était fondée comme on peut le présumer sur le principe que « de minimis non curat lex. » Quand M. Lowe revint triomphant, comme ministre de cabinet, sur les bancs du Trésor en disposant son budget, il fit un résumé des observations qu'il avait obtenues en voyageant, pendant son absence forcée. Il avait fait un tour aux États-Unis et rapportait pour son usage personnel, entre la station du chemin de fer de Croydon et son cottage à Caterham, où ce Cincinnatus financier cultivait ses choux, une de ces « boggies » à soufflet et à quatre roues construite à Philadelphie dont le poids ne dépassait pas beaucoup celui d'une grande brouette de jardinier.

En temps convenable, la charrette de Caterham, ministre de cabinet, vint suppléer au principe sur lequel était fondée la taxe des voitures, 15 shellings pour un poids de 400 l. Cette taxe donna un coup fatal et bien mérité au cruel système des petites roues, abolit la distinction entre les voitures à deux et à quatre roues et, par la prime dans la différence entre une licence à 15 shellings et une licence à deux guinées, appela en usage un nombre énorme de voitures légères, encore près du sol, mais avec des roues de dimension raisonnable.

Les premières voitures légères inventées à Croydon étaient d'osier, ce qui leur procurait l'avantage d'être très légères et à très bas prix et à très bon marché. Pendant quelque temps elles furent tout à fait à la mode, mais dans les dernières années on a employé un grand nombre de matériaux à bas prix, qui sont plus durables et plus aisés à nettoyer et à entretenir propres que l'osier. Il y a de nombreuses et légitimes demandes de voitures à bas prix dans des classes qui, ou bien aiment une forme d'occasion changeant suivant la mode, ou sont indifférentes de trouver un fini parfait pour s'en servir à la campagne. Le plus grand nombre cherche un mode de transport commode et trouve qu'il vaut mieux pour eux payer 25 livres que 50. Pour suppléer à ce besoin, durant les vingt années qui suivirent l'Exposition internationale de 1851, surgit dans la métropole et dans presque toutes les villes manufacturières d'Angleterre, une bande de carrossiers prêts à procurer chaque fantaisie des familles qui cherchaient le bon marché dans les voitures. La peinture fine et unie et le vernis étaient remplacés par la peinture commune ou par le bois verni sur sa couleur naturelle. Le fil de fer remplace les parties de cannes qui coûtaient plus cher et duraient peu; on imita même l'osier. Le tissu américain remplaça le cuir maroquin, et les garde-crotte de bois ceux en cuir. En un mot, les fournitures suivirent, et suivent encore à l'heure qu'il est, les demandes. La voiture que l'ambassadeur japonais acheta « at five minutes notice » pour 45 l. à l'Exposition de 1872 au Smithfield-Club, était une sorte de milieu entre un phaéton pour poney bon marché et une victoria.

Parmi les formes variées des phaétons de famille pour poney ayant la forme d'un bateau ou d'un panier à effets, des wagonnettes, des vis-à-vis aménagés pour un cob, pour un poney de 12 mains ou même pour un âne, on peut répondre à toutes les exigences de revenus. Avec un harnais très simple, une bricole au lieu de collier et un poney courageux et bon, parfaitement sûr, et pas peureux du tout, quand même il serait usé du devant, vous avez quelque chose qui sera parfait pour l'exercice journalier des enfants et pour s'en servir comme de voiture pour aller au marché ou pour mettre des bagages ou pour conduire quelqu'un à la station; voiture accessible sans avoir à baisser de marchepied pour les personnes faibles ou un peu fortes. La première dépense est minime, la taxe nominale, la dépense du poney, une botte de foin par semaine et de l'avoine de temps en temps. Dans aucun genre de voiture on ne trouve autant de choix pour le lieu de construction et pour les matériaux; on peut comprendre les voitures les plus coûteuses et les plus finies jusqu'aux exigences les plus strictes de l'utilité, les neuves ou celles de seconde main, à tous les prix depuis 5 livres.

Voitures à quatre roues
de sport, pour la campagne. Voitures variées.

Les noms des voitures à quatre roues destinées seulement pour la campagne qui sont comprises sous la dénomination de dog-carts, quoique beaucoup d'entre elles n'aient seulement pas la place de loger un gros chat et qui ont été inventées depuis 1852 — rempliraient à eux seuls des pages entières. Il y a le dog-cart, (charrette à chiens) proprement dit sur des roues hautes qui contient quatre personnes, deux regardant le cheval ou les chevaux et dos à dos avec leurs deux autres compagnons; en dessous, il y a de la place pour des chiens, si c'est nécessaire, ou pour une grande quantité de bagages de toute sorte. C'est une classe considérable de voitures roulant bien, ayant les roues de devant et celle de derrière très près; la caisse est construite de manière à couvrir presque complètement les roues de devant qui sont hautes. En un mot, c'est une très bonne voiture d'hommes quoique des dames puissent s'en servir dans un moment de presse. C'est une voiture dans laquelle l'utilité doit être un règle sévère et aucun argent ne doit être dépensé en ornementation. Dans cette catégorie où une grande place est l'objet et où on peut employer un cheval de grande taille ou une paire de petits chevaux, la forme connue sous le nom de « Perth-dog-cart » est une des meilleures. Dans sa plus grande forme, elle contient six personnes et on peut en empiler une ou deux de plus pour un court trajet. Son aménagement pour les bagages est très considérable, et on a vu des exemples de lits très bien arrangés pour un couple de chasseurs fatigués dans une « Perth-cart » à quatre roues.

Il y a aussi un nombre considérable de variétés du type américain avec le perfectionnement de coffre de dessous complet. Elles sont construites exclusivement dans un but de légèreté, de force et de vitesse. Le meilleur modèle a été construit pour le capitaine Olivier, un sportsman du Northamptonshire qui, après un accident qui l'empêcha de monter à cheval pendant une saison, chassait en voiture ; il ne restait pas sur les grandes routes ou sur les chemins vicinaux mais à l'occasion traversait les lieux découverts et était accusé d'avoir fait plus d'une fois des brèches dans des haies qui avaient des fossés derrière.

Il est inutile de faire remarquer que pour faire un pareil métier il fallait employer les meilleurs matériaux et la meilleure main-d'œuvre pour les voitures.

Parmi les excentricités des voitures de sport, il ne faut pas oublier la voiture bateau inventée pour l'usage de chasseurs des montagnes et des îles. Montée sur quatre roues, on peut s'en servir comme d'une voiture ordinaire et on peut y atteler des chevaux de poste pour atteindre quelque lac ou « firth » éloigné ; puis la caisse lancée à l'eau, qui est un fort cabriolet nautique et non terrestre, est complètement équipée avec des rames et des voiles.

Un aperçu sur les voitures de plaisir et de sport américain, qui présentent dans leurs classes des spécimens extraordinaires de perfection mécanique, sera réservé pour les chapitres sur le cheval américain. Beaucoup de ces chevaux, comme les voitures américaines, méritent d'être admirés comme genres de produits ; ils ont des formes et des destinations inconnues aux Anglais. Bien peu d'Anglais et aucune femme ne désirent voyager derrière des chevaux à un train de plus de 14 milles à l'heure, et une allure de huit milles à l'heure satisfait le plus grand nombre. Avoir une voiture dans laquelle on ne peut monter ou descendre sans faire de l'acrobatie et qui ne pourra tourner court sans qu'on la soulève comme une brouette, n'est pas du goût de John ni de la femme de John. Les meilleures qualités de ces spécimens extraordinaires de légèreté et de force ont été appliquées à des voitures, suivant le goût et les exigences, avec des roues de noyer importé d'Amérique. Pour construire une voiture à deux roues pour courir des paris de trot, ou pour faire un wagon à quatre roues, personne ne surpasse et peu de personnes peuvent égaler les mécaniciens des Etats-Unis.

D'autres voitures à quatre roues ouvertes et fermées, il en existe par légions « aucune plume ne pourrait décrire leurs variétés » mais les descriptions précédentes donneront une idée suffisante des différents types, parmi lesquels, sauf une exception, on pourra choisir la voiture ou les voitures nécessaires pour accommoder une maison, depuis la plus modeste et la plus utilitaire jusqu'à la plus coûteuse, ambitionnée par l'héritier inattendu d'une riche succession ou par l'heureux spéculateur qui s'est réveillé un beau matin se trouvant millionnaire, qui a une femme, plusieurs filles et un fils disposés et désireux de jouir le mieux possible de chaque chose.

La seule exception est pour le coach à quatre, des clubs du menage à Londres. Le « Four-horse Coach-Club » ou le « Four in hand Club ». Un sujet si important qui comprend non-seulement une description des perfectionnements les plus modernes, mais des instructions sur les mystères les plus cachés du menage, demande et mérite un chapitre séparé qui arrivera à sa place.

Voitures à deux roues.

Les plus anciennes voitures dont nous ayons quelque notion par l'histoire ou par la peinture étaient à deux roues. Les sculptures égyptiennes et assyriennes, les chroniques de l'ancien Testament et les poèmes d'Homère, tout prouve que l'usage des chariots précéda celui de la cavalerie dans les guerres. Les rois égyptiens et assyriens sont représentés dans les bas-reliefs conservés au musée britannique et copiés au palais de cristal combattant, chassant les bêtes sauvages et suivant les processions dans des chariots à deux roues.

Derrière les chariots de guerre, des chevaux de selle sont quelquefois conduits pour être employés, selon l'idée de M. Bonomi, pour fuir en cas de défaite.

Il est curieux de remarquer que, tandis que les chariots des Egyptiens, des Assyriens et même plus tard des Grecs — les élèves des Assyriens pour les arts — étaient ornés avec beaucoup de goût, travaillés avec des pierres précieuses, agrémentés d'ornements d'or, d'argent et de bronze, ainsi que d'incrustations d'ivoire qui indiquaient un goût et une habileté extrêmes, le mécanisme des roues et des essieux fut très grossier, et que les chars n'eurent aucun ressort en bois ou en fer. Ces chars splendides, véritables chefs-d'œuvre d'art, roulaient plus difficilement qu'un camion de brasseur. Le royal conducteur et son compagnon qui portait les javelots étaient assujettis à se tenir debout, se balançant sur leurs pieds, pour résister aux chocs produits par les pas de leurs coursiers orientaux.

Il y a un fait non moins curieux, c'est que tandis que les barbares bretons que César combattit et vainquit avaient des chars de guerre, — un grand nom pour un véhicule ressemblant étrangement à une voiture de marchand de pommes sans ressorts — les Indiens nomades des plaines de l'Amérique qui sont si ingénieux dans la construction de leurs canots et des ustensiles de guerre et de paix, n'aient jamais inventé des voitures à roues d'aucune sorte sur lesquelles ils pourraient compter pour atteler les chevaux qu'ils savent dompter et monter. Les races Astèques, si civilisées à un certain point, n'avaient pas de chevaux pour atteler. Dans les migrations des Peaux-Rouges, les poteaux de tentes sont traînés par terre bien que les prairies planes soient bien plus propres que la Bretagne de Baodicée (Baodicea's Britain). Mais (malgré un tableau fameux) Baodicée n'avait pas d'aussi beaux chevaux de sang que ceux que l'on voit sur les bas-reliefs assyriens conservés au musée britannique. Sans doute elle livra bataille à César sur un char aussi rustique que la charrette à vin du Portugal moderne ou du Chili, traîné par trois ou quatre diminutifs de poneys, poilus comme ceux qui courent encore à l'état sauvage dans les marais du Devonshire ou dans les montagnes de Galles.

Le Curricle

Au temps où les héros de Mlle Austen et de Mlle Fanny Burney rendaient leurs visites d'état en « chariots à six » la voiture la plus à la mode était le curricle. Parmi les autres extravagances qu'on relate sur les nababs de ces temps-là, était une commande dans Long Acre de « plusieurs curricles » pour le printemps. M. Felton dans son livre déjà mentionné, décrit et donne l'image d'au moins quatre curricles et cabriolets-curricles, avec des inventions pour n'employer à l'occasion qu'un seul cheval, avec des timons pour les chemins très étroits et un porteur monté par un postillon, et il ne parle d'aucun phaéton à quatre roues à un cheval, aménagé pour les usages modernes.

Le curricle, avec une caisse pareille à peu près à celle de son successeur le cabriolet, supporté par huit ressorts et deux roues, traîné par deux chevaux parfaitement appareillés comme taille, couleur, qualité et action, les harnais ornés à profusion avec des ornements d'argent, unis par une barre d'argent qui supporte une boule d'argent, précédé ou suivi par deux grooms montés sur une autre paire de chevaux, également bien appareillés avec les premiers, assure au conducteur et à son compagnon — fréquemment une dame — un effet superbe qui réunit le maximum de dépense avec le minimum de commodité. Quatre chevaux et deux grooms pour traîner deux personnes ! Après un certain temps les raisons d'économie prévalurent, et, sacrifiant un peu à la mise en scène et à l'élégance, on supprima les deux chevaux des grooms et ceux-ci se placèrent sur une espèce de siège derrière le curricle, ce qui n'était pas sans utilité ; car ça faisait balancer le timon et ôtait du poids de dessus le dos des chevaux.

Le mail-phaéton amélioré et le cabriolet perfectionné tuèrent le curricle. Quoique, presque aussi coûteux, ils étaient moins difficiles à produire correctement, et infiniment moins dangereux.

Le plus original curricle du siècle dernier qui fut construit par ordre de ce dandy en carricature, Roméo Coates, était de cuivre et avait la forme d'une coque de navire.

La première voiture qu'adopta Charles Dickens après qu'il se fut réveillé un beau matin et se fut trouvé célèbre, était un curricle. C'était dans un curricle qu'il rendit sa première visite au jeune et grandissant artiste, le peintre de Dolly Varden, depuis de l'académie royale, W. P. Frith. Un curricle est un des « accessoires » dans l'histoire de « Nicholas Nickleby ».

Le comte d'Orsay fut le dernier dandy qui conduisit un curricle au parc, et il démoda cette voiture chère et somptueuse où on se cassait le cou, quand, comme le dit « Whyte Melville » avec ses favoris et son cheval de cabriolet, il fit éclater un orage dans la ville. » C'était à peu près en 1846 que je vis le grand duc de Wellington conduisant lui-même dans un curricle jaune soufre avec des harnais et la barre d'argent, sur le pont de Westminster pour prendre part à une revue à Wolwich; l'ancien pont était très raide et il marchait au pas jusqu'en haut de la côte depuis Westminster. Dans les années suivantes sa voiture était un « equirotal » voiture à quatres roues d'égale hauteur.

Le Cabriolet

Le Cabriolet (qui est encore le favori de quelques riches officiers des gardes, grands agioteurs, survivants de la dernière génération des gens de la ville) s'emploie seulement pour le Parc; il était à la mode dans les premiers jours du règne de la reine Victoria. C'est un curricle avec une paire de brancards, et sans le siège pour les grooms. Madame Gore, dans une de ses nouvelles, en fait la voiture d'un ménage de rang et de fortune limités. C'était avant l'invention du brougham à un cheval. Il prit la place non seulement du curricle et du stanhope-cabriolet, mais encore du chariot et du vis-à-vis pour tous les usages, excepté pour les réceptions de la Cour. La cour du palais était remplie de cabriolets dans la fameuse nuit de 1835 quand Lord John Russell fit passer la « clause de l'appropriation de l'Eglise irlandaise ». Sir Robert Peel fut défait, et cette clause fut enterrée jusqu'à ce qu'elle fut relevée de nouveau par M. Gladstone qui succédait à son ancien mentor le grave Sir Robert.

Le cabriolet demande un seul cheval, mais de grande taille et splendidement beau avec de bonnes jambes, des pieds excellents et des actions remarquables dans ses allures modérées, un seul groom debout par derrière, si petit qu'il ne peut être que pour le plaisir et ne peut servir à rien.

Quand la mode passa et qu'on loua des cabriolets à la journée ou à la semaine, on les vit dans de misérables conditions, dans des lieux inusités et avec des personnages également inusités, par exemple un praticien s'en servait dans ses tournées avec un cheval à moitié crevé et un domestique dans une livrée dégoûtante; ou bien on louait un cabriolet pour aller dîner à Richmond et revenir. C'était une voiture très agréable et imposante pour un célibataire quand elle était bien tenue; très belle pour les courtes parades à une allure ralentie et surtout un piédestal très commode pour causer à l'ombre d'Achille Wellington. Le grand cheval, le groom microscopique à sa tête, le languissant et bien ganté dandy qui conduisait faisaient un tableau que les nouvellistes aimaient à reproduire depuis Pelham, Comingsby et Pendennis jusqu'à Digby Grand.

C'était dans un cabriolet que Théodore Hook avait coutume de rentrer chez lui le matin après avoir passé la nuit à Crockford, quand son médecin lui eut ordonné « de ne pas s'exposer à l'air de la nuit ». Planché dans ses Mémoires raconte que Sam Beasley l'architecte « qui n'avait jamais cinq schellings, mais pouvait toujours trouver cinq livres pour un ami », le ramena un jour d'un dîner à Greenwich, et comme il faisait remarquer à son ami la commodité d'une voiture à soi, celui-ci lui répondit : « Oui, je suis un gaillard un peu origi-

« nal : J'ai une voiture, un cabriolet, trois chevaux, un cocher,
« un valet de pied et une vaste maison, trois servantes et la
« moitié d'une couronne ! ». Tackeray donne une idée de l'effet général quand on a un grand dîner chez Bungay, il décrit
l'arrivée de l'honorable Percy Popjoy : « Comme on causait,
« on vit tout à coup s'avancer et app ocher le spectacle ma-
« gnifique d'un énorme cheval de cab gris. Derrière on voyait
« une paire de rênes blanches, tenues par des gants blancs
« tout petits, une face pâle, mais ornée d'un collier de barbe
« au menton, une tête de tout petit groom dépassait la capote.
« On prévint M. Bungay tout joyeux de l'arrivée de ces objets
« brillants ». Mais lé luxe a fait maintenant des progrès.
Mme B... ne voudrait plus « s'amuser dans un véhicule à un
cheval », elle veut avoir son brougham.

Le Stanhope-gig et Dog-cart

Avant l'introduction du cabriolet, le gig qui tire sa forme
première du whiskey décrit par Gilray dans « Doctor Syntax's
Tour » avait porté un coup au curricle et était devenu une
voiture dans laquelle les dames à la mode daignaient paraître
au Parc, à Ascot et Brightelmstone. Différents carrossiers
produisirent le tilbury, le dennett (inventé par Bennett, un
carrossier de Finsbury dont le B fut changé en D dans le West-
End) et le Stanhope-Shape. Ce dernier fut inventé par Fitzroy
Stanhope, un frère de Lord Petersham, depuis comte de Harrington, qui épousa Mlle Foote. Il avait inventé auparavant le
tilbury, et M. Tilbury le carrossier insista pour que le second
porta le nom de son inventeur. M. Misters, le rival heureux
de Byron avec Miss Claworth, menait une dame dans un gig,
au parc, quand survint la querelle qui causa son duel avec un
colonel et plusieurs autres aventures curieuses dans l'histoire
de la mode de ce temps, aventures qui ont été rappelées dans
une carricature à calembourgs. Les gentlemen ont perdu
l'habitude de se battre en duel et les dames à la mode de se
promener au parc dans des gigs ou dans toute autre voiture

5

à deux roues. Un écrivain du vieux « Sport Magazine », en 1817, mentionne que « sous le patronage du prince régnant, « le gig a dans une grande mesure remplacé le curricle et le « tandem comme voiture à la mode. »

De toutes les formes de gigs, le stanhope est le seul qui survive comme voiture de ville. Il est encore construit avec la plus grande élégance par des carrossiers très en vogue ; il est encore patroné par les jeunes gentlemen élégants, amateurs d'un cheval de sang, rapide et à hautes actions, car c'est une sorte de voiture qui fait valoir à merveille cette classe de chevaux. Pendant longtemps entre la chute du cabriolet et l'apparition du brougham on voyait rarement sur le pavé un stanhope fait à la ville ; mais depuis 1870, il y a un réveil dû en partie aux officiers des gardes et à leurs nombreux imitateurs.

Au moment du jugement de Thurtell pour le meurtre de Weare, un témoin déclara qu'avoir un gig (Keeping a gig) était une preuve d'honorabilité, et ces mots ont depuis été insérés dans une des épithètes favorites à M. Carlyle qui décrivent son aversion favorite : le British Philistine. Mais la possession générale de voitures à deux ou à quatre roues depuis 1852 a tout à fait détruit le sel de ces mots. La classe qui avait des gigs a maintenant des broughams et des dog-carts, ce qui n'est pas du tout, quant aux derniers, un signe de naissance élevée.

Un gig, comme toutes les voitures à deux roues de sa classe, demande beaucoup de soin dans sa construction pour éviter le mouvement très désagréable appelé en terme technique « Knee-action » (action du genou) qui est un mouvement saccadé très agaçant qui vient du ressort des brancards. Un grand nombre d'inventions ont été brevetées pour empêcher ce mouvement désagréable et quelques-unes ont très bien réussi. Au commencement de ce siècle Fuller of Bath se fit une réputation par une invention de ce genre ; mais maintenant chaque constructeur de dog-cart a son remède pour deux ou trois souverains au plus. L'homme qui tient à sa peau, et

qui va en voiture à deux roues, doit regarder à ses brancards.
Ils doivent être en bois de lance, et M. Ransome recommande
de les fendre, d'y placer une lame d'acier et de les assujettir
par des crampons. Un brancard ne doit jamais être traversé
par un boulon. Le type gig sous d'autres noms fut considérablement influencé par le budget du Chancelier de l'Echiquier en 1843, auquel nous avons fait allusion dans notre chapitre sur les voitures pour poneys. Désireux de jeter un morceau de pain aux intérêts agricoles toujours en souffrance, il
exemptait de la taxe imposée toute voiture à deux roues ne
coûtant pas plus de 21 livres, pourvu que le nom du propriétaire fut écrit en lettres n'ayant pas moins de quatre pouces
de haut, (on ne parlait pas de la largeur), sur un endroit visible
du véhicule. Cette exemption créa une nouvelle et nombreuse
classe de voitures à deux roues qui, bien que l'exemption ait
été abrogée, fleurissent de nos jours sous le nom de dog-carts,
malvern-carts, Leamington-carts, Witechapels Norfolkshoo-
ting-carts, etc. Le premier produit fut le dog-cart actuel, construit pour contenir quatre personnes, chaque paire placée dos
à dos au lieu d'être vis-à-vis, monté sur des roues très hautes
et appelées quelquefois « Orxford Bounders » avec beaucoup de
place pour des chiens ou des bagages. De longues lettres de
largeur minime rendaient le nom du propriétaire à peu près
illisible. Un bill qui, dûment acquitté pour 20 livres 19 shellings,
satisfaisait le percepteur des Contributions, était suivi d'un
autre bill en plus pour les extras, pour la forme des coussins,
les tapis, les lampes, ce qui élevait la dépense totale à 25 l. ou
30 l., prix auquel on en a un grand nombre aujourd'hui.

Cette exemption non-seulement a introduit la voiture à deux
roues dans les familles qui étaient trop fières pour aller auparavant dans « une market-cart » (carriole pour aller au marché) mais a élevé un grand nombre de charrons de campagne
industrieux, au rang de carrossiers, à une époque ou aucun des
grands personnages de Long Acre n'aurait consenti à construire quelque chose qui n'aurait pas été fini et verni comme
un ouvrage de cabinet de travail, recouvert et rembourré

comme un canapé de salon, assez fort et assez lourd pour servir toute une génération et au prix de moins de 70 guinées pour un simple stanhope-gig.

Les constructeurs de dog-carts bon marché laissèrent d'abord de côté les panneaux peints finement, polis et ornés pour la couleur unie et ensuite pour le bois vernis simplement de couleur naturelle; ils adoptèrent des inventions bon marché pour les ressorts, sacrifièrent la durée au prix et après un certain temps consultèrent les besoins et les désirs d'une classe de personnes des deux sexes qui, voulant une voiture pas cher, tenaient à se soumettre à la dénomination de dog-cart, bien qu'elles n'aient pas de chiens, mais ils trouvèrent un écueil dans le danger qu'il y a d'être sur de magnifiques roues, à la merci de chevaux faisant des faux pas. Ils imaginèrent une dernière variété de voitures à deux roues Ballerden, Leamington, Nottingham, Worthing, Worcester, etc. etc., appropriées à toutes les tailles, depuis le poney de curé jusqu'au cheval de harnais du recteur, rasant le sol de si près qu'il leur arrive le plus grand malheur d'un cheval qui bute: le couronnement. Les chemins de fer qui commençaient à se créer à ce moment, vinrent aider l'exemption du Chancelier de l'Echiquier pour populariser les voitures bon marché parmi les gens distingués, pauvres et économiques. Bien que l'exemption ait été abrogée depuis longtemps, ses résultats demeurent dans un grand nombre de voitures à bas prix, à deux roues, également convenables aux usages domestiques et à ceux du sport, pour traîner des enfants ou différents objets ou même des bagages à la station. « J'enverrai le dog-cart au devant de vous » est le post-scriptum commun d'une lettre du château ou de la ferme. Le terme a été naturalisé en France, on dit: To-cart.

La réduction des droits sur les voitures dont nous avons déja parlé au chapitre des voitures à quatre roues etc.. a eu un immense effet sur les voitures à deux roues. Le caractère sportif du dog-cart primitif a été effacé et les roues dont on a perfectionné les essieux par les combinaisons modernes sont faites de la hauteur la plus convenable pour le tirage, tandis que le corps est placé suffisamment bas pour la sécurité et la commodité. Les voitures à deux roues de famille ou particulières peuvent être divisées en trois types.

1º   pour contenir deux personnes seulement.

2º   pour en contenir quatre dos à dos.

3º   pour en contenir quatre de côté, sur le vieux modèle de la charrette de côté irlandaise.

Les types de sport sont : l'Oxford dog-cart primitif admirablement calculé pour atteler en tandem et la vieille Whitechapel, plus connue, depuis que le prince de Galles a fait sa résidence de Sandringham, sous le nom de Norfolk shooting-cart », la plus grande de toutes les voitures à deux roues de sport ou de famille, qui peut être construite assez simplement pour conduire des cochons au marché et assez élégamment pour conduire un lot d'hommes d'écurie au rendez-vous d'une meute, ou avec des chiens et des fusils pour une partie de chasse à tir « at the Duke's » Pour aller avec sécurité dans une voiture à deux roues élevées, il faut un cheval avec de bonnes actions de trot et le pied sûr. Au contraire un mauvais bidet peut traîner une voiture à quatre roues.

L'Hansom de luxe, la Voiture d'Invalide.

Dans cette liste de voitures de luxe anglaises qui pourrait s'étendre à des volumes sous forme de catalogues, l'hansom, ainsi nommé de son inventeur industrieux et malheureux, M. Hansom, architecte de Birmingham Tornh-hall, ne doit pas être oublié. C'est essentiellement une voiture d'homme pour la ville en faveur auprès des médecins qui peuvent aussi avoir un brougham lorsque le temps est mauvais, auprès des surveillants, des entrepreneurs et autres qui vont à leurs affaires et ont besoin de descendre et de remonter fréquemment. L'hansom a tous les avantages de l'air et son emploi est un exercice très salutaire pour la santé. Quoiqu'il soit construit pour contenir deux personnes, il convient mieux à une seule avec un léger bagage, mais il ne faut pas s'en servir quand on a sur son chemin des côtes très raides. Les dames aiment à monter dans un hansom pour changer, mais pour un usage constant elles préfèrent un brougham simple ou un brougham miniature qui est, en même temps, plus utile et pas plus coûteux. Un hansom de luxe réclame un meilleur cheval qu'un brougham, s'il n'est pas plus à la mode, parce que, en dépit du balan bien équilibré, nécessairement il y a un poids en descendant les côtes. Le cheval doit aussi être vif et faire au moins douze milles en une heure au besoin, et s'il peut en faire quatorze cela vaut mieux. L'aisance et la facilité de locomotion sont les points caractéristiques de cette voiture qui fait très bien dans une remise bien montée, dans une habitation où l'on va souvent à la station, quand il n'y a pas de côtes sur la route. L'hansom doit être garni d'une ou deux lanternes brillantes. Le cheval doit être mené avec un filet simple ou un filet à anneaux, suivant sa bouche. Un mors à gourmette est inadmissible à cause du poids des longues rênes.

Il n'est pas nécessaire de dire grand'chose sur les voitures pour transporter les invalides par les routes ou par les chemins de fer; avec le meilleur arrangement des ressorts, on peut adapter les systèmes les plus ingénieux pour empêcher autant que possible toute secousse; on peut employer des roues garnies de caoutchouc; il y a des lits qui peuvent s'enlever, se porter dans la chambre du malade et s'introduire dans la voiture. Ces véhicules sont toujours loués et, généralement, on en trouve à toutes les gares principales de chemins de fer.

Bandes de Caoutchouc

Les bandes de caoutchouc sont un grand luxe, elles donnent à une voiture à roues la douceur d'un traîneau sur la neige durcie et suppriment presque complètement tout résonnement et tout bruit des roues. Mais, généralement, elles sont faites d'après un mauvais principe. Si le caoutchouc est en long,

toute coupure s'agrandit et la bande est bientôt perdue. Si les
bandes sont, au contraire, dans un plan opposé, elles dureront
un temps illimité; pour cela il faut un tube creux de caoutchouc avec un noyau de fer qu'il serrera et qui sera plus
court que le tube, ensuite on l'entrera dans une roue avec
une rainure préparée pour cela. Cette sorte de garniture en
caoutchouc a été employée, pendant bien des années, sur
deux voitures par M. Ransome, le fabricant d'instruments
d'agriculture d'Ipwich.

La Carriole Irlandaise

J'espère qu'on ne nous regardera pas comme voulant ajouter encore aux griefs de l'Irlande pour refuser de traiter de la
carriole irlandaise, si fameuse dans les chansons « The low
backed car » (la carriole à dossier bas) comme une voiture
s'exportant avec honneur de son sol natif. Avec un seul cheval et deux roues, la carriole irlandaise a un mérite, une capacité aussi considérable que celle d'une carriole de Naples, —
elle contiendra autant de personnes et autant de bagages que
le cheval pourra en traîner. Elle en a un autre : il est à peu
près impossible de la faire verser. Mais comme ce dernier
avantage est partagé avec un grand nombre de types de villages carts, et que le premier ne peut être regardé avec faveur
même par une personne indulgente, la carriole irlandaise
reste une voiture commode pour les pique-niques et les parties
de pêche, moins dispendieuse, mais pas plus grandement
aménagée que la wagonnette. Ou bien le conducteur est assis
de côté avec le moins de surveillance possible sur son cheval,
ou bien il est assis de face, ce qui inévitablement charge les
épaules du cheval. Le rapport sur le département des voitures
de l'Exposition internationale de Dublin parle seulement et
donne le dessin d'une seule voiture, une carriole irlandaise
dans laquelle le conducteur était placé, comme dans un han-
som-cab, en l'air et par derrière; de sorte que tout en balançant les brancards, il voyait les personnes et entendait les

conversations de ses passagers, ce qui serait agréable (s'il était l'ami de la famille ou un plaisant privilégié),avec la perspective de tomber sur leur tète si le cheval butait ou tombait par terre.

Le Musée de South Kensington possède dans sa curieuse collection de voitures, un corricolo napolitain aussi simple dans sa construction que la charrette d'un marchand de pommes, mais aussi sculpté que la rame d'un Irlandais de la mer du Sud.

L'Équirotal

La voiture la plus curieuse qui ait foulé les pavés de Londres était l'équirotal (voiture à quatre roues d'égale hauteur) construit pour le duc de Wellington, en 1830, par M. W. Bridges Adams. C'était la voiture favorite du grand duc pour aller aux Horse Guards ou à la chambre des Lords, au moment de sa mort. Elle était arrangée comme une voiture à un cheval, et conduite par un groom. Elle pouvait être convertie en deux voitures, un cabriolet ou un curricle pour la partie de derrière et un stanhope pour la partie de devant, tandis que réunie elle formait un cabriolet-phaéton pour un ou deux chevaux.

Elle était très légère à tirer mais coûtait très cher et était soumise à des taxes extra, montant à peu près à 7 livres par an. Les taxes ont été réduites et la question est débattue de savoir si ça ne serait pas l'intérêt de certains de nos carrossiers de campagne de construire des wagonnettes dont la partie de devant pourrait rapidement se transformer en un dogcar à deux roues. Une bonne main d'œuvre et du fer de Bessemer seraient nécessaires pour donner de la sécurité à la jonction qui est d'une espèce familière à nos fabricants d'instruments agricoles En un mot, le principe de l'équirotal est que les roues de derrière et celles de devant sont du même diamètre et que le corps de devant et celui de derrière sont réunis par une sorte de charniere.

La suite est le propre récit de l'auteur sur les avantages de son cabriolet-phaeton-équirotal.

‹ 1º Le cheval le traînait avec une grande facilité, en com-

« paraison avec une voiture ordinaire de la même forme et du
« même poids.

« 2° Le cheval faisant des écarts ou non, le conducteur était
« toujours parfaitement droit derriere lui, son siege tournant
« avec les roues de devant, et consequemment il avait toujours
« le même empire sur son cheval comme dans un stanhope-
« gig. Dans les voitures ordinaires à quatre roues des acci-
« dents sérieux arrivent de ce que des chevaux rétifs se rabat-
« tent, car dans cette position le conducteur perd une grande
« partie de son pouvoir sur eux.

« 3° Les ressorts étant à une hauteur égale jouaient par-
« faitement ensemble avec un mouvement uniforme et très
« aisément; on était, comme un des hommes l'a remarqué,
« comme dans un bateau sur l'eau.

« 4 A cause de la douceur des pivots et l'absence d'un
« plateau de roues, il n'y avait aucun de ces grincements
« désagréables, communs aux voitures ordinaires. Pour les
« personnes qui ont les nerfs sensibles, c'est un très grand
« avantage.

« 5° La voiture, quoique tournant très librement, était
« cependant assez rigide et exempte de tremblement d'un
« bout à l'autre.

« Il est évident que ces voitures, par la simplicité de leur
« construction, demandent beaucoup moins de peine pour les
« nettoyer ; et, par la même raison, leur durée doit être aug-
« mentée de beaucoup. Avec leurs roues à ressorts circulaires
« et leurs ressorts décrits plus bas, l'auteur est sûr qu'elles
« ne laisseront que peu à désirer dans la bonne condition pour
« rouler si loin qu'on y regarde. Le nom par lequel il propose
« de les distinguer des autres classes de voitures est voitures
« équirotales.

« C'est un phaéton de poney avec les caisses, se joignant
« à charnieres faites de façon que le fond soit à 14 pouces du
« sol, les extrémités sont recourbées en haut pour reposer sur
« les ressorts elliptiques au-dessus des essieux. Sur le coffre
« de derrière est placée une caisse en forme de coquille avec,

« derrière, une plaque pour un boy qui se tient debout quand
« la capote est relevée, et assis quand elle est baissée. Une
« plateforme basse est placée sur le coffre de devant, et on y
« attache un siège pour conduire, capable d'être enlevé quand
« les personnes de derrière veulent mener elles-mêmes. Les
« lignes de cette voiture s'harmonisent bien ensemble, le
« coffre de dessous formant simplement un soubassement qui,
« dans la construction, se verrait à peine en regardant en
« perspective par en dessous. Cette voiture roulerait très
« légèrement derrière une paire de petits poneys ou de cobs,
« et paraîtrait bien en proportion. Le coffre d'en dessous ser-
« virait très bien à mettre de légers bagages ou des paquets,
« sans gêner le moins du monde les personnes assises. En
« ôtant le siège de devant et la plateforme et en mettant à la
« place une caisse, on aurait une voiture légère, très commode
« pour voyager. »

Un carrossier de campagne a, sur ma recommandation, préparé les dessins d'une wagonnette équirotale qui remplacerait
le dog-cart à deux roues aussi bien que les autres véhicules
énumérés dans la description de la wagonnette.

Le Traîneau

Une des voitures les plus amusantes pour l'hiver dans un
château d'un comté où la neige reste assez longtemps et a
assez d'épaisseur, est un traîneau contenant deux ou quatre
personnes avec un groom perché derrière, hors de portée de la
conversation, et traîné par un cheval ou deux chevaux en paire
ou en tandem. Les traîneaux ont été importés généralement
du Canada ou des États-Unis. Ils sont d'un usage universel
en Russie, en Scandinavie, en Pologne, en Hongrie et en Autriche durant les mois d'hiver. Ils coûtent cher à faire élégamment avec des fourrures et des clochettes mais un traîneau
simple peut être fait à peu de frais par n'importe quel charron
ou charpentier de village. Le corps doit être très léger ; il ne
demande pas la résistance d'une voiture à roues de facture

européenne, de telle façon qu'on puisse le manier facilement. Un traîneau canadien, pour contenir quatre personnes vis à vis, que j'achetai pour cinq livres seulement pendant un été, pesait seulement 300 lbs. Il y a beaucoup d'occasions où il est nécessaire de manier un traîneau comme une brouette; par exemple quand vous le renversez. Le harnais doit être aussi simple que possible, des bricoles au lieu de colliers, des traits en corde feront très bien et devront avoir seize pieds de long ; ce n'est pas la peine d'avoir des traits de cuir pour un véhicule qui servira pendant quelques jours seulement de suite dans un intervalle de deux ou trois ans. La condition pour user d'un traîneau en Angleterre, est d'avoir le véhicule, les harnais et tout l'attirail prêts au moment voulu. Commencer à construire ou à réparer un traîneau quand la neige tombe, c'est se ménager un désappointement. Pour circuler dans les nuits sombres il faut des clochettes, car le traîneau ne fait pas de bruit ; mais des sonnettes de mouton, à défaut d'autres, feront le bruit suffisant. Comme le cheval est très loin de la voiture, il faut un fouet de tandem. Des couvertures de couleur pourront remplacer ces magnifiques peaux de buffles ou d'ours qui sont essentielles dans les contrées ou on fait un usage constant du traîneau ; il y a peu d'hivers en Angleterre où ce soit raisonnable, pour les personnes de moyennes ressources, de préparer un traîneau comme une chose de mode et les fourrures qu'on y mettrait risqueraient beaucoup de se manger aux vers. D'un autre côté, avec très peu de frais, on peut organiser un traîneau et un harnais dans une habitation à la campagne, et il procurera beaucoup de plaisir quand une couche épaisse de neige aura interrompu le patinage, et le froid les chasses à courre. S'il y a dans la famille une personne qui ait chassé dans les régions tropicales ou hyperboréales, toutes ses dépouilles de chasse, de tigre, de daim, d'ours ou de buffles seront utilisées et feront un excellent effet. Vous pouvez atteler soit un seul cheval, soit une paire, à un timon, soit à la méthode russe ; un dans les brancards réunis par un cintre de bois peint en bleu ou en rouge et ornés de sonnettes, et l'autre galoppant à côté et attelé à un palounier en dehors.

L'attelage en tandem est le menage favori au Canada, mais il demande un cheval de tête extrèmement sûr et droit, et un conducteur très habile, car il sera excessivement bas, s'il est assis à côté de la dame et ne sera pas très haut s'il mène de derriere, par dessus la tête de deux personnes.

La Carriole

Depuis que la Norwège a attiré de plus en plus des masses de sportsmen et de touristes, la carriole, la voiture de poste de cette contrée, a été importée et employée dans plusieurs endroits de la campagne ; mais elle n'est pas sur son terrain, par la simple raison qu'elle n'est pas faite pour des routes où on peut rencontrer quelqu'un. La position étendue du conducteur lui ôte toute facilité de voir en dehors ; de fait, il doit s'en rapporter beaucoup à la sagacité de son cheval. Quoique rien ne serait meilleur pour suivre les routes marécageuses, si toutefois on peut appeler cela des routes, de Sommersetshire, Devonshire et Cornwall; conduire une carriole à travers les plaines de Devonshire par une nuit noire, surtout un soir de marché ou de foire, serait certainement se risquer beaucoup. Il y avait une dame qui se servait d'une carriole pour aller au rendez-vous des Nert Faest Hounds. J'ai rencontre quelques-unes de ces voitures il y a quelques années, juste apres l'achèvement du chemin de fer Norwegien, chemin de fer fait avec un capital anglais et des ouvriers anglais autour de Surrey, mais elles sont apres tout une curiosité, bien que méritant, à cause de leur simplicité et de leur légèreté, l'attention des colons et des voyageurs des contrées de plaines. Le grand merite de la carriole vient de l'habileté des Norwégiens comme charpentiers.

« C'est une machine curieuse à voir que cette voiture nationale (la carriole). Mais il n'y a aucun véhicule mieux adapté aux difucultés des routes montueuses, et il n'y a pas de

« manière plus plaisante pour voyager qu'en carriole, quand
« on est accoutumé à son mode spécial de locomotion. C'est
« un véhicule à roues extrêmement ouvertes, la carcasse est
« très légère, ressemblant un peu au corricolo d'Italie. Les
« brancards sont longs et élastiques et servent pour ainsi dire
« de ressorts ; la caisse qui est assez en avant repose sur des
« traverses. Quand on conduit, on a les jambes à peu près
« horizontales, de sorte qu'il n'y a pas de danger d'être pro-
« jeté si le cheval fait une faute, en descendant une côte. Cela
« ne veut pas dire que les poneys norwégiens soient habitués
« à faire des fautes ; vous pouvez examiner des centaines de
« ces animaux infatigables sans en voir un de couronné.
« Comme sûreté de pieds, ils n'ont peut-être pas de rivaux.
« La carriole est construite pour une seule personne, mais
« derrière il y a une planche sur laquelle on met son porte-
« manteau ou sa valise et le gamin qui accompagne le poney
« prend place dessus. La solidité de la carriole est étonnante.
« Je vis la roue d'une, qui descendait une côte à plein train,
« arriver sur une pierre de près de trois pieds de haut qui était
« sur le bord de la route. Au moment où la roue fut en l'air,
« je retins ma respiration, m'attendant à voir l'autre roue sur
« laquelle était rejeté le poids de la carriole et de son conduc-
« teur se briser en mille pièces. Ma frayeur fut vaine. Le
« " tolk " qui conduisait parut peu soucieux de ce qui était
« arrivé, mais la Providence protège les personnes dans cer-
« tains cas.

« Les fermiers sont obligés, par la loi, de prêter leurs che-
« vaux pour les services des postes au moment où ils sont
« extrêmement précieux pour eux à la maison. Mais l'absur-
« dité et l'injustice des lois du " shydt " ne peuvent manquer
« d'attirer l'attention de l'Anglais voyageant en Norwège.
« Dans beaucoup de cas, il est difficile de déterminer quel est
« le plus maltraité ou du maître de station qui, pour la faible
« somme de quatre skillings — à peu près quatre sous — a
« à faire quatorze ou seize milles pour vous procurer un che-
« val ; du fermier qui doit enlever son cheval de sa charrette,

« faire sept ou huit milles pour aller à la station, ensuite
« vous conduire neuf ou dix milles dans votre voyage, et
« refaire seize ou dix-huit milles pour rentrer chez lui, pour
« la magnifique récompense de trente skillings, une somme
« égale à un franc et six sous; — ou du cheval qui, après plu-
« sieurs heures de travail à la charrette, est forcé d'entre-
« prendre un trajet de près de quarante milles. Toute la
« pitié serait pour le cheval, s'il n'accomplissait pas si bien
« sa besogne. Sa nourriture est peu de chose, son travail très
« dur, et cependant il n'est jamais indisposé, toujours docile
« et dispos et sert son maître pendant plus de trente ans. Je
« n'ai jamais entendu une explication satisfaisante de la
« grande supériorité des chevaux norwégiens comme santé
« et services sur les autres races européennes. Quel peut
« être le secret de la longévité chez les chevaux norwégiens?
« Avons-nous jamais connu un cheval en Angleterre qui ait
« servi son maître pendant quarante ans, comme celui dont
« on voit le squelette à Bergen, et qui appartenait au maître
« d'école de la Cathédrale ? »

L'âge que les poneys norwégiens atteignent n'est extraordinaire qu'à cause des fatigues qu'ils endurent. Les chevaux en Angleterre, en règle générale, sont usés des pieds
et des jambes bien avant que leur constitution ne souffre. Si
Frank Usher avait étendu ses excursions jusqu'aux Etats-Unis,
il aurait trouvé que les fameux trotteurs de ce pays courent
de grandes courses à vingt et un et même vingt-quatre ans.

Pendant l'hiver, les Norwégiens convertissent leurs carrioles
en traîneaux en ôtant simplement la carcasse de dessus les
brancards et en la mettant sur des patins.

Voitures publiques.

Les voitures publiques de louage ont suivi scrupuleusement
les changements des voitures particulières. Aussi longtemps
que les family-coaches et les chariots furent en usage, elles
descendaient par degrés, conservant encore la housse et les

armoiries, au rang de coach. Les sexagénaires de 1873 peuvent se rappeler le temps où les seules voitures à louer dans les rues de Londres, étaient un faible véhicule, craquant, généralement sale, traîné par une paire de misérables rosses couronnées conduites par un très vieux « Jarvey » dans un pardessus rapiécé, jamais nettoyé, qui descendait très lentement de son siège, ouvrait la portière, abaissait le marche pied grinçant, et vous menait avec grands claquements de fouet et accompagnement de jurons au train d'à peu près quatre milles à l'heure; et à la fin du trajet, bien qu'il fut court, était rarement satisfait à moins d'une demi-couronne. Quand un family-coach vient sur le marché maintenant, s'il est usé on le noircit et il est converti en Black Job. Un ami octogénaire de l'auteur lui décrivait une visite qu'il avait reçue de Beau Brummel à propos d'une question financière dans Finsbury Square. Le Beau parla de sa voiture et lui offrit une place pour aller à West End. La voiture du Beau paraît avoir été un hackney-coach, juste comme je viens de le décrire.

A Paris, au temps de Louis XVIII, la voiture ordinaire des rues était un cabriolet à un cheval, une édition dilapidée de ceux qui devinrent à la mode dix ans plus tard en Angleterre. Le sale cocher français, tout déguenillé, s'asseyait à côté de sa pratique.

L'introduction du cabriolet à Londres, comme voiture privée, amena la création du premier cab de Londres et du cocher de cab : voiture à deux roues très hautes, rapide, dangereuse, immortalisée par le crayon de Seymour et la plume de Charles Dickens, — le cab qui conduisait M. Picwick à Charing-Cross.

Les broughams particuliers qui avaient vu de meilleurs jours, furent les premières voitures à quatre roues qui furent à louer à Londres. Ils tuèrent bien vite les coaches à deux chevaux, et les Jarvies suivirent leurs frères jumeaux, les Charlies, les Dog-berries de Londres. L'exemple conduisit à la construction du Fourwheeler (à quatre roues) régulier; le Grow-ler de l'heure actuelle et le brougham de louage, devenu the fly (la mouche), renversèrent le glass-coach (coach a glaces). Dublin, Liverpool et Birmingham avaient employé longtemps la carriole à banquette intérieure.

L'hansom arriva bientôt et renversa le cab de M. Pickwick ; à peu près à la même époque, l'omnibus importé de France fit son apparition. Tout le monde s'en sert maintenant, mais Théodore Hook considérait qu'il avait réduit son compagnon Whig au dernier degré de la dégradation quand il l'avait fait voyager dans un omnibus. Dans les premiers jours des omnibus, MM. Wimbush, les grands loueurs en faisaient sortir un pour exercer leurs chevaux. Il circulait entre Belgrave Square et Waterloo Place, le prix était un shilling. Sombre de couleur, tranquille d'allures, avec un cocher et un conducteur de poids sérieux, rien ne pouvait être plus respectable ; mais il ne resta pas en arrière de ses rivaux vulgaires et à bon marché.

Pour des raisons inconnues, on trouve les meilleurs omnibus à Glasgow, et les meilleurs hansoms à Birmingham ; et tandis que l'Irlande, avec un climat humide, s'en tient fidèlement aux carrioles découvertes (ce qui, du reste, peu à peu apprit à l'Angleterre ce qu'un cheval peut faire sous le harnais), Cornouailles, avec un ciel pleureur a, depuis une période de temps illimitée, l'habitude d'aller au marché dans les charrettes couvertes, adoptées dans des réunions de gens aisés à la campagne, en 1852, et nommées coburg et, de mémoire d'homme, a fait le service régulier du Stage coach avec un véhicule ressemblant beaucoup à une tapissière de showman.

Sous la même influence, la chaise de poste jaune qui jusqu'en 1800 était toujours conduite par un postillon, (un écrivain dans le " Sporting Magazine ", en 1797, proteste contre la mollesse du boy qui menait de dessus la banquette) a été complètement remplacée sur les grandes routes par le fly brougham.

Les voyageurs de commerce, quand ils voyagent tout le temps en voiture, ont adopté une des formes du phaéton à quatre roues. Les gigs, dans lesquels on courait la poste à raison d'un shilling par mille, avant que les chemins de fer aient détruit les postes de chevaux, sont remplacés mainte-

nant par des dog-carts ou des whitechapels, et çà et là, surtout dans les endroits où il y a de la pêche dans les rivières,
par des paniers ou autres voitures pour poneys.

Différentes notes sur les voitures

Il y a un grand nombre de détails dans la construction d'une
voiture dans lesquels les acquéreurs doivent entrer sous peine
d'être entièrement à la merci des carrossiers.

Roues

La sécurité et le comfort des personnes qui sont dans une
voiture dépendent de la solidité des roues et de l'exécution faite
par des ouvriers habiles, et avec les meilleurs matériaux.
Quelque solide cependant que soit une voiture sous d'autres
points de vue — et il y a des voitures qui durent plus d'une
génération — les roues s'useront et devront être remplacées
à des intervalles dépendant du service et de l'état des chemins
parcourus.

Les roues à bas prix ne sont pas, en général, les meilleur
marché, comme on pourra en juger d'après la description suivante, faite par un vieux carrossier, de roues de coach construites à la main.

« La hauteur des roues de derrière d'un coach varie de
« quatre pieds trois pouces à quatre pieds huit pouces ; celle
« des roues de devant de trois pieds quatre pouces à trois pieds
« huit pouces. Le nombre des jantes dans la circonférence
« varie suivant le nombre des rayons, deux rayons étant fixés
« dans chaque jante. Quatorze rayons forment le nombre com-
« mun pour une roue de derrière de taille ordinaire, douze
« pour une roue de devant. Quand le moyeu en ormeau a été
« tourné à la grosseur voulue, on marque la place des rayons
« et on le fixe solidement à une hauteur convenable et dans
« l'angle que la roue devra avoir avec la configuration que l'on
« entend lui donner. On perce alors les deux trous à rayons

6

« qui se correspondent et on les approprie de nouveau avec des
« ciseaux. La sûreté du coup d'œil et l'habileté de main, sont les
« seuls guides de l'ouvrier dans cette opération, et cependant il
« est évident que c'est l'opération la plus importante de toutes;
« car d'elle dépend l'exactitude et la solidi é de la roue, une
« fois finie. Les tenons des rayons, qui sont en lattes de plant
« de chêne, sont alors coupés pour s'adapter dans les trous,
« parallelement dans leur épaisseur, et s'ecartant légèrement
« dans leur largeur. Les autres parties des rayons sont seule-
« ment préparées partiellement. Chaque rayon opposé est
« alors enfoncé à coups de maillet, l'ouvrier se guidant
« comme il le peut dans une direction convenable, jusqu'à ce
« qu'il aboutisse à l'épaulement. Mais il est évident que la
« position que chaque rayon prendra n'est assurée en aucune
« façon. Les rayons sont enfoncés très serres, et le bois n'étant
« pas d'une nature homogène cédera plus dans une partie que
« dans l'autre; et le trou fait à la main ne peut pas être très
« régulier. Deux rayons étant ainsi enfoncés, les autres le se-
« ront dans les intervalles de la même manière. Après cela
« les rayons sont terminés dans leur forme définitive; les
« longueurs étant mesurées à partir du moyeu, les tenons
« d'en dehors sont coupés en cylindre, en laissant l'épaule-
« ment de derrière carré, pour appuyer sur les jantes avec plus
« de force. Le derrière du rayon est arrondi en demi-cylindre
« dans presque toute sa longueur; par devant, on le travaille
« en biseau pour le rendre plus léger à l'œil. On place ensuite
« les jantes sur les rayons et on les assemble. On perce ensuite
« des trous aux extrémités des jantes, et une pièce de bois appe-
« lée "dowel" y est enfoncée; elle sert de tenon pour les resser-
« rer ensemble. Les jantes étant placées, on enfonce des coins
« dans les extrémités des rayons pour les tenir solidement.
« Après cela la bande étant soudée en cercle solidement est
« chauffée et placée. Comme elle se rétrécit en se refroidissant,
« la roue craque et est comprimée sous cette force. Les tiges
« de fer sont enfoncées à travers la bande et les jantes, une de
« chaque côté des joints, les pointes étant rivées à l'intérieur

« des jantes sur une petite plaque de fer appelée burr (meule).

« Le résultat de cette manière de faire une roue est qu'elle
« est très imparfaite une fois terminée. Bien rarement deux
« roues sont pareilles. Presque aucun des rayons n'est dans
« l'aligement, il y en a qui dévient d'un pouce d'avec les autres,
« et comme le rétrécissement de la bande varie, il y a des roues
« qui en conséquence sont moins rondes que d'autres, soit
« que les rayons serrent plus dans les coches du moyeu, soit
« qu'ils cèdent et offrent de l'élasticité dans leur longueur.
« Pour les avoir très soignées, il faut des ouviers très habiles,
« et comme les ouvriers très habiles sont rares, le prix des
« roues est très augmenté, en outre des ouvrages semblables
« dans d'autres branches. Un autre désavantage leur est inhé-
« rent: un ouvrier peut mal assembler son ouvrage et il n'y
« a pas d'autre moyen de s'en apercevoir que l'usage. Une
« roue mal conformée peut paraître à l'œil aussi bien qu'une
« bonne et jusqu'à ce qu'elle se casse, personne, ni le maître
« ouvrier ni la pratique, ne peut découvrir le défaut. A
« moins que le maître ouvrier ne surveille chaque roue tandis
« que les rayons sont en mouvement, il ne peut que compter
« sur la bonne foi de son ouvrier. Il n'y a pas d'autre remède
« au mal que d'employer les machines au lieu des mains-d'œu-
« vre. »

Cette description a été faite par feu M. Bridges Adams qui
était un bon mécanicien il y a longtemps; elle s'applique encore aux roues des petites fabriques. Mais depuis les vingt
dernières années la mécanique a été adaptée à la manufacture
des différentes pièces d'une roue et on a obtenu un degré de
précision qu'il est impossible d'atteindre avec la main-d'œuvre seulement. Dans les Etats-Unis, la manufacture des roues
et de leurs différentes pièces occupe un grand nombre d'usines
où l'on emploie la vapeur et beaucoup de machines pour travailler le bois, partie dans laquelle les Américains excellent.
Un grand commerce se fait depuis l'importation des roues
américaines. Les rayons des roues d'Amérique sont faits avec
d'excellent noyer; les jantes ne sont que de deux sections;

les rayons sont introduits dans des trous faits avec grande précision par une simple machine dans les jantes et dans le moyeu. Récemment pour sauver leur industrie de roues, quelques carrossiers sérieux de Londres ont importé la machine américaine à creuser les trous qui n'est qu'une adaptation transatlantique d'un de ces instruments pour couper les métaux, que nos grands mécaniciens Roberts, Field, Witheworth ont perfectionné pour construire des machines à filer et des locomotives.

L'introduction de la mécanique pour suppléer et perfectionner le travail manuel souleva d'abord de l'opposition dans les ateliers de Londres. Mais elle est à peu près éteinte maintenant.

Quand les parties de bois d'une roue sont finies, il faut une bande de fer pour la fixer solidement. Comme la valeur de la bande de fer peut varier de cinquante pour cent, il est évident que cette seule considération peut rendre une roue bon marché assez chère.

Des roues minces ainsi que des bandes minces paraissent légères et sont appropriées aux voitures petites et légères, et cette manière de tailler en biseau ou d'arrondir les bandes qu'on a inventées récemment, convient parfaitement pour les coupés légers ; mais depuis que les tramways ont été si répandus dans les faubourgs de la métropole, on a trouvé que les bandes des roues arrondies étaient dangereuses ; — elles ne sortent pas facilement des rails des tramways. Si un propriétaire de voiture réside dans un quartier où il devra constamment suivre ou traverser des lignes de tramways, il fera bien de se servir de roues fortes avec des jantes et des bandes plates.

La hauteur des roues ne peut pas être réglée entièrement d'après les principes pour une voiture de plaisance ; il faut considérer la facilité pour monter ou descendre des sièges et pour tourner. Sur un terrain horizontal, un cheval traînera avec la plus grande facilité un véhicule quand le centre de la roue est un peu plus bas que le point de traction ; par exemple, le point où les traits sont·attachés au collier ; mais, dans la pratique, ce serait un inconvénient, la hauteur de l'essieu rendrait le siège du conducteur élevé d'une manière peu commode, et il serait nécessaire d'y monter par derrière. Pour cette raison, la hauteur totale des roues d'une voiture à deux roues varie entre trois pieds et quatre pieds six pouces. La nécessité de la fermeture et celle de tourner sous la voiture empêchent que les roues de devant d'une voiture à quatre roues soient aussi hautes que les roues de derrière, la hauteur des roues de devant doit être réglée d'après la hauteur à laquelle la caisse est suspendue. Pour éviter ces difficultés, on avait inventé le principe de l'equirotal (voiture à quatre roues d'égale hauteur) qui pourrait peut-être revivre et être employé avec succès aux wagonnettes.

Ressorts

Les ressorts, anciennement, portèrent un grand nombre de noms, tels que casse-noisette, tilbury, télégraphe, etc.

Quand chaque voiture de ville à la mode avait au moins deux valets de pied par derrière, se tenant debout sur une banquette ou assis sur un siège ; quand chaque landau et chaque barouche (calèche) faits pour voyager, avaient de grands arrangements pour porter des bagages dans des coffres derrière, devant et quelquefois en dessus, de grandes précautions étaient nécessaires pour rendre le dessous de la voiture capable de supporter les inévitables secousses du chemin à l'allure d'un cheval de poste, c'est-à-dire dix milles à l'heure, sur des routes dans toute espèce de condition ; et il fallait des ressorts d'une force et d'un poids inutiles maintenant.

Le plus grand progrès de la première partie de ce siècle dans les ressorts de voitures fut l'introduction, ou plutôt le perfectionnement, qui consistait dans les huit ressorts, qui furent remplacés plus tard par le ressort elliptique, pris à la britzka allemande, une voiture de poste. Les huit ressorts ne peuvent être employés qu'avec une flèche sous la voiture. On les emploie encore pour les coches, les calèches les plus élégantes, et aussi maintenant pour quelques coupés de luxe. L'ancienne forme de calèche ou de landau avec huit ressorts et une flèche sous la voiture, demandait en ville une paire de grands carrossiers et pour courir la poste au moins quatre chevaux.

Des perfectionnements successifs dans la construction et dans les matériaux, ont permis aux carrossiers de faire la caisse de manière qu'elle remplît les fonctions de la flèche. La majorité des voitures de plaisance moderne à quatre roues sont placées sur des ressorts elliptiques, avec l'avantage de sauver beaucoup de poids et une plus grande commodité pour les personnes qui sont dedans. La calèche moderne dans sa plus légère forme avec des ressorts elliptiques, a même été adoptée sur la côte du Sud-Hasting et Worthing pour un seul cheval ; celles qui sont à huit ressorts et qui sont plus luxueuses et plus fashionables, demandent une paire de chevaux qui, du reste, peuvent être légers et de sang. Quand il y a huit ressorts et que la caisse reste indépendante du train, comme un bateau, il y faut une plus grande dépense de force pour partir et pour monter les côtes.

Les ressorts elliptiques ont été renforcés matériellement sans ajouter à leur poids en les soudant au lieu de les réunir ensemble par des vis à boulons. Comme je l'ai observé pour les brancards de cabriolet, toute espèce de trou dans le bois, le fer ou l'acier est une source de faiblesse et doit être évitée autant que possible. Un acheteur devra donc comprendre que c'est à la supériorité de détails tels que ceux-ci, qu'une différence considérable peut exister entre une voiture bon marché et une voiture chère, après avoir déduit ce qu'il faut pour la façon, la réputation, et les dépenses spéciales de commerce d'un ouvrier de la métropole.

Longueur, largeur et hauteur des voitures

D'après l'opinion vulgaire, plus une voiture est courte plus elle est légère, mais ce n'est pas tout à fait correct. Une longue voiture, de même poids qu'une plus courte, sera plus lourde au moment où elle arrivera à passer l'angle d'une crête; mais dans une côte droite ou en terrain plat une voiture longue et une voiture courte d'égal poids et d'une construction analogue offriront juste la même résistance de traction. Une voiture large offre plus de résistance qu'une voiture étroite. La tendance de la carrosserie moderne est aux voitures larges faites de matériaux légers.

Les voitures légeres ne sont pas généralement aussi commodes pour voyager que les voitures lourdes, parce qu'on y ressent beaucoup plus vivement les secousses d'une route cahoteuse. Mais cette considération est maintenant de peu d'importance depuis que les routes sont devenues si bonnes et si plates

La hauteur de la "splinter-bar" depuis le sol doit rencontrer la ligne formée en réunissant l'épaule du cheval au centre de la roue de derrière. Ce n'est pas toujours comme cela dans la pratique, car ce sont les roues de devant qui reglent la hauteur de la caisse à laquelle la splinter-bar est fixée. Dans la pratique, excepté pour ce qui concerne la symétrie, les combinaisons d'élégance ne sont pas d'une grande consequence dans l'arrangement des voitures de luxe moderne, car on peut partir d'un point c'est qu'une paire de chevaux est capable de traîner toute sorte de landau, coupé ou phaéton, avec un chargement complet, sans donner dans le collier comme des chevaux d'omnibus.

Le principal luxe des voitures de plaisir modernes, sur les routes modernes, c'est que les chevaux peuvent accomplir leur tâche avec facilité et réelle aisance en portant la tête haute et en steppant.

Un écrivain en cette matière, en 1887, avant que les routes

ferrées ne fussent communes, disait : « Le macadam des rues
« de Londres et l'état généralement excellent des routes car-
« rossables permettent de se servir des ressorts elliptiques qui
« sont trouvés trop durs sur les rues mal pavées de Paris. »

Lanternes

Les lanternes de voiture, à présent, sont presque toutes éclai
rées avec des bougies de cire ou d'autres compositions semblables qui ont enfin été poussées à un très grand degré de
perfection, depuis que toutes les coutumes et les accises qui
les affectaient ont été changées. L'usage de lampes à l'huile
pour les voitures particulières se réserve pour les drags
à quatre chevaux et les hansoms. Quand on se sert de bougies,
le propriétaire devra veiller à ce que les lanternes soient toujours garnies de bougies neuves, chaque fois que l'on s'en sert;
et que les ressorts sur lesquels les bougies s'appuient soient
examinés régulièrement. Autrement il pourrait arriver que
la lumière vînt à manquer quand on en aurait le plus besoin.
La nécessité des lampes n'est pas tant pour indiquer la route
au cocher que pour empêcher les conducteurs peu attentifs de
courir sur la voiture, pendant une nuit obscure ou assombrie
par le brouillard.

Essieux

Bien que les essieux de Collinge qui peuvent servir pendant
plus de trois mois sans être huilés à nouveau, soient les meilleurs pour les contrées civilisées, un mécanisme plus simple
— l'essieu du vieux mail-coach — devra mieux convenir pour
les colonies ou dans les régions sauvages et éloignées des
routes en Europe, où les secrets de la construction mécaniques
sont ignorés.

Brancards

En décrivant la construction d'un coupé, j'avais recommandé des brancards en fer tubulaires. Il est cependant vrai de mentionner qu'il y a une objection à leur emploi, c'est que si par hasard ils sont forcés ou faussés on ne peut pas les faire arranger chez un carrossier comme les brancards en bois ; mais on doit les renvoyer au fabricant pour les faire raccommoder et cela forcément. C'est une bonne chose de garder dans la remise une paire de brancards de rechange.

Timon

Le timon pour une paire de chevaux devra être fait du meilleur frêne. Le noyer d'Amérique avait été employé, mais c'est l'opinion de carrossiers éminents que les timons faits de cette sorte de bois ne sont pas satisfaisants, pas plus dans ce climat-ci que dans le climat américain. La brisure d'un timon est une très grave affaire, c'est pourquoi il est important qu'il soit fait d'une poutre de bois bien saine et bien préparée. La plus grande force réside dans un timon parfaitement droit qui pliera s'il le faut comme une ligne de pêcheur. Dans beaucoup de voitures, pour obtenir la hauteur nécessaire à partir des roues de devant qui sont basses, le bout du timon doit être recourbé. Alors des masses de précautions doivent être prises par celui qui fait le timon.

On devrait toujours se rappeler que la force d'une voiture, et, par conséquent, la résistance d'un timon devraient être proportionnées à la taille et au poids des chevaux. Cela est très bien expliqué dans le passage suivant du rapport de M. Georges N. Hooper sur l'exposition des voitures à Dublin. Après avoir observé que les résultats ne seront pas satisfaisants à moins que les chevaux ne soient proportionnés aux voitures, il continue, disant :

« Fréquemment on commande une voiture pour un seul

« cheval ; quand elle est faite en grande partie ou même ter-
« minée, on ordonne de l'arranger pour deux chevaux, et quel-
« quefois il arrive que les deux chevaux mis à cette légère
« voiture à un cheval sont de grands carrossiers entre 16 et
« 17 mains de haut. De semblables chevaux, bien que très
« propres pour une lourde voiture de famille sont tout à fait
« déplacés à une légère voiture. Bien qu'ils puissent la traîner
« à une bonne allure et pour ainsi dire surmonter toute espèce
« d'obstacle sur une route et faire leur trajet sans fatigue, la
« voiture souffrira tôt ou tard. La démarche nonchalente de
« pareils chevaux à un timon léger, la secousse que reçoit le
« timon si un cheval bronche, sa brisure certaine si un cheval
« tombe, et le risque de faire verser la voiture, tout cela doit être
« considéré avant d'atteler de très grands chevaux à une voiture
« légère. Il arrive souvent que des coupés minuscules et d'au-
« tres très petites voitures, construites avec le plus de légèreté
« que la sécurité réclame, sont attelés ensuite avec une paire
« de chevaux. Dans de pareils cas, si des accidents n'arrivent
« pas par suite du grand ébranlement causé par un long timon,
« agissant comme un levier sur un très petit mécanisme,
« les différentes parties de la voiture s'ébranlent, ne mar-
« chent pas comme elles devraient le faire et nécessitent des
« réparations fréquentes parce qu'elles sont soumises à un
« travail pour lequel elles n'ont pas été faites. Les proprié-
« taires devront donc, dans leur propre intérêt, avoir leurs che-
« vaux et leurs voitures proportionnés à ce qu'ils devront et
« pourront faire, se mettant bien dans l'esprit qu'il y a éga-
« lement des avantages et des désavantages dans l'emploi de
« voitures lourdes et de voitures légères. Les voitures lourdes
« sont plus faciles et plus confortables pour y monter ; elles
« sont plus sûres pour les chevaux, les conducteurs et les
« occupants ; elles demandent moins souvent de réparations.
« Les voitures légères suivent le cheval plus facilement et peu-
« vent être employées pour de plus grands trajets ; et, quoique
« les réparations soient plus fréquentes, la conservation des
« chevaux peut être un avantage que beaucoup de personnes

« considéreront comme de la plus grande importance. Cepen-
« dant,ces voitures légères doivent être faites avec les meil-
« leurs matériaux et par la plus habile main-d'œuvre afin
« qu'elles puissent accomplir le travail qu'on leur deman-
« dera »

Sabot ou Frein.

Quand on ne sert pas de reculement, — et des chevaux de
sang en bon état avec de bonnes culottes font bien mieux
sans barre de fesse ou reculement, — on doit employer à la
campagne n'importe quel frein et à la ville un frein à levier.
Le frein autrefois employé consiste en un sabot de fer attaché
à une chaîne. On le met et on l'ôte à la main et on peut en
voir l'usage journalier appliqué aux omnibus qui descendent
les côtes de Ludgate ou de Pentonville. Ce serait une curieuse
statistique de rechercher ce qu'on aurait sauvé de freins, de
harnais, de roues et de chevaux en supprimant les côtes
d'Holborn et de Skinner-Street. Le frein à levier, décrit déjà
dans le chapitre de la wagonnette, qui, par une pression gra-
duelle s'applique sur la circonférence des roues de derrière et
aux quatre roues pour les drags à quatre chevaux, est une
invention étrangère appliquée pour la première fois comme
un frein à vis aux diligences françaises et aux autres voitures
qui, avec cette aide, pouvaient descendre au trot les pentes rapides et courbes des routes des Alpes. Depuis que les recule-
ments ont passé de mode, les freins ont été simplifiés et perfectionnés par les mécaniques anglaises. L'application la plus
répandue est un levier placé à main droite du conducteur,
mais quelquefois aussi on peut le faire manœuvrer avec le
pied. Les tramways sont arrêtés par un frein puissant et
jamais par les chevaux. Dans les chapitres qui traiteront du
menage, nous parlerons de l'abus aussi bien que de l'usage
du frein à levier.

Les personnes qui n'ont fait aucune attention à ce sujet,
d'après ce principe qu'il n'y a pas plus audacieux que ceux

qui ne connaissent pas le danger, peuvent demander à quoi bon faire la dépense d'un frein à levier, même quand le harnais n'a pas de reculement et que le pays est montagneux. Quel est le résultat? En descendant une côte toute la pression est supportée par le cou du cheval et ses jambes de devant. Si le cheval trotte sagement et que le timon supporte la pression sans casser, tout va bien. Mais le cheval le plus sûr, le plus tranquille, quelquefois bute ou a peur, ou bronche, ou fait un écart à la vue d'un objet inaccoutumé, ou bien piqué par un insecte, il donne une secousse soudaine au timon, et au moment critique le bois casse. Avec un frein à vis ou à levier, la pression sur le cou, quand c'est un bon cocher qui mène, est entièrement supprimée, les chevaux marchent à côté du timon avec les chaînettes presque flottantes et en cas d'accident la voiture peut être arrêtée avec la plus grande facilité. Mais un cocher stupide usera un levier à frein avec une rapidité inutile.

Quand les chariots et les voitures de poste étaient en usage on y adaptait fréquemment des serrures Sir Georges Jackson dans ses Mémoires raconte que quand le duc de Wellington sortait dans son chariot, alors qu'il était commandant en chef de Paris en 1814, il plaçait une paire de pistolets chargés dans une poche, en face de lui, et puis fermait les portières en dedans pour ne pas être arraché de sa voiture s'il venait à être attaqué par la populace. Mais les voitures de poste sont hors de saison maintenant. On se sert ordinairement de serrures à ressorts pour les coupés et on s'en trouve bien. L'inconvénient est que, à moins d'une main-d'œuvre excellente et par conséquent coûteuse, elles se détériorent facilement par suite du choc répété. Une portière ouverte peut causer de sérieux accidents; c'est pourquoi une poignée ordinaire et un moraillon devront toujours accompagner la serrure à ressorts.

Capotes de Landau.

Depuis une période récente on a fait de très grands progrès dans les arrangements pour ouvrir et fermer la capote d'un landau. Le reporter anglais pour les voitures à l'exposition de Paris de 1867 fait observer que, « la plus grande nouveauté « était le landau breveté de Morgan, dont la capote était réel- « lement ouverte ou abaissée rien qu'en tournant une poignée « qui agissait sur une vis mettant en mouvement des leviers ; « à côté était le landau de Fuller et Martin dans lequel le « mécanisme marchait au moyen d'une corde d'acier passant « sur une série de roues réunies à des leviers réglés par « l'action de la corde, tandis que dans le landau de Rock la « fermeture de la capote était faite par une série de ressorts « d'acier, très soigneusement ajustés au coffre de la voiture, « ressorts qui aidaient pour surmonter le poids qu'il y a à « soulever pour fermer les landaus ordinaires. Dans la divi- « sion prussienne, Henning avait exposé un landau fait pour « être ouvert ou fermé au moyen d'un levier placé à côté du « cocher. » Le reporter continue disant : « Simple comme le « paraît ce système, il n'a pas tant d'effet que celui de Morgan : « la force à déployer est si grande qu'un homme vigoureux « peut seul le faire marcher. En combinant cette invention « avec le procédé de Rock, ce dernier deviendrait une capote « se fermant toute seule, au lieu d'une capote se fermant et « s'ouvrant à péine avec plus de facilité qu'avec la manière « ordinaire. »

Depuis que ce rapport a été écrit, d'immenses essais ont été faits pour perfectionner le mécanisme des capotes de landau. Il n'y a pas moins de onze brevets pour ce sujet. Le travail de la fermeture a été réduit au minimum et peut être effectué dans toute situation. Du temps des premiers essais, il fallait nécessairement que les quatre roues fussent sur une surface égale. On a exposé, aux expositions d'agriculture internatio- nales de 1872 et 1873, des landaus dont les dessus sont parfai-

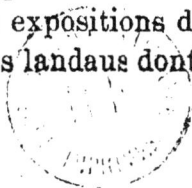

tement plats et si bien équilibrés qu'on pouvait les ouvrir ou les abaisser presque instantanément.

L'Exposition des Voitures en 1873.

L'Exposition Internationale de 1873 renfermait à peu près deux cents voitures faites par les manufactures des meilleurs carrossiers de Londres et de la province ; mais la plus curieuse partie de l'Exposition consistait dans les voitures de gala de Sa Majesté, celles du Speaker de la chambre des Communes et du Lord-Maire, qui prouvaient, par leur massive construction, qu'à l'époque où ces voitures furent faites, six ou huit chevaux étaient une nécessité aussi bien qu'une chose d'apparat et de montre. Elles étaient, en effet, le type des voitures alors en usage. Ces voitures de gala méritaient l'attention des curieux en fait de carrosserie, aussi bien que la série des anciens véhicules du Musée de South Kemington où on pouvait suivre les voitures, depuis la plus simple construction, jusqu'au perfectionnement le plus accompli. Les photographies des voitures de gala d'Allemagne, d'Espagne ou des autres Etats du continent étaient exposées et montraient une grande recherche d'ornementation combinée avec les exigences d'un système mécanique compliqué. MM. Thrupp et Maberly avaient envoyé des dessins du cab à deux roues de M. Pickwick, d'un des premiers cabs à quatre roues et d'un coche de voyage appartenant à un gentleman, semblable à ceux dont les gentlemen des comtés se servaient pour voyager avant l'ère des chemins de fer. Dans ce temps là, quand un certain duc venait du West à la ville, il voyageait, dans sa solitaire dignité, dans un chariot de poste à quatre chevaux et son valet suivait dans une chaise de poste à deux chevaux.

La collection des voitures modernes était excellente ; du reste les meilleurs carrossiers avaient envoyé leurs voitures les meilleures, et les moins chers leurs moins chères ; du reste, excepté pour le nombre, il n'y avait pas grand'chose de différent d'avec la montre d'un grand magasin de voitures dans

le brillant de la saison ; mais beaucoup de choses, je dirais
presque tout, à distinguer des expositions qui avaient pu avoir
lieu avant 1852. La tendance universelle des carrossiers modernes est la légèreté. Il y avait un retour très sensible aux
four in hand et aux drags, tous admirablement arrangés pour
les pique-niques, mais aucun pour les longs voyages

Les coupés, aussi bien de la ville que de la province étaient
en grand nombre et servaient seulement à montrer les remarquables nouveautés apportées aux voitures fermées depuis
1862. L'un d'eux avait un appareil automoteur pour ouvrir et
fermer la portière qui, s'il ne se détériore pas, vaudra bien
mieux que la portière magique qui coûte cinq ou six guinées
en plus. Un autre avait un indicateur. Un cadran intérieur
communiquait avec un autre cadran devant le siège ; en tournant une poignée après avoir tiré le cordon d'arrêt ou fait
marcher un sifflet, une aiguille marquait : à droite — à gauche — stop — vite — lentement — à la maison — etc.

L'exposition des voitures découvertes ne pesant que quatre
cents livres était très complète. On y employait le fer pour les
angles droits. Il y avait un squelette de phaéton très remarquable, composé de ces matériaux qui, dit-on, ne pesait que
trois cent cinquante et paraissait très fort. Les derniers perfectionnements dans les wagonnettes consistaient dans les essais
tendant à rendre possible à une personne de derrière de passer entre les sièges sans monter par dessus les roues et pour
entrer dans une voiture " boot shaped" entre les roues.

Un des signes de l'époque était un coupé très léger, doublé
de satin rouge, fait par un carrossier dans une haute position
et renommé pour construire sérieusement et solidement. Il
excusait cette montre d'une tendance apparente vers la frivolité en disant que ce coupé avait été destiné « aux Américains
« et aux étrangers qui, souvent, demandent quelque chose de
« plus léger et dé plus complet que ce qu'ont ordinairement
« les Anglais. » En examinant cette voiture, nous nous rap-
pelions que Foote, dans une de ses comédies, fait dire à un
beau, qu'il avait employé pendant une semaine à Long-Acre

à « étudier et à choisir pour un chariot la doublure qui con-
« viendrait le mieux à sa complexion » et qu'il cherchait
quelle était la couleur — bleu, rouge ou brun rouge — qui
conviendrait le mieux au futur acquéreur.

Une liste de Voitures

Un marchand aisé, avec une nombreuse lignée habitant à
quarante milles de Londres et à trois milles de la station du
chemin de fer; un homme qui était un peu fermier, qui chassait un peu, tirait beaucoup, entretenait ses amis et voisins
avec une grande hospitalité, sans prétentions et sans faste, et
qui allait régulièrement à ses affaires quatre fois par semaine,
avait, au temps où ce chapitre a été écrit, les voitures qui
suivent, à sa maison de campagne; nous les énumérons pour
faire voir les effets de la réduction de taxe :

1º Une calèche pour une paire de grands carrossiers;

2º Un coupé à quatre attelé avec un grand cheval de phaéton
ou une paire de chevaux de sang;

3º Un stanhope-phaéton, attelé comme le précédent à un ou
à deux;

4º Un hansom;

5º Un break-wagonnette avec un siège élevé pour atteler à
quatre au besoin, contenant six personnes à l'interieur, avec
deux sièges en dehors pour grooms;

6º Un omnibus pour conduire toute la maisonnée à l'église
en cas de mauvais temps, et des bagages à la station pour les
déplacements au bord de la mer;

7º Une voiture à deux roues « crank axled boat shaped »
pour poney;

8º Une grande voiture à gibier du Norfolk.

Sous l'ancien système de taxes cumulées, ce marchand aurait payé au moins 150 livres par an pour ses taxes de voitures, chevaux et grooms.

Taxes sur les Voitures

Pendant la période qui s'écoula depuis les grandes guerres continentales, où chaque chose nécessaire de la vie, en nourriture, habillement et construction était taxée, soit au point de vue du revenu, soit pour protéger certains intérêts manufacturiers, jusqu'en 1843, des taxes somptuaires ont été maintenues qui, supposait-on, frappaient le luxe des riches et en quelque sorte consolaient les pauvres laboureurs des impôts qu'ils payaient pour tout ce qu'ils mangeaient ou buvaient ou ce qu'ils employaient à se vêtir.

Ainsi le propriétaire de six voitures à quatre roues payait un impôt de six livres, mais s'il en avait huit, alors il payait huit livres six shillings pour chaque et trois livres pour chaque caisse de voiture qui était employée aux deux usages. Les voitures à deux roues avec un seul cheval payaient trois livres 5 shillings, et les curricles 4 l. 10 shillings. L'impôt pour un seul cheval était de 1 l. 8 shillings, croissant proportionnellement au nombre jusqu'à ce que chacun des dix coûtat 3 l. 3 shillings, 6 pences. Les domestiques étaient taxés de la même manière avec l'augmentation de 1 livre par chaque domestique employé par un homme non marié.

Il ne semble pas que jusqu'à ce que le monde de la finance fût renversé par l'agitation du libre-échange, aucun des chanceliers de l'Echiquier, depuis Goulburn jusqu'à Peel ou Baring, se soient doutés que les taxes sur le luxe étaient en même temps des taxes sur le travail, sur les selliers, les carrossiers, les serruriers et les peintres, en un mot, un impôt sur le commerce. Les progrès obtenus par la réduction des taxes, que nous avons incidemment remarqués dans l'aperçu sur l'histoire des voitures, peut être ainsi résumé.

En 1842, le premier adoucissement toucha la classe comprenant les membres du clergé et les officiers en demi-solde, par la dépense d'impôt des voitures dont les roues de derrière, ne dépassaient pas 30 pouces de haut, qui étaient traînées par

7

des poneys ne dépassant pas douze mains de haut. En 1843, spécialement au profit des intérêts agricoles, une exemption d'impôt fut créée en faveur des voitures à deux roues coûtant moins de 21 livres et portant le nom, la profession et l'adresse du propriétaire, en lettres d'une certaine dimension. Quelques années après les taxes sur les voitures furent réduites ; l'exemption pour les dogs-carts fut abolie ainsi que l'échelle ascendante pour les impôts sur les voitures, les chevaux et les domestiques mâles. Cet état de choses demeura jusqu'en 1870, époque à laquelle, M. Lowe, chancelier de l'Echiquier, substitua des licences aux taxes et fixa les impôts comme il suit :

Voiture de n'importe quel nombre de roues
pesant plus de quatre cents . . . . . . 2 l. 2 s. 0 p.
Voiture de n'importe quel nombre de roues
pesant moins de quatre cents. . . . . 0 l. 15 s. 0 p.
Chevaux, par tête. . . . . 0 l. 10 s. 6 p.
Domestiques mâles, par tête . . . . . . 0 l. 10 s. 6 p.

Ainsi il compléta la réforme des taxes qui eut un si grand effet sur la carrosserie entre 1852 et 1870 et un impôt fut substitué à une loi somptuaire. Mais bien que ces taxes sur la locomotion fussent modérées, M. Samuel Laing M. P., y fit des objections quand il réclama la révocation des lois sur les voyageurs des chemins de fer.

Aperçu sur la Conservation d'une Voiture

On doit placer la voiture dans une remise aérée et sèche, avec une lumière modérée, autrement les couleurs seraient détruites. Il ne doit y avoir aucune communication entre les écuries et la remise. La fosse à fumier devra également être aussi loin que possible, car les gaz ammoniacaux qui s'en exhalent font craquer le vernis et mangent la couleur de la peinture et de l'étoffe.

Quand on ne devra pas se servir d'une voiture pendant

quelques jours, on devra toujours la recouvrir d'une large enveloppe de linge assez forte pour empêcher la poussière sans arrêter la lumière. La poussière quand on la laisse arriver sur une voiture, attaque le vernis. (On devra prendre soin de tenir l'enveloppe convenablement aérée).

Quand une voiture est neuve ou nouvellement peinte, il vaut mieux qu'elle ne serve pas pendant quelques semaines avant de s'en servir. Malgré cela, elle sera sujette aux souillures et aux taches si on ne prend pas soin d'ôter la boue avant qu'elle ne soit sèche ou aussitôt que possible.

On ne devra jamais, sous aucun prétexte, se servir d'une voiture sale. En lavant une voiture, il faut la mettre à l'abri du soleil et avoir soin que le bout du levier soit garni de cuir. Employez beaucoup d'eau et, s'il y a moyen, avec une pompe foulante, en ayant grand soin que l'eau ne pénètre pas dans l'intérieur, de peur de détériorer la garniture. Quand vous ne pouvez avoir de l'eau jaillissante, il faut vous servir pour la caisse d'une grande éponge très douce. Une fois bien imbibée, on la presse contre les panneaux et l'eau, en coulant, entraînera la poussière doucement et sans dommage; ensuite on termine avec une peau de chamois douce et un vieux foulard de soie.

Les mêmes remarques s'appliquent au-dessous de la caisse et aux roues, excepté quand la boue est bien délayée, on peut employer un balai très doux, sans matière dure dans le haut. Il ne faut jamais se servir d'une brosse à raies qui, jointe au gravier de la route, ferait l'effet de papier de verre sur le vernis, le rayant et, en tout cas, enlevant tout le poli. Si on continuait, cela enlèverait le vernis et la couleur jusqu'au bois. Il ne faut jamais laisser l'eau sécher sur la voiture, car ça laisse immédiatement des taches.

Pour enlever les souillures et les taches, il faudra employer quelques gouttes de furniture polish ou de reviver, ou même d'huile de lin sur un vieux chiffon de laine (mettre le moins de liquide possible). Si les panneaux sont en mauvais état, rien n'y fera que si on les polit à la main ou même si on les revernit. Le cuir ciré pourra aisément être restauré de la même manière. Les capotes en cuir verni, comme le tablier, devront être lavées avec de l'eau et du savon, et ensuite frottées très légèrement avec de l'huile de lin. Les capotes vernies des landaus, calèches et phaétons, devront toujours être maintenues tendues dans la remise, et les tabliers de toute espèce devront être fréquemment dépliés, autrement ils s'abîmeraient.

Pour nettoyer le cuivre ou l'argent, on ne devra, en aucune façon, se servir d'acide ou de mercure ou de sablon ; le poli devra s'obtenir seulement par friction.

Pour chasser ou détruire les teignes dans les garnitures de laine, employez la térébenthine et le camphre. Dans une voiture fermée, l'évaporation de cette mixture placée dans une soucoupe, les vitres étant levées, est un remède sûr.

Ayez soin de graisser le train de devant de la voiture pour lui permettre de tourner librement. S'il ne tourne pas facilement, les brancards ou le timon se forceront ou se casseront presque sûrement. Examinez fréquemment une voiture, et si un écrou ou une vis se desserrent, il faut les revisser avec une clef ; il faut toujours que les petites réparations soient faites de suite. Si les rayons de la roue se relâchent de manière à voir les joints des jantes, il faut les resserrer immédiatement ou les roues seront continuellement détraquées. « Un point fait à temps en épargne neuf. »

Les essieux brevetés de Collinge, en travail régulier pourront servir pendant trois mois à peu près sans être nettoyés et graissés et six mois sans renouveler les rondelles (washers). Avec les mails brevetés, il vaut mieux avoir un nettoyage tous les deux mois en se servant d'huile de pied de bœuf. On peut en mettre un peu et plus souvent aux têtes des moyeux, en prenant garde de ne pas les abîmer en les replaçant car ils pourraient tomber en route. Gardez toujours une bouteille de vernis noir et un pinceau pour peindre les marchepieds quand ils sont abîmés par les pieds, rien ne donne une apparence de propreté à une voiture comme cela. Il faut étendre la couche aussi mince que possible.

Ne jamais sortir ou rentrer dans la remise une voiture attelée, rien ne cause des accidents comme cela.

En règle générale, une voiture qui sert modérément reste
plus longtemps fraîche qu'en demeurant pendant une longue
période dans une remise. Si cela était nécessaire il faudrait la
sortir à l'air de temps en temps.

Voyez à ce que les portes d'une remise soient fixées de manière à ne pas battre par le vent.

Une bonne voiture conservée comme, on vient de le recom-
mander, sera toujours d'un grand crédit pour tous ceux qui
s'en seront occupés.

Termes de Carrosserie

Bras de l'essieu. — La partie de l'essieu qui traverse le
centre de la roue sur lequel elle tourne.

Boites de l'essieu. — Tubes en métal adaptés au bras de
l'essieu, fixés au moyeu de la roue pour contenir de la graisse
ou de l'huile.

Rondelle de l'essieu. — Anneau de fer où passe le gros
bout de l'essieu contre lequel porte la roue, dans le but de la
maintenir dans la graisse ; on emploie aussi une rondelle de
cuir dans les voitures de luxe.

Garde-crotte. — Châssis de fer recouvert de cuir pour empêcher la boue de jaillir sur les personnes, sur les panneaux ;
quelquefois par économie, ils sont en bois.

Jante. — Une section de la circonférence extérieure de la
roue en bois autour de laquelle est fixé le cercle en fer.

Train de devant. — La partie inférieure d'une voiture à
quatre roues sur laquelle sont fixées les roues de devant.

Futchells. — Morceau de bois ou de fer auquel est fixé le
timon.

Housse. — Une garniture couvrant le siège du cocher, employée maintenant seulement pour les voitures de la Cour et
de Gala, quand des valets de pied se tiennent par derrière.

Moyeu. — Le centre de la roue dans lequel tous les rayons

sont fixés et au travers duquel passe le bras de l'essieu. Dans les États-Unis on le nomme « hub. »

FLÈCHE. — Long timon de bois ou de fer qui unit les roues de devant et les roues de derrière de certaines voitures, spécialement celles à huit ressorts.

TIMON. — Barre par laquelle est conduite une voiture à quatre roues ou un curricle.

LE CLOU DU TIMON. — Tige ronde de fer qui passe à travers les futchells et le timon, pour le train en place.

CHAINETTES. — Lanières ou chaînes qui attachent les chevaux au timon.

VOLÉE. — Barre du devant de la voiture à laquelle une paire de chevaux est attachée, en passant l'extrémité coulante des traits par dessus des Rollers Bolts, c'est-à-dire de grosses chevilles en fer à tête aplatie. Trois volées sont adaptées également à l'extrémité du timon pour quatre chevaux à grandes guides. Elles ont des crochets au lieu de chevilles pour attacher les traits. Les Américains appellent les volées « Wipple-trees. »

RAYONS. — Morceaux de bois partant du centre de la roue et supportant les jantes.

CERCLE. — Cercle en fer formant circonférence et enserrant les jantes en bois de la roue.

CHAPITRE III

Achat des Chevaux

Il y a plusieurs manières d'acheter des chevaux, soit par exemple d'un marchand de chevaux ou à une vente aux enchères ou d'un fermier qui élève ou achète des poulains et les dresse, ou à une foire, ou à des personnes qui mettent des avis dans les journaux, où d'un ami qui se trouve avoir à vendre le genre de cheval que vous cherchez. Il y a des avantages dans chacune de ces manières. Si vous cherchez un cheval de premier ordre et par conséquent de prix, et si, point important, vous savez ce que vous voulez, il n'y a pas de meilleur plan, si vous résidez à Londres, que de faire tous les marchands qui habitent le long de l'eau, alors si vous ne trouvez rien qui vous convienne, confiez-vous aux mains de l'un d'eux, avec ou sans limite de prix, suivant l'état de vos finances.

Les marchands respectables n'achètent jamais un cheval vicieux quand ils le savent, et, quand ils prennent un cheval qui fait un peu de bruit ou a d'autres défauts compris dans la liste de ceux qui rendent le cheval useful screw, en général ils l'envoient vendre comme un screw, à un prix de screw.

Chez un marchand de première classe, à la ville où à la campagne, vous devez vous attendre, pour des raisons évidentes, à payer une somme ronde. Les frais de ces marchands sont très considérables; outre l'impôt, les gages, la nourriture, un grand établissement, il y a l'intérêt du capital engagé dans l'achat des chevaux, achetés directement de l'éleveur ou à de grands prix dans les ventes des écuries renommées, et toutes les pertes causées par la mort, la maladie et la détérioration venant — pour employer une phrase des vétérinaires — « des maladies des organes visuels et respiratoires. »

« Voilà un cheval » disait un grand marchand, « qui me « fera perdre deux cents livres. Je l'achetai deux cents livres « à quatre ans, et je voulais en demander au moins trois cents « comme cheval de chasse. Il avait la gourme et quand je « commençai à le mettre en condition, il fit du bruit de sorte « qu'il ne pouvait servir à la chasse. J'ordonnai de le dresser « à la voiture. La première fois qu'il fut essayé il se jeta par « terre, s'écorcha les jarrets et se cassa la queue, de sorte que « maintenant il vaut à peine 20 livres. »

Ainsi, un long crédit et de mauvaises dettes ne forment pas un petit article de perte ou de dépense. Les idées sur les paiements de certains membres distingués de la société sont parfois bien curieuses ; à présent, le courant de l'opinion tourne plutôt vers le décompte des paiements en argent. Un ancien noble, patron du Turf et de tout ce qui était coûteux, devait une large somme à une société importante de vendeurs aux enchères pour l'achat de yearlings. Quand Sa Seigneurie vendit un nombreux lot de hunters par l'entremise des mêmes personnes de la société, il fut très surpris de ne pas recevoir un chèque pour la somme et fut à la fois étonné et indigné de ce qu'il résultait que déduction avait été faite de ce qu'avait rapporté la vente de son écurie, et qu'il lui fallait encore payer, car la balance penchait considérablement de son côté et du mauvais sens.

Les avantages que fournissent l'achat fait à un marchand renommé sont considérables. D'abord il y a l'opportunité d'un essai complet, ensuite il y a la garantie de sanité et l'absence de vices; et, finalement, l'opportunité de changer l'animal s'il ne plaît pas, bien que cet arrangement coûte quelque chose

en plus. En conséquence, cela revient un peu cher aux personnes qui « never are but always to the blest » qui ne savent
jamais ce qu'elles veulent et sont constamment à chercher un
cheval idéal et impossible : « le monstre sans défaut que le
monde n'a jamais vu ».

Le vieux duc de H..., montrait à son agent, un homme
brusque et vif, sa dernière acquisition comme hack. « Très
beau, en effet, Mylord ; et il doit l'être, car il coûte à votre
Grâce mille livres. »

— Mille livres, répéta le duc incrédule.

Sur quoi M. J... commença à lui prouver comment le pre
mier achat au prix de 250 l. était arrivé en douze mois, à cause
des échéances, à monter à la somme mentionnée plus haut.

Il y a aussi des désavantages à acheter chez un marchand
— désavantages qu'un novice doit connaître,— et parmi eux,
c'est que nulle part ailleurs, neuf chevaux sur dix ne sembleront
aussi bien que dans une cour de marchand, sablée de sable
rouge. Les chevaux sont si gras, si ronds, si luisants ; ils sont
si bien dans la paille propre jusqu'aux genoux ; les grooms
sont si propres, si silencieux et si attentifs ; les dresseurs ou piqueurs si bien maîtres de leur art ; toute la mise en scène est
si parfaite que l'acteur principal, le cheval, ne paraîtra jamais
mieux à son avantage que là. Ajoutez à cela l'étourdissante
éloquence du vendeur, par laquelle, à moins d'être sourd, on
est toujours influencé.

Mais il faut toujours se souvenir qu'il y a marchands et
marchands de diverses classes, renfermant les plus dangereux
de tous les gentlemen, qui ont connu des jours meilleurs, dont
le commerce est de rechercher des chevaux tarés, mais ayant
une forme et des actions splendides, pour les vendre à cette
masse de fous entêtés qu'on trouve constamment dans une
grande ville. Car, tandis qu'il y en a qui sont membres du
commerce, mot qu'il faut prendre avec autant de sécurité que
celui de banquiers que se donnent les personnes avec lesquelles
ils traitent, il y en a beaucoup qui ont peu de capital, de crédit ou de caractère, et, cependant, sont si habiles qu'il ne leur

manque que l'honnêteté pour que ce soit pour eux un moyen permanent d'existence, au lieu d'en être un précaire.

Bien que Londres attire en chevaux de voitures et en hacks accomplis, comme pour presque tout le reste, ce qu'il y a de meilleur et de plus cher, surtout dans les chevaux de voitures, cependant il y a des établissements en province qui ne le cèdent, s'ils cèdent, aux premières maisons de Londres. Chaque comté de chasse a au moins un établissement local célèbre. Il y a des marchands qui n'achètent que des chevaux d'au moins cinq ans, qui ont été déjà en partie dressés; d'autres se font une règle de s'assurer auprès des éleveurs tous les poulains qui promettent, et régulièrement remplissent leurs écuries à l'automne de chevaux de quatre ans, qu'ils prépareront pour les vendre au printemps.

Les personnes qui ont une fortune et une position établie, ont leur marchand de chevaux comme ils ont leur tailleur ou leur cordonnier. Ce marchand veille toujours à s'assurer la classe d'animaux que son patron demande. Les personnes de moindres moyens ne peuvent pas s'accorder un aussi grand luxe. L'homme qui veut avoir des chevaux de voiture avec des actions extraordinaires, doit être préparé à se les assurer dès qu'ils viendront sur le marché, que son écurie soit pleine ou non, car le nombre dans l'existence en est limité. D'ailleurs, quelqu'un qui va pour la première fois acheter un seul cheval, ne doit pas s'attendre à être aussi bien traité qu'une pratique régulière qui achète sur une grande échelle. En règle générale, ceux qui veulent des chevaux bien entraînés et dressés, — excepté les hunters, — doivent se les procurer dans les écuries des marchands de Londres; ceux qui aiment les chevaux de voiture et les hacks, pas tout à fait prêts, dans les fermes des marchands de la province.

Les ventes aux enchères, excepté quand des écuries d'une grande renommée passent sous le marteau, offrent des occasions d'acheter à meilleur marché que chez un marchand, avec le désavantage d'une grande difficulté à bien examiner et essayer le sujet. Vous devez balancer le prix avec les risques; vous pouvez bien tomber si vous voulez un animal de service à un prix comparativement peu élevé, surtout si vous avez l'assistance d un conseiller compétent et si vous pouvez apprendre quelque chose sur la biographie du cheval que vous avez en vue. La différence entre les prix d'enchères et les prix de marchands apporte, en général, assez de bénéfices pour assurer contre les erreurs dans une série d'achats, mais les enchères sont pour les jeunes ou les malins. Les timides et les vieux ne doivent se lancer dans aucune expérience téméraire pour les chevaux qu'ils veulent monter eux-mêmes.

Pendant plus de vingt ans, avant que la guerre entre la France et la Prusse élevât le prix d'une manière si extraordinaire, nous avons toujours acheté les chevaux pour tout faire à des bas prix au Tattersall et nous n'avons jamais fait une perte sérieuse; mais nous avions toujours les conseils d'hommes professionnels sérieux, nous en rapportant rarement à notre propre jugement seulement. Pour acheter avec quelque sûreté à une enchère, il faut être certain qu'elle est honnêtement conduite et que ce n'est pas une affaire montée entre quelques huissiers priseurs inconnus, sans réputation, et des propriétaires d'un lot de screws arrangés pour l'occasion. Les chevaux d'une écurie de réputation se vendront plus chers aux enchères que séparément. Même quand l'enchère sera conduite avec la plus grande intégrité, l'acheteur devra être sur ses gardes contre les machinations, non seulement des copers professionnels, mais aussi des gentlemen qui vendent complétement leur écurie pour se débarrasser de deux ou trois animaux usés ou vicieux. Somme toute, il faut que vous ayez des renseignements, non seulement sur les chevaux. mais aussi sur les propriétaires. Dans ces achats, quelques pièces judicieusement distribuées aux grooms vous fourniront de bons renseignements. Les lots qui doivent offrir le plus de con fiance a une vente aux enchères sont ceux qui paraissent en bonne condition sans description. Quand un cheval est désigné comme « tranquille dans le harnais » c'est une garantie, mais « a été attelé régulièrement » n'en est pas une. De même « tranquille à la selle » est une garantie, mais toute variation dans ces mots doit être suspecte. « Un bon hack » a été considéré par une cour de justice comme une garantie contre la boiterie. « Un bon hunter » et « tranquille dans le harnais » sont de très bonnes garanties, car un bon hunter doit avoir la vue très nette et la respiration saine. S'il doit aussi être un bon " fencer " sauteur est un point douteux (1).

Celui qui ne monte pas ou ne conduit pas parfaitement, ne devra jamais s'aventurer à acheter un cheval sur lequel il n'aura pas eu de renseignements préalables.

Il y a des chevaux qui, parfaitement tranquilles au harnais, ne voudront pas se laisser monter, et il y a des chevaux trop chauds à l'attelage qui deviennent parfaits à la selle. Un exemple remarquable de cela est arrivé dernièrement à ma connaissance. Un gentleman qui a une écurie complète de hacks, hunters et chevaux de voiture, acheta pour sa calèche un splendide cheval qu'il ne put en aucune façon appareiller. Sans vice, il était si vite, si chaud et si impatient qu'il laissait derrière et surmenait tout cheval mis à côté de lui. Le fils du propriétaire, officier au régiment des dragons légers, pensa que le cheval qui avait été acheté comme faisant partie d'une paire et n'ayant jamais été monté pourrait faire un charger. Mis à l'école de cavalerie et étant intelligent, il devint docile, fut employé bientôt dans le service et fut remarqué comme le plus beau et le meilleur charger de la brigade. Ce n'est pas rare non plus de trouver des chargers de cavalerie qui sont aussi des hunters et sont très tranquilles au harnais.

Étalons, Hongres, Juments

On emploie rarement dans ce pays les étalons pour le harnais, pour la chasse, ou comme hacks. Par ci, par là, on ren-

---

(1) La condition, au Tattersall, est que l'acheteur de tout lot garanti de quelque façon, et qui ne répond pas à la garantie donnée, doit le rendre le jour même ou avant la fin du second jour à partir de la vente, sans cela il sera obligé de le garder avec tous ses défauts.

contre un étalon d'une beauté extraordinaire et d'une grande douceur. parmi les chargers de parade ou les hacks de parc ; dans chaque pays de chasse vous entendrez parler des exploits d'un étalon ; mais en règle générale, les chevaux de demi-sang sont castrés étant encore poulains et les chevaux de pur sang aussitôt qu'ils sont retirés de l'entraînement et préparés pour l'usage ordinaire. Il faut confesser qu'il y a une certaine grandeur principalement dans l'avant-main et le cou d'un étalon âgé ; un caractère spécial qui fait tableau. Mais dans ce pays-ci, soit à cause du système de nourriture tres forte qui domine, soit par suite du caractère impatient de nos grooms, les étalons sont très ennuyeux; tandis qu'en France, en Espagne, dans l'Allemagne du Sud et en Russie, on emploie très souvent des étalons à la selle et à la voiture.

Il serait difficile de décider si nous gagnons ou si nous perdons plus par notre système de castration. D'un côté nous empêchons un grand nombre de brutes inutiles et mal bâties de reproduire leurs défauts. De l'autre, nous réduisons à la stérilité toute la classe des magnifiques animaux qui forment les écuries de nos contrées agricoles. Les Français qui ont écrit sur l'élevage, attribuent la supériorité de nos chevaux, sur un large degré, à notre préférence pour les hongres.

En Prusse le système de la castration est poussé encore plus loin. Personne ne peut avoir ou se servir d'un étalon s'il n'a pas été approuvé, marqué et enregistré par un officier du gouvernement.

Toutes choses égales, un hongre vaudra plus d'argent comme hunter, cheval de voiture ou hack qu'un étalon ou une jument. Du reste, un étalon s'il est âgé, à moins qu'il ne puisse faire un hunter ou n'ait des actions remarquables, et n'ait un caractère tranquille parfaitement garanti, est très difficile à vendre, s'il n'est pas de pur sang ou de la race des gros chevaux de trait. Les compagnies de chemins de fer demandent le double ou presque le double de prix pour transporter un étalon et souvent vous forcent à prendre un wagon tout entier. La théorie commune est qu'un hongre pour la selle vaut

5 l. de plus qu'une jument égale sous tous les autres points de vue. Pour atteler, il y a des personnes qui ne voudront jamais atteler une jument. Les paires de chevaux de voitures de prix sont toujours des hongres. Les loueurs n'ont presque rien d'autres dans leurs écuries ; mais en consultant les annonces des ventes aux enchères à Albert Gate ou les catalo gues des expositions de chevaux, on trouvera qu'un grand nombre de hacks ne dépassant pas 15 mains 2 pouces sont décrits comme parfaitement tranquilles à la voiture et à la selle, et que, un grand nombre pour cent de ces chevaux sont des juments qui, bien élevées, sont en général plus jolies que les hongres et ont plus de caractère.

On trouve un grand nombre de juments attelées seules ou à deux à des voitures légères. De notre temps nous avons eu plus de juments que de hongres à l'attelage et nous n'avons jamais eu d'accidents sérieux. Mais nos chevaux, bien que très fortement nourris, n'étaient jamais sans rien faire, cause de tout mal qour les hommes comme pour les chevaux.

Une bonne jument ne doit pas être mise de côté, bien qu'on doive préférer décidément un hongre pour l'attelage, car on peut démontrer d'une manière indiscutable qu'un grand nombre des chevaux de voiture de valeur sont des juments, de même pour la selle. Avant la guerre de la France avec l'Allemagne, une jument blanche high boned était ce qui rapportait le moins pour la vente. Mais, depuis cette époque qui a consommé beaucoup de chevaux de cavalerie, on trouve des prix pour un bon cheval, quelque couleur et quelque sexe qu'il ait.

Il est bien plus difficile d'acheter un cheval qui vous convienne qu'une voiture, parce que les chevaux ne se font pas sur commande. Le premier point est de savoir ce qu'on veut. Mais beaucoup de personnes ne font rien ou ne peuvent rien faire sans l'éloquence d'un marchand pour les assister. Supposons que ce soit pour un coupé promis par le carrossier pour une époque de deux mois. Votre premier coupé sera-t-il pour la parade, pour un usage sérieux, ou pour tous les deux? Une dame en a-t-elle besoin seulement pour la mener au parc ou pour faire quelques visites l'après-midi dans la saison, ou une tournée de boutiques; ou bien est-ce un véhicule de famille pour contenir tous les enfants et servir de nursery roulante? Ou bien encore est-ce pour servir à la campagne à faire de longues expéditions, à faire matin et soir un certain nombre de milles pour aller et revenir à la station, ou pour conduire un quartogénaire qui chasse le renard à quinze ou seize milles à l'attaque? Est-ce pour un praticien allant à ses affaires dans Peckam ou Clapham, ou pour un médecin dans lequel les duchesses-mères mettent leur confiance? Est-ce pour traîner un phaéton léger et servir de hack tous les deux jours? Quand ce point est établi, le choix peut être fait avec plus ou moins de difficulté, suivant le degré de perfection demandé. Des animaux utiles, forts, lents et calmes, sans prétention de beauté, suffisamment sains pour tous les exercices usuels; d'autres actifs et vifs, mais sans beauté et sans cette action qui est aux chevaux ce que le style est aux femmes, sont comparativement très nombreux et peuvent être achetés par ceux qui savent aller à un marché, à des prix relativement modérés.

Avant d'acheter, il est important de s'assurer que le cheval est suffisamment sain pour ce que vous voulez en faire. Nous faisons cette réserve parce que les chevaux parfaitement sains, qui ont travaillé assez longtemps pour connaître leur affaire, sont aussi rares que les États territoriaux sans une brisure dans leur titre; et, si un acheteur mécontent désire annuler son marché, il y a bien peu de chevaux dans lesquels un vétérinaire habile ne trouverait quelque défaut. D'un autre côté, un cheval peut paraître sain et avoir une maladie ou le germe d'une maladie qu'un œil exercé et l'expérience professionnelle peuvent seuls découvrir. Il y a aussi une troisième casualité quand, par incurie ou pour cacher son ignorance pure et simple, ou pour se réserver le bon côté, un vétérinaire refuse tout cheval qui lui est présenté et dont il ne connaît pas parfaitement l'histoire. Nous accordons une grande part à l'expérience pratique, parce qu'aucune étude, soit dans les livres, soit dans le cabinet de dissection, ne rendra un homme, juge capable dans la question de sanité s'il n'a pas une pratique constante de l'examen des chevaux et un don naturel d'observation et de comparaison.

Certaines personnes ont ce don de comparaison, ou, comme l'appellent les phrénologistes, la « forme » développée à un tel point que s'ils ont eu une fois à l'œil la conformation régulière du cheval, ils deviennent meilleurs juges que d'autres qui ont pratiqué depuis leur plus jeune âge.

Nous avons particulièrement remarqué cette faculté (qui nous manque beaucoup à nous-mêmes) chez des ingénieurs distingués ou des artistes, qui n'avaient ou ne s'intéressaient aux chevaux qu'arrivés à l'âge de trente ou quarante ans.

Il y a des personnes qui ont le sens de l'ouïe tellement développé qu'après avoir entendu un cheval trotter sur un terrain dur, elles découvriraient, sans regarder, de quelle jambe il boite ou est défectueux.

Nous avons accompagné une fois feu M. Foljambe d'Oberton, célèbre éleveur de chevaux, chiens et moutons de Leicester, dans une visite à l'ancienne écurie Barveliffe, pour choisir un étalon pour ses juments de chasse. Ses observations, basées seulement sur l'ouïe (il avait perdu la vue à 40 ans), sur l'allure des chevaux présentés, furent toutes extrêmement judicieuses. Il y avait alors 20 ans qu'il était devenu aveugle. Il y a du vrai dans ce vieux proverbe du Gorshire qui dit qu'il faut avoir acheté des chevaux avec tous les défauts avant d'être capable d'en acheter dans une foire.

Si vous êtes novice, emmenez une personne compétente pour vous conseiller, et la plus compétente est un vétérinaire qui examine tous les jours des chevaux. Il y a des amateurs et des grooms qui sont d'excellents juges pour tout ce qui ne dépasse pas la forme et la santé des membres.

Quand il s'agit de chevaux à bas prix, vous pouvez risquer quelque chose et vous risquerez toujours beaucoup en achetant aux enchères et dans les foires. Mais quand vous voulez acheter un cheval de tête, à un prix proportionnel, il vaut beaucoup mieux, comme dans toute autre transaction, payer pour avoir les conseils d'une personne professionnelle compétente.

Vous pouvez voir tous les jours à Londres des chevaux pour la saison, avec toutes sortes de défauts, qui sont attelés à de brillantes voitures ou montés par des personnages à la mode. Ces chevaux, très âgés ou atteints dans leur respiration ou dans la vue, sont employés parce qu'ils possèdent une somme réelle ou un mérite imaginaire d'actions ou de formes. Ils sont renversants les chevaux impotents qui tirent les chariots à la vieille mode des vieilles demoiselles riches ou des douairières opulentes, qui ne veulent pas condescendre à louer leurs chevaux.

Il y a plusieurs points sur lesquels on doit attirer l'attention : Un hack devra avoir deux bons yeux, de même un hunter, bien que dans chaque pays de chasse il y ait un cyclope traditionnel renommé pour ses performances extraordinaires. Une des meilleures juments que nous ayons montées à la chasse était borgne. Mais un cheval qui a perdu un œil par suite de maladie, perdra presque sûrement l'autre quelque temps après. Un cheval borgne, mais parfait sous tous les autres rapports, peut faire un très bon cheval de voiture à deux en ayant l'œil crevé du côté du timon; du reste, si l'économie est une considération et si les routes de votre district sont bonnes, vous pouvez très bien atteler un cheval aveugle en paire si son courage, sa forme et son action le font paraître valoir plus des trois chiffres; mais il vaut mieux connaître le défaut et en tenir compte dans le prix d'achat.

En matière de vente, le seul moyen sûr est de rejeter péremptoirement un cheval qui a quelqu'imperfection ou défaut dans la vue, et de n'écouter aucune excuse, à moins que vous ne soyez prêt à acheter un cheval borgne à un prix borgne. Une certaine classe de personnes a toujours des excuses pour toutes les apparences douteuses, soit qu'il s'agisse d'un œil crevé ou d'une paire de genoux couronnés.

8

Le « vent » pour employer une expression populaire c'est-à-dire l'état des poumons, des bronches et de la gorge, demande un examen soigneux; tout signe d'affection, passée ou présente, aux poumons, est une objection fatale à tout cheval estimé plus de 6 livres. Les défauts du cornage et du sifflement sont matières à des degrés dans leur intensité et dans le prix. Un corneur peut, dans certaines occasions, être un animal utile, mais on ne paye pas pour en avoir acheté un ne connaissant pas le vice.

Les " Copers " qui font le commerce d'acheter des chevaux malsains mais ayant belle apparence et action, ont un moyen d'empêcher temporairement les signes d'une respiration défectueuse. Un cheval à respiration défectueuse peut être comparé à un homme atteint tout à fait d'asthme. La pousse est une maladie incurable des poumons; mais il y a beaucoup de degrés entre la pousse complète et ce qu'on appelle " faire un peu de bruit ".

Le sifflement et le cornage ont pour cause les tiquages ou d'autres défauts ou maladie de l'appareil respiratoire et peuven exister avec un très bon train, mais pas cependant avec le train le plus rapide.

Un cheval sorti d'une écurie de chasse de premier ordre pour cause de sifflage ou de cornage, peut très bien être employé pendant des années comme hack, à une allure tranquille ou pour la voiture sans qu'on l'entende.

Tout récemment, un des chevaux à sensation du Parc, monté chaque jour de la saison par une dame titrée, (les deux un véritable tableau), était un maître cornard à toute allure, dépassant huit milles à l'heure; mais la splendide maîtresse de cette splendide jument était très judicieuse et savait quand et combien de temps il fallait galoper, et quand la mettre au pas cadencé.

Il y a, nous croyons, des chevaux qui ne sont pas arrêtés dans leur galop par le cornage, mais il est difficile de comprendre comment on peut trouver du plaisir à les monter, même s'ils sont bons. Nous avons entendu Charles **Payne**, piqueur de Pytchley, crier dans les bois " qu'il ne pouvait entendre les chiens à cause de ce cornard ".

Il y a aussi des degrés dans la boiterie, depuis la boiterie du vieux hunter qui feint, (qui est bon tout de même sur le terrain mou) et la boiterie qui disparaît au harnais et recommence à l'écurie, et la complète maladie des pieds ou des boulets, ou des tendons tout à fait partis. Par exemple, un cheval qui a du courage, de bonnes épaules, de forts jarrets, ainsi que les reins et le dos, — c'est à dire un cheval avec de forts pouvoirs de propulsion, — doit aller aussi longtemps que vous ne lui demandez pas de galoper sur un terrain dur, ou de sauter sur des routes empierrées. Parmi les chevaux de chasse de louage, il y a un grand nombre de ces vieux " Cripples " perclus. — C'est sur un de ces chevaux de bonne race, adroits mais terriblement " groggy ", qu'un bon cavalier de poids léger, dans un hiver pas trop dur, suivra aussi bien et même mieux que ces millionnaires montés sur des hunters qui coûtent plus de livres que les " screw " de shillings.

La boiterie du pied qui n'a pas pour cause évidente une seime ou une bleime, est une objection fatale, car il n'y a pas beaucoup de moyens pour raccommoder un pied, tandis qu'il y en a plusieurs pour une jambe. Un cheval pourra travailler longtemps attelé en paire, alors qu'il n'est plus sûr une fois seul.

Le couronnement, quand les genoux ne sont pas trop abîmés, n'est pas une objection fatale dans un cheval qui peut rendre service autrement ; s'il a une bonne action et de bons pieds de devant, on peut croire qu'un accident a été la cause du dommage. Des vingtaines de hunters sont vendus " les trois chiffres " malgré leur couronnement, mais alors ils viennent sous le marteau avec des qualités bien connues.

Personne n'achètera sciemment un cheval boiteux, s'il veut s'en servir immédiatement; mais il y a beaucoup de personnes qui spéculent sur un cheval boiteux quand elles supposent que la boiterie est curable et que le prix justifie quelques risques.

Par exemple, un cheval peut tomber boiteux de bleime, à cause de fourchettes mal soignées, ou de seime à cause de mauvaise ferrure, ou d'autres causes remédiables. Mais, l'homme qui n'a qu'une petite écurie, et surtout l'homme qui ne connaît rien aux chevaux, fera mieux de ne pas s'occuper d'un cheval boiteux, si beau qu'il soit.

Les chevaux à ventre enlevé et lymphatiques, manquent en général d'endurance. Ils ne feront pas de grandes corvées, mais, s'ils conviennent sous d'autres rapports, ils peuvent faire de très bons hacks pour un travail modéré. Une poitrine étroite est considérée comme sujette à l'inflammation; mais une poitrine démesurément ouverte peut convenir pour un trotteur, mais rarement pour un galopeur agréable ou vite.

C'est un exemple de plus de la folie humaine qu'un cheval se vendra mieux, dans la plus mauvaise condition pour travailler, c'est à dire " gros comme un cochon " bien que tous ceux qui achètent un cheval doivent savoir que le seul usage de la graisse dans un cheval est de cacher les défauts.

L'âge peut être reconnu aux dents jusqu'à sept ans, et à peu près déterminé par les connaisseurs jusqu'à vingt ans. A six ans, un cheval a surmonté toutes les maladies d'enfance. Si un cheval qui a fait un bon travail est sain et frais de membres et sans vices, à dix ans il a beaucoup plus de valeur pour celui qui n'a qu'un cheval, qu'un autre de cinq ans qui promet. Une paire de chevaux de calèche, appartenant à M. East, le grand loueur de Mayfair, qui eut un prix à l'Exposition des chevaux de la Société royale d'agriculture, en 1864, avaient chacun près de vingt ans,

Après le défaut de santé vient le vice qu'on désigne par " pas tranquille à la selle ou à la voiture " soit dangereux à l'écurie, soit tranquille en paire et non attelé seul, ou « vice-versa ».

Il y a aussi des degrés dans le vice.

Une personne timide appellera vice et avec juste raison peut-être, ce qu'un homme de cheval hardi regardera comme un jeu.

Ces observations préliminaires nous amènent à l'importante question de la garantie. Peu de personnes achètent un cheval cher par contrat particulier sans demander une garantie, soit générale, soit spéciale de santé et d'exemption de vice.

Nous ne voudrions jamais compter sur la garantie d'un cheval à bas prix ; en fait, nous ne la demanderions pas, à moins que ça ne soit d'un vendeur sur la parole duquel nous pourrions compter, car ça ne rapporterait rien d'aller devant les tribunaux pour une somme modique.

La première valeur de la garantie dépend de la manière dont elle est exprimée et, la seconde, de la personne qui la donne. Les "horse copers" de profession n'hésitent jamais à donner les garanties les plus illimitées, de même qu'ils offrent une semaine ou un mois d'essai à l'acheteur qui est assez fou pour se séparer de son chèque sans l'examen d'un vétérinaire.

Une garantie, pour avoir la plus grande valeur possible, doit être par écrit parce que, bien qu'une garantie verbale soit tenue comme bonne devant la loi, il est extrêmement difficile de prouver ce qui a été dit ; c'est pourquoi un jugement sur une garantie verbale se résout toujours par le serment.

Un cheval doit avoir une bien grande valeur et le défendeur doit être assez riche pour payer les dommages et les frais, pour tenter l'aventure comme plaignant et se fourrer dans les ennuis de la pire des loteries — un procès. — Sir James Stephens, un procureur, a écrit un livre sous le titre de "Caveat Emptor" au commencement de ce siècle, qui a fait sensation et qui a eu beaucoup d'éditions, dans lequel il donne toute la loi de la garantie du cheval et peint, si drôlement, les trébuchets tendus aux acheteurs, que c'est étonnant qu'un novice puisse s'aventurer a acheter un cheval après l'avoir lu. Mais pour les besoins du présent ouvrage, nulle part nous n'avons trouvé aussi bien tout ce qu'un acheteur doit connaître, aussi simplement et aussi clairement expliqué, que

dans un essai par A.-T. Jebb. (1) Esquire, Avocat duquel nous
avons tiré en abrégé les extraits suivants :

« L'annonce qu'un cheval à vendre aux enchères est sain
« n'apporte aucune garantie à celui qui achète à l'enchère ;
« suivant Maule 1, le contrat commence quand le cheval est
« mis en vente et finit quand il est adjugé au plus offrant.
« Mais si quelqu'un vend un cheval pour un objet particulier
« — comme hunter, comme hack, pour porter une femme ou
« un enfant,— il ne peut assigner l'acheteur à payer à moins
« que ce ne soit un cheval propre pour l'objet désiré. Qu'un
« hunter doive bien sauter est une question à décider par le
« jury ; mais il ne doit être ni aveugle, ni atteint dans sa res-
« piration. En matière générale, il a été décidé qu'un cheval
« vendu comme un bon "hack" ne doit pas boiter.

« Le domestique d'un particulier chargé de vendre un che-
« val "en dehors de toute vente ou de tout marché", ne peut
« pas engager son maître en donnant une garantie. Il reste
« douteux si un agent spécial chargé de la vente d'un cheval
« dans une foire ou dans un autre marché public, est auto-
« risé oui ou non à donner une garantie. Mais là où un mar-
« chand de chevaux ou un loueur emploie un domestique
« pour vendre un cheval, tout renseignement donné par lui
« équivaut à une garantie et engage son maître. »

Cependant il faut bien se mettre dans l'esprit que le vendeur d'un cheval peut dire un grand nombre de mensonges
et d'expressions louangeuses qui ne seront pas regardées
comme garanties. De là, la nécessité d'une garantie par écrit.

La règle qui concerne la santé est que si, au moment de la
vente, le cheval a quelque maladie qui diminue actuellement
le service naturel de l'animal, de manière à le rendre incapable de n'importe .quel travail, ou qui, par ses progrès
ordinaires, diminuera le service naturel de l'animal, ou
encore si le cheval a, soit par maladie, (soit qu'elle soit con-
génitale, soit qu'elle ait pris source depuis sa naissance),

---

(1) "The field quaterby Magazine". Mai 1872.

soit par accident, encouru une altération de structure qui diminue actuellement, ou bien plus tard diminuera, dans ses effets ordinaires, son service naturel,—ce cheval n'est pas sain.

L'importance du terme (usage naturel) dans cette définition doit être bien remarquée, car un cheval avec une avant-main épaisse est sujet à s'effondrer et met continuellement son cavalier dans le cas de se casser le cou; un autre, avec une constitution irritable et une forme lymphatique, perd son appétit et commence à maigrir si on lui demande un peu plus de travail. A cela, il faut ajouter que les défauts de se couper, de forger, qui viennent d'une imperfection de forme, bien qu'altérant l'usage d'un cheval, n'altèrent pas son utilité naturelle et, par conséquent, ne peuvent pas être couverts par la garantie.

Aussi longtemps qu'il n'est pas blessé il doit être considéré comme sain. Bien qu'il en ait été décidé autrement une fois par M. Eyre, juge, et une autre fois, par M. Coleridge, juge, il est bien clair maintenant qu'il est établi que la garantie de santé tombe si un cheval au moment de la vente a une infirmité qui le rende moins propre à un usage présent; et la découverte postérieure de cette infirmité n'est pas un moyen de défense dans l'action en garantie. Conformément à ce principe, Lord Ellenborough déclara, il y a longtemps, qu'il n'était pas nécessaire que le désordre fut permanent ou incurable. « Tant que le cheval tousse, disait-il, je prétends qu'il n'est pas sain, même si cela est temporaire ou prouvé ensuite accidentel. » Dans un autre cas, M. Baron Parke en résumant disait : J'ai longtemps considéré qu'un homme qui achète un cheval garanti sain, doit être considéré comme l'achetant pour un usage immédiat, et est en droit d'en avoir un, capable de ce service et prêt à toute espèce de travail, qu'il lui conviendra. « D'autres juges, tout récemment dans la Cour de l'Echiquier après un grand nombre de considérations antérieures arrivent à une conclusion identique. »

La meilleure forme de garantie est : « Reçu de M......, la somme de..... pour un cheval bai, garanti sain (tranquille au harnais et à la selle) âgé de six ans et exempt de vices. "

Quand un cheval ne répond pas à la garantie, l'acheteur n'a pas le droit de le renvoyer à moins qu'il n'en ait stipulé la faculté dans le marché. Il n'y a qu'une action en dommages. « Aussitôt qu'une infraction à la garantie est découverte, l'acheteur doit immédiatement offrir le cheval au vendeur, et s'il refuse de le reprendre, le vendre aussi vite que possible pour ce qu'il en trouvera. » L'acheteur a aussi droit à une action en dommages contre le vendeur, pour le rembourser des dépenses faites en gardant le cheval pendant un temps raisonnable, jusqu'à ce qu'il ait pu en disposer convenablement. » Je ne connais pas de cas, disait Lord Denman, où un acheteur qui rend un cheval n'ait droit de demander au vendeur des dommages pour le temps que le premier aura gardé le cheval.

Couleurs

Le proverbe qui dit que tout bon cheval est d'une bonne couleur, comme bien d'autres proverbes, n'est pas vrai. Il y a des couleurs qui diminuent la valeur d'un cheval, très bon d'ailleurs, d'une manière ennuyeuse pour l'éleveur. En Angleterre, beaucoup de personnes ne veulent pas monter un cheval blanc, bien que ce soit une couleur favorite sur le Continent, et une des plus communes dans l'Est.

D'un autre côté les étrangers refusent les chevaux anglais bais, marrons ou noirs, qui ont des marques blanches, ce qui ne leur enlève pas de valeur dans nos marchés, soit pour le harnais, soit comme hunters ou hacks, si leur action est satisfaisante. Pour le harnais, toute couleur marquante est bonne même la couleur pie ; mais les bais, les marrons ou les bais bruns, sont les plus en faveur ; les gris ne sont pas à la mode ; mais ceux qui veulent une paire de bon gris, soit gris pommelé, soit gris fer, sont obligés de les payer plus cher. En 1872, il n'y avait que deux étalons gris de pur sang inscrits sur la liste annuelle. Quand des chevaux doivent être montés

par des hommes, toute couleur extraordinaire est un défaut.
Si une femme monte un cheval pie ou blanc, il devra être
exceptionnel dans sa forme et dans son action.

Action

Dans les chevaux, comme Démosthènes le dit du discours
grec, (la maxime ne s'applique pas à l'anglais), l'action est la
première qualité. Une action belle et appropriée à l'usage,
contre-balancera beaucoup de défauts dans la forme. L'action
d'attelage est de deux sortes, sûre et pas trop haute, estimée
pour les chevaux de fatigue et les chevaux de phaéton, ou les
chevaux de dog-cart employés à la campagne, et haute « jusqu'à la chaînette », estimée pour le Parc, la parade et les
Champs-Elysées, quand Paris n'est pas en révolution.

De fait, l'action peut être sûre et lente, ou sûre et vite sans
brillant, ou elle peut être brillante, et lente ou brillante et
vite. Quand un cheval peut faire six milles et quatorze milles
à l'heure avec régularité, allant " tout rond " c'est la perfection.

Columbine à M. Charles Bayne, était un jument baie, de 15
mains 1 pouce 1/2 de haut, très vite, — de fait si vite que son
propriétaire ne pouvait l'appareiller, — et très grande dans
ses allures lentes. Le prix qu'elle coûta avait été de 400 guinées. En faisant ces observations, nous entendons que l'on
veut un cheval pour son plaisir. Si vous voulez tout simplement une machine pour vous traîner, le cheval de cab ou de
fiacre fera votre affaire. Les extrêmes, d'une vilaine action,
pourront être trouvés dans le cheval de course et le cheval
de corbillard ; dans les chevaux de courses qui allongent leurs
jambes de devant droit comme des béquilles, et cognent tous
les cailloux qu'ils rencontrent sur leur chemin ; dans les so-
lennels Hanovriens noirs, à longue crinière, à longue queue,
à gros ventres, qui lèvent leurs genoux jusqu'à la chaînette
et balancent leurs pieds en avançant le moins possible, pour
traîner un corbillard ou une voiture de deuil.

Un cheval qui a réellement une bonne action remue ses quatres jambes également, engageant bien sous lui ses jambes de derrière à chaque mouvement; mais c'est là un joli degré de machine longtemps rêvé et rarement découvert. Dire qu'un cheval marche tout rond est dire beaucoup en sa faveur. Les chevaux de corbillard, aux yeux d'un homme de cheval sont des brutes, mais ils font leur devoir de la manière qu'on leur demande et à la parfaite satisfaction de ceux qui les emploient. Les chevaux de courses avec la plus déplorable action au pas et au trot souvent galopent vite et gagnent des courses et c'est tout ce qu'on leur demande. Et il y a des hunters aussi, la classe des chevaux le plus en usage, qui ne peuvent pas marcher au pas proprement.

Jack-a-Dandy, le meilleur cheval de ce célèbre maître d'équipage et homme de cheval Assheton Schmidt, était si mauvais hack qu'on le menait toujours en main au couvert. Un cheval d'une utilité générale devra être capable de marcher en temps régulier, un, deux, trois, quatre. Un cheval de selle ne vaut pas sa nourriture s'il ne peut aller au pas, car c'est une des principales allures pour un hack à la ville et à la campagne, un des plus grands plaisirs d'un homme laborieux ou chargé de travail.

Il y a de nombreux degrés dans le pas. Quatre milles à l'heure fait, dans une cadence harmonieuse, sans trébucher, buter, ou se désunir et cela de suite, est une très bonne allure; quoique tous les bons marcheurs au pas doivent faire, dit-on, cinq milles à l'heure. Le style est la première considération; après que quatre milles sont faits à l'heure, et même plus, faire cinq milles dans une bonne forme est une très rare performance. Nous avons eu des hacks qui faisaient cinq milles à l'heure en remuant la tête et en la portant à la bonne position, sans broncher et sans avoir peur, en revenant à la maison ou accompagnés d'un autre cheval; mais le plus fameux marchand de Piccadilly nous dit une fois : « Je ferais beaucoup de chemin pour voir un cheval qui commencera à faire cinq milles à l'heure, seul, en quittant l'écurie. »

Il y a beaucoup d'émulation et il n'y a pas de meilleur endroit pour leur apprendre à marcher le pas sans buter. Un homme pesant, quand il achète un cheval, devra s'assurer si celui-ci peut rester tranquille sous son poids et marcher au pas dans une descente sans faire de faute ; commencez donc, quand vous choisissez un cheval de service en général, par remarquer s'il peut marcher au pas, d'abord conduit au bout d'une longe, ensuite monté par un cavalier. Un bon marcheur au pas est un trésor qu'on ne trouvera pas bon marché, surtout si avec cela il possède une jolie apparence.

Si vous voulez monter pour votre plaisir, n'ayez jamais un mauvais marcheur à n'importe quel prix.

Les défauts d'un marcheur sont de broncher, de faire des faux pas, de se frotter les jambes et de se couper. Broncher est un défaut très désagréable, cela donne la sensation que le cheval va tomber sur ses genoux ; s'il n'est jamais tombé, il ne le fera probablement pas, mais c'est en général un signe de trop grande fatigue, d'âge, ou des deux ; et si cela vient de l'âge c'est incurable. Un cheval peut être très utile et très bien marcher au harnais, qui n'est pas propre du tout pour la selle. En même temps, après avoir changé un cavalier lourd pour un léger, il y a des chevaux qui cesseront de buter. Si un cheval bute quand il est frais, regardez à sa ferrure ; une mauvaise ferrure fera buter les meilleurs chevaux, de même que les meilleurs chevaux feront des faux pas s'ils sont fatigués. Un cheval qui n'est pas en condition est vite fatigué et alors bute, fait des faux pas, se touche, se coupe ou manque des jambes de devant ou de derrière.

C'est une croyance commune qu'un cheval qui marche bien le pas, ira bien à toutes les allures. Aucune maxime n'est plus trompeuse. Un cheval très ouvert du devant peut marcher magnifiquement, mais, vraisemblablement, il sera lent et roulera dans son galop. Un cheval peut bien marcher le pas et ne pas pouvoir trotter, finalement un magnifique marcheur au pas peut être une parfaite rosse.

Parmi les chevaux montés dans les patrouilles de police

on peut trouver des exemples de beaux marcheurs au pas qui, sous aucun prétexte, ni avec la cravache ni avec l'éperon, ne peuvent faire plus de six milles à l'heure. Le meilleur hack que nous ayons possédé, sans pédigrée, mais qu'on supposait avoir un croisement de pur sang et de sang Barbe pouvait faire au pas cinq milles et au trot seize milles à l'heure les rênes flottantes. Cette jument roulait au galop d'une manière ridicule et ne pouvait aller plus vite qu'au trot; elle ne se désunit jamais au trot bien que poussée dûrement. Elle continua son métier jusqu'à l'âge de quatorze ou quinze ans et mourut d'accident. Nous avons eu aussi un hack de pur sang, par Voltigeur, qui devint depuis le favori de la fille d'un comte, qui marchait au pas admirablement, allait au petit galop parfaitement et ne pouvait trotter six milles à l'heure.

Un hack qui peut porter du poids et ne peut faire autre chose que marcher au pas réellement bien, steppant vivement, haut de terre, portant bien la tête, vaut beaucoup d'argent, outre que toujours il a du caractère, et de bonnes manières. Ceux qui apprécient le plus un animal pareil sont en général lourds, âgés et riches. Ils ne désirent en aucune façon galopper, et un trot doux et lent ou un joli canter leur suffisent complètement.

Le trot est l'allure capitale pour le harnais et l'allure favorite des cavaliers anglais. Il peut être vite ou lent ou tous les deux, mais pour être parfait il doit être fait mécaniquement et avec précision par les quatre jambes. Monté, un bon trotteur peut faire six milles à l'heure en bonne forme et augmenter l'allure jusqu'à huit, dix et douze milles à l'heure; au delà de douze milles à l'heure, avec la plupart des chevaux il vaut mieux passer à un galop assemblé. Pour le parc ou sur des pierres, huit milles sont suffisamment vite à la selle comme au harnais. A la voiture un cheval devrait être capable de faire aisément dix ou douze milles. Les chevaux d'un mail-phaéton ou les timonniers d'une voiture à quatre roues ne sont pas parfaits à moins de pouvoir faire ce que les Américains appellent un bon temps de trot, de quatorze milles à l'heure. Au delà de quatorze milles cela devient une allure de course demandée seulement par les aubergistes de sport ou par les millionnaires américains employant leurs voitures et leurs trotteurs vraiment étonnants. La classe des jeunes gens qui en Angleterre ont un mail-phaéton ou un four in hand bien attelés, auraient aux Etats-Unis un ou plusieurs 2,40 chevaux, c'est-à-dire des chevaux qui peuvent faire au trot le mille en deux minutes quarante secondes.

L'allure n'est pas le principal point dans un cheval de gentleman à moins que ce ne soit dans un hack pour aller au rendez-vous ou dans un cheval pour porter les bagages à la station du chemin de fer.

Un cheval ou un poney qui peut faire au trot huit milles à l'heure dans une bonne forme, en lançant bien ses jambes et en se comportant comme un " gentleman " vaudra plus d'argent qu'une brute commune sans autre mérite qu'un train extraordinaire.

On pourrait employer des pages, sans donner d'idée claires, en essayant de décrire ce que doit être un bon trot; c'est un sujet qui, après tout, doit être étudié sur un animal en vie. L'action de trot, admirable au harnais, réunissant une allure vite avec un grand style, peut être parfaitement détestable à la selle; une action très élevée, même extravagante, peut être acceptée et très admirée au harnais et elle ne pourrait être supportée à la selle, amènerait la mort du cavalier et le rendrait ridicule. Il y a aussi un grand nombre de chevaux employés avec sûreté parfaite et même brillamment au harnais, qui ne pourraient à la selle porter même un enfant ; parceque tous chevaux destinés à la selle aussi bien qu'à l'attelage ne doivent pas seulement avoir dés épaules pour la selle avec de bonnes jambes et de bons pieds, mais doivent avoir aussi des actions de selle qui, comme nous l'avons observé plus haut, seront bien vite détruites s'ils traînent de trop gros poids. Ils doivent aussi se brider bien, ce qui n'arrivera pas, s'ils n'ont pas la tête bien attachée à l'encolure. Dans sa place convenable, un chapitre sera consacré à la description anatomique d'un cheval bien conformé.

Un cheval peut avoir une action extraordinaire des genoux et cependant ne pas être sûr à la selle. La sécurité ne dépend pas de la manière seulement dont chaque pied de devant est levé, mais aussi de la manière dont il descend à terre. C'est justement parce qu'il est comparativement plus aisé d'accoutumer les jeunes chevaux à un trot en règle à la voiture qu'à la selle, que nous considérons qu'un travail léger au harnais leur fait beaucoup de bien comme hacks.

C'est cependant beaucoup plus facile de trouver des chevaux de voitures aptes à rendre des services que des chevaux de selle sûrs, par une importante raison au milieu de beaucoup, c'est que de bonnes épaules sont rares dans tous les chevaux et surtout dans les poneys. Sans de bonnes épaules obliques, aucun cheval ne peut être parfaitement sûr à la selle, mais un cheval avec des épaules droites, un garot pas sorti et les côtes si plates qu'une croupière est indispensable pour maintenir la selle à sa place, peut courir très bien, avoir belle apparence, et ne jamais butter une fois bien attelé.

Il y a cependant une qualité commune à tous les bons chevaux et qui est plus essentielle encore pour le harnais que pour la selle, c'est le courage, — le courage qui le fera rester au trot toute la journée, bien en main et donnant dans le collier sans un coup de fouet. Un cheval de harnais, qui a réellement besoin du fouet, n'est bon que pour un fiacre ou une voiture de louage. Un cavalier peut faire qu'un cheval de selle donnera dans la main et augmentera son allure, sans effort visible, par une pression des jambes ou un ou plusieurs petits coups d'éperons répétés ; un cavalier, réellement habile, doit comme magnétiser son cheval. Quelques-uns des meilleurs hacks sont enclins à être paresseux en partant sur une route, d'autant plus qu'un hack a des alternatives de pas de trop et de galop. Un cheval de harnais a à trotter pendant des heures. Un grand courage et une belle action pourront compenser une foule de défauts et d'inconvénients dans un cheval de voiture, mais il ne faut jamais oublier qu'un cheval appelé à traîner une voiture lourde doit avoir du poids et de la puissance, un bon dos et un bon rein, des jambes et des jarrets puissants.

Il faut au moins six mois pour dresser une paire de chevaux en moyenne, ou un cheval de coupé venant de la campagne pour le service de ville, bien que beaucoup aillent d'une manière satisfaisante au bout de six semaines. Un cheval qui a tapé une fois ou s'est couché dans les harnais, n'est jamais sûr. Il y a des chevaux qui iront seulement en paire, d'autres uniquement seuls et d'autres jamais au harnais. Un cheval de voiture devra se tenir parfaitement tranquille arrêté et cependant être toujours prêt à trotter et à trotter en donnant gentiment dans la main, sans jamais avoir besoin du fouet. Le cheval paresseux est peut-être plus dangereux dans les rues que celui qui tire beaucoup. En règle générale, les chevaux qui travaillent régulièrement à la ville deviennent tranquilles, probablement parce qu'ils sont occupés par un très grand nombre d'objets et de sons.

Ceux qui ont absolument besoin de chevaux et qui ont en vue l'économie, peuvent acheter des chevaux de bonne mine et en plein service avec des défauts de peu d'importance à des prix réduits, à la fin de la saison à Londres.

Parmi les défauts qu'ont les chevaux qui trottent vite et surtout les jeunes chevaux de voiture, il faut compter les coupures et le frottement.

Le frotter c'est cogner un pied l'un contre l'autre; se couper c'est cogner le pied ou le fer contre l'autre jambe. Un cheval qui se frotte ou se coupe aux jambes de devant est un animal très dangereux pour la selle. Presque tous les chevaux qui sortent des prairies ou qui sont nouvellement dressés se coupent ou se frottent des jambes de derrière quand on les attelle pour la première fois.

La première chose à faire avec des chevaux qui, pour quelque cause, sont affaiblis, c'est de protéger la partie blessée et la seconde, de les pousser en très grande condition. Le défaut disparaîtra souvent complètement avec l'âge et la condition.

En dressant des poulains aux harnais, il n'y a pas de meilleure précaution à prendre que la botte de Yorkshire, une pièce de couverture de laine épaisse attachée avec un galon de manière à tomber en double autour du boulet. Mais si un cheval se frotte ou se coupe, il vaut mieux avoir recours à une botte convenable ou à un autre moyen de protection avant qu'une cicatrice ne soit établie régulièrement et une blessure permanente créée. On vend des bottes en cuir ou en caoutchouc attachées par une ou plusieurs boucles.

Cette disposition a souvent un résultat fâcheux. La boucle est serrée de plus en plus pour empêcher la botte de tourner et ainsi se forment d'abord une inflammation et ensuite un gonflement. Une botte, pour empêcher de se couper, doit être ou de cuir doublé de drap ou de caoutchouc non doublé ; mais de quelque espèce qu'on se serve, elle devra être lacée sur la jambe extérieurement comme une bottine.

Une très bonne botte pour le boulet de derrière est celle qui est faite de cuir en forme de poire fendue en deux, réunie par derrière et bouclée sur le devant du boulet.

Par sa forme adhérant exactement, cette botte n'est pas exposée à tourner par suite des coups de l'autre jambe et ne demande pas à être bouclée très fort. Un sellier à Bishop's Storford à pris un brevet pour une matière spongieuse de caoutchouc pour bottes et doublures de selles qui promet de rendre service. Pour une manière spéciale de se couper commune aux trotteurs rapides, une très bonne invention a été trouvée par feu M. Quatermaine, le marchand de Piccadilly, pour un fameux trotteur attelé. Cela consiste dans une courroie de cuir taillée en forme de bourrelet de l'épaisseur d'un doigt qu'on boucle au-dessus du sabot du cheval à la jambe de derrière.

Ces vices de se couper et de se frotter sont beaucoup augmentés en forçant les jeunes chevaux pas faits, au delà de leur allure. Quand on s'en aperçoit pour la première fois il faut faire examiner soigneusement l'animal et changer les fers par un maréchal intelligent. Le grand point est d'arrêter le défaut avant qu'il ne devienne une habitude. Si cependant un cheval en trottant ou en galopant se frappe l'intérieur d'une jambe de devant avec le fer de l'autre jambe, en termes techniques " Speedy ents " (se coupe par vitesse), vous n'avez rien à en faire à la selle ou à une voiture à deux roues parce qu'il peut tomber à un moment donné comme mort. C'est un défaut qui, n'est pas curable, s'il est trop dangereux pour que des amateurs se livrent à des expériences.

Age.

Les chevaux âgés s'ils sont sains dans leurs jambes et leur respiration, sont les meilleurs pour le harnais parce qu'ils sont acclimatés et à l'abri d'une variété d'indispositions et de troubles communs aux jeunes. Un système organisé, fait,, qu'au moyen de manœuvres frauduleuses, dans les comtés d'élevage, un cheval de trois ans parait avoir quatre ans et celui de quatre, cinq. Un cheval qui a honnêtement sept, neuf, ou dix ans avec de bonnes jambes et un bon vent, est meilleur marché que celui qui a cinq ans d'une manière deshonnête.

Bien peu de vétérinaires peuvent découvrir la fraude.

Des objets et des bruits.

Être ombrageux pour un cheval quand cela le fait arrêter complètement ou tourner sur lui-même, est un vice et un des plus dangereux; mais il y a beaucoup de degrés intermédiaires. Ce défaut vient de l'ignorance ou *d'une vue défectueuse*, de verdeur ou d'une habitude vicieuse invétérée.

Les poulains sont ombrageux par ignorance et continuent à l'être à presque tous les objets jusqu'à ce que par la pratique et les doux traitements, ils aient appris que rien ne les blessera. Avec de la peine et de la patience presque tout cheval peut être accoutumé à rencontrer sans hésiter des trains de

9

chemins de fer, des parades militaires, des éléphants, des chameaux et autres objets alarmants. Mais ce n'est pas seulement les poulains qui sont ignorants; les chevaux âgés, amenés de la campagne à la ville ou mis en présence de troupes en uniforme rouge, d'omnibus, de moulins, de locomotives de routes, généralement se retourneront et souvent essayeront de s'enfuir.

Si, comme cela se présente assez souvent, un cheval est ombrageux parce que sa vue est défectueuse, soit par une sorte de myopie, soit par un commencement de cécité, ce vice est incurable et la seule ressource est de le mettre aux harnais avec des œillères très serrées. Nous avons eu une jument d'un caractère très tranquille qui toujours partait et faisait un violent écart à la vue de quelque chose de blanc ; un cheval blanc, une vache, une poule, un chien sur la route la jetaient dans une mortelle terreur, bien que rien d'autre ne la dérangeât. Nous croyons que c'était le résultat de quelque défaut dans sa vue.

Quelques chevaux feront des écarts quand ils sont très verts, de même qu'ils rueront en sortant de l'écurie, et, après une heure ou deux de travail, ne feront plus attention aux objets qui semblaient les alarmer. Si alors un cheval fait des écarts, prenez des moyens pour vous assurer s'il n'a pas quelque défaut dans les yeux. S'il ne fait des écarts que d'un côté, il est probable que l'œil de ce côté-là est affecté. Les écuries sombres ont des tendances à rendre les chevaux ombrageux. Nous avons remarqué que tous les hunters d'un fermier, très bon cavalier, étaient ombrageux, et nous avons trouvé qu'il les gardait dans des boxes séparées dans une grange sombre. Un cheval qui a été en service pendant un certain temps et qui fait des écarts à tout ce qu'il rencontre, surtout ce qui vient à lui, a très probablement mauvaise vue. Un bon cavalier peut continuer à s'en servir à la campagne, mais c'est une folie de monter un tel animal à la ville, parce qu'un bond d'un mètre ou même de quelques pouces, peut amener cheval et cavalier sur le timon ou sous les roues d'une voiture.

En supposant que la vue est bonne, il y a bien peu de cas où un cheval ombrageux, c'est-à-dire qui a peur, ne puisse être guéri ; mais cela doit être fait par une personne patiente et d'un caractère doux, qui emploiera des jours et des jours à cette tâche.

Il n'y a rien qui effraye autant les chevaux que les chameaux. Le propriétaire d'un cirque m'a assuré qu'après avoir été enfermés dans une écurie pendant quelques jours en vue de chameaux, il avait trouvé que tous les chevaux, même les étalons de pur sang en pleine condition, ne faisaient pas plus attention à un hideux dromadaire à deux bosses qu'à un cheval.

Les trains de chemins de fer effrayent d'abord les chevaux beaucoup, non seulement par suite de l'étrange aspect d'une grande chose noire courant à toute vitesse avec de la fumée, mais aussi par suite du bruit affreux ; mais, si un cheval est tranquillement amené et fermement maintenu dans un champ ou sur une route parallèle au train, mais avec la tête tournée de l'autre côté au moment où il passe, après un temps très court, il traitera le train, la fumée, le feu, le sifflet et le nuage de vapeur avec une indifférence parfaite. Un cheval de cab qui pouvait à peine être maintenu par une demi douzaine d'hommes la première fois qu'il vit et entendit un train à la station du Great Eastern, ayant été traité comme je l'ai dit plus haut pendant quelques jours, se tenait au premier rang faisant face aux trains pui arrivaient et ne broncha jamais plus.

On ne saurait trop établir que fouetter, éperonner, forcer un cheval à faire face à l'objet qui excite sa terreur, ou toute autre violence, peut faire beaucoup de mal et jamais de bien. Un officier de cavalerie nous disait que, d'après son expérience, il ne connaissait qu'un cheval sur cent qui ne pût être dressé à rester tranquille au bruit et à l'aspect d'un régiment.

Peu de gentlemen ont le temps ou la patience de faire passer leurs terreurs à des poulains ou à des chevaux âgés.

Il vaut mieux confier cette tâche à un homme qui en fait son métier et dont la méthode écarte l'usage de la cravache et de l'éperon. Le meilleur cavalier peut non seulement être démonté par l'écart d'un cheval tournant à l'improviste sur lui-même mais aussi se trouver sous les roues d'une voiture de boucher menée à un train de boucher. Un hack d'un bon caractère mais très énergique, monté pour la première fois à Londres, trouva tant d'objets et de bruits effrayants que ce fut un travail dangereux de le mener de Kensington à Westminster. Au bout de peu de temps, par un traitement doux et ferme il s'accoutuma à rencontrer, passer des omnibus et à en être dépassé ainsi que des voitures de plaisir et en général tous les véhicules de la rue; mais plus, tard, quand il fût à nous, nous réussîmes moins bien pour l'accoutumer à trois objets particuliers de son aversion : un train passant sous un pont qu'il avait continuellement à traverser, une ligne de gardes en marche, et le tambour et les fifres de Punch. Une fois, en passant au petit galop sur la chaussée d'un pont au moment ou une machine traversait en lâchant sa vapeur, il s'arrêta et se retourna si brusquement qu'il s'arracha un de ses fers de derrière. Nous l'envoyâmes chez un dresseur, contraire à la cravache et à l'éperon, et après une quinzaine de jours de pratique journalière il croisait des locomotives, des tambours, des fantassins, des drapeaux rouges, aussi tranquillement que le plus vieux cheval de troupe des gardes.

Avant ce dressage il essayait de s'emballer en voyant des soldats arrêtés ou en marche.

Les chevaux de bonne race, bien dressés, sont plus courageux que les chevaux de race grossière.

Les sportmen indiens disaient qu'il n'y a que le cheval arabe de haute origine qui puisse servir pour attaquer un ours ou un léopard. Aussi, lorsque les chevaux de pur sang résistent violemment, ils sont facilement dressés quand une fois ils ont été mis dans la position de ne pouvoir pas résister.

Nous avons eu une jument de pur sang remplie de feu et de courage qu'aucun objet ou aucun bruit ne semblait effrayer.

Elle faisait face aux gardes à pied marchant en rang, elle se réjouissait à cette vue et était parfaitement tranquille quoique excitée; mais menée, pour la première fois à la chasse à l'âge d'au moins dix ans, aussitôt qu'elle entendit la voix des chiens dans le bois, elle se mit à plonger violemment et en moins de quelques minutes fut couverte de sueur et d'écume. Quand les chiens sortirent du bois elle devint complètement folle.

D'un autre côté, nous avons connu un vieux hunter, du caractère le plus tranquille, qui était tout à fait impossible à manier à une revue quand les troupes s'avançaient en ligne pour charger à la baïonnette.

Nous mentionnons ces exemples pour montrer combien grandement on se trompe d'être en colère contre un cheval qui est effrayé du bruit ou à la vue d'un objet inaccoutumé.

Un cheval nerveux qui ne peut être habitué aux objets ou aux bruits étrangers est aussi dangereux qu'un cheval réellement vicieux, mais un jeune cheval ou un cheval très vert ne doit pas être condamné parce qu'il a peur des bruits ou fait des écarts en sortant de l'écurie.

Chevaux qui tirent ou qui s'emballent

Un cheval qui se bride bien est un cheval qui ne vous casse pas les dents avec sa tête, ou qui ne la porte pas en bas comme un cochon, mais qui courbe bien son encolure et qui mâche le mors d'une manière naturelle, qui a été réellement bien dressé, qui peut être facilement apaisé et retenu, quand ses esprits bouent soit par manque d'exercice, soit par un galop sur un pré. Mais il y a beaucoup de degrés intermédiaires entre la meilleure bouche et une brute qui a une tête comme un taureau.

.Si un cheval, par suite de sa conformation, ne peut pas ramener son encolure au gré de son cavalier ou s'il n'a pas été enseigné à le faire, il y a bien peu de plaisir à le monter, quelque bon qu'il puisse être sous d'autres points de vue.

Avec un nouveau cheval, la première chose à trouver c'est la bride qui lui convient ainsi qu'à vous. Un homme de steeple accompli peut monter un cheval et faire de lui ce qu'il veut avec un filet de course ou même un licou; un homme de cheval non moins parfait peut très bien se trouver d'une simple double bride, une femme ou un homme manquant de force peut employer un mors très puissant, un Chifrey, un Hanovrien ou même un Iron Dake. Un cheval peut très bien aller cinq jours dans la semaine; mais par suite de verdeur ou effrayé par quelque chose ou se défendant avec son cavalier, le sixième jour, pour aborder un fossé de sang-froid, il essayera de s'emporter. S'il réussit ou s'il a été dans l'habitude de réussir et s'il a de la bouche, vous devrez avoir un mors qui le tiendra en mettant en pratique la maxime : " Montez sur le filet mais ayez beaucoup de mors dans sa bouche ".

Nous parlons avec beaucoup d'expérience sur ce chapitre, car, par suite d'un ancien accident, notre bras gauche n'est pas plus fort que celui d'un enfant de dix ans ; et par suite de nos voyages comme commissaire assistant pour la grande Exposition de 1851 et de nos tournées agricoles, nous avons souvent monté à la chasse plus d'une douzaine de chevaux différents en un mois. Nous emportions toujours une invention pour rendre un mors ordinaire plus puissant, nous la décrirons dans la suite.

Si vous trouvez qu'avec aucun mors vous ne pouvez tenir convenablement un cheval, débarrassez-vous-en. Un cheval qui ne peut être maintenu et arrêté est dangereux, non seulement pour son cavalier mais pour tout être animé qu'il rencontre. Mais un cheval réellement bon ne devra pas être abandonné sans avoir essayé sérieusement des mors et des brides divers. Faites qu'un cheval sente une fois que vous êtes maître de lui, et dans neuf cas sur dix il n'essayera pas de résister ou abandonnera sa tentative au premier avertissement de la fausse rêne.

Quelques chevaux deviennent positivement fous par la peur ou par l'excitation d'un galop; ils courront sans hésiter sur des grilles ou sur des murs. D'autres restent adroits, mais ne sont pas moins dangereux ; ils se frayent un chemin à travers les arbres d'une forêt, exposant à un très grand danger la tête et les genoux du cavalier.

D'autres chevaux galopent, uniquement parce qu'ils sont frais et si c'est sur le chemin du couvert, avec une route de campagne bien nette, vous pouvez aller au train de quinze ou seize milles à l'heure sans tirer, leur persuadant qu'ils vont à l'allure que vous leur demandez.

Un bon cavalier qui connaît la contrée et qui monte un hunter connaissant bien sa besogne, peut saisir l'opportunité d'un vif galop pour se tenir à cinquante mètres des chiens et ne jamais laisser son cheval s'apercevoir qu'il s'emballe. Les très bons chevaux tirent quand ils sont frais et demandent un exercice journalier. Quelques-uns des meilleurs chevaux de voiture ne peuvent être laissés deux jours de suite à l'écurie sans montrer qu'ils sont hors d'eux-mêmes. Si vous êtes jeune et fort et pas trop mauvais cavalier, vous ne considérerez pas comme un vice si votre cheval de selle plonge et tire un peu en quittant l'écurie ; mais un cheval de voiture, conduit dans la ville et qui ne peut être arrêté, est un animal très dangereux.

Si un cheval de harnais porte la tête en l'air comme le font quelques-uns des beaux steppeurs, pour le tenir vous devez lui mettre une martingale fixe attachée à la muserolle ou bouclée aux anneaux d'un filet suivant le cas ; un cheval à bouche fine de cette espèce ira mieux en général avec un filet à anneau et une martingale. Un mors dur mis à un cheval chaud à la voiture lui abîmera bientôt complètement la bouche.

Pour des cas semblables, les rènes brevetées de Blockwell sont recommandées, surtout avec des cochers qui ont la main dure. Un cocher doit être capable de tourner promptement et d'arrêter court. Il ne peut faire ni l'un ni l'autre s'il ne peut pas tenir son cheval.

Après avoir fait une grande part à la paresse, c'est-à-dire a la fraîcheur, si un cheval est trouvé avoir un cou de taureau avec une bouche insensible, débarrassez-vous-en au profit d'un cab. Un cheval qui s'emporte au harnais peut non seulement vous coûter la vie ou un membre, mais encore des centaines de livres en quelques minutes.

Un cavalier court moins de danger avec un tireur, excepté à la ville. Dans un champ il peut le faire tourner en cercle jusqu'à ce qu'il réponde à la bride, sur des dunes ou dans du sable il peut le pousser jusqu'à ce qu'il ralentisse son allure. En un mot, quand un cheval nouvellement acheté tirera dur et s'emballera s'il le peut, essayez les exercices réguliers et cherchez un mors qui le fera rendre à la main; essayez toutes les espèces jusqu'à celle qui lui conviendra, mais ne vous servez à aucun prix d'un cheval fort ou d'une vicieuse brute qui s'emballe.

Les très beaux chevaux que l'on trouve occasionnellement comme steppeurs sur les cabs sans un défaut sont généralement des chevaux vicieux que rien ne peut maîtriser qu'un très dur travail journalier.

Tous ces sujets seront traités dans de plus grands détails dans le chapitre sur les mors et les brides.

Constitution et caractère.

Un cheval ne peut être sur la liste des « capables de service » s'il n'a une bonne constitution. Il peut être sain, bon à toutes les allures, joli à voir, agréable à monter et à conduire, tranquille à l'écurie; mais s'il est toujours malade, aisément fatigué, incapable d'un jour de long voyage, il n'a pas de place à occuper, si ce n'est dans la nombreuse écurie d'un homme riche. Il peut être un objet de luxe, (admirable pour le parc et les besoins de la parade) juste capable de faire un exercice modéré et ensuite se reposer après avoir été nourri à l'once; mais pour un homme de moyens modérés il est tout à fait inutile.

Le plus grand défaut dans cette catégorie est de se mal

nourrir, de faire une mauvaise digestion et par suite un mauvais appétit. Vous pourrez rencontrer un cheval qui bondira en sortant de la porte, qui respirera la santé et la vigueur, avec des allures rares et qui sera ainsi pour un petit bout de temps, mais qui ensuite se laissera aller, qui tombera à un petit trot cahin-caha, et qui aura besoin de la cravache pour se maintenir à une allure décente et cela dans la plus haute condition. Une autre forme du même défaut existe quand un cheval marche bravement tout le jour, mais au retour d'une journée raisonnable, c'est-à-dire vingt milles avec un temps de repos, refuse sa nourriture et laisse aller sa tête comme s'il voulait représenter la peinture de la misère. Si vous pouvez lui donner un jour de repos, peut-être redeviendra-t-il pour un petit bout de temps tout à fait frais, mais si vous le faites travailler tous les jours il perd de la chair, son poil se pique; de fait il crève de faim au milieu de l'abondance.

J'ai connu une jument de chasse qui se conduisait de la plus brillante manière avec les chiens de cerfs pour un effort de vingt-cinq minutes, galopant dans le premier peloton et passant toute espèce d'obstacle, même l'eau et les dures bullfinches dans un grand style ; au bout de ce temps elle serait tombée en sautant une haie de moutons ou aurait roulé sans effort dans un fossé, tout à fait rendue.

Cette faiblesse ne doit pas être confondue avec la faiblesse occasionnée par le vert ou par la condition de marchand ; dans ces deux cas il faut du temps, de l'exercice modéré et une bonne nourriture pour les amener propres à un travail dur et vite. Mais quand, après une journée de fatigue au harnais ou à la selle, un cheval qui n'est pas malade ne mangera pas avec cœur, débarrassez-vous de lui, à moins que vous ne puissiez le garder comme un objet de luxe à la mode.

Il y a aussi des chevaux, surtout ceux qui mordent leur mangeoire ou qui hument le vent, qui sont sujets à des attaques de coliques. C'est probablement un défaut mais c'est très difficile de le prouver.

Un gentleman de notre connaissance avait un hunter remarquable qui était attaqué de colique après chaque journée dure passée avec les chiens. Les attaques étaient si régulières que le groom était toujours pourvu d'un remède contre la colique. A la fin il le vendit aux enchères, tout à fait perdu de condition. Il fut acheté par un petit commerçant très amateur de la chasse pour un petit prix. Le rencontrant ou plutôt reconnaissant le cheval un jour dans les champs, nous lui demandâmes comment allaient les coliques. « Très bien, répondit-il, il n'a jamais eu qu'une attaque. Je le nourris moi-même et ne le sors jamais plus de trois heures et, pendant ce temps, je lui donne deux pains rassis que j'apporte à cet effet. » Il était un boulanger sportif.

Un autre défaut de constitution dangereux, c'est une tendance à l'inflammation des poumons ou des membranes des poumons (pneumonie) qui souvent accompagne une poitrine étroite. Votre vétérinaire pourra vous empêcher d'acheter un cheval avec des signes extérieurs ou visibles de tendances à de semblables maladies, mais si un cheval de quelque valeur en est atteint ou guéri, vendez-le aussi vite que possible; dans le cas d'un cheval à bas prix avec une attaque aiguë, nous sommes convaincus que le meilleur plan est de l'abattre de suite. Il sera trois mois sur la liste des malades ; la note du pharmacien, le travail compris, sera de dix ou douze livres; et s'il devient poussif, comme c'est probable, il ne vaudra pas cette somme à moins qu'il ne soit assez grand et assez fort pour aller à la charrue ou à la herse.

« Je comprends parfaitement, Monsieur, vous voulez un bon hack d'un caractère tranquille. » Ces mots étaient adressés en notre présence par Georges D..., le célèbre steeple-chaser, alors marchand de chevaux à Kensington, aussi connu pour son pittoresque langage de cheval que pour son courage étonnant, à un de ses clients renommé, au temps de sa santé, pour un brillant cavalier; un homme hardi dans les comtés les plus durs, réduit alors par les rhumatismes et la goutte à aller péniblement à pied avec une canne, ou à monter dans un phaéton de parc très bas.

La phrase, dite à la manière de Georges avec son accent insinuant, nous a souvent fait songer combien le comfort d'un cavalier ou d'un conducteur dépend du caractère de son cheval, un caractère approprié à son âge, à sa santé, à ses facultés, à ses occupations.

Le cheval sur lequel s'amuserait un lieutenant de cavalerie légère ou un étudiant qui chasse, serait misérablement monté par un conseiller de la Reine pour son exercice du matin ou par un invalide remontant pour la première fois après des mois de maladie dans son lit ou par un maître d'équipage entre deux âges, chassant avec ses propres chiens, quand même il serait un cavalier consommé. La même règle s'applique aux chevaux d'attelage. Avec vingt milles de bonne route devant une paire de petits chevaux de phaéton, si vous avez un cocher expérimenté, pas nerveux, vous pouvez aller, surtout si votre voiture est solide et votre siège élevé, à une allure rapide qui serait absurde et dangereuse pour une promenade de plaisir dans une ville populeuse.

L'âge, la fatigue, l'anxiété, la maladie ont raison du meilleur et du plus accompli cavalier ; la première de ces causes avait amené à la fin, ce brillant chef de cavalerie, le Feld-Maréchal Lord Combermère, à monter un poney de treize mains de haut avec des habitudes tranquilles. Cela étant en dépit de ces cavaliers étonnants et extraordinaires de soixante-dix ou quatre-vingts ans, il est beaucoup plus nécessaire de considérer le caractère quand on choisit des chevaux pour des hommes qui n'ont jamais été très renommés pour leur habileté dans l'art équestre ou pour des dames dont le courage est si souvent plus grand que l'expérience.

Personne ne choisira de plein gré un cheval vicieux pour son plaisir. Nous voulons parler d'un cheval qui, par suite de disposition héréditaire, ou d'un dressage imparfait dans son jeune âge, ou par suite d'un traitement cruel, est devenu malfaisant incurable, cherchant l'occasion de mordre ou de frapper des pieds ceux qui l'approchent, frappant constamment dans le harnais, se cabrant, ruant et plongeant à la selle, non par excès de verdeur, mais avec l'intention délibérée de démonter son cavalier.

Il y a des personnes qui, confiantes dans leur force et leur habileté, prendront de pareilles brutes quand elles possèdent des qualités extraordinaires comme hunters ou " trappers ", et cela avec succès quand les chevaux ne sont pas confirmés dans le vice par l'âge et sont traités par des personnes qui ont de la patience et du temps à dépenser aussi bien que de la force et de l'habileté. Tel était l'habitude d'un très célèbre maître des Pytcheley et Atherstone Hounds. Mais de pareils hommes de chevaux aussi accomplis n'ont pas besoin de nos conseils.

Nous ne connaissons aucune faute de société plus impardonnable que celle d'un homme qui amène au milieu d'autres cavaliers un cheval connu pour frapper. A côté d'un cheval réellement vicieux, il faut placer le cheval nerveux qui n'est pas moins dangereux, car il est inmaniable quand il prend peur et instantanément sautera dans une carrière ou se précipitera dans les voitures d'une rue populeuse. L'impressionnabilité nerveuse peut être beaucoup mitigée par les soins et la douceur ; mais quand elle est héréditaire, et c'est assez fréquemment le cas dans les animaux de très belle origine, ils ne peuvent servir à la ville. Elle a souvent pour cause la cruauté.

Certains marchands irlandais, qui amènent sur les foires anglaises des lots de chevaux supérieurs, ont l'habitude, avant de montrer le cheval à un client, de le ranger le long d'un mur et de le fouetter pendant plusieurs minutes. Ensuite seulement, après cela et une application considérable de gingembre, le cheval est considéré prêt pour la montre (1).

Le contraire d'un cheval allant, c'est un cheval paresseux.

(1) M. Grout, le marchand de Woodbridge, Suffolk, qui est notre autorité dans cette assertion, raconte qu'au dernier jour d'une foire d'York, il demanda à un marchand irlandais de lui montrer un cheval sans fouet ni gingembre, " Ma parole ! répondit l'Irlandais, que diable ! tant qu'il sera à moi je ferai ce que bon me semble ; quand il sera à vous, vous pourrez le montrer comme vous voudrez ".

Les paresseux conviennent très bien à certaines classes de clients; — les douairières et leurs cochers gras, endormis et autocrates; les dames seules qui font des favoris de leurs poneys et passent la plus grande partie de leurs promenades au pas; les hommes entre deux âges, corpulents, qui montent non pas pour leur plaisir, mais par raison de santé. Il y a aussi des chevaux naturellement intelligents qui semblent comprendre, quand on le leur a montré un petit peu, ce qu'on leur demande; et d'autres si stupides qu'ils sont bons seulement pour un moulin à manège.

La meilleure classe des chevaux réunit la plus grande bonne volonté pour aller au pas, au trot, au petit ou au grand galop, quand on le leur demande avec une obéissance immédiate pour partir, s'arrêter ou tourner, une indifférence parfaite aux objets et aux bruits étrangers. Avec de pareils chevaux vous pouvez aller dans une file pour vous rendre aux courses, et puis aller à une bonne allure quand la route est libre. Avec un pareil hack, vous pouvez aller dans les rues de Londres les plus encombrées au plus fort de la saison; il avancera tranquillement, ne faisant attention à rien et obéissant à la moindre indication de la main ou des jambes.

Le cœur ou le courage d'un cheval se ressent beaucoup de son élevage, de son âge, de sa nourriture et de son travail. Les chevaux communs, s'ils sont enclins à être rétifs, sont généralement stupides et têtus; les chevaux de sang sont plus sensibles; les plus traitables et les plus courageux se trouvent parmi les chevaux de pur sang Anglais ou Orientaux. Mais beaucoup de chevaux ont le caractère complètement détruit par les coups des garçons d'écurie.

Les jeunes chevaux, en règle générale, demandent plus d'exercice pour rester « eux-mêmes », pour les distinguer de l'état où ils sont quand ils sont « hors d'eux-mêmes »; mais nous avons connu des chevaux de quatorze ans, qui, quoique parfaitement dociles avec un travail régulier, avaient besoin « d'un cavalier sur eux » après quelques jours de repos à l'avoine et aux fèves.

Cette question de caractère naturel est de la plus haute importance dans le choix des chevaux pour ceux qui ne sont pas des cavaliers consommés ou d'habiles conducteurs, qui n'ont ni énergie, ni force, ni pratique. Quand on est jeune, adroit, confiant, expérimenté en condition parfaite, rien n'est plus amusant que de monter et de maitriser un cheval violent soit que sa violence vienne de son grand cœur et de son grand courage, soit qu'elle vienne d'un caractère naturellement mauvais.

Le grand nouvelliste de sport de nos jours, a admirablement décrit les deux caractères opposés dans deux hunters de pur sang de la meilleure classe des steeple-chases. Un jeune dragon va chez un fermier Irlandais pour voir une jument qui n'a pas été essayée; et là est une scène dessinée de main de maître par un homme qui tenait le premier rang en Herthamptonshire et beaucoup d'autres comtés : — « Sur le mauvais pavé de la cour, à travers la brèche du mur, longeant la meule de tourbe, elle ne se présenta pas mieux qu'un modeste Baudet. Mais dès qu'elle vit les fleurs du printemps perçant à travers l'enclos voisin et le talus supérieur éclairé par des rayons dorés, la diablerie d'un grand nombre d'ancêtres sembla passer avec l'air vif de la montagne dans l'âme de la pouliche. Son premier bond de gaité et d'insubordination aurait déplacé la moitié des cavaliers qui ont manié faussement un « charger » à l'école. Une fois, deux fois elle bondit en avant en plongeant bas et avec une grande puissance, secouant les oreilles et se précipitant follement sur la bride jusqu'à ce qu'elle arrachât assez de rène pour lever le nez en l'air; alors elle partit à fond de train. Un filet avec ou sans muserolle est à peine un instrument avec lequel on puisse ramener sur ses hanches un animal violent. Mais Daizy était un cavalier consommé, solide dans son assiette, d'un grand sang froid, avec une tête qui ne l'abandonnait jamais même quand il ne pouvait de ses mains faire un usage convenable.

« Il pouvait diriger la jument bien qu'incapable de la retenir, aussi il la dirigea vers l'endroit où la clôture était le plus haut ; malgré le train dont elle allait, la pouliche changea sa foulée sur le haut du talus avec l'adresse d'une chèvre, retombant légèrement très loin de l'autre côté, pour repartir ensuite comme un daim effrayé. « Tu peux sauter, dit-il, tandis qu'elle releva la tête qu'elle avait placée à sa bonne place pour prendre son saut et je crois que tu es un « flyer » (qui vole); mais par Jupiter tu es originale à conduire. Elle était de nouveau tout à fait en dehors de la main et elle s'appliquait à son travail avec la vigueur d'une machine à vapeur; le gazon volait tout autour comme de l'eau, à chacune de ses foulées douces mais rapides. Ils couraient sur une contrée découverte s'élevant toujours jusqu'à une montagne nue et brune qui s'apercevait au loin à l'ouest. Les clôtures étaient peu élevées mais sans parler des talus formidables et nombreux et des fossés qui l'entrecoupaient le paysage avait cette apparence d'espace et de liberté si particulier à la scène Irlandaise, si plaisante à l'œil d'un sportmann. Il paraissait bon pour galoper comme l'on dit, bien qu'aucun cheval, sans une grande puissance pour sauter, eût été capable de parcourir deux champs. Il fallut un long mille irlandais, au train de course pour que la jument put prendre la bride, et rien d'antre que son activité inaccoutumée sauva son cavalier d'une douzaines de chutes terribles pendant cette expérience. Elle ramena son encolure à la fin et rendit à l'action du mors dans un champ de pommes de terre et ils arrivèrent à cette mutuelle entente qui unit si mystérieusement l'intelligence du cheval et celle du cavalier. »

Dans l'autre scène qui contraste, la femme de notre héros tient la tête dans une chasse au cerf dans la vallée d'Aylesbury et elle est déterminée à la garder.

Norah montait Bonneen; ce bon petit cheval monté et entraîné en Irlande, semblait réunir l'activité d'un chat à la sagacité d'un chien. Comme tous ceux de son sang il n'était encore que paresseux quand les autres commençaient "à être tout à fait fatigués". Je laisse faire, criait Norah. Le petit Boneen est aussi content que Polichinelle; il aimerait bien à tirer fort, mais il est si bon enfant qu'il ne sait pas comment faire " (1).

Ainsi Satanella était la favorite d'un officier de cavalerie tandis que le petit Boneen, qui pouvait aller aussi vite et sauter aussi bien, était un cheval pour une femme.

Il y a cependant, pour ce qui regarde le caractère, deux conditions qui doivent toujours être prises en considération. Un cheval ne montre jamais son réel caractère s'il n'est tout à fait en haute condition. Le cheval de course ou le hunter qu'il faut presque cogner de la jambe pour trotter à la fin d'une dure saison, peuvent demander un bon cavalier avec un mors puissant pour le tenir après que le repos, un exercice modéré et la nourriture convenable ont fait leur effet ordinaire ; on peut en dire autant pour les chevaux de voiture.

De même, un cheval avec de belles épaules, une bonne place pour la selle, sur lequel le cavalier en a beaucoup devant lui, dont les côtes offrent une bonne prise pour les cuisses et pour les jambes, qui sans avoir une bouche par trop tendre, répond bien au mors, peut être trop chaud et trop violent, bondir, faire tout, excepté se renverser en arrière, avec assez d'espace et être amené à la raison.

Au harnais, à moins que le cheval n'ait la mauvaise habitude de porter le nez au vent, une bouche tendre n'est pas une objection sérieuse. Vous pouvez conduire avec des rênes comme si elles étaient des fils de laine. Les cavaliers et aussi les femmes qui ne sont pas très malins, sont embarrassés par des bouches délicates avec lesquelles les maîtres de l'art equestre joueraient, comme Arabella Goddard ou l'abbé Listz jouaient du piano. Les cavaliers qui sont dans la moyenne, se tiennent beaucoup par la bride dans un bond qui surprend. Beaucoup d'hommes aiment un hunter qui prend un bon point d'appui en sautant; de sorte qu'il n'y a rien d'aussi dangereux qu'un cheval qui ne peut être ni tourné, ni arrêté; un cheval qui doit être conduit avec un brin de laine est à redouter pour la multitude. Il y a une importante différence entre le cheval qui, quand il est frais demande à être monté pendant

---

(1) Satanella, par Wyte Melville.

un mille ou à peu près, pour être calmé, et la brute qui passant du pas au trot et du trot à un galop effréné, va où il veut, s'il ne se met pas en tête de bondir, ruer, faire les quatre cents coups pour se débarrasser du cavalier.

Juments, Chevaux à deux fins

Nous avons dit quelque chose dans une autre page sur un préjugé commun qui empêchait de monter et d'atteler le même cheval, et nous avons tracé l'objection qui remonte au temps où les voitures étaient au moins un tiers plus lourdes que maintenant. Nous avons noté aussi l'objection que l'on fait d'atteler les juments.

En examinant les catalogues des expositions de chevaux à l'Agricultural Hall, nous avons réuni les notes suivantes qui mettront au jour l'évidence sur ces deux questions. Ce ne fut qu'en 1868 qu'on créa des classes pour les chevaux de voitures, excepté les poneys, de sorte que les catalogues antérieurs n'apportent pas beaucoup d'informations sur les questions importantes que ce chapitre essaye d'élucider. Mais, en 1867, la jument bai Beauty, de 15 mains de haut, engagée au nom de M. Banks, de Gray's Inn Lane (mais bien connue pour appartenir à M. Purday, un grand amateur de Steppeurs), remporta un premier prix parmi les hacks. L'année suivante, la même jument remporta le premier prix d'attelage. Cette jument fut vendue plus d'une fois au-delà de trois cents livres.

En 1868, dans une classe "pour chevaux ayant les plus belles actions pour le parc, attelés seuls", sur dix-neuf entrées, huit chevaux étaient aussi engagés dans la classe des chevaux de selle pour des prix variant de cent-vingt à deux cents guinées et huit de ces chevaux engagés dans la classe des chevaux de voiture étaient des juments. La même proportion de juments se trouvait dans les deux classes de poneys attelés.

L'année suivante la même proportion de juments et de che-

10

vaux à deux fins prévalait. Parmi ceux engagés comme hacks et comme s'attelant seuls, se trouvait un splendide cheval, la propriété du capitaine Robert Campbell (Campbell de Monzie). En 1870, M. Frisby du Stock Exchange, bien connu comme propriétaire de chevaux ayant des actions extraordinaires, remporta, avec sa jument Daisy, le premier prix dans la classe des chevaux attelés seuls. Il remporta aussi le premier prix d'attelage seul ne dépassant pas 14 mains 2 pouces avec Dunstan qui était aussi engagé dans une classe de chevaux de selle ; tandis que le colonel Burnaby, des Gardes remporta le premier, pour les paires de chevaux de phaéton avec les juments Empress et Queen, et Queen était aussi engagée dans une classe de hacks de parc.

Feu le capitaine Spiers, des gardes, remporta le prix de chevaux attelés en paire, en 1867 avec deux juments de voiture dont on refusa six cents guinées. L'année suivante, M. Walter Gilbey avec Lily et Lilæ remporta le prix pour les paires au phaéton et Lily fut très remarquée dans une classe pour hacks de parc. Pour cette paire de juments la somme de huit cents guinées fut refusée, six cents étant offertes pour Lily seule, peut être le plus remarquable steppeur aux allures lentes et aux allures vites qui ait jamais été montré à une exposition ; de fait il était impossible de faire des paris contre elle à ses allures rapides. Le second prix dans la classe attelée seule dans laquelle Lily fut classée première, était un cheval pie qui aussi concourait comme hack.

Il n'est pas nécessaire de poursuivre ce sujet plus loin, ces exemples suffisent pour montrer que dans les chevaux entre quatorze mains et quinze mains deux pouces de haut, avec des actions remarquables et de la plus grande valeur, une grande proportion pour cent est des juments et qu'une grande proportion pour cent est à deux fins. Dans les chevaux de moindre valeur, la proportion de juments employées dans les deux buts, est encore plus grande.

CHAPITRE IV

Chevaux de service et Poneys

Un cheval de Brougham de premier ordre. — Sa description. — Action brillante, manière de la conserver. — Steppeurs du prince Esterhazy. — Poney. — Ce qu'est un poney en Leicesterhire, Suffolk, Nottimganishire et Devonshire. — Le poney des Shettland. — Le poney d'Exmoor. — Une visite en Exmoor. — Description de la race moderne par M. Knigth. — Concurrence avec les moutons Écossais. — Les poneys de M. Thomas Acland. — Poneys de New Forest. — Poneys de fantaisie. — Le lot annuel de M. Milward. — Comment ils sont élevés. — Ses idées sur la taille. — Le poney de panier. — Instruction pour monter les poneys. — Poneys de voiture. — Leur dressage au harnais. — Poneys de selle. — Galloways et Cobs. — Le Cob de luxe. — Le Cob de service. — Le Hack de campagne ou Roadster. — Boswell sur la poste montée. — Description de la forme et de l'action d'un Roadster. — Le Hack pour aller au couvert (cover hack). — Le pas et une démarche facile ne font pas la beauté. — Leur nombre diminue. — Le Cob Irlandais de Lavengro. — Chevaux de l'Amérique du Nord. — Extrait et histoire de " Great Lone Land " par Butler.

Comme nous l'avons observé plus haut, une famille qui commence à avoir voiture a le plus fréquemment au début le cheval qui est un animal fort, capable de traîner un brougham de famille ou un landau, ou une autre voiture couverte. D'autres commencent par avoir tout d'un coup tout ce qu'il y a de plus correct comme style, voiture, cheval, harnais, cocher; d'autres vont par degrés et se contentent de commencer seulement par l'utile. Peut-être sera-t-il préférable d'admettre qu'on recherche ce qu'il y a de mieux et décrire le cheval de Brougham, comme il doit être, pour contenter une dame quand l'économie n'est pas un objet.

Un cheval de Brougham ou Coupé.

Un cheval de coupé de premier ordre (suivant un homme de grande autorité à Knightsbridge qui avait longtemps le privilège de choisir des chevaux de voiture pour l'empereur Napoléon) doit être long et près de terre, avoir un bon coffre de 15 mains 2 pouces à 15 mains 3 pouces de haut, suivant l'élévation des roues de devant de la voiture. Rien ne paraît plus laid qu'un cheval trop petit ou trop grand. Dans un cas il semble enterré dans les brancards et sous le harnais; dans l'autre il enlevera toujours les roues, et par sa taille écrase le coupé. Il doit avoir la poitrine large, le port majestueux, le dos large (s'il est un peu creux ce n'est pas une objection) une crinière flottante, la queue bien fournie, et doit présenter une combinaison de race et de force. Ses actions doivent être grandes, bien marquées comme une machine, les actions de devant arrondies, chaque pied marquant son temps aussi réglé que le bâton de sir Michael Costa.

Mâchant son mors, ramenant son encolure, relevant ses genoux, il devra faire au trot six milles à l'heure et être capable d'en faire douze; car bien que le coupé ne soit pas destiné, quand il est traîné par un seul cheval, a être conduit comme un cab, cependant il y a des occasions ou vous êtes réellement pressé, par exemple quand vous êtes en retard pour un rendez-vous avec une dame ou avec un secrétaire d'Etat, et alors ce serait ridicule de voir votre cocher fouetter à tour de bras, et votre achat de deux cents guinées marcher comme un cheval à bascule « tout en action et ne marchant pas ».

Il n'y a pas de plus grande erreur que de choisir un trop grand cheval pour atteler seul; quinze mains trois pouces est assez haut pour n'importe quel coupé; au-delà de cette taille ils peuvent convenir pour les parades mais ils se fatiguent eux-mêmes par leur propre poids, pour quelque chose ressemblant à un voyage par exemple de Kensington à Highgate.

Il y a aussi un autre point que les dames qui admirent un cheval à sensation devront se rappeler. Au harnais, comme dans beaucoup d'autres conditions de la vie, l'ornement et le travail dur ne s'allient pas bien ensemble. Cette rare et coûteuse qualité, une bonne action, demande autant de soins que la voix d'un ténor ou le palais d'un goûteur de thés. Pour la développer dans la perfection le cocher devra être un génie dans son espèce avec des doigts aussi délicats et sensibles que le violoniste à la mode de l'époque; de façon que, quand le cheval ardent se précipite en avant à chaque pas, lui pour ainsi dire, le soutienne en l'air. Après avoir retenu l'artiste — le cocher — il faudra que les instruments soient dans le même ton, bourrés d'avoine et de fèves pour plus que leur travail, avec juste assez d'exercice pour empêcher la fièvre.

Une très courte saison soutenue, de concerts journaliers dans la matinée, de visites l'après-midi et de promenades au parc, fera tomber un cheval à actions de cinq cents guinées à cent ou même à quarante. C'est une chose qu'il est très difficile de faire comprendre aux dames.

Le prince Esterhasy, alors comte, était bien renommé pour la magnificence de ses équipages et particulièrement pour l beauté et l'action de ses chevaux de voiture. Son secret consistait non pas seulement à acheter des chevaux avec des actions splendides, — ce que beaucoup de personnes plus riches pouvaient faire — mais à avoir toujours ses paires en dessous de leur travail. Pour cela il avait six chevaux pour faire le travail de trois. La paire qui avait excité un jour l'admiration au parc, ou à Sion-House, ou à la fête de Chiswick, se reposait le jour suivant et ne faisait qu'une heure d'exercice lent sur un break; et si un cheval laissait apercevoir le moindre signe de mollesse, il l'envoyait de suite se reposer dans un box à la ferme de son mentor, M. Philipps de Willesden.

Si cependant la question change de l'utile à l'agréable, il n'y a pas de doute qu'il y ait plus de chevaux de luxe ruinés par un repos trop grand et irrégulier, par une trop grande quantité d'avoine et de fèves, par des écuries trop chaudes et trop peu d'exercice que par un travail trop dur.

Il est évident que quelqu'un, aimant à monter à cheval, ne songera pas à monter un cheval qui fait un service régulier de coupé ou tout autre cheval traînant une voiture lourde. Dès qu'un cheval commence à faire un effort et à se jeter de tout son poids dans le collier, il perd cette élasticité qui fait l'agrément et la sécurité d'un bon hack.

D'un autre côté, il n'y a pas de raison pour qu'un cheval attelé seul à un stanhope phaéton, ou à toute autre voiture aussi légère, ne soit pas aussi monté. Elles sont encore plus utiles les paires de chevaux que l'on attèle sur des voitures légères broughams, victorias, wagonettes, mails-phaétons, si on les choisit pour pouvoir servir à deux fins.

Poneys

A côté ou avant le cheval de brougham, comme utilité, vient le poney qui est une espèce de serviteur chevalin pour toute sorte de travail, le souffre-douleur, — la bûche sur laquelle les boys et les petites filles apprennent à monter à cheval,—la ressource toujours prête dans un moment de presse, quand le groom a à faire grande hâte pour porter une lettre ou une dépêche ou pour aller chercher un article que la cuisinière a oublié.

Feu Sir Robert Peel ne posait pas une question plus difficile quand il invitait la Chambre des Communes à lui dire « ce qu'est un livre » que l'homme qui, en compagnie d'hommes de chevaux rassemblés des quatre points du monde, demande « qu'est-ce qu'un poney » En Gorskhire, Leicestershire et Northamptonshire, tout ce qui n'a pas quinze mains deux pouces de haut est un poney. Le fameux steeple-chaser, The Lamb, qui gagna deux fois le steeple-chase de Liverpool, et qui avait quinze mains deux pouces de haut, était appelé « le Poney » par les reporters de ses luttes et de ses triomphes. En Suffolk, qui est pour une cause inconnue, renommé comme un comté d'élevage de chevaux, la hauteur d'un poney commence à treize mains trois pouces.

En Nottinghamshire, comme on le verra dans une lettre d'une grande autorité, citée récemment, la hauteur est tout ce qui est en dessous de quatorze mains deux pouces ; tandis qu'en Devonshire et Somersetshire, les plus « vieux habitants » considèrent tout poney qui a plus de douze mains de haut comme le résultat dégénéré de quelque croisement étranger de l'ancienne race Exmoor.

Pour parler strictement, un poney est un animal élevé depuis les générations les plus reculées dans les montagnes ou dans les marais, sans abri et sans autre nourriture que l'herbe naturelle. Le vrai poney est peu élevé parce que rien d'une taille plus élevée ne pourrait réussir dans une pareille misère et un tel climat. La plus petite taille de ceux pouvant actuellement rendre service est de neuf mains (36 pouces) ; des poneys bien conformés et plus petits ne sont bons qu'à être des joujoux ou à servir à un directeur de spectacle. Deux paires parfaites de poneys de neuf mains de haut, et de style tout à fait différent, sont venues à notre connaissance pendant ces quelques dernières années. La première, une paire d'étalons bais, appelés Jack et Jill furent exposés par la comtesse de Hopetoun à l'Exposition de chevaux d'Islington en 1871, sur une wagonnette curieusement laide ; l'un d'eux remporta un prix dans la classe des petits étalons. Pour la forme c'était d'admirables trotteurs du Norfolk.

Les deux autres étaient un parfait tandem, propriété de M. Myring de Walsall, exposés en 1872, et étaient des miniatures de hunters parfaitement conformés.

Le Poney de Shetland.

Quand on a besoin d'un poney au-dessous de douze mains
de haut, la race des shetland est rarement surpassée. Dans
les îles Shetland, la misère et le climat rendent impossible
d'élever aucun gros animal d'aucune sorte, bœuf, mouton ou
cheval. Là, de même que dans le Devonshire et le Clydesdale,
c'est une tradition que les races natives, prirent naissance
d'étalons qui avaient échappé aux naufrages de l'Armada
espagnole. Mais il n'y a pas la plus petite évidence historique
de cette assertion et il est beaucoup plus probable que le
poney de Shetland descend du poney Norwégien, surtout si on
considère que ces îles firent longtemps partie du Royaume
Scandinave. Dans les districts et les comtés qui sont entourés
de terre de tous côtés ou l'on élève des grands chevaux, il y a
une constante tentation pour l'éleveur d'envoyer ses juments
à des étalons de grande taille. En Schetland, elle n'existe pas
et il n'y en a jamais eu; et par suite la symétrie n'a pas été
négligée en faveur de la taille. Les races, cependant, ont été
beaucoup influencées par les demandes du commerce d'exportation. Les actes de lord Ashley, qui furent appliqués a peu
près en 1840, et qui défendaient l'emploi de jeunes enfants
comme bêtes de trait, formulaient une demande de poneys
assez petits pour tirer les wagons de charbons sur les tramways
souterrains. Durant les trente dernières années ils ont été
élevés dans ce but plutôt que pour être montés ou pour traîner des voitures de plaisir. Le « Druid » visita les îles Schetland dans le but exprès d'ajouter la description des poneys à
ses notes agricoles

Il dit : « Tout le monde se sert de poneys du pays. Les couleurs de Norvège, isabelle, avec une crinière et une queue
noires, et une raie noire sur le dos sont recherchées, les bais
et les noirs sont plus communs, les gris et les marrons rares.
Les chevaux pie se trouvent quelquefois mais ils ne sont pas
en faveur auprès de beaucoup d'acheteurs du pays, à cause

de l'opinion ou l'on est qu'ils ont un croisement avec les chevaux d'Islande et qu'ils sont plus lents et moins durs que le vrai Shetlander du pays. Ceux d'Islande ont en général deux mains de plus en hauteur que ceux des Shethland. Ils sont souvent importés en grand nombre à Granton et à Aberdeen. Les meilleurs Shetlander viennent d'Unst. Ils sont élevés sur un sol maigre, pavé de grandes pierres rouges et de nombreux rochers, au milieu desquels on voit des bandes de poneys broutant le gazon vert que la lumière du ciel et l'air du Gulf Stream forcent à sortir de cette couche stérile. Unst peut être regardé comme le cœur des Shetland. C'est un endroit éclairé par le soleil quand les autres parties de la contrée sont encore affreuses à la fin du printemps. S'ils sont bien entretenus les poneys atteignent quarante quatre pouces (11 mains) mais la généralité ont de trente-huit à quarante deux pouces. Chaque « Coltar » a généralement plusieurs poneys sur la montagne, qu'ils prennent et offrent aux acheteurs en mai et en octobre, quand le commerce des poneys pour les mines de charbon était à son apogée on en prenait chaque année cinq cents (et parmi cela il n'y avait pas trente juments) et à peu près deux cents pour les autres usages, de tous les âges, depuis deux jusqu'à douze ans. Ces grandes ventes, continuées pendant plusieurs années ont dépeuplé les Shetland de poneys âgés. Depuis, les demandes des acheteurs ont cessé. En 1867, un beau poney valait au moins 7 livres; et une jument à moins d'être un prodige, moins de deux livres. Les moments des demandes des propriétaires de mines sont Janvier et Février.

Dans les houillières de Durham, les poneys de Welsh surpassent en nombre ceux de Shetland. Les Écossais tiennent la tête en Northumberland, où l'on demande des poneys plus forts. Les poneys Écossais élevés principalement en Argyllsshire, Mull et Skye, et dans la partie ouest de Ross-shire, ont en moyenne 12 mains deux pouces, ceux d'Islande, 12 mains; ceux de Welsh, 11 mains et ceux de Shetland, 10 mains.

Quelques-uns des poneys n'ont pas vu la lumière pendant 15 ans. Dans les puits bien agencés, ils sont tenus en aussi bonne condition que des hunters, avec du vert en été, avec une grande quantité d'avoine, de fèves et de pois cassés et mêlés, avec du foin, de la paille et du son. Ils souffrent plus d'indigestions, mangeant énormément et quand ils ont faim, que des maladies des membres et des yeux. La moyenne du travail est de vingt milles par jour dont la moitié avec des charriots pleins. " Les accidents de jambes et de reins cassés sont fréquents ".

Les Orcades ont eu autrefois un petit cheval ou bidet dont la race est à peu près éteinte ; il aurait mieux valu qu'elle eût été tout a fait détruite, de façon qu'on eût trouvé un animal meilleur que ces brutes à moitié usées, tout à fait hors de condition que le " Druid " embarqua à Kirkwall et amena à Kensington, une expédition qui, sans aucun doute, abrégea sa vie si industrieuse. Quelques-uns des meilleurs Shetlanders sont élevés dans l'Etat de Balfour dans les Orcades.

" Le Druide " (un étalon) est à la tête du contingent des poneys de Shetland. Ses juments sont isabelles, baies, bai-rubican et une pie.

Le colonel Balfour, grand-pére du propriétaire actuel, commença l'élevage des poneys au début du siècle, il améliora la forme. Quand les couleurs ne viennent pas comme les habitants les désireraient, ils en imputent la faute au noir (Ocadien Water-Kelpie) " Sprimky " qui fut dit-on le père des plus beaux poneys originaires ou arborigènes de l'île. Trois pies célèbres et un gris sont mentionnés par le Druid. Les troupeaux sont changés d'île en île suivant l'herbe qui y pousse. Il faut les séparer soigneusement pour les maintenir à neuf mains de haut (36 pouces).

L'Exmoor

Les Exmoors sont une autre fameuse race de poneys sur lesquels des expériences très soigneuses et très coûteuses, en vue de l'amélioration, ont été tentées par une famille pendant une longue série d'années. Le récit suivant, que nous avions écrit il y a beaucoup d'années, a été complété par suite des informations récemment prises en Exmoor même. Les Exmoors sont intéressants au point de vue historique, parce qu'ils sont une preuve évidente de ce que la bonne nourriture augmente la taille et que la privation la diminue.

« Exmoor, plantée en bois par William Rufus, continuait en 1818 à être la propriété de la Couronne. Elle était louée à Sir Thomas Dyke Acland, qui a une propriété semblable tout à côté. Il employait ses pâturages sauvages (il n'y avait pas de routes alors) à élever des poneys et à y réunir pendant l'été les troupeaux de moutons Exmoors élevés dans les paroisses environnantes. Il n'y a pas de traces qu'aucune population ait existé dans cette forêt depuis le temps de William Rufus. On croit que les Romains avaient travaillé à des mines de fer dans les marais, mines qui ont été récemment réouvertes. Exmoor consiste en 2,000 acres, à une élévation moyenne de 1,000 à 1,500 pieds au-dessus du niveau de la mer, composés de plateaux ondulés divisés par des vallées ou " Combes " à travers lesquels la rivière Exe et son affluent le Barle prend source et se fraye un chemin tortueux, dans la forme des ruisseaux à truites, courant sur un amas de pierres immenses traversant de profonds étangs, un vrai paradis pour le pêcheur. Comme beaucoup d'autres districts semblables des Higlands Écossais, il a de tout temps été peuplé de daims rouges. On l'appelle encore une forêt, bien que les arbres qui couvraient autrefois les vallées aient disparu depuis longtemps.

Les cotés des vallées profondes qui ont, les unes un acre, les autres des milles entiers, sont en général couvertes d'herbes (agrastis) et ça et là de bruyère et d'airelle, surgissant d'une épaisse couche de sol noir ou rouge. Dans certains endroits des plaques d'une teinte plus verte marquent la place de fondrières qui gênent le cavalier inattentif, mais ne sont pas assez profondes cependant pour l'engloutir.

Exmoor peut n'offrir rien d'étrange aux personnes accoutumées aux scènes sauvages du désert. Mais pour quelqu'un qui ne connaît la campagne que par les scènes des régions les mieux cultivées de l'Angleterre et qui vient de quitter tout récemment le perpétuel grondement de Londres, il y a quelque chose d'étrangement solennel et d'impressionnant dans le profond silence d'une promenade à cheval à travers la forêt. Les chevaux élevés dans les marais, s'ils sont laissés à eux-mêmes, se frayent un chemin à travers les étangs et les fondrières, galopent doucement sur les places sèches des prairies naturelles, descendent en rampant sans danger les pentes des précipices, gravissent sans témoigner le moindre effort les montées rapides, se jettent sans hésitation dans les rivières à truites, enflées par les pluies, et trottent dans les sentiers de mouton, entre les pierres détachées, sans commettre une faute ; de sorte que vous êtes parfaitement à même de vous donner le luxe de l'excitation, de suivre les sinuosités des vallées et d'étudier le riche herbage vert et pourpre.

Un spectacle non moins intéressant que celui que nous aurait procuré un daim, nous fut donné par une jument blanche avec son jeune troupeau composé d'un poulain tettant encore, un yearling et un poney de deux ans, que nous rencontrâmes dans une des vallées du Barle.

Le poney de deux ans s'était écarté au loin pour brouter. Effrayé par le claquement de nos fouets et le hennissement de sa mère il descendit « une courbe » rapide en hennissant bruyamment, à une allure vertigineuse. C'est ainsi que ces poneys se font les actions et acquièrent leur sûreté de pieds.

C'était une région de montagnes comme celle que nous avons traversée, entièrement sauvage, sans clôtures, ni routes ou carrières, qui tomba dans les mains du propriétaire actuel, M. Frédérick Winn Knigth, M. P. Il construisit une barrière de quarante milles tout autour. ; créa des routes, entoura des fermes, pour son propre usage, auprès de Simon's Bath, introduisit un nombreux troupeau de bestiaux écossais dans le marais et établit une considérable écurie d'élevage pour les chevaux de grande taille, parmi lesquels le lot des poneys n'était qu'une considération secondaire.

L'écurie de Simon's Bath consistait en étalons de pur sang,

et à peu près trente fortes juments de Yorkshire, avec quelques-unes de pur sang. Elle contenait, entre autres, deux chevaux et trois juments de la race Dongola (dont nous reparlerons plus loin) et très peu de poneys. Le résultat fut la production de hunters, hacks et chevaux de voiture d'une assez grande valeur.

Pendant de longues années, quand les chiens de cerf ou de renard, abordaient les collines de ce sauvage district, les chevaux d'Exmoor prenaient bientôt la tête et, dans une longue course à travers le marais, étaient souvent les seuls chevaux qui restassent avec les chiens à la mort. Vingt-huit chevaux, de l'écurie de Simon's Bath, étaient en même temps considérés comme les meilleurs hunters avec les meutes variées des différents Comtés avoisinant, sans compter les chevaux que le propriétaire avait choisi pour son propre service de chasse.

L'écurie d'Exmoor fut vendue à la mort de M. Knigth Sen, en 1850, par ses exécuteurs et les terrains de la ferme de Simon's Bath furent loués.

Les efforts du dernier M. Knigth, pour l'amélioration d'Exmoor ne rencontrèrent pas tous les succès qu'ils méritaient. Il persista pendant beaucoup d'années à suivre le mauvais système de la culture, par lequel il avait vu dans son temps, une plus grande partie de terrains sablonneux et encore plus stérile du nord du Wercesterhire, convertie en excellents terrains à navets et à orge. Les nombreux attelages de bœufs et ses vastes champs de blé n'étaient pas faits pour l'élévation et le climat d'Exmoor; sa manière de cultiver s'opposait plutôt qu'elle n'encourageait à la production d'une terre à herbe permanente pour laquelle il a été depuis prouvé que le sol et le climat de ces collines sont si bien appropriées. La grande augmentation dans le prix des moutons, des bestiaux et des produits de laiterie, ainsi que l'amélioration des facultés, apportées par les Chemins de fer, pour atteindre les marchés de Bristol et de Londres, augmentent maintenant rapidement la valeur des pâturages du Devon du Nord.

Venant comme nous le faisions, d'une partie du pays où les poneys servent pour les vieilles dames et les petits enfants, et où un cheval bien conformé doit avoir dans les 16 mains, la première sensation en montant un poney, affreux, petit, mal peigné, venant directement du marais, n'ayant que douze mains (48 pouces) de haut fut une sensation d'intense ridicule. Il semblait que la plus petite faute dut jeter le cavalier par dessus les oreilles de l'animal. Mais nous apprîmes bientôt que le poney indigène, pour certaines qualités d'usage, ne peut pas être surpassé par des animaux de taille et de prétentions plus grandes. Nous traversâmes le cours d'eau, non par le pont étroit mais par le gué, et passant au village bâti en pierres de Simons'Bath, nous arrivâmes en vue du champ ou le Tattersall de l'ouest allait vendre le lot de chevaux sauvages et apprivoisés élevés dans les marais. C'était un champ de dix acres et demie, formant une pente très rapide dont le haut était relativement plat, la pente était coupée par une carrière de pierres entourée de blocs de quartz bruts. A sa base coulait un bras de la rivière qui nous avait coupé notre route. Une clôture en pierre solide, mais comme la suite le montrera, pas suffisamment élevée bornait tout le champ. A la partie supérieure une sorte de fourrière double, unie par un col étroit avec une grille à chaque extrémité, avait été construite avec des barres à une hauteur de cinq pieds.

Dans la première de ces fourrières, par une manœuvre ingénieuse, tous les poneys à vendre, sauvages ou apprivoisés, avaient été réunis. Une fois la vente commencée, c'était le devoir du conducteur du troupeau d'en séparer deux à la fois et de les amener à travers le col étroit dans la fourrière devant le commissaire-priseur. Tout autour une foule de spectateurs de tous rangs étaient groupés. Squires et clergymen, marchands de chevaux et fermiers, du Norththamptonshire et du Lincolnshire aussi bien que du Devon du Nord et du voisinage immédiat.

Ces poneys étaient le résultat de croisements faits il y a

longtemps avec des étalons de Dongola le pur sang et la race indigène d'Exmoor, depuis soigneusement triés d'année en année, pour conserver le plus de perfection possible parmi les étalons et les juments réservés pour l'élevage.

L'Exmoor moderne dépasse rarement 13 mains; il a une tête bien faite avec de très petites oreilles. Le corps est rond compact, avec les côtes bien faites, un bon avant main et de puissants jarrets; les jambes droites, plates, nettes, les muscles bien développés, par suite de leurs courses prématurées en montant et en descendant les collines pour suivre leurs mères. Parmi quarante lots, a peu près, les couleurs dominantes étaient : le bai, le bai brun et le gris; les bais clairs et les noirs sont moins fréquents, bien que le noir ait été une des couleurs primitive. La vente fut très amusante. Perchés sur des barrières, nous avions la scène toute entière devant nous, le commissaire-priseur, un peu enroué ; les poneys courant en sauvages dans le premier renfermé, ils étaient séparés difficilement en paires pour être conduits dans l'enclos de la vente. Quand ils avaient été poussés au-delà de la grille, ils s'élançaient vivement et faisaient une sorte de circuit en cercle, la crinière et la queue au vent, dans un style qui aurait soulevé de grands applaudissements à Astley. Le difficile était alors de décider si les caractères marqués en blanc sur la hanche de l'animal étaient un huit, un cinq ou un trois. Au lieu du trot régulier du promenoir du Tattersall, un mouvement du chapeau était suffisant pour amener des cabrioles formidables, un très joli spectacle fut donné par une petite jument suivie d'un tout jeune poulain de la taille d'un chien d'arrêt. La vente finit, une scène amusante suivit. Chaque personne qui avait acheté un poney devait l'attraper. Pour faire de la place, chaque lot, aussitôt vendu, aussi sauvage et aussi vif qu'un daim, avait été poussé dans le champ. Une bande d'attrapeurs de poneys, à la tête de laquelle se trouvait l'athète champion du district, un Don Juan à nez d'épervier, bien membré, rustique se tenaient prêts à être loués au prix modeste de six pences par poney pris et livré. L'un portait des licoux; les autres échauffés par une libérale distribution de bière se tenaient :

" Comme des levriers en laisse "

inspirés autant par le plaisir que par les six pences. Quand le mot fut donné, la première chose fut de pousser une harde dans le coin du camp le plus bas, et dans une masse ausssi compacte que possible. Le bai, le gris ou le marron, arraché à partir de ce moment de ses collines natales pour être emmené en exil et en esclavage perpétuel, était indiqué par son acheteur nerveux et anxieux. Trois solides gaillards se faufilaient à travers la masse comme des chats, s'abritant derrière des chevaux de charrette dressés. A un signal mutuel, ils se précipitaient sur l'animal désigné ; deux d'entre eux dont l'un tenait un licou, s'efforçaient de passer chacun un bras autour du cou du poney et de l'autre main de lui serrer les naseaux, tandis que le troisième, captieux, se pendant à la longue queue, s'efforçait de le mettre hors d'équilibre. Souvent ils étaient déjoués dans leur premier effort, car d'un bond sauvage le poney sautait par-dessus tout le lot et gagnant à travers, le ruisseau le haut du champ, crinière et queue déployées, laissait toute la besogne à recommencer. Souvent quand le tour était bien accompli, hommes et poneys roulaient à terre ensemble, le poney hennissant, soufflant, tapant des pieds de devant, les hommes se cramponnant comme les Lapithes et les Centaures ; il est impossible de s'imaginer comment ils n'avaient pas les membres cassés et les côtes enfoncées. A un moment un bel étalon bai se sauvait avec deux courageux gaillards pendus à sa crinière. Bondissant, ruant, tapant des pieds de devant, il descendait la pente à fond de train au milieu des rochers, aux applaudissements des spectateurs. Pendant un instant l'issue du combat fut douteuse, tant les muscles étaient tendus, tant la poigne de Davy, l'athlète champion, était solide; mais le talus rapide de la rivière ou l'étalon plongea désespérément était trop pour des efforts humains. A un moment tous les trois tombèrent dans le ruisseau, mais le poney relevé le premier, sauta le talus opposé et s'enfuit au galop, hennissant à son triomphe de courte durée.

Après une série de combats semblables dignes de l'étude des artistes qui ne se contentent pas des pâles copies de marbre ou de bronze, la difficulté de brider ces coursiers fringants, égaux en courage et probablement en taille à ceux qui traînaient le char de Boadicée, fut diminuée parce qu'on ammena, tous ces poneys qui avaient été manqués, dans la fourrière et là, non sans batailles furieuses, ils furent réduits en esclavage l'un après l'autre.

Une fois le licou mis, leur conquête n'était pas du tout achevée. Les uns refusaient de bouger, les autres partaient à une telle allure que celui qui les tenait était bientôt le nez par terre. Un respectable et vieux gentleman, en culotte et en bas gris, perdit son animal en moins de temps qu'il ne lui en fallut pour tirer ses six pences de sa bourse à nœuds.

Du reste dans ces batailles il y avait bien peu de vice ; c'était la peur seule qui faisait les poneys se défendre de la sorte. Quelques jours de réclusion dans une cabane, quelques carottes avec un petit peu de sel, et de bons traitements, réduisent à la docilité les plus sauvages poneys de trois ans. Quand ils sont plus vieux, ils sont plus difficiles à acclimater. C'était un joli spectacle de les voir emmener, traversant la rivière, conquis mais pas encore soumis. Dans le cours de la soirée, un petit étalon de 12 mains de haut (4 pieds), sauta de pied ferme par-dessus des barrières qui entouraient une fourrière. Elles avaient cinq pieds de haut à partir du sol et il ne fit qu'effleurer la barre du haut avec ses pieds de derrière. »

Simon's Bath était trop loin du Chemin de fer pour continuer longtemps à être l'endroit de ces ventes. Elles furent reportées à Bampton où les poneys furent vendus aux enchères à la foire. La foire de Bampton était par excellence la foire aux poneys de l'ouest de l'Angleterre. Plus tard, quand on donna aux poneys un peu plus de dressage, on les envoya

11

pendant plusieurs années en chemins de fer à Réading où se trouvaient les acheteurs.

Mais les brebis Cheviots offrant une toison et un agneau à vendre chaque été, se frayèrent un passage dans les pâturages d'Exmoor et entrèrent en concurrence avec les poneys qui demandent trois ou quatre hivers avant de pouvoir être amenés sous le marteau. Le troupeau noir a cédé la place aux cheviots, et les poneys ont été réduits à une harde d'à peu près cent têtes qui, au lieu de se trouver comme autrefois maîtres de la position, cherchent une misérable existence au milieu des milliers croissant de moutons Ecossais, gardés par des bergers de la frontière.

En 1860, le tenancier d'une ferme d'Exmoor s'efforçait d'élever des bidets de 12 mains 2 pouces et 14 mains. Dans cette vue, il employa comme étalon un fils de Old Port, le diminutif produit de Sir Hercules et Beeswing, et ensuite le célèbre poney entier Bobby, descendant par deux degrés, du côté de sa mère, de Borack, un arabe célèbre dans les courses de Madras, le père de quelques-uns des meilleurs poneys vendus aux ventes de M. Milward, de Thurgarton Priory. Mais, l'expérience ne réussit pas, car les poulains demandaient à être hivernés dans des paddocks et nourris avec du foin jusqu'à deux ans, et étant nécessairement élevés sur des terrains améliorés, coûtaient aussi chers à l'éleveur que des animaux plus grands qui auraient eu plus de valeur.

Les vrais poneys originaux d'Exmoor, qui étaient élevés et nourris dans le marais sans autre nourriture que celle qu'ils pouvaient ramasser l'hiver dans les marais, après que les moutons d'Exmoor avaient été rentrés dans leur quartier d'hiver dans les paroisses environnantes et qui dans les hivers rigoureux ont quelquefois péri de faim, appartenaient à M. Thomas Acland qui, pendant longtemps, louait la forêt de la Couronne. Ils sont encore élevés sans croisement par le Sir Thomas Acland actuel, mais sans grande amélioration, soit comme taille, soit comme valeur, à Winsford Hill.

En 1864, quand les poneys d'Exmoor furent vendus à Reading, trois chevaux hongrois non dressés attinrent l'un dans l'autre quarante guinées chaque ; une pouliche, bai cerise, de douze mains et demie de haut, de quatre ans, le modèle parfait de ce que devrait être un poney, qui doit servir de hack, fut vendue non dressée trente guinées. C'était cependant de rares exceptions et une moyenne de 12 ou 15 livres était un médiocre retour pour un lot de poneys jolis et utiles, âgés de trois à cinq ans. Un croisement entre les juments de cette espèce et un pur sang, produit cette sorte de pur sang de 14 mains de haut si recherchés pour les usages de Londres. Mais les collines non améliorées d'Exmoor ne pourraient produire ce poney de demi-sang et dans les terrains améliorés les troupeaux de moutons rapportent davantage.

Les vieux poneys vivent dans les collines tout l'hiver et recherchent certains endroits bien connus des bergers qui construisent des meules de foin bien garanties pour cet usage et qui dans les hivers rigoureux en nourrissent les chevaux quand il y a de la neige.

Les poulains sevrés et yearlings, qui sont bien nourris de foin l'hiver, sont maintenant séparés de leurs mères de sorte que l'on n'a plus cette vue pittoresque d'une jument avec sa progéniture de trois ans. Le progrès de l'élevage des moutons secondé par la culture et les moissons, tout en réduisant le nombre, à permis à M. Knight d'améliorer la taille de ses poneys qui ont deux grands mérites pour l'usage d'une famille, leur sûreté de pieds et leur robuste constitution. Les Exmoors sont quelquefois gris ; quelquefois marrons avec des marques blanches, venant d'un ancêtre éloigné du rapide Vélocipède ; bai avec le museau rubican est la couleur favorite d'Exmoor ; ils sont rarement noirs et jamais pies bien que des Exmoors pies soient continuellement affichés dans les feuilles de Londres.

On trouve des poneys d'Exmoor, de la race de sir Thomas Acland et de M. Knight, en octobre à la foire de Bampton, en nombre réduit, mais cependant faisant bien concurrence aux autres poneys du Sud-Ouest.

Les Poneys Gallois.

Tout en respectant les poneys gallois du Nord et du Sud, il est très difficile de dire où les districts dont ils tirent leur origine, commencent et finissent. Tant d'industries ont été établies dans les Galles; tant de mines et de manufactures ouvertes; tant d'établissements d'eaux mis en importance; tant de colons s'y sont fixés, tant de voyageurs ont été attirés pendant l'été par les facilités créés par de bonnes routes et par les chemins de fer, que la principauté n'est plus isolée et presque tous ses troupeaux ont été croisés avec des races des basses contrées.

Les poneys Gallois, au commencement de ce siècle, furent croisés énormément avec des pur-sang donnant ce résultat de jolis spécimens individuels qui étaient tout à fait incapables d'endurer les misères des races natives des montagnes.

Les meilleurs sont élevés dans les districts comme dans celui près de Wynstay où les premiers ont l'usage des étalons de sir Watkin Wynne.

Les Poneys de la Nouvelle-Forêt (New-Forest)

Dans la Nouvelle Forêt qui est propriété de la Couronne, la plus complète absence d'essais pour élever selon les règles a toujours dominé. Trois cents personnes jouissent du droit de pâturage, moyennant lequel, la plus grande partie de l'année, elles envoient leurs chevaux et leurs poneys paître dans la Forêt. Parmi ces animaux il y a toujours eu des étalons de toutes races, tailles, et de tous âges, réunissant tous les défauts inhérents à la race chevaline. Ceux-ci jouissant de cette promiscuité avec les juments ont formé une espèce de race métisse comme on devait l'attendre de ce que Horace Walpole décrit comme " la fille de tout le monde par le fils de tout le monde ".

Les Commissaires des Bois et forêts ont été plusieurs fois

poussés à exercer un contrôle sur les étalons de la Nouvelle-Forêt, dans le but d'exclure ceux qui vraisemblablement pouvaient reproduire leurs mauvaises formes ou leurs maladies ; mais ce travail semble avoir été tout d'abord trop pratique et trop ennuyeux pour ces serviteurs de la Couronne souvent trop zélés.

Les Poneys de M. Milward et autres espèces

Ceux qui cherchent des poneys ne devraient pas accorder la moindre attention à tous ces contes comme " de qui ils descendent et de qui ils sont fils ", contes qui presque sûrement ne sont pas vrais, et qui s'ils le sont, ne sont d'aucune conséquence, pour s'attacher à rechercher seulement les mérites de l'animal qu'on leur présente. Outre les véritables poneys des Galles, d'Exmoor, de Dartmoor, de la Nouvelle-Forêt, des îles Shetland et de tous les poneys vendus sous le couvert de ces endroits, il y en a un certain nombre venant de bons animaux, qui sont élevés par les fermiers et les gentlemen, et qui par leur symétrie et leur prix doivent être complètement écartés de la catégorie des poneys de famille bon marché ; au contraire, on doit les compter parmi les luxes d'une écurie. Désireux d'avoir des informations sur cette catégorie nous avons été trouvé M. Richard Milward de Thurganton Priory, hotts, un membre actif du Conseil de la Société Royale d'Agriculture, un squire du Nottingamshire, qui pendant de nombreuses années s'est fait un dada profitable dans l'élevage et l'achat des poneys. Nous appuyons sur le mot profitable, car élever des animaux quelconque sans profit ne fait rien pour leur amélioration.

M. Milward nous écrit (avril 1873). « Il y a à peu près trente « ans c'était très difficile de trouver des poneys avec de « bonnes épaules. Après que le succès de mes ventes fut « connu, de tous côtés les fermiers m'offraient des poneys. « Neuf sur dix étaient des brutes, sans espèce, sans épaules, « J'achetais toujours ce qui était réellement bon, et ainsi je

« leur montrais les défauts, leur expliquant ce qui était bon
« et ce qui était mal à chacune des ventes de mon voisinage,
« (Nottinghamshire) et ils commencèrent à élever une meil-
« leure race d'animaux.

« Et maintenant bien que j'envoie à peu près vingt poneys
« tous les ans au Tattersall, poneys qui ont entre treize mains
« 3 pouces et 14 mains 2 pouces de haut, ils ont presque tous
« de bonnes épaules et beaucoup d'entre eux sont considérés
« comme étant sans défaut par rapport à la symétrie.

« Il y a deux manières d'élever les poneys (j'appelle poney
« tout ce qui n'a pas 14 mains 2 pouces de haut) ; soit en
« livrant une petite pouliche de pur sang à un trotteur du
« Yorkshire (Norfolk?) ce fut ainsi que vint Don Carlos, le
« célèbre étalon des hacks de Lord Calthorpe, soit plus com-
« munément en la livrant à un petit étalon de pur sang
« venant d'un poney Gallois, Irlandais ou autre. Je tiens que
« pour produire quelque chose qui vaille la peine d'être élevé
« il faut que le père ou la mère soit de pur sang. J'ai eu quel-
« ques bons poneys de Norfolck, mais ils n'avaient pas des
« épaules pour trotter vite. Two Thousand, vendu à ma vente
« à Lord Hastings, pour 120 guinées, Dunstan et Crisis, avec
« lesquels M. Frisby remporta plusieurs prix aux expositions
« de l'agricultural Hall, Barity, qui fut vendue aux enchères
« pour 160 guinées, avaient tous de jolies actions de voiture,
« mais aucun n'avait les épaules parfaitement bonnes.

« Mes meilleurs poneys, ont été élevés, dans le Shropshire
« et le Cheshire, de pères de pur sang appartenant à Lord
« Combermere et à sir Watkin Wynne.

« Il y avait aussi en même temps dans la contrée un très
« célèbre poney étalon Bobby.

« Bobby fut élevé par M. Ramsay de Barnton ; son père était
« Robin, un fils de Dr Syntax et d'une jument Cotton, dont la
« mère venait de Borack, un arabe. Brunette, qui fut achetée
« à ma vente pour 110 guinées par Lord Stamford, et qu'il
« monta comme hack pendant une douzaine d'années, était
« par Bobby ; de même un poney pie qui atteignit le même

« prix et qui fut attelé pendant des années par Lady Caroline « Kerrison. La plupart de mes poneys pour la vente de cette « année (1873) ont au moins deux croisements de sang.

« Ils sont par Fingall, Park-Keeper, Porto-Rico, Chit-Chat, « Antwerp, Medas, M. Sykes, Dublin, Hercules et Alchemist. « Vous demandez ce que c'est qu'un Cob ? je hais le terme « et ne m'en sers jamais. Je pense que poney s'applique à « tout cheval au-dessous de 14 mains deux pouces et hack à « tout cheval de selle au-dessus de cette taille qui n'est pas « un hunter. Mon but est d'avoir des poneys de 13 mains « 3 pouces à 14 mains deux pouces aussi semblables que pos-« sibles à des bons hunters; et je puis me flatter, si je puis « croire les meilleurs juges, d'avoir souvent réussi. »

On verra par là que M. Milward regarde presque tous les arabes comme des poneys, car un arabe au-dessus de 14 mains deux pouces est une exception.

Londres est le meilleur endroit pour l'achat de poneys de toute sorte bien dressés; et, après Londres, quelques-unes des grandes villes manufacturières du nord comme Manchester où abonde le propriétaire d'un bon poney, le cabaretier spor-tif. Nous disons cela en connaissance de cause, parce que la Société Royale d'agriculture et la Bath and West of England Society, ont plus d'une fois offert des prix pour des poneys à Southampton, dans le district de la Nouvelle-Forêt, à Ply-mouth et Exeter, auprès des districts d'Exmoor et de Dartmoor, à Chester et à Cardiff, pour les Galles du sud et du nord; mais les sujets dans ces localités ont été limités en nombre et jamais remarquables de qualité, tandis qu'à toutes les exposi-tions de l'Agricultural Hall, où les droits d'entrée sont quatre fois plus grands que ceux des sociétés agricoles, la grande difficulté du directeur a été de n'admettre que cinquante poneys et l'excellence de la classe des poneys d'attelage a plusieurs fois soulevé l'admiration des juges. En 1872, quand les juges étaient le comte de Shannon, lord Calthorpe et le colonel Maude, C.-B. L'Écuyer de la couronne, la classe pour poneys ne dépassant pas 13 mains 3 pouces fut " louée tout

spécialement ", de même, en 1873, quand sir Georges Womb'
well agissait avec le colonel Maude.

Ceux qui désirent spéculer sur des poneys non dressés
peuvent s'en procurer aux foires anglaises, où l'on envoie
régulièrement des convois de poulains gallois et irlandais,
aussi bien que dans les foires locales des Galles et du Devonshire. En règle générale, les meilleurs poneys sont élevés
dans les régions de montagnes où l'herbage abonde, où les
intempéries de l'hiver moissonnent les impotents et les faibles
de poitrine et où les poneys apprennent l'activité et le complet usage de leurs membres en courant 'après leurs mères.
Un poney élevé dans la montagne ne tombe jamais, à moins
qu'il ne soit trop chargé ou trop fatigué et c'est tres difficile
de les lasser.

Les poneys élevés dans les terrains incultes sont certainement moins sujets aux maladies d'un caractère inflammatoire
qui sont le fléau des écuries où les chevaux du plus beau
pedigrée sont élevés et entretenus avec autant de soins et
plus de dépenses que n'en ont les plus aristocratiques bébés.
Comme les Indiens rouges, il n'y a que ceux d'une robuste
constitution qui résistent aux misères de la jeunesse; les
poneys qui ont atteint la maturité et qui ont été dressés à
l'attelage ou à la selle ont plus de chances d'être bien portants
que les grands chevaux, parce qu'il n'y a que les meilleurs
que l'on tire de leurs localités natives pour les envoyer à la
vente.

Le Poney de Panier

Le poney qui doit porter des paniers contenant deux bébés
doit être joli, parce que c'est essentiellement un objet de
luxe. Un âne d'un bon caractère serait plus sûr, mais ce n'est
pas aussi aristocratique. Donc le poney de panier devra avoir
un bât rond bien fait, un rein large, "deux bonnes extrémités",
c'est-à-dire une jolie tête et une queue bien détachée; il devra
marcher le pas bien et d'une manière dégagée et, par dessus

tout, être parfaitement tranquille, insensible aux objets et aux bruits les plus étranges et incapable d'un excès de fraîcheur.

En disant qu'il doit bien marcher le pas, nous voulons dire qu'il doit le faire aisément, avec bonne volonté et élasticité; glissant doucement; et ne doit pas par ses mouvements brusques et saccadés mettre son fardeau d'enfants à la torture. C'est pitié de voir les têtes des jeunes enfants rouler comme s'ils étaient des joujoux chinois.

Un poney de panier doit être aussi bien accoutumé à marcher en main qu'un trotteur de Norfolk. Cela peut être obtenu facilement par un système de récompenses et de douce discipline, avec peu de punitions, données seulement par quelques coups de fouet que portera dans la main gauche la personne qui le conduit et qui seront appliqués par derrière son dos sur le derrière de l'animal. Quand le poney se sauve du fouet, on devra le caresser et l'encourager avec une carotte, une pomme ou un morceau de sucre.

Un très bon moyen de conduire un poney ou tout autre cheval, c'est d'employer un bâton de bambou attaché avec un porte-mousqueton. Cela lui tient la tête droite. Nous avons vu cette méthode pour la première fois en Nottinghamshire ou un groom monté conduisait ainsi le squire d'Osborn, aveugle, pour aller rencontrer ses amis au rendez-vous.

Un poney de panier peut être aussi conduit par de légères rênes de corde passant dans des anneaux fixés aux paniers, quand il est au service d'une mère aimant les longues promenades à la campagne. Le harnachement d'un poney de panier doit être complet et consiste dans un filet à larges anneaux, le mors étant attaché au quartier par des rênes. Le bât doit être juste, garni d'une croupière et d'un poitrail. Les sangles seront larges et faites en ce qu'on appelle le Melton breveté.

Les enfants seront assis, non pas dos à dos mais la figure tournée vers le cheval. Ils seront bien équilibrés avec des poids; si l'un des enfants est plus lourd que l'autre il pourrait arriver malheur. En un mot tout l'arrangement demande l'œil d'une mère ou d'une nourrice intelligente, comprenant les poneys aussi bien que les enfants.

Le poney de panier devint plus populaire après l'apparition d'une très jolie photographie de Son Altesse Royale la Princesse de Galles, tenant les rênes d'un cob café au lait, avec une grande crinière, qui portait deux jeunes princes dans des paniers.

Le poney de panier peut aussi être rendu utile au harnais pour traîner une voiture à quatre roues de poids convenable. De fait, le premier pas dans l'éducation d'un poney trop petit pour porter un homme, devrait être de le dresser à l'attelage. Quand à ce qui regarde la taille, le poney de panier ne devra pas être trop grand afin que les enfants puissent être aisément placés et enlevés de leur siège par la personne qui les assiste.

Poneys de Voitures.

Pour un travail dur à l'attelage, jour par jour, il n'y a rien dans la gente chevaline d'aussi endurant, d'aussi sûr, et en dedans des limites du trot, d'aussi vite qu'un poney. Les défauts des poneys et des chevaux élevés à l'état de nature, c'est d'avoir les épaules droites et épaisses, et le garrot si bas qu'il n'y a pas de bonne place pour une selle. Cela vient, suivant l'opinion d'un éleveur de poneys expérimenté, de l'Ouest de l'Angleterre, de leur habitude de brouter, transmise depuis des générations, et il considère que les belles épaules obliques qui sont si essentielles pour un cheval bien conformé, sont en partie le résultat d'un choix artificiel consciencieux, et que le port de tête peut avoir quelque chose à faire avec la manière de nourrir les chevaux dans les rateliers et dans les mangeoires; mais c'est là une théorie plutôt émise pour la discussion qu'une assertion grave. Quoi qu'il en soit, il y a des milliers de poneys qui peuvent servir et même être très jolis à la voiture, que personne ne se soucierait de monter pour son plaisir.

Dans cette contrée, la taille donne de la valeur à tout cheval ordinaire; aussi, tout étant d'ailleurs égal, vous pouvez acheter les poneys moins cher que les grands chevaux.

Il y a une grande variété de voitures, depuis la plus légère pelle à feu, jusqu'aux phaétons de bois couteux pour deux ou quatre chevaux, qui peuvent être traînés par des poneys de 12 mains et au-dessus, d'une manière aussi satisfaisante que par des chevaux plus grands et plus coûteux, si, toutefois, il n'y a pas dans la famille d'homme adulte qui désire monter.

Pendant beaucoup d'années l'absurde système des taxes ou mieux des exemptions, dont nous avons déjà parlé, offrait un avantage à se servir de poneys au-dessus de 13 mains de haut, mais toutes ces exemptions ayant été abolies, et une taxe uniforme d'une demi-guinée imposée sur tous les chevaux de luxe, grands et petits, il n'y a pas d'avantage à rechercher des poneys au-dessous de 13 mains de haut. Treize mains et demie, est une taille excellente pour tous les besoins d'une famille.

On réalisera ainsi une grande économie, dans la première mise de fonds, dans l'entretien et dans les avaries. Car les poneys résistent plus au travail que la plupart des grands chevaux, font autant de chemin, en général davantage, et vont aussi vite qu'une personne raisonnable le désire; il est presque impossible de fatiguer une paire de bons poneys élevés dans les montagnes, soit dans le marais.

Ces observations s'appliquent particulièrement aux poneys d'allures, d'actions et de qualité moyennes. Tout sujet d'un mérite extraordinaire atteindra toujours un prix de fantaisie. Un poney au dessous de 11 mains de haut qui fut présenté, dans la suite, à l'ex-empereur des Français pour le Prince impérial, fut vendu aux enchères soixante-cinq guinées; cent livres furent refusées d'un poney de la même taille qui était un sauteur extraordinaire.

Depuis que le polo est devenu à la mode, ce dernier prix est devenu un prix ordinaire quand les allures et la beauté sont réunies.

Les carossiers de l'Ecole moderne, avec leurs voitures légères et à grandes roues, en dessous du poids de quatre cents livres qui n'ont pas la taxe, ont fait beaucoup pour encourager l'emploi des poneys pour les motifs de luxe.

Dressage des Poneys à l'Attelage

Ce sujet et celui du dressage à l'attelage en général, seront traités à leur place un peu plus tard et nous ne le mentionnons ici que parce qu'il y a une difficulté dans le dressage des poneys fringants au harnais, en ce qu'il est impossible d'employer le "double-brake" et le "Brake-horse" qui jouent un si grand rôle suivant notre système anglais.

L'absence de ce moyen de répression dans les propensions à ruer, demandait à être rappelée, car il est bien connu que tout cheval, grand ou petit, qui a rué au harnais, ruera encore très probablement; il est donc de la plus grande importance qu'un poney qu'on destine à l'attelage soit traité d'une manière sensée. Après avoir suivi les indications préliminaires pour le dressage, données dans le chapitre consacré à ce sujet, pour accoutumer un animal non dressé, aux rues, au harnais et à l'action des rênes, prenez une forte voiture à deux roues de taille convenable, attachez-y une barre de bois en forme de palonnier (vous pouvez voir cet arrangement l'hiver à Londres quand il a tombé de la neige, appliqué aux cabs à quatre roues à un seul cheval sur lesquels on en attelle deux) attachez un poney bien franc et parfaitement dressé à ce palonnier et si c'est un poney de selle, faites le monter par un boy, et mettez le poney non dressé dans les brancarts.

Avec le harnais et le garde-rue, vous êtes parfaitement maître de votre jeune élève, avec de la patience et des leçons journalières, un bon conducteur lui apprendra non seulement tous ses devoirs, mais encore le préparera à la selle. La bouche pourra être faite par des leçons données par une personne compétente à pied, en l'absence d'un jockey-boy pesant quatre stones. Les boys sont si cruels et si irréfléchis qu'on peut rarement leur confier la tâche de dresser un poulain sans le contrôle d'une personne plus âgée.

Poneys de selle.

« De tous les tableaux de Londres dans le mois de juin, il y
« en a peu d'aussi jolis que Rotten Row à cette heure du matin
« ou, juges sérieux, marchands ayant un nom puissant dans
« la cité, hommes surchargés de besogne, du cabinet de sa
« Majesté, et de l'opposition de sa Majesté, commencent à
« monter à cheval pour se rendre à leurs occupations journa-
« lières et interminables; tandis que le Parc est animé de
« bandes de petits garçons et de petites filles galopant, trot-
« tant, et marchant au pas le moins possible, avec papa et
« maman ou sœur Anne, ou plus souvent avec quelque brave
« et fidèle Ruggles, anxieux et se fatiguant pour accomplir sa
« précieuse mission de surveillance. Comme ils paraissent
« gais, comme ils paraissent heureux, avec leurs faces rougies
« par cette excitation innocente ! Aucune pensée de lourde
« responsabilité, ou de contestations parlementaires douteuses
« ou de ministère d'État ingrat, ne retient leur rire qui ré-
« sonne, ou leur conversation gaie et enfantine. Quel aplomb
« ont ces petites créatures et avec quelle gravité ils imitent
« leurs devanciers en maniant leurs poneys un peu plus
« grands que des moutons Southdown !
« Dans ces allées arrangées d'une manière si pittoresque
« dans le bois, par l'Empereur des Français pour les habitants
« de sa capitale, la magnificence des équipages dans un grand
« jour de fête « un jour de Gladiateur » ne laisse rien à dési-
« rer. Notre Ladies Mile est laissé dans l'ombre par la splen-
« deur de ces séries de calèches à la Daumont à quatre che-
« vaux, avec les livrées ou toutes les nuances du velours et
« du satin sont épuisées depuis le jaune serin jusqu'au grenat,
« au milieu des coupés attelés de magnifiques steppeurs et
« d'autres triomphes de l'art de la carosserie bien copiés sur
« le style de Londres. On voit aussi des cavaliers en nombre

« fort respectable auxquels l'œil d'un critique reprocherait
« probablement que leurs chevaux sont trop bons pour ce
« qu'ils font, qu'eux-mêmes montent trop bien, trop correcte-
« ment, trop sérieusement pour leur plaisir, qu'ils sont bien
« enseignés mais non pas nés pour cela. Oui, le train de Paris
« rivalise avec Londres dans tout ce qui est somptueux pour
« les grandes personnes. Mais pour ce qui regarde les enfants
« et les poneys, Paris offre une lacune.

« Les enfants montant sur des poneys et non les grandes
« personnes montant sur des grands chevaux sont la gloire
« de ces îles équestres. Le mot poney est très faiblement re-
« présenté dans les autres langages par deux mots impliquant
« l'idée de cheval petit et de cheval nain. Les Français ont
« emprunté le terme sans être capables d'emprunter la chose.

« Dans une brillante exposition de chevaux à Paris en 1866,
« il n'y avait qu'un seul vrai poney. Il y a des petits chevaux
« dans beaucoup de pays, mais c'est seulement dans les na-
« tions civilisées environnantes, que le système d'éducation,
« permet au poney de famille de se développer comme une
« institution. Les bons chevaux et les bons hommes de che-
« vaux ne sont pas confinés en Angleterre. Il y a bien des
« artistes étrangers qui savent comment dessiner un cheval
« arabe seul, le cheval de guerre de Job, ou même toute une
« charge de cavalerie, mais il n'y a qu'en Angleterre ou John
« Leech ait pu trouver ses immortels enfants montés sur des
« poneys, principalement ce naturel « Master George » sur son
« poney de Shetland, le regard brillant de feu reflétant toute
« son âme, impatient de rattraper la chasse fuyant de l'autre
« côté de la rivière répondant au piteux « attention » du com-
« plaisant Ruggles « c'est trop large et très profond » répondant
« dis-je avec la plus entière confiance « Allons : nous pouvons
« nager tous les deux ». Master Georges ne prétendait pas
« être impertinent avec son vieux cocher ou faire de l'esprit
« comme ces enfants royaux ou impériaux qui font des bons
« mots si étonnants; il voulait seulement faire entendre, dans
« le langage de cercle, que c'était son « affaire » c'est-à-dire

« qu'il y avait une rivière à passer et que sec ou mouillé,
« Master Georges entendait la passer.

« Le poney de famille monté à toute heure, avec et sans
« selle, le long des routes, dans les marais, dans les prés, dans
« le bois, dans les collines en montant et en descendant, ap-
« prend à l'enfant à aller seul, à se défendre lui-même, à
« tomber adroitement, et à remonter sans faire de bruit mal-
« gré les coups qu'il peut attraper. Aussi loin que l'art de
» l'équitation peut aller; peut être le plan le plus complet
« serait avec les enfants, garçons ou filles, de ne pas leur per-
« mettre de monter avant huit ou neuf ans et alors de com-
« mencer par les premiers principes. Cependant des habitudes
« de parfaite indépendance sont plus importantes qu'une équi-
« tation parfaite; aussi des pères habitant la campagne avec
« une écurie comme une bibliothèque, s'ils sont sages, ne
« négligeront pas l'éducation des poneys, comme branche
« d'éducation mais laisseront le garçon, aussitôt qu'il le vou-
« dra, se promener dans le parc, à la ferme, au village; appre-
« nant à avoir soin de lui-même et de sa monture. Avec les
« filles, c'est différent, une fille ne peut pas plus apprendre à
« monter avec grâce, qu'a danser de même sans être ensei-
» gnée avec soin depuis la première jusqu'à la dernière leçon ».

Ces mots étaient écrits en 1866 avant que la France ne
passât sour les " Fourches Caudines " de l'Allemagne victo-
rieuse et quand Charles Dickens, qui les avaient publiés dans
" All the Year Round ", semblait bâti pour vivre au moins
quatre-vingts ans ; mais dans leur masse ils sont encore vrais.

En aucune façon, ce ne sera pas par le manque d'énergie
physique que déclinera et tombera l'Angleterre, malgré les
prophéties faites plusieurs fois pendant ces cinquante dernières années par des étrangers envieux. Nous montons à cheval, jeunes et vieux, des deux sexes, plus fort que jamais et
le nombre des cavaliers augmente en proportion de la richesse.

Un poney pour porter une petite fille devra avoir la place
de la selle de côté et porter sa tête et son encolure dans la

position convenable non comme un âne ou un cochon. Il faudra
en général une croupière. Les croupières ne sont pas de mode
pour les chevaux de selle excepté pour les chevaux des militaires et de la police ; mais les poneys qui peuvent porter une
selle sûrement sans en avoir besoin sont une exception ; mais
en choisissant un poney sur lequel vos enfants apprendront à
monter prenez-en un aussi semblable de forme que possible à
un bon hack et aussi petit qu'un âne si c'est possible.

Dans une vignette par John Leech "The First meet of the
Season " qui a paru il y a déjà plusieurs années, il y a un
dessin sérieux nommé caricature, d'un poney de sang ramenant son encolure magnifiquement et rongeant son mors, qui
donne une bonne idée de ce que devrait être l'avant-main
d'un poney de selle. Un âne est un animal qui rend beaucoup
de services mais le maître le plus détestable pour les hommes
de cheval futurs, parce qu'il n'a pas d'épaules, un cou tout
droit, une bouche de cuir, insensible aux plus mortelles saca-
des. Un poney d'enfant devra être étroit afin que ses petites
jambes puissent réellement serrer. Le cob gros et large d'une
famille pourra convenir pour des paniers ou une selle de côté,
mais un enfant, dès qu'il commence à monter, c'est-à-dire à
neuf ans, devra avoir une position aussi correcte que quand
quelques années plus tard il montera un hunter de taille.

Le nombre des poneys en vente, qui offrent la perfection,
sont limités dans chaque marché, mais il est bon d'avoir les
yeux accoutumés aux formes correctes.

Galloways et Cobs.

Du moment que nous abandonnons les poneys nous tom-
bons dans une foule d'animaux renfermant tout jusqu'au chevaux de grande taille (leur hauteur convenable en Angleterre
peut être prise à 15 mains deux pouces) parmi lesquels il y a
les chevaux les plus utiles, les meilleurs marché, les plus
chers, aussi bien que les rosses de toutes les sortes. Le mot
« Galloway » n'est plus en usage et cependant il convenait

pour exprimer ce qui était trop grand pour un poney, trop petit pour ce dont un homme du Yorkshire ou du Leicestershire se fait une idée d'un cheval, ce qui était plus actif, plus léger de membres que le « Cob trapu et portant le poids ».

Le fameux Dumpling, qui portait l'amant de Julia Mannering dans les montagnes du Cumberland, derrière l'immortel Dandie Dinmont, est toujours associé dans notre idée avec un Galloway de la meilleure espèce.

Les vieux livres sur les chevaux anglais décrivent un nombre de races locales, non de pur sang, qui étaient supposées être spéciales aux différents districts de l'Angleterre. Toutes ces distinctions, excepté le trotteur de Norfolk, ont disparu depuis longtemps par suite du perpétuel usage des étalons de pur-sang. Presque tous ceux qui entreprennent l'élevage comme moyens de profit, s'efforcent de produire un grand animal parce qu'il est toujours plus facile de vendre un grand cheval bon, qu'un petit cheval également bon. Un bon grand cheval, bien élevé, peut devenir un hunter, sinon un hunter du moins un cheval de calèche; et s'il n'est pas assez joli pour cela, un cheval de trot pour une tapissière et ainsi de suite en descendant l'échelle. Il n'y a que les gentlemen qui élèvent par amusement et qui essayent de perpétuer des favoris, le produit de juments favorites, qui s'occupent sérieusement d'élever des cobs ou des petits chevaux de quelque espèce que ce soit.

En règle générale la taille des chevaux qu'on trouve dans un district particulier, jusqu'à un certain point est affectée par la forme du comté.

Dans les régions montagneuses et dans les comtés où dominent les petits enclos, la taille moyenne des chevaux de selle et d'attelage, sera réglée par la taille des juments en usage ordinaire dans les fermes et par la taille des hunters en usage et sera, par conséquent, petite ; tandis que dans les comtés où les champs de cinquante acres et même plus sont communs, les grands chevaux seront la règle. En mettant de côté la question de chasse dans les comtés découverts, et des voitures employées pour les besoins du luxe, il n'y a pas de doute que la taille des chevaux les plus employés sera comprise entre 14 mains et 15 mains deux pouces plus que toute autre taille.

Sur la question de la taille, nous pouvons donner les statistiques, dignes de confiance, des entrées de dix expositions de chevaux à l'Agricultural Hall de Londres. Les impôts d'entrées ont été changés d'année en année pour obtenir le plus d'engagements possible pour chaque classe, au dessus de 14 mains et au dessous de 15 mains 2 pouces, suivant le sommaire des entrées des différentes classes en l'année 1882. Comme les dépenses pour engager chaque cheval, y compris une entrée de 2 livres 2 shillings, ne dépassent pas généralement 10 livres, on peut présumer que la majorité de ces chevaux sont bons dans leur taille.

Nous commençons par la plus petite classe après les poneys :

« La classe ne dépassant pas 14 mains 2 pouces de haut, pour être montrée au harnais. »

Vingt-six de cette taille étaient décrits comme bons hacks. Dans la classe " pour Cobs de Park ", grands steppeurs, il y en avait vingt et un.

Parmi eux, il y en avait quatorze décrits comme tranquilles au harnais et très peu étaient à vendre comme dressés au harnais. De la classe des " Hacks de parc et chevaux de dames ne dépassant pas 15 mains " un pouce ", il y en avait trente-deux, plus de quarante engagements ayant été rejetés pour manque de place. Il y avait aussi vingt-deux entrées de hacks de parc ne dépassant pas 15 mains 2 pouces.

Dans ces deux classes, beaucoup étaient désignés comme tranquilles au harnais et plusieurs étaient engagés comme hunters. Dans les deux classes de cobs, montés et attelés seuls, la majorité était des petits chevaux de bonne race, mais qui certainement ne concordaient pas avec l'idée d'un cob, c'est-à-dire un hack pour porter un évêque ou un banquier pesant. Beaucoup de la classe des cobs étaient désignés comme hunters.

Ces détails nous justifient de rechercher des chevaux les plus utiles en général, propres à la selle, à chasser dans un pays où les champs ne sont pas trop grands, propres à trotter à l'attelage seuls ou à deux sur une voiture ne pesant pas plus de quatre ou cinq cents livres pour chaque cheval, sans influencer sur leurs actions pour la selle, ou sur des voitures plus lourdes quand on ne veut pas les monter, dans la classe des petits chevaux et des cobs.

Le cob propre à l'Angleterre moderne est de deux sortes. L'animal sans prix, d'une grande symétrie de forme, à jambes courtes, le coffre bien rond, les côtes bien faites, à tête distinguée et bien faite, une encolure bien placée et bien portée, une queue dans les mêmes conditions ; en un mot la force d'un cheval de trait, la qualité d'un cheval de course, les manières d'un parfait gentleman, deux bonnes allures au moins, toutes deux faciles, un pas aisé de quatre milles à l'heure et un trot également aisé de huit milles ; un petit galop parfaitement lent venant uniquement des hanches. Avec ces mérites un cob d'une couleur sobre, coûte au moins deux cents guinées au marchand et il peut en demander le prix qu'il veut quand un millionnaire pesant vient s'adresser à lui en désespoir de cause. Nous avons vu que 400 livres ont été données pour un cob parfait pour porter un homme timide pesant dixsept stones. Mais de pareils cobs sont très rares et tout à fait des exceptions bien plus difficiles à trouver que des hunters pouvant porter le poids, parce qu'ils sont seulement élevés par chance.

L'idée vulgaire d'un cob est un cheval de charette en diminutif et ceux-là même sans action, s'ils sont très gras et pas absolument hideux sont constamment vendus aux personnes ignorantes ayant l'argent pleins leurs poches, au double de leur valeur, parce qu'ils s'imaginent que des jambes épaisses (tondues peut-être soigneusement) et un corps épais impliquent la force. Un des moyens les plus surs d'essayer un cob pour porter le poids, c'est de voir s'il peut descendre en main une pente rapide avec du poids sur son dos.

L'autre, le cob ordinaire, qui vaut entre 50 et 100 livres, s'il est sain, a de la substance, peut porter 14 stones, aller à une allure satisfaisante avec une action non pas brillante mais de service, et neuf fois sur dix peut être bien attelé. C'est en conséquence de leur poids que les cobs sont généralement classés dans les chevaux de service; ce qui les distingue des hacks de sang c'est que leur poids les rend capables de traîner une voiture chargée. Les cavaliers qui sont difficiles n'achèteront pas s'ils le savent un cob qui n'a jamais été mis au collier; mais comme ces animaux neuf fois sur dix sont élevés par chance, et font leur chemin par degrés dans la bonne société, après avoir servi aux voitures des boulangers et des bouchers il y a beaucoup à parier qu'ils ont été accoutumés au collier quand bien même ils n'en porteraient pas les marques.

Les statistiques déjà invoquées des Expositions de l'Agricultural Hall, prouve que l'attelage est " le caractère de toute leur tribu ".

En 1872, un cob de 14 mains 3 pouces de haut, âgé de cinq ans, plutôt ordinaire qu'autrement, et qui gagna un prix de saut, fut acheté par un financier pesant lourd, pour 80 guinées, pour en faire un hack de parc, il était défiguré par une blessure du collier et cependant l'année suivante fut vendu avec bénéfice.

Cette sorte de cob rentre décidément dans la liste des chevaux de famille, de service. Il peut porter n'importe qui de la famille, excepté les enfants aux jambes trop courtes; il peut être attelé seul; et s'il y en a deux, on pourra les atteler et les monter plus que tout autre cheval d'une autre classe. Il peut être employé par le maître ou par les domestiques; sa taille, sa force, sa constitution le rendent propre pour n'importe quel service exigé par n'importe qui. Les tempéraments tranquilles, pour ne pas dire stupides et cela d'une manière continue, se trouvent plus fréquemment parmi les cobs pouvant porter du poids que parmi les hacks de sang pour des poids légers.

Un hunter, un hack pour le couvert, et beaucoup de sortes de chevaux de voiture peuvent ne pas bien marcher le pas; mais un cob qui ne peut pas le faire dans un bon train et dans une bonne forme ne vaut pas sa nourriture. Décrire ce qu'un cob devrait être, ce serait seulement embrouiller les lecteurs qui ne savent pas, un sujet en vie serait le meilleur guide et ensuite un bon portrait.

Rien n'est plus difficile que de rassembler un nombre de cobs bien faits, pouvant porter du poids, avec cette action sûre et agréable qui est le résultat combiné d'un large croisement de sang et d'une belle symétrie.

Le Hack de campagne ou Roadster

Le hack roadster de nos grands parents est presque une chose du passé. On a cessé d'en fournir parce que les demandes elles-mêmes ont cessé. Leur souvenir est renfermé dans beaucoup de nouvelles depuis " Joseph Andrews " de Fieldling jusqu'aux perpétuels " Two horsemen " de G. P. R. James.

« Dans le silence ombreux de Mayfair, au coin d'une au-
« berge, est une enseigne d'un style plus travaillé et plus
« artistique que dans les auberges modernes ou l'art en géné-
« ral, est en vie et derrière la barre. Un jeune homme alerte,
« dans le costume des domestiques " en livrée " du temps de
« Georges II, avec une longue perche dans ia main, court au
« train de quelques six milles à l'heure et cela non pas péni-
« blement, mais d'une allure aisée.

« Le tableau représente un luxe qui périt avec le dernier
« fameux ou infâme Duc de Queensbury, qui figure comme
« Lord March dans la nouvelle de Thackeray " The Virgi-
« nians " et dont la fin de la vie, dans sa demeure de Picca-
« dilly, est racontée dans l'un des volumes des " Bibliogra-
« phical Sketches " de Lord Brougham. Le coureur à pied,
« quand il était réellement utile, courait devant et à côté des
« juments Flamandes qui traînaient les coches de la période
« de Sir Charles Grandisson, avant-garde attentive pour veil-

« ler sur l'hôte illustre qui venait, et aidait, avec sa longue
« perche le véhicule ressemblant à une caravane, sortant des
« racines et fondrières qui entrecoupaient les routes du Nord
« et de l'Ouest. Les bonnes routes amenèrent aux chevaux de
« famille et tuèrent la profession des coureurs, ne laissant
« que le costume et le long bâton qui, converti dans la canne
« dorée est encore le symbole de ces plantureuses créatures
« qui se tiennent derrière les charriots de la Cour, les voi-
« tures du Lord Maire, et qui remplissent leurs devoirs d'or-
« nementation dans les vestibules des grandes maisons ».

Avec le déclin du coureur à pied et pour la même cause, —
le progrès dans la poste et les stage coaches, — commença la
décadence du fameux Hackney anglais ou Roadster. Nous pouvons être sûrs que les routes étaient très mauvaises et que
les voyages en voitures étaient très couteux quand nous
voyons le faible et contrefait Alexandre Pope, aller à Oxford à
travers Windsor Forest sur un cheval emprunté au comte de
Burlington et rencontrant sur sa route le libraire, Bernard
Liniot, montant aussi un cheval emprunté à son éditeur " cheval qu'il avait de M. Oldmixon pour une dette ".

Les roadsters avaient des qualifications qu'on trouve rarement maintenant parce qu'on ne les demande plus dans ces
jours de routes ferrées et macadamisées. Mais les qualités sont
latentes et existent, car on les trouve dans les chevaux de
race anglaise dans nos colonies Australiennes, comme cela a
a été prouvé dans beaucoup d'expéditions pour conduire des
troupeaux, expéditions dans lesquelles, les contes étonnants
que l'on raconte de l'endurance des chevaux arabes ont été au
moins égalés.

Il y en avait rarement au-dessus de 15 mains de haut. Un
grand cheval souvent n'est pas aussi endurant dans les longues journées, ou pas aussi dur. Quand le général envahisseur
de la Péninsule, sir Thomas Picton, commanda des chevaux
de bataille pour son infanterie, pour la campagne d'Espagne,
il fixa à 15 mains la hauteur convenable. Ces roadsters étaient
forts car ils avaient à porter outre le cavalier dans ses grandes

bottes, son pantalon de cuir, et son habit à basques, un manteau de cavalier, des sacs pour la selle, et des pistolets dans des fontes. Ils étaient assez vites car le cavalier devait compter sur l'allure de son cheval pour sauver sa vie.

Ils avaient de bonnes épaules, ayant beaucoup devant le pommeau, des jambes et des pieds exceptionnels, une action plus sûre que brillante, un trot peu coulant cependant, cette action du genou qui est essentielle pour un charger ou un hack de parc. Ils étaient très résistants de condition, autrement ils n'auraient pu résister au mauvais temps, à la mauvaise nourriture et aux changements d'écuries. Ils avaient à porter leurs cavaliers non pas pour une heure ou deux par hasard, pour la parade ou pour un exercice de santé, mais pendant des journées entières, pour deux ou trois cents milles et cela à un pas, un trot ou un canter aisés.

Boswell, écrivant en 1766 à son ami Temple sur un voyage à Glasgow dit « J'irai en chaise tout le long de la route, « merci à l'homme qui a inventé cette confortable méthode « de voyager; s'il n'en avait pas été ainsi, j'ose dire que vous « et moi nous aurions circonscrit nos voyages à un bien petit « nombre de milles. Pour ma part, m'habiller avec un manteau et des bottes, monter à califourchon sur un cheval, « être cahoté dans la boue, peut être par le vent et la pluie, « est une punition trop sévère pour toutes les fautes dont je « puis me charger ».

Cet éloge de la chaise de poste nous rappelle que le Docteur Samuel Johnston, le demi dieu de l'idolâtrie de Bozzy, regardait un voyage dans une chaise de poste avec une jolie femme comme le plus grand des luxes de la vie.

Et cependant le pesant Docteur, aussi peu cavalier qu'un homme de lettres, ancien ou moderne, se fournit d'une paire d'éperons d'argent et monta des chevaux de poste, la seule manière de voyager dans son expédition à travers l'Ecosse et les Hébrides.

Après que, pendant un demi siècle les stage coaches, eurent engagé la plupart des voyageurs à se servir de voitures, vinrent les chemins de fer qui détruisirent les auberges des routes où le cavalier avait l'habitude de trouver un chaud accueil après une longue et fatigante journée. Sur la grande route du Nord, où il y a vingt ans le claquement du fouet du postillon, le son de la corne du gardien, le soc des sabots des chevaux et le tintement des chaînettes, résonnaient nuit et jour, vous ne pouvez pas maintenant être sûr de trouver un lit sec, un repas convenable, ou même une mesure d'avoine. Quant aux hôteliers la race en est éteinte; si vous allez à cheval ou en voiture, il faut amener votre groom ou panser votre cheval vous même.

Ce manque d'auberges rend impossible les exploits accomplis par des gens de notre temps, mais de la génération passée. Le vieux Dick Tattersall, l'oncle du chef actuel de cette fameuse maison de commerce, avait un relai de hacks sur la route entre Londres et Grautham. Il avait coutume de monter à cheval après les occupations pénibles au pupitre des enchères au " Corner " aboli, faisant cent huit milles avant le matin, chassait le jour suivant avec les chiens de Belvoir, et revenait à ses occupations par le même moyen. Sir Tatton Sykes, le dernier des véritables Squires, qui mettait son plaisir à dépenser un grand revenu par son hospitalité, les sports champêtres, l'agriculture, l'élevage des moutons de Leicester et des chevaux gagnant le Derby, sans troubler le monde des politiques, ou le monde de la mode, ou même le monde des parieurs, avait une manière de voyager (avec aussi peu de bagages que sir Charles Napier) (allant à Epsom pour voir courir le Derby, ou à une égale distance pour monter dans une course), qui serait tout à fait impossible maintenant. N'importe où il couchait la première nuit, il empruntait le lendemain matin une chemise propre du maître d'hôtel et laissait la sienne pour la faire laver jusqu'à son retour.

Il répétait l'opération à chaque endroit où il couchait sur sa route, rendant par acompte chaque objet prêté, jusqu'à ce qu'il revint à Sledmere dans sa propre chemise. Une toute petite valise renfermait la culotte de satin et les bas de soie qui remplaçaient sa culotte de peau et ses longues bottes, le soir. L'opération était ingénieuse, primitive et propre, mais maintenant les aubergistes avec des chemises à jabot ont suivi le chemin des culottes de satin et ne sont plus connus.

Les hacks résistant de la vieille espèce ne sont plus trouvés que dans les mains de fermiers actifs qui inspectent des centaines d'acres avant le déjeuner, ou de médecins ou de vétérinaires, ou de brasseurs et de personnes de quelques autres professions qui s'écartent des grandes lignes pour prendre des chemins de traverse, où on ne peut passer qu'à cheval. Dans les contrées de pâturages, le fermier jeune, qui aime à monter, préfère en général quelque chose de mieux qu'un roadster, un animal qui rapportera de l'argent. Mais la majorité des fermiers modernes, préfère les voitures ou se contente généralement d'un animal n'importe lequel qui fera leur service, bien différent du temps où un bon roadster valait au moins autant et était choisi avec plus de soin qu'un cheval de brougham.

Avant que les chemins de fer aient cessé d'être considérés comme une chose malpropre par les gens de la campagne, et quand la contrée n'était occupée que par quelques tronçons de grande lignes, le voyage à cheval était encore un amusement parfait pour un jeune cavalier dont l'âge, la santé et l'état d'esprit pouvaient défier le mauvais temps, les routes boueuses, les nuits noires, les auberges incertaines, pour l'amour de l'indépendance, de l'aventure et du plaisir abstrait qu'il y a à monter un bon cheval.

« La sage opinion appliquée au colonel Mannering qu'un
« gentleman peut être connu par son cheval, était partagée
« par beaucoup des aubergistes qui le reçurent dans leurs
« mains protectrices. Bien monté, le jeune aventurier, n'était
« pas retenu par un mille ou deux, par une heure ou deux,
« et n'était pas effrayé de se tromper un peu en coupant au
« court, ou en cherchant un joli point de vue, une verte rangée
« de collines, ou un ancien manoir enseveli dans un parc de
« chênes séculaires. Les gens de la campagne étaient extrê-

« mement aimables et gais avec un pareil voyageur; les fer-
« miers aisés revenant du marché (dans les comtés du Nord)
« le pressaient d'accepter leur hospitalité, et les squires une
« fois certains que l'étranger voyageait seulement pour son
« plaisir, étaient singulièrement bons en présence d'un bidet
« de bonne race et d'une figure souriante et sans barbe. Sou-
« vent l'aventure du " Squire Western ", dans son voyage à
« Londres, se représentait la chance d'un galop avec des
« chiens et pour la suite, un dîner avec un étranger. A travers
« les comtés ou les landes avaient été entourées de clôtures,
« il y avait de longues bandes herbées, des deux côtés de la
« grand'route, invitant à aller au petit galop le matin, et
« offrant un endroit agréable pour marcher pendant la fati-
« gue des deux ou trois derniers milles. Il y avait nombre de
« raccourcis charmants par les chemins de traverse, à travers
« des gués trop profonds pour les voitures et par la complai-
« sance des gardiens qui ouvraient à un sourire, une bonne
« parole, ou un shilling, à travers des parcs riches en gazon,
« en eau, en bois, en gibier et en daims. Oh! c'étaient des
« jours délicieux, quand jeune et plein de vie, d'espérance et
« de merveilleux, avec un bon cheval, une bourse suffisam-
« ment garnie, et plus d'un ami le long de la route, le jeune
« homme, se croyant un homme, partait sans craindre les
« rhumatismes, pour faire deux ou trois cents milles avec un
« point déterminé à atteindre, mais sans jour, sans heure ou
« sans route fixes. »

Le cavalier d'un hack réellement bon, peut le laisser à lui-
même dans les plus mauvais chemins avec l'assurance parfaite qu'il mettra le pied au meilleur endroit. Les pieds de
devant d'un bon hack, que l'allure soit lente ou rapide, sont
toujours bien en avant et tombent à plat sur le sol; l'action
dans le trot doit être telle que les jambes de devant travaillent des épaules et sont lancées de telle façon que le cavalier
assis droit, doit voir les genoux au moment ou ils se lèvent,
mais en aucune façon comme dans un cheval qui " relève
jusqu'à la chaînette ". Un régularité de machine et l'aisance

caractérisent toutes les allures d'un bon hack, mais d'un hack réellement bon; mais c'est étonnant combien il y a d'animaux qui font des fautes sur une bonne route sans jamais tomber.

« Un cheval de selle de service peut ne pas avoir des « épaules parfaites, disait un officier de cavalerie, qui était « une grande autorité en Rotten Row, il y a quarante ans, — « mais elles doivent être fortes et les pieds de devant ne « doivent pas être trop en arrière sous lui comme les chevaux « de charrette ou beaucoup de chevaux de Brougham qui « rendent du service. »

Aucun cheval ne peut porter un gros poids avec un dos trop long ou sans un rein musculeux et sans des hanches larges.

Par dessus tout, pour la campagne et les longues courses, les soi-disant cobs qui doivent leur apparence de force, à un très grand rapport avec le cheval de charrette de sang, doivent être écartés. Presque tous, en règle générale, ont les épaules droites et les pieds de devant sous eux. Par manque de sang, ils sont vite fatigués; après un trot d'un couple de milles, ils trottent court, puis font des faux pas et s'ils ne sont pas relevés tombent comme des bûches sans faire un effort pour se garantir.

Le bonnes épaules ne signifient pas, surtout dans un jeune cheval, des épaules minces " knify " (comme un couteau) au garrot; au contraire, elles peuvent rarement être trop épaisses à cinq ans pourvu qu'elles ne le soient pas aux extrémités d'en bas, que le haut s'incline bien en arrière, laissant autant d'intervalle que possible entre la fin de la crinière et le pommeau de la selle. « Il y a un certain os qui relie l'extrémité « des omoplates aux jambes de devant de l'animal; s'il est « trop long, il renvoie les jambes de devant en arrière et fait « que le cheval se tient au delà sur son avant-main ».

Avoir une bonne action de jambes de devant est un grand point — cela assure la sécurité du cavalier — mais pour avoir un hack parfait, il faut que l'action des jambes de devant soit bonne également. Les jarrets doivent dans leurs mouvements soit lent, soit rapide, se bien replier et apporter les jambes de derrière bien avant et bien sous le cheval; ce mouvement ne peut pas être trop long à moins que les jambes de derrière ne frappent celles de devant. Les trotteurs de course portent leurs jambes de derrière loin devant leurs jambes de devant en dehors. C'est cette puissance et cette régularité de l'action des jambes de derrière qui font l'aisance d'un cheval dans ses allures lentes. Un cheval, avec une bonne action de l'avant-main, poussée par des jambes de derrière s'engageant bien sous lui au pas, au trot ou au galop paraît suivant l'expression des marchands " monter toujours une pente ".

La poitrine d'un cheval de galop rapide devra être protubérante et profonde mais non large; il devra avoir les côtes, avant le garrot, longues, et courtes après le garrot. Quand les côtes sont courtes devant le garrot, il est impossible que la selle reste dans sa bonne place sans une croupière, bien que les croupières aient été rejetées depuis longtemps par les propriétaires de hacks, de hunters ou de toute espèce de chevaux de selle; mais au temps où Georges III commença à régner, comme le chante Squire Warburton « tout cheval portait une croupière, tout homme une queue de cheveux ».

Le cheval que nous venons de décrire est l'espèce d'animal nécessaire pour la campagne qui peut par devoir ou par plaisir, faire trente, quarante ou même soixante milles sans être en détresse et avec bien être pour le cavalier. La même espèce peut faire un excellent » trapper » pour la station du chemin de fer, ou avec un camarade une bonne paire pour une wagonnette sans perdre ses qualités pour la selle. Il n'a pas les brillantes qualités d'un hack de parc, mais il est essentiellement utile.

Le Hack pour aller au couvert.

Le hack pour aller au couvert (covert hack) est l'animal qui se rapproche le plus du roadster hack de nos grands pères et dans sa meilleure forme est un poney hunter. Mais l'amélioration des routes, les facilités qui en résultent de se servir

de voitures, et l'extension des chemins de fer ont eu cet effet
de réduire considérablement le nombre d'une classe d'animaux qui, jusqu'en 1836, formaient une partie indispensable
de toute écurie de chasse qui avait quelque prétention à être
complète. Même dans les comtés de paturages où tout ce qui
est le plus cher en matière de sport, est le plus estimé, on ne
voit pas le dixième des vrais coverts hacks venant au couvert,
de toutes les directions au moment où les chiens se mettent
en mouvement, que l'on voyait au temps ou régnait Guillaume IV, au temps ou ces modèles de squires chassant, sir
Charles Knightley et sir Tatton Sykes étaient encore les premiers hommes d'obstacles dans le Yorkshire et le Nordthamp-
tonshire. Déduisez ceux qui viennent dans une de ces nombreuses variétés de dog-cart, phaéton, mail wagonnette, park
wagonnette, en drag à quatre chevaux, ou en coupés à deux
chevaux (généralement les personnes entre deux âges et non
les moins enragées) ceux qui font faire à leur hunter l'ouvrage d'un hack à tous les rendez-vous pendant cinq ou
même dix milles, ceux qui font d'un hunter un hack et montent un autre hunter quand le travail sérieux commence;
sans compter les médecins et les personnes du clergé qui
chassent, et tous ceux qui se servent d'animaux d'utilité générale qu'on ne peut définir, ou ceux qui dans une direction
tout a fait contraire font faire à leur beau hack de parc, leur
luxe à Londres, le métier de covert hack à la campagne (nous
avons souvent vu feu M. Green, de Rolleston, maître des
Quorn dans son temps, passer au galop dans les chemins de
traverse sur son hack de parc favori; un arabe blanc fait
comme un poncy); et ce qui restera de vrais coverts hacks
sera bien peu.

L'idée des ignorants d'un covert hack, était ordinairement
une tête de pur sang, plongeant et ruant pendant les cinq
premières minutes, et puis après galopant à plein train pendant l'heure suivante.

Un parfait covert hack doit avoir ses allures douces,
agréables pour le cavalier. Il ne doit pas avoir plus de

15 mains de haut, devra marcher le pas librement, trotter treize milles à l'heure, en faire quinze au canter avec un poids lourd, tout à fait sur ses hanches et doit pouvoir faire à un bon galop vingt milles sans peine, et en remuant de la queue à la fin de la journée. Un animal de cette sorte qui ne pourrait faire cet ouvrage, sans de bons poumons et sans des jambes et des pieds excellents, est le cheval qu'il faut pour quelqu'un qui habite à la campagne et qui y monte, bien qu'il ne voie ou n'ait besoin jamais de voir un chien. Il peut être d'apparence vulgaire et trop nerveux pour être monté sur le pavé, au milieu des objets et des bruits d'une ville. L'allure est sans doute essentielle, mais une action facile et élastique, qu'on ne trouvera que dans un animal bien fait et de bonne origine, est également nécessaire ; autrement, vous arriveriez, à la fin de votre journée, aussi moulu que si vous aviez été dans une charrette sans ressorts.

Pour une voiture pour la campagne, tout cheval ayant des allures pourra trouver place au harnais ; mais pour la selle, soit pour un poney, soit pour un hack de grande taille, il faut des actions de hack. Avec une bonne action vous pouvez passer par dessus une vilaine tête, une queue de rat, une croupe d'oie, des hanches décharnées et tous les autres défauts de forme qui n'affectent pas votre commodité pour voyager.

Au temps actuel (1873) comme cela s'est déjà fait plusieurs fois dans les cinquante dernières annés, il y a une clameur à propos du déclin du cheval de selle anglais, comparé sous le rapport de la forme et de la constitution, avec les chevaux que monta notre cavalerie dans la guerre de la Péninsule. Les chevaux, comme tout autre article de produit agricole, sont sujets aux lois des besoins et des demandes.

Les chevaux pour les grandes distances ne sont pas demandés, c'est pourquoi on n'en élève pas spécialement pour cela. Tout l'esprit de la nation qui, autrefois, avait beaucoup de directions, est concentré sur le cheval de course. Comme le plus grand nombre des courses a pour distance six "furlongs" (environ 1250 mètres) avec des poids n'excédant pas et, en

général, n'atteignant pas huit stone dix livres, comme un
cheval de course est vieux (le vieux cheval) à six ans, et
comme tous les nombreux journaux de sport proclament haut
et loin les triomphes d'animaux qui ont enlevé un handicap
de six " furlongs ", portant six stones; il n'est pas étonnant
que la plupart des étalons ne soient employés à tout autre
chose qu'à produire des "sujets sains et utiles". — Un homme
achète le fils, le petit-fils ou le cousin au cinquième degré de
l'un de ces gagnants misérables de handicap, pour un bas
prix, fait imprimer une carte de son pedigrée plus ou moins
sûr, le fait voyager à deux ou trois guinées par jument, et
trouve beaucoup de clientèle, d'abord parce que les droits ne
sont pas élevés, ensuite parce que les clients sont éblouis par
une superstitieuse et ignorante admiration pour les triomphes
du turf. Ils désirent élever un cheval qui pourra marcher et
le pas et trotter et, pour cela ils choisissent un étalon qui,
s'il peut faire quelque chose, ne peut que galoper, avec peut-
être une respiration imparfaite, de mauvais pieds, les pâturons droits, le garrot bas et un caractère vicieux.

Lavengro décrit le cob Irlandais sur lequel il monta pour
la première fois comme « ayant à peine 15 mains de haut,
« mais le coffre d'un cheval de hacquet de ville; sa tête était
« petite en comparaison de son immense encolure qui se rat-
« tachait noblement à son dos large; la poitrine était large,
« ses épaules des modèles de symétrie et de force; il se tenait
« bien et puissamment sur ses jambes qui étaient en quel-
« ques sortes courtes; en un mot, un magnifique spécimen de
« la race du cob Irlandais, espèce maintenant peu commune
« et alors assez répandue. » « Alors disait le groom, avec seize
« stone sur le dos, il trotte quatorze milles à l'heure et fran-
« chit un mur de six pieds au bout. »

Mais bien que les chevaux de selle de grande endurance
soient rares, cette contrée possède la race qui demande seulement un choix et un élevage soigneux dans ces colonies et
ces régions ou les luxes des routes et des chemins de fer de
l'Angleterre ne sont pas connus, pour être reproduite dans

son ancienne perfection, cela a été souvent prouvé dans l'Australie, l'Afrique du Sud et dans les croisements de chevaux du Continent en Allemagne et en Italie.

Les Chevaux de Baie d'Hudson

« Vieille Moustache » cet écrivain du « Field », si expert sur tous les sujets de chevaux a recommandé l'importation des chevaux canadiens et américains pour les besoins de la cavalerie. Ses opinions sur leur dureté est confirmée dans l'intéressante description suivante de l'endurance des chevaux du territoire de la Baie d'Hudson, dans un ouvrage qui par suite de son intérêt temporaire ne restera probablement pas longtemps en circulation. (1)

« C'était le dernier jour d'octobre, presque le dernier jour de
« l'été Indien, les chevaux trottaient gaillardement sous la
« surveillance d'un homme à moitié anglais, nommé Daniel.
« Mes cinq chevaux commençaient à ressentir les effets d'un
« travail incessant, mais c'était seulement en apparence et
« nous augmentions, au lieu de la diminuer, la distance par-
« courue chaque jour. Nous n'avions ni foin, ni avoine à leur
« donner, il n'y avait rien que l'herbe de la prairie et pas de
« temps pour la manger, si ce n'est la nuit pendant laquelle
« il gelait. Nous faisions rarement moins de cinquante milles
« par jour nous arrêtant une heure à midi et repartant jus-
« qu'à la nuit noire.

« Mon cheval était un animal étonnant; tous les jours je
« craignais que ses membres grêles ne devinssent pesants et
« que bientôt il ne fut obligé d'abandonner la partie.

« Mais il n'en fut rien, sa robe noire devenait plus rude, ses
« flancs s'amincissaient, mais il marchait toujours vaillam-
« ment. Quand je descendais pour le ménager et laissais ses
« compagnons aller en avant, il n'avait pas de cesse que je
« ne remontasse et alors trottait légèrement jusqu'à ce qu'il

(1) Great Lone Land du capitaine Butler.

« les eût rejoints. Au campement mon premier soin était
« d'enlever la selle, le tapis et la bride et de l'entraver aux
« jambes de devant avec une lanière en cuir de buffle et alors
« le pauvre Blackie partait dans l'obscurité pour rechercher
« sa nourriture. Au bout de quelques temps nous faisions des-
« cendre tous les chevaux à quelque lac où Daniel faisait des
« trous dans la glace pour les faire boire. Alors l'eau jaillissait
« et les têtes des chevaux altérés s'abaissaient vers le courant
« souvent trop amer ; car, la moitié des lacs et des étangs
« entre l'Assiniboïné et le Saskatchewan du Sud sont âpres
« au goût à cause du sel et de l'alcali. Quelquefois la nuit
« nous prenait au milieu d'une grande plaine aride sans abri,
« sans eau, sans herbe. Alors nous avancions dans l'obscurité
« et Blackie marchait gaiement comme s'il ne pouvait jamais
« être fatigué. Le 4 novembre, nous fîmes soixante milles et
« nous campâmes à l'abri d'un bouquet de saules pleureurs,
« Blackie et ses camarades s'écartèrent pour chercher leur
« souper à travers la prairie couverte de neige, c'était un des
« tableaux les plus désolants que j'ai jamais vus. »

L'histoire dans laquelle le capitaine Butler raconte la fin
du pauvre Blackie est si pathétique, que nous ne pouvons la
passer sous silence, bien qu'elle n'ait pas beaucoup de rapport avec ce chapitre.

« La colonne avait une rivière à franchir à moitié gelée.

« La rivière porterait-elle, telle était la question ?

« Nous avançâmes avec précautions, tâtant avec des perches
« pointues. Par place la couche était très mince, mais dans
« d'autres endroits elle résonnait ferme et dure. La partie
« dangereuse était au plein de la rivière. Un cheval léger
« était passé sain et sauf. Alors vint le tour de Blackie ! Je
« n'étais pas en tranquillité à son sujet et voulais le déferrer,
« mais mon compagnon expérimenté était incertain et j'aban-
« donnai ce projet. Blackie fut conduit avec une longe et je
« venais tout de suite derrière lui. Il s'avança sur la glace
« très résolument. Nous étions arrivés au milieu de la rivière
« quand sa surface s'effondra brusquement et à ma grande

13

« horreur mon pauvre cheval plongea dans l'eau noire, pro-
« fonde et rapide. Il n'était pas à trois mètres devant moi
« quand la glace cassa. Le cheval, bien qu'il eût enfoncé tout
« d'un coup n'eût jamais la tête sous l'eau, mais il nageait
« vigoureusement en rond, essayant de toutes ses forces de
« remonter sur la glace. Tous ses efforts étaient vains. Un
« banc de glace aigu coupait ses genoux chaque fois qu'il les
« levait vers la surface, et le courant l'entraînait en arrière à
« chaque effort. J'étais pour ainsi dire sur le bord du trou,
« tirant la longe, mais je ne pouvais lui donner aucune assis-
« tance dans sa lutte. Je n'oublierai jamais comment la pauvre
« bête me regardait. Si jamais un animal muet parla avec une
« éloquence indiscutable, ce cheval m'appela dans son agonie;
« il se tournait vers moi comme vers quelqu'un dont il était
« en droit d'attendre du secours. " N'y a-t-il aucun moyen de
« le sauver, criais-je aux autres hommes? Aucun, fut la ré-
« ponse, la glace est dangereuse tout autour ". Je courus en
« arrière, au camp, où était ma carabine, et revins à l'endroit
« où la pauvre bête se débattait.

« Comme je levais mon arme, il me regarda d'une manière
« si suppliante que ma main trembla; l'instant d'après la
« balle lui fracassait la tête. Avec un regard, que je ne pour-
« rais oublier, le pauvre Blackie s'enfonça sous la glace. Je
« revins au camp, m'assis dans la neige et pleurai comme un
« enfant. »

CHAPITRE V

Hacks de Parc. — Steppeurs de Phaéton
Chevaux de Voitures

Le hack de Parc. — Différentes manières d'aller dans Rotten Row.
— Promenades à cheval du matin. — Le Juge. — Le Conseiller de la
Reine. — Le Marchand Grec. — Baron Bullion. — L'Ingénieur. — Le
Médecin. — Le Hack de Parc convenable. — Sa forme, son action, sa
bouche, ses manières. — Description de la Forme. — Il doit se comporter comme un Gentleman. — Le mauvais cavalier abîme le bon
hack. — Le Cheval propre à la taille du cavalier, à son âge, à son
poids, à son caractère. — Réminiscences de Rotten Row. — Lord
Althorpe et les bottes à revers. — Lord Melbourne. — Suzanne et les
Vieillards. — Comte d'Orsay, Comte de Chesterfield. — Lord Sefton, le
dernier des dandies. — Cavaliers militaires. — Lord Anglesea. — Lord
Combermere, Lord Londonderry. — Haute École. — Le duc de Wellington, ses chevaux. — Les roadsters de Lord Palmerston. — Jacob
Omnium. — Le comte Russell sur son poney. — Anecdote. — Ministres modernes à cheval. — Propositions sur les hacks de Cabinet. —
Poneys de Polo, leur origine. — Paire de steppeurs pour le Mail Phaéton. — Chevaux de voitures de Cour, de Chariots et de Calèches. —
Paire de steppeurs pour le Phaéton ordinaire. — Ils demandent une
vraiment haute action, la beauté, de bonnes bouches, le courage et un
bon caractère. — Toujours faciles à vendre. — Couleurs et appareil-
lage. Doivent être proportionnés comme taille. Doivent être symétri-

ques. — Grooms, propres, actifs, pas trop grands. — Les steppeurs doivent être employés pour la montre et non pour un service. — L'action du genou comme ornement doit être protégée. — Chevaux de Coach, Chariot et Calèches de grande taille. — Demande pour l'usage en ville. — La Cour. — Réception d'apparat. — Parades de Cour. — L'Angleterre est la dernière contrée qui adopte les plaisirs de la voiture. — Récits de Beckmann sur la Charrette napolitaine au treizième siècle. — Ancienne peinture d'une Charrette. — Taylor, le poëte de l'Eau. — Race Flamande. — Le beau cheval à la mode pour une voiture. — Le Coach de Cromwell. — La Reine Anne. — Sir Charles Grandison. — Les chevaux de Coach de Georges III, les mêmes que ceux des Cardinaux Romains en 1848. — Les Étalons de l'État couleur café au lait, de Sa Majesté. — Hanovriens noirs et blancs, abandonnés. — Anecdote de Guillaume IV, et les crinières tressées des chevaux de la Cour. — Le Cleveland remplace le Flamand. — Le cheval de sang détruit le Cleveland. — Le cheval de sang pour la voiture atteint sa perfection au temps du prince Régent, Georges. — Le cheval d'une période est, ce que demande cette période. — Le cheval de voiture moderne est pour les plaisirs, non pour les voyages. — Il doit paraître se bien tenir. Enrênement, son avantage et son désavantage. — Grande action. — Huit milles à l'heure suffisent comme vitesse. — Couleurs. — Les chevaux de Calèches doivent avoir plus de sang que les chevaux de Coach. — Les grands chevaux sont presque tous dans les mains des loueurs. — L'emploi des chevaux allemands pour un Coach est une faute. — Démonstration du colonel Maude, C. B. — Joshua East. — Edmond Tattersall devant un comité de la Chambre des Lords. — Renseignements pour choisir les chevaux de Coach par Gervase Markham.

Hacks de Parc.

Le hack de parc est essentiellement un animal d'ornement. Il peut être un animal pouvant porter un poids extraordinaire; fort comme un éléphant; mais pour mériter la qualification de « Parc » il doit avoir du style si ce n'est de l'élégance. Il ne doit pas être commun.

Il est parfaitement vrai qu'il y a des gens qui montent à cheval à Rotten Row, au fort de la saison, qui sont aussi déplacés sur cette scène du luxe équestre qu'un porteur de houille dans son costume de travail dans une stalle d'opéra. Il y en a qui montent des chevaux de coach, ayant les proportions de chameaux; d'autres montent des bêtes qui seraient fort bien employées à une charette de pierres; et les appellent des cobs; d'autres montent des rebuts ayant toute sorte de défaut et n'ayant aucun mérite si ce n'est une tête et une queue venant d'un ancêtre illustre et éloigné. De grands hommes sont vus sur des poneys et de petits hommes sur des girafes. Les gentlemen de la campagne apparaissent sur de vieux hunters; animaux de valeur dans les champs sans doute, convenant parfaitement dans une contrée difficile, mais exhibant avec des pointures raides, un cou pelé et un grand nombre de cicatrices, tout autre chose que l'apparence et l'action du hack d'un vieux gentleman. Des dames qui ne veulent pas aller dans des machines roulantes, en dépit des tentations que leur offrent toutes les stations de chemin de fer d'une métropole, se montrent, risquant leur vie, sur des haridelles de deux stones en dessous de leur poids; mais peut être la plus vilaine classe de chevaux sera employée par quelque personnage très riche, qui vous dira avec une vraie affection de père, qu'il a élevé lui-même cet animal.

Ces remarques s'appliquent seulement à Rotten Row aux heures de la saison où l'on trouve là ou aux environs tout ce qu'il y a de plus correct à pied et à cheval. Cela ne s'applique en rien à ceux sans prétentions, qui fréquentent le Parc de bonne heure simplement pour l'exercice, non pour voir et être vus, et pour apprendre le cancan du jour.

Tout animal utile et sur, — cette dernière qualité est la plus importante — sera bon pour l'exercice parce que les promeneurs du matin ne sont pas présumés sacrifiant à l'apparence. Mais rien ne peut être plus ridicule à voir qu'un homme bien mis ou une femme paradant, avec un air convaincu de satisfaction personnelle, sur une hideuse rosse claquée; à midi, au fort de la saison, des gants sales et des bottes pas cirées sont presque aussi excusables dans un tel endroit.

Pour les promenades du matin un juge préfère un hunter du Leicesthire; un autre confrère savant monte un poney trop gras; un conseiller de la reine, ayant horreur des témoignages détournés, semble choisir exprès les rebuts d'une écurie de course. Le jeune marchand grec, à n'importe quelle heure, se montre toujours sur un « steppare » de prix; et quand des Grecs en rencontrent d'autres, au nombre d'une demi-douzaine, ils « stepperont » en ligne, spectacle étonnant représentant une valeur chevaline de presque 2,000 livres.

Le baron Bullion prépare généralement pour la ville un cob merveilleux pouvant porter du poids. Les ingénieurs en règle générale sont bien montés suivant leurs poids, parce qu'ils sont d'une classe qui cherche le pli de la respectabilité, cherche à avoir le meilleur article sur le marché; ils ont toujours un marchand de premier ordre dans leurs confidences; mais les médecins à la mode, quand ils montent pour aller au loin, semblent toujours être émancipés et n'ont pas les meilleurs hacks.

Le croquis suivant est dû à la plume d'un marchand fameux de Piccadilly, bien connu comme montant et menant très bien à Londres et à Paris, — avons-nous besoin de nommer Le M^{ls} Sago qui a vendu Digby Grand, son premier cheval de cabriolet :

« Le hack de parc devra avoir, avec une parfaite forme
« gracieuse, une grande action, une bouche exquise, et de
« parfaites manières. Il doit être intelligent, — parmi les che-
« vaux il y a des légions de brutes sans sentiments, — car
« sans intelligence, même avec de belles formes et actions, il
« ne peut être agréable à monter. On doit préférer les pur-
« sang; et, s'il n'est pas de pur sang, qu'il en soit aussi près
« que possible, de n'importe quelle couleur, excepté la cou-
« leur farineuse ou sale. Des marques blanches avantagent
« souvent beaucoup un cheval, et quelquefois le défigurent
« tout à fait.

« La tête devra être du plus beau style oriental; le cou
« bien courbé, mais pas trop long, les épaules légères aux

« extrémités, longues et bien entrées dans le dos. Les reins
« devront être bien arrondis, les hanches horizontales et bien
« rondes aussi, ne tombant pas à angle vers la queue (comme
« chez beaucoup de hunters fameux, d'illustres chevaux de
« course et de hacks de service pour faire la route). La cri-
« nière et la queue devront être pleines, droites, sans le
« moindre soupçon de frisure, et chaque crin devra être
« comme de la soie ; il doit avoir quatre jambes nettes, bien
« conformées, bien placées, avec les pâturons plutôt plus
« longs que pour un hunter. Ainsi conformé, le cavalier
« pourra compter sur une action agréable et sur des allures
« qui plairont même à l'observateur le plus commun.

« Le pas d'un hack de parc devra être une perfection, vite
« et léger ; les jambes se mouvant comme si elles étaient in-
« dépendantes du corps, sans effort apparent, avec toute la
« précision d'une machine, la tête portée à sa bonne place, le
« cou gracieusement courbé, la queue se balançant gracieu-
« sement à chaque battement de pied. Du pas il devra pouvoir
« partir à n'importe quelle allure, avec une action parfaite-
« ment balancée, que lui demande le cavalier. »

Un léger défaut dans le souffle ne sera pas remarqué,
si le cavalier sait, quand d'un vif canter il lui faut passer au
pas ; pour ce qui regarde l'âge, il y a des chevaux qui font
journellement l'admiration du Row, ils sont si beaux et si
gais qu'on les prendrait pour des poulains et, cependant, ils
ont presque atteint l'âge de la majorité d'un homme. Une
parfaite symétrie, avec un caractère parfait, un courage que
rien n'effraie, ni les objets, ni les bruits, de brillantes allures
et, pour couronner le tout, des manières parfaites, tant à
l'égard de son cavalier que des autres chevaux, commande-
ront un prix fabuleux, en dépit des défauts ci-dessus décrits.

Quand un homme, célèbre pour ses hacks de parc, quitte
cette contrée ou ce monde, il y aura autant d'amateurs pour
eux que pour ses tableaux de famille, son vieux service à
dîner de Dresde, ou ses cigares importés pour lui seul.

Les manières sont pardessus tout importantes, si ce n'est

essentielles, pour un hack de parc de première classe. Il doit se comporter comme un gentleman (1), non seulement vis-à-vis de son cavalier, mais aussi des autres chevaux, — un degré de vivacité qui peut être très bien dans un parc à daims, est tout à fait déplacé à Hyde Park. Les bonnes manières s'acquièrent par une disposition naturelle, cultivée par un professeur dans l'art équestre, un homme qui a au moins remporté un " double premier " (double first), avec une assiette parfaite, une main très fine et un caractère impassible, cette éducation entretenue par une pratique constante. Un groom à la main lourde, d'un mauvais caractère, ou paresseux et sans soin, abîmera bien vite la bouche et les manières du plus fin hack; c'est pourquoi une fois trouvé, on ne devra épargner aucune peine pour conserver cet instrument de plaisir dans son état le plus parfait. Car, comme nous nous hasardons à le répéter d'après une note écrite il y a déjà beaucoup d'années. « L'armée des chercheurs de plaisirs qui, en Angleterre,
« cherchent leur amusement, les chercheurs et les distribu-
« teurs de richesses, trouvent dans un hack parfait, un luxe,
« un repos, un exercice salutaire, une fatigue agréable, un
« moyen de converser sérieusement, ou de causer gaiement,
« un moyen de faire l'amour, de se créer des amis, de raccom-
« moder des querelles, de faire des marchés, d'arranger des
« combinaisons politiques que le squire de la vieille mode, le
« manufacturier de province et l'homme qui ne montent jamais
« mais considèrent les chevaux comme des machines sur les-
« quelles on peut parier, ne peuvent pas comprendre et par
« là même méprisent. Le caractère aussi bien que les ma-
« nières sont indispensables dans un hack de Parc. Un hunter

---

(1) Feu le duc de N... parle, comme un exemple de la malchance qui le poursuivit pendant sa vie, de ce que, à la Revue des Volontaires, passée par la Reine, lui qui était un bon cavalier, fut le seul Lord lieutenant qui tomba. « Mais pourquoi, lui demanda-t-on, tiriez-vous sur la bride et vous laissiez-vous entraîner d'une façon ridicule ? » Parce que mon magnifique cheval était une bête tellement vicieuse, qu'il se serait précipité sur les chevaux de la suite royale. » Pourquoi alors, c'était la question naturelle, montait-il un animal aussi vicieux ? (Un cheval sans manières. — Ed.) Essais d'Hayward.

« peut avoir une grosse tête ou une queue de rat, peut buter
« sur une route ou tirer fortement dans les champs, mais s'il
« saute brillamment, s'il peut galoper et soutenir une course
« de première classe dans une contrée de première classe, il
« vaudra un très gros prix, parce que tous les défauts légers
« seront pardonnés en considération de sa perfection dans
« son genre. »

Le hack de tout homme ou femme qui aspire à la distinction
élégante ou qui, pour une cause quelconque, a un caractère
public, devra être joli si la personne est jeune et avoir du
" caractère " si le cavalier n'est ni jeune, ni possédant une
bonne mine à cheval.

Le cheval doit être aussi assorti à son cavalier que des habits. La cravate rouge, qui peut convenir à un jeune officier
des Gardes, en mufti, paraîtrait absurde sur un banquier de
la campagne; le hack qui convient à un cavalier mince et bien
habillé peut parfaitement être hors de mise pour un cavalier
dont la taille est grosse et les jambes courtes.

Il y a des chevaux qui, sans prétentions à l'élégance, ont
une compacité bien proportionnée et une perfection régulière
d'action qui peut convenir à des cavaliers sérieux, d'âge
moyen.

Dans les circonstances ordinaires, un hack de ville ne
devra pas avoir plus de 15 mains de haut, parce que les chevaux de cette taille sont les plus maniables et les plus sûrs
dans les tournants et sur les pavés glissants. De fait on peut
établir comme une règle que tout pouce, au-dessus de 15 mains
augmente, en proportion géométrique, la difficulté d'avoir un
cheval parfait. Mais les grands hommes demandent de grands
chevaux ; un homme de six pieds demande un cheval de
16 mains de haut.

Avant l'année 1873, nous aurions pu dire qu'un hack de
parc pouvait être de n'importe quelle taille, pourvu qu'elle
fut proportionnée à celle de son cavalier, et cela depuis
14 mains 1/2 jusqu'à 16 mains. Autrefois, un grand nombre de
chevaux ressemblant à des cobs et à des pur-sang, étaient

montés dans la cité. Dans le dernier siècle, une rivalité à
mort, à propos des hacks trottant vite, existait entre les jeunes
représentants des maisons de banque et de brasserie; mais à
présent, les cavaliers, ayant une position financière, qui vont
plus loin que Westminster Bridge, peuvent être comptés sur les
doigts de la main, quoique le sol soit très tentant pour la promenade, sans pierre aucune depuis les parcs jusqu'à Black
friars Bridge ; et cette route a été récemment adoptée par les
cavaliers du Temple et de Printing House square qui, précé-
demment, tentaient la Providence sur les chemins passagers
et les routes glissantes de Fleet Street et du Strand.

Les hommes grands, pour lesquels une apparence personnelle est une matière d'importance, doivent avoir de grands
chevaux de parc qui sont, en fait, pareils à ces " premiers
chargers " que le commandant d'un régiment de cavalerie
aime à voir réservés par ses officiers religieusement pour la
parade et les revues et, sous aucun prétexte, employés comme
tant de " chargers " le sont pour la chasse ou le harnais.

De notre temps, tout le style pour monter au parc parmi
les cavaliers de parc par excellence a changé aussi bien que
leur costume.

Mes plus anciens souvenirs de Rotten Row, nous reportent
dans les premières années du règne de Guillaume IV, qui
n'était pas du tout cavalier dans ses dernières années. Une
des figures équestres les plus remarquables et les plus fami-
lières entre Kerr et la Chambre des Lords, était son frère, le
duc de Cumberland, accompagné du général Quentin, spécimens remarquables de l'équitation dans le lourd style
Hanovrien.

Dans notre première visite au parc, nous vîmes au bout du
Row, en face Apsley House, un homme de poids avec une
bonne figure réjouie, habillé de culottes blanches, avec des
bottes à revers, des bas de soie se faisant voir entre deux, un
habit bleu avec des boutons dorés, un gilet de peau de buffle,
un chapeau à larges bords, — nous le prîmes pour quelque
riche fermier de la campagne, — c'était lord Althorpe, célèbre

pour ses élevages d'animaux à courtes cornes, qu'il aimait bien mieux que la politique, " l Honest Jack " de ses amis, chancelier de l'Echiquier sous le comte Grey, l'homme dont l'arrivée à la Chambre des Pairs, à la mort de son père, le comte Spencer, était l'excuse de Guillaume IV, pour renvoyer lord Melbourne et son cabinet, dont il était fatigué depuis longtemps. Nous le prîmes pour ce qu'il était par goût, un grand fermier et sporstman, car il n'était homme politique que par devoir. Il avait été avant que ses amis, les lords Grey et Brougham, aient formé un cabinet, maître des Hounds de Pytchley, mais il n'était pas le seul gentleman d'importance qui porta des bottes à revers au parc en 1813, sir Francis Bur. dett, sir Charles Knigthley, sir Thomas Acland et d'autres squires d'ancienne race, avaient conservé encore un costume qui était le suprême de l'élégance aux jours où le prince de Galles, Charles James Fox, et Brinsley Shéridan étaient amis et alliés.

Tandis que les vieux gentlemen tenaient encore aux bottes à revers, ils avaient coutume de se rassembler chaque après midi pendant la saison, les promenades à cheval du matin n'existaient pas encore et la cité n'avait pas colonisé et conquis Tyburnia, — un groupe d'une race maintenant tout à fait éteinte les successeurs légitimes du beau Brummel et ses " dandies ".

Trois étaient remarquables, attiraient le regard et restaient dans la mémoire de tout jeune homme de la campagne qui les voyait pour la première fois. L'Antinoüs comte d'Orsay, l'alcibiade de cet âge, resplendissant dans un costume que Maclise a livré à la postérité dans son portrait du jeune Charles dickens d'alors, montant ce que nous appellerions maintenant un hack bai à sensation, frappant l'air des pieds. A côté de lui était son sosie, sauf que les nombreuses boucles de cheveux étaient dorées au lieu d'être d'un noir de corbeau et son cheval gris moucheté, habillé de blanc, ganté de lilas. De temps en temps, en réponse aux saluts de nombreuses jolies mains, il levait un chapeau dont la forme est maintenant abandonnée aux parfumeurs et aux maîtres de danse, avec une grâce que son ancêtre le comte Chesterfield (celui des « Lettres ») aurait approuvée et admirée. Le troisième de cette réunion était Lord Sefton, l'Ulysse des Whigs et le roi de la mode, renommé pour son tact, son esprit, ses dîners et l'extravagant exemple qu'il avait donné à la chasse étant maître du Quorn. Lord Chesterfield leur survécut ainsi qu'à presque tous les compagnons de sa jeunesse, ne partageant ni les hauts faits, ni l'esprit, ni la philosophie de d'Orsay et de Sefton, il conserva jusqu'à la fin, quand le temps eut éclairci ses cheveux blanchissants, un grand style et une aimable courtoisie qui rappelaient un des grands seigneurs de la Cour de Louis XIV.

Nous mentionnons ces trois hommes, " les admirés des admirateurs " d'alors, parce qu'ils étaient les types d'une classe qui est éteinte et qui serait impossible dans notre génération.

Le comte de Chesterfield à un droit à être mentionné dans toute histoire du cheval moderne. Il établit la première meute de chiens de renard à Rome et donna à la noblesse italienne un goût pour les chevaux qui peuvent galoper et sauter. Le progrès, nous pourrions dire la transformation, du lourd cheval de parade Romain et Napolitain en une créature de vie et de courage, date de l'hiver que Lord Chesterfield passa à Rome.

En même temps que les squires à bottes à revers et les dandies montant et redescendant le Row, le bout de leurs bottes vernies (une nouvelle invention) touchant à peine leurs étriers, on pouvait voir des soldats distingués, survivants des grandes guerres continentales. Le marquis d'Anglesea; lord Combermere, qui, à soixante-dix ans, montait comme un jeune homme; le marquis de Londonderry, tous généraux de cavalerie distingués, exemples vivants de cette chose presque oubliée si elle n'est pas tout à fait perdue, la haute école, — la haute école de l'équitation. Des trois, le marquis d'Anglesea homme grand, mince, élégant, sur son célèbre charger de pur-sang Pearl, présentait le plus bel exemple d'une " assiette balancée ", — homme et cheval tout était parfait, le véritable triomphe de l'art. Tous les trois généraux montant à cheval, passageant et piaffant, évidemment demandaient l'admiration qu'ils méritaient. Aucun officier général anglais maintenant, quoique accompli, n'oserait s'aventurer à faire de telles exibitions d'équitation en public.

Le duc de Wellington ne partagea jamais le goût de ses compagnons d'armes pour les chargers de parade et pour l'équitation de haute école. Le pur-sang bai Copenhague qui le porta si vaillamment à Waterloo, n'avait que 15 mains de haut, son cheval était un animal de la classe des hunters, marchant bien au pas, monté en filet comme un cheval de veneur, sans arrière pensée de faire valoir les allures de l'animal; avant que l'âge ne l'ait courbé, son assiette était remarquablement droite; perdu dans sa pensée il passait, reconnaissant mécaniquement, en levant son doigt, les nombreux chapeaux qui saluaient le Grand Duc.

En devenant vieux et infirme, au lieu de se courber en avant comme la plupart des hommes âgés, il se pencha en arrière et littéralement se pendait à ses rênes en allant de Saint-James Park aux Horse Guards au trot de chasse.

Le duc ne voulait pas souffrir qu'on l'aidât à faire quelque chose qu'il pensait pouvoir faire lui-même. Haydon, l'artiste qui le visita à Walmer Castle, pour peindre son portrait, dit dans son journal : « Le duc me raconta qu'il brossait lui-même sa veste, et aurait aimé à cirer lui-même ses bottes. » Au même point de vue, le groom du duc avait une tâche très difficile pour l'aider à monter à cheval, quand il devint très faible, sans que Sa Grâce s'en aperçut.

Lord Melbourne montait exactement les hacks puissants, utiles, d'allures faciles, que l'on pouvait attendre de sa nature, luxuriante et ne s'inquiétant pas des apparences. Comme le duc de Wellington, il montait constamment dans les rues, mais elles n'étaient pas si populeuses que maintenant; les omnibus étaient à peine installés et les hansom n'existaient pas.

R. B. Davis, le frère du célèbre piqueur des Queenn's Buck Hounds, qui devint un artiste sous le patronnage de Georges III, peignit un groupe équestre composé de la Reine Victoria alors jeune fille, montant dans Windsor Parc, assistée de son premier Ministre, de son Secrétaire des Affaires étrangères, et de plusieurs autres personnes moins connues dans l'histoire d'Angleterre.

La gravure de ce tableau eut une popularité considérable dans ce temps-là et avec elle le caricaturiste d'alors " H. B. " (le père de Richard Doyle qui enchante la génération présente dans un genre très différent) produisit " Suzanne et les Vieillards " Sa Majesté montant entre Lord Melbourne et Lord Palmerston. C'était très drôle mais ne faisait pas ressortir la différence de caractère qui existait entre les chevaux du premier et de Lord Palmerston.

Lord Palmerston montait de grands chevaux de sang; s'ils pouvaient porter le poids, avec la meilleure action de route possible, trotter dix milles à l'heure et galoper, il ne s'inquiétait pas de leurs manières, air, ou grâces.

Feu Jacob Omnium (M. Higgins) le brillant écrivain du Times ou du Pall Mall qui avait presque sept pieds de haut, hardi cavalier en chasse — incapable de dire six phrases sur une estrade — allait rarement à une autre allure dans Rotten Row qu'au tout petit trot. Il était excellent juge en chevaux de toute espèce, témoin les prix élevés qu'atteignit son écurie vendue au Tattersall après sa mort, presque subite et si regrettée.

Parmi ses chevaux il y avait un exemple extraordinaire de docilité, — un petit hack acheté à une montre d'Islington du bien connu Dick Webster, de Lescestershire. Cet animal sautait de pied ferme au commandement et suivait son maître par dessus tout obstacle comme un chien.

Un des plus élégants cavaliers de la période était Lord Herbert de Léa, plus connu sous le nom de M. Sidney Herbert, grand, élégant, avec une contenance pâle, pensive, aristocratique, simplement habillé sans un atôme d'affectation, montant toujours un grand cheval de sang du plus grand caractère ; je n'ai jamais vu quelqu'un réaliser mieux l'idée d'un cavalier et d'un gentleman, — impression que confirmait sa conversation courtoise et franche.

Parmi les hommes d'État de la dernière génération, sir Robert Peel était certainement un des plus maladroits si ce n'est le plus maladroit des hommes qui soient montés sur une selle. Il semblait n'avoir aucun plaisir dans cet exercice et montait par devoir, comme santé et pour accompagner ses nombreux collègues, plus ou moins illustres.

Sir Robert fut tué par un hack ombrageux acheté pour lui au Tattersall, par un excellent juge de chevaux, feu Lord Ossington; mais le meilleur juge du monde ne peut pas dire si un cheval est ombrageux ou non, sans l'essayer. La morale à tirer de l'évènement lamentable qui priva le pays d'un grand homme dé'tat, est que quand un homme lancé à fond dans les affaires demande un cheval pour faire de l'exercice, il ne devrait pas aller à une vente aux enchères, mais s'adresser à un marchand de premier ordre.

Il y a eu beaucoup de bêtises dites et écrites dans les dernières années sur la propriété et la nécessité, pour le Gouvernement de s'interposer en vue d'améliorer l'élevage des chevaux. Considérant que les gentlemen de la campagne ont fait le cheval anglais ce qu'il est, le meilleur du monde entier, — et que les Départements du Gouvernement les mieux installés n'ont jamais fait mieux qu'adopter, plusieurs années en retard, les progrès acceptés des particuliers, en vaisseaux, fusils et canons, rien ne pouvait être plus absurde. Mais si quelques-unes de ces idées venant du Continent, de patronage gouvernemental doivent être adoptées, une des plus drôles et des plus économiques serait un rôle formé par l'Écuyer de la Couronne, ou quelqu'autre officier permanent, pour fournir chaque Ministre de Cabinet, qui voudrait monter, d'un hack de parc approprié à sa position distinguée, à son poids, à son âge, hack joli de formes, parfait de manières, afin de renforcer le crédit des gouvernants d'une nation d'hommes de chevaux. Appareiller le caractère de chaque Ministre de Cabinet serait bien plus difficile que de trouver quelque chose convenable à sa taille et à son poids. Tel serait sur un poney, un autre sur un pur sang de seize mains, un autre sur un vigoureux cob, celui-ci fièrement, celui-là placidement, mais tous parfaitement dans leur genre.

Nous ne paraissons pas avoir quelqu'un capable de produire des caricatures équestres après la façon dont étaient faites celles publiées par Macléau, caricatures qui amusèrent tellement les hommes politiques du temps de Lord Melbourne, sir Robert Peel et du duc de Wellington.

Les deux âges de l'homme étaient admirablement rendus dans le Comte de Westmoreland, le père du comte musicien, penché en avant sur les oreilles de son cheval, à la manière des vieux jockeys, faisant au trot, quatorze milles à l'heure sur un grand hunter et intitulé " Old Rapid " "et Lord Castelreagh, le fils de l'homme d'État, assis en arrière et faisant galoper son poney à bout de rênes, intitulé Young Rapid ".

Le dernier représentant de la haute école dans Rotten Row disparut avec Lord Cardigan " le dernier des Cardigan " et lui, quoique parfaitement accompli pour les exercices de manège, n'était qu'une pâle copie du marquis de Waterloo, qui faisait encore le sujet de conversation des sexagénaires dans Dublin, rappelant le temps de la vice-royauté d'Angleterre, car aucun homme avec ses deux jambes saines n'atteignit une perfection plus grande dans l'art équestre artificiel que ce général de cavalerie qui avait perdu une jambe à Waterloo.

Georges IV monta beaucoup dans ses jeunes années quoique aucun homme vivant ne s'en souvienne. Il avait une préférence pour les chevaux ensellés et pour les gris. Une gravure rare le représente dans son adolescence, dans un uniforme de hussard, montant un cheval Flamand se cabrant, impossible avec les longs éperons et la jambe droite de l'école prussienne de la fin du dernier siècle. Il est raconté dans la vie de sir Fowell Buxton, l'émancipateur des esclaves, que le roi fut particulièrement frappé par un puissant cheval de sang, monté par le Baronet qui, au milieu d'une revue que le roi passait en voiture, se tenait comme une statue avec les oreilles tendues, la tête en arrêt, et les naseaux frémissants. La réponse de sir Fowell à la demande (les demandes de rois sont en général considérées comme des ordres) de " dire le prix " fut " John Bull " n'est pas à vendre. Ce ne fut pas le seul refus que le roi essuyat en matières de chevaux. Matt Milton, un célèbre marchand, se rendit à Edimbourg pour acheter pour Sa Majesté un hack trotteur célèbre appartenant au duc de Hamilton (connu sous le nom de " Proud Duke ") Milton commença par offrir milles guinées pour le trotteur. La réponse fut " Dites à votre homme que je peux aussi bien avoir un cheval de mille guinées que le roi ".

Guillaume IV ne monta jamais à cheval une fois devenu roi.

Le prince Consort n'avait pas une grande passion pour les chevaux, mais il montait tous les jours pour sa santé et pour la société. Il avait l'avantage de chevaux parfaitement dressés, avec une perfection qu'on ne peut trouver que dans les écoles de dressage de très grands personnages. Son Altesse Royale préférait conduire et fit construire plusieurs voitures, entre autres un traîneau dont nous donnerons un dessin.

La Princesse Royale maintenant Princesse Impériale d'Allemagne était excellente cavalière et on pouvait la voir monter à côté de son père très peu de temps avant la mort regrettée de celui-ci.

En 1873 le polo ou le hockey à cheval, importé par un Régiment venant de l'Inde, devint un des amusements à la mode de la saison de Londres. Les poneys de polo à queue et crinières courtes, qui ne dépassaient pas 14 mains furent introduits comme hack de parc et ils étaient montés par des hommes dont les pieds n'étaient qu'à quelques pouces du sol. Qu'est-ce que la mode ne fera pas ?

" Rohilla " un correspondant du journal " Le Field " écrit « Le Polo appelé " chaugân " était un des amusements favoris

14

« du Grand Empereur Ackbar (temps A. D. 1555-1608). Le
« nom populaire du jeu " Polo " nous vient de Munnipore, en
« Assam, dont la population est très habile dans cet exercice.
   « Ce fut de Munnipore que le jeu fut introduit pour la pre-
« mière fois auprès des Européens de l'Inde et il prit pied de
« suite parmi nous. Les hardis et rapides petits poneys de ce
« pays sont encore considérés comme de beaucoup les meil-
« leurs poneys de polo qu'on ait eus. Ce sont certainement
« les plus sûrs pour jouer et ils sont si intelligents qu'ils
« semblent prendre part au jeu et savoir eux-mêmes ce qu'il
« faut faire. Ils suivent la balle d'une manière sûre et deman-
« dent très peu de menage. Il y a certainement des risques à
« jouer comme j'ai vu des hommes le faire, sur des chevaux
« de taille ou même sur des Galloways; et si on veut persis-
« ter ce n'est pas surprenant que trois morts déplorables cau-
« sées par des accidents dans la mêlée soient déjà arrivées
« dans l'Inde. Le jeu de chaugân semble avoir été depuis
« longtemps populaire dans l'Asie Centrale. L'Empereur
« Babar dans ses mémoires de son temps (A. D. 1494-1530),
« dit qu'on le joue dans tout le Thibet. Vigué dit dans ses
« voyages en Cachemyre qu'il y est très populaire; et à pro-
« pos de ce pays je puis remarquer qu'au temps d'Akbar, un
« Roi de Cachemyre nommé " Ali Khan Chack ", mourut des
« suites d'une blessure reçue en jouant au chaugân. Il avait
« été violemment jeté sur le pommeau de la selle.
   « Le Docteur Henderson dans sa dernière publication " l'His-
« toire de l'Expédition de 1870 à Jarkhand sous M. T. D.
« Forsyth, C. B. C. S. " nous dit que chaque village Thibé-
« tain a son terrain de polo, si on peut en trouver l'emplace-
« ment suffisant, et il nous décrit une partie qu'il vit jouer à
« Paskeyum, en Ladak, à une élévation de 10,870 pieds au
« dessus du niveau de la mer.
   « En face de la maison de repos de Paskyurm est un beau
« terrain de polo, abrité au midi par une rangée de très beaux
« peupliers, et là nous avons vu jouer le jeu national de polo
« déjà mentionné.

« Le terrain de polo est parfaitement uni, et mesure trois
« cents mètres sur cinquante. Le nombre des joueurs était à
« peu près ordinairement de cinquante, tous montés sur les
« hardis petits poneys du pays et chaque homme armé d'un
« joli maillet de trois pieds de long. Deux chefs sont
« choisis, qui choisissent alternativement des hommes pour
« leurs côtés respectifs ; ou bien ces hommes d'un district
« jouent contre ceux d'un autre district.

« Dans l'excitation du jeu, il est nécessaire de pouvoir re-
« connaître de suite à quel camp appartient un homme, et on
« y arrive en faisant porter aux hommes des coiffures diffé-
« rentes ; ainsi un côté a un galon rouge, l'autre côté blanc.

« Les musiciens, qui paraissent indispensables pendant
« qu'on joue le polo, prirent leurs positions les jambes croi-
« sées, presque au centre du terrain, un petit peu plus près
« cependant d'un des côtés, et nous, les spectateurs, nous
« nous assîmes dans une vérandah en haut de la maison de
« repos. Les instruments de musique consistaient en une
« demi-douzaine de petits tambours et autant de petits clai-
« rons, qui produisaient un air vif mais monotone, assez sem-
« blable au " pibrock " ; aussitôt que tout fut prêt et que la
« musique commença, le chef du côté qui avait la balle partit
« au galop, suivi de tous les autres, une fois arrivé presque
« au centre du terrain, il lança la balle et très adroitement la
« frappa de son maillet, réussissant quelquefois à l'envoyer
« dans le but du premier coup.

« Ordinairement la balle était interceptée et une scène très
« animée s'en suivait, chaque camp s'efforçant de pousser la
« balle vers l'extrémité de terrain de leur côté ; et le camp
« qui avait le premier réussi à l'amener au-delà de la marque
« du but de son côté gagnait la partie.

« Chaque partie durait seulement quelques minutes, mais
« on recommençait pendant plusieurs heures et souvent on
« déployait beaucoup d'entrain et beaucoup d'habileté équestre

« A la fin, hommes et chevaux paraissaient épuisés et nous
« eûmes une série d'exercices demandant moins d'activité. »

Paires pour Mail-Phaéton. — Steppeurs

Le Mail-Phaéton, de la génération avant les Chemins de fer, exigeait une paire de chevaux ayant presque, si ce n'est tout à fait, 16 mains de haut. Les phaétons modernes, qui ont remplacé cette voiture de poids, si utile et si agréable dans son temps, destinés aux usages de la campagne ou aux parades du parc, sont si légers que les chevaux de grande taille sont tout à fait inutiles maintenant. Un phaéton de taille ordinaire peut parfaitement, en tous points de vue, être traîné par des chevaux ayant depuis 14 mains trois pouces jusqu'à 15 mains un pouce. Quand une paire de chevaux est appelée à différents usages, — traîner un brougham de grande taille ou un landau aussi bien qu'un mail-phaéton, — 15 mains 2 pouces est la taille la plus convenable. Au-dessus de cette taille, excepté pour les chevaux de pure race, il est difficile de trouver des chevaux agréables à mener pour un gentleman.

Comme nous l'avons déjà observe, dans le chapitre sur cette classe de voitures, si on ne cherche que l'utilité pour les besoins de la campagne, il est facile de trouver des chevaux qui, sans être exactement appareillés comme taille ou comme caractère, — il faut qu'ils soient appareillés comme allures, — iront suffisamment bien ensemble pour les usages ordinaires ; mais si vous aspirez à avoir bonne tournure, pour ne pas dire à faire sensation, dans les cercles à la mode de Londres ou de Paris, alors vous avez une tâche qui réclame beaucoup de connaissances, beaucoup d'embarras et beaucoup d'argent.

Les chevaux à sensation, c'est-à-dire les steppeurs, en langage de parc, sont très peu nombreux. Un des hommes connu à Londres, comme propriétaire et conducteur de cette catégorie de chevaux, un gentleman qui a gagné des prix tous les ans, à chaque exposition où il y avait des chevaux de harnais, nous disait, après que nous l'avions interrogé :

« J'achète toujours un steppeur réellement bon de la taille

« que je désire quand j'en rencontre un, que j'en aie besoin
« ou non, quand il ou elle est vraiment bien portant et paraît
« avoir une bonne constitution, parce que cette classe de
« chevaux est extrêmement rare. Il ne m'arrive pas, une fois
« par an, de rencontrer un steppeur supérieur dont je n'ai
« pas entendu parler. Ils sont rares, parce que pour être de
« première classe, ils exigent une réunion énorme de qua-
« lités; c'est-à-dire des actions vraiment hautes, de la beauté
« sous le harnais, bonne bouche, courage et bon caractère. La
« dernière qualité est essentielle, parce que des chevaux qui
« doivent être conduits et conduits lentement dans des foules,
« doivent savoir comment se comporter dans la société des
« autres chevaux. »

Un steppeur supérieur, s'il ne meurt pas, n'est pas un cheval coûteux à un certain point de vue, car si vous l'achetez
cher, vous pouvez toujours vendre à profit un cheval qui a
une réputation ; et cette règle s'applique encore bien davantage quand vous avez réussi à appareiller une paire. Il y a
toujours des personnes prêtes à payer un prix extraordinaire
pour des chevaux de voiture, s'ils sont indubitablement ce
qu'il y a de mieux dans l'espèce. Une paire de chevaux de
phaétons incomparables est plus facile à vendre pour 400,
500 ou 600 guinées, qu'une paire ordinaire de service qui ont
coûté 80 livres chacun. Et une paire de chevaux parfaitement
appareillés comme taille, caractère, allures, actions et manière d'aller, se vendront plus facilement 400 ou 500 guinées
en paire, que la moitié de cette somme séparément.

La couleur pareille est excellente, mais si vous vous com-
plaisez dans les steppeurs, vous ne devez jamais hésiter à
acheter une paire pareille sous tous les autres rapports de
quelque couleur qu'elle soit. Il y a certaines couleurs qui vont
très bien ensemble par contraste comme le bai et le gris pommelé, la couleur pie et le bai ou le gris, mais même quand les
couleurs ne s'harmonisent pas il y a toujours la chance d'appareiller l'un des deux. Il faut aussi que vous soyez bien fixé
sur la taille que vous désirez parce que la voiture doit conve-

nir aux chevaux et les chevaux à la voiture pour les usages de parc ; 15 mains 2 pouces sur un phaéton proportionné pour 14 mains deux pouces ou trois sont une chose manquant autant de caractère qu'un homme grand dans les habits d'un homme petit.

Dans cette classe d'équipage chaque chose doit être la meilleure de son espèce autant qu'on peut l'avoir avec de l'argent ; si le propriétaire ne sait pas bien conduire, il doit apprendre sous peine d'être ridicule. Les grooms doivent être propres, actifs, pas trop grands, connaissant parfaitement leur affaire. En un mot, le phaéton avec une paire de steppeurs ne peut pas être établi économiquement ; la dépense ne doit pas arrêter le propriétaire pour avoir le meilleur de chaque chose. Il attire l'attention et la critique par les actions de ses chevaux, et il doit présenter quelque chose de complet et de parfait " autant que l'argent peut le procurer ".

Actuellement il y a deux espèces populaires de chevaux de phaéton.

On peut choisir l'une ou l'autre, mais celle que l'on aura choisie devra être adoptée pour toute l'écurie. Ils peuvent être légers ayant du sang ou être bâtis comme des cobs, mais ils doivent avoir de la symétrie et du caractère. Deux paires au moins sont nécessaires pour un homme qui doit tous les jours apparaître derrière des steppeurs.

Un point important reste à noter pour ce qui regarde les steppeurs de Parc. Les ayant achetés, il ne faut pas vous en servir il faut seulement les montrer. Il y a une vieille histoire qui s'applique tout à fait à ce cas. Une dame anglaise alla trouver un artiste célèbre de Paris pour avoir une paire de souliers. Peu de jours après elle le fit venir et se plaignît de ce que l'un des souliers s'était fendu. Le cordonnier regarda l'objet de son habileté triomphante avec un air injurié et s'écria : Comment Madame à marché avec ! ! !.. De même vous devez conduire vos steppeurs en général très lentement ou un peu vite s'ils brillent à un trot allongé et cela pendant deux heures ou à peu près par jour ; mais si vous voulez aller à Brighton ou à dix milles en dehors de la ville et revenir, vous devez vous rabattre sur une paire de chevaux de poste de louage qui pourront vous faire du service.

Il y a des exceptions, mais règle générale, une brillante action du genou est une chose d'ornement et on doit s'en servir, la conserver et la ménager comme toute autre chose d'ornement qui coûte cher.

Chevaux de Carrosse, de Chariot et de Calèche.

Pour aucune autre classe de chevaux il n'y a de demande régulière et croissante comme pour les animaux forts, suffisamment distingués, ayant au moins 15 mains trois pouces et en général plus de 16 mains, qui sont employés en paires pour traîner les lourdes et coûteuses voitures comme les carrosses, les chariots, les calèches et les landaus dont on se sert principalement dans les grandes cités comme Londres et Paris.

Pendant ces dernières vingt années une tendance continuelle a eu lieu pour n'employer que des chevaux plus petits et plus légers pour toutes les voitures de campagne et pour beaucoup de voitures de ville. Les paires de chevaux de harnais de grande taille ont de la valeur en proportion de ce qu'elles réunissent la taille et la puissance avec le cachet de la beauté et de l'action, estimées pour les réunions de la Cour et de la parade. On en trouve de parfaits modèles dans les équipages des personnes royales.

Elles sont une des parties principales des représentations pour les " salons et les levers ". Elles attirent l'œil sur leur passage les jours de dîners d'État, de parties de jardin à Chiswick ou Sion-House, et aux villas suburbaines des chefs de la mode et des piliers de la finance; les harnais, comme les livrées des cochers et des valets de pied, sont somptueux, les voitures brillantes et proportionnées aux chevaux. C'est, avec des harnais moins magnifiques mais avec des allures aussi remarquables, un des beaux spectacles de Londres, au fort de la saison, dans les parades journalières du Parc quand les bas de coton remplacent ceux de soie des valets de pied et des cochers, les jours de Cour.

Du reste dans plusieurs milliers de paires en travail, à Londres seulement, on trouve tous les degrés de mérite jusqu'au simple cheval de service.

Des spécimens de cette classe de chevaux montent et descendent les échelons de la même échelle; quelquefois ils montent de la charrette d'un marchand à un chariot de cour d'une duchesse où à la calèche d'un millionnaire; plus fréquemment ils tombent après avoir perdu leurs actions, à un fiacre.

Les chevaux doivent avoir été employés à traîner des wagons, des charrettes et des traîneaux depuis les âges les plus reculés en Angleterre, mais les nôtres furent les derniers de ceux des contrées d'Europe qu'on ait adoptés pour les voitures de plaisir. L'Italie qui, dans le xvie siècle de la civilisation, tenait la tête pour tout ce qui avait rapport aux chevaux, l'Espagne, la France, l'Allemagne, avaient toutes employé quelques coches d'ornement dans leurs pompes royales, avant que l'Angleterre eût regardé " l'hobbie ", comme un objet de convenance pour ses jeunes reines et ses juges âgés.

Beckmann nous dit que quand Charles d'Anjou entra dans Naples (vers la fin du xiiie siècle) sa reine était dans une " Caretta " dont l'intérieur et l'extérieur étaient garnis de velours bleu de ciel parsemé de lis d'or. En 1294, Philippe-le-Bel de France fit paraître une ordonnance pour supprimer le luxe et défendre aux femmes des villes l'usage des " charrettes ". " Caretta " transformé en " cars " et " chars " en France; devint finalement " charats " chez eux et " chariots " chez nous.

Dans les " Anciennes Chroniques de Flandres " à la date de 1347, on donne une magnifique gravure illustrée de la fuite d'Ermengade, épouse de Salvard, gouverneur de Roussillon. Le corps de la charrette est de bois sculpté, les tentures de pourpre cramoisie. Les côtés extérieurs des rues sont peints en gris pour représenter une monture de fer; les che-

vaux sont attelés à la voiture de la même manière que maintenant. Que les voitures fussent connues bien que non employées en Angleterre, probablement à cause du manque de routes, c'est un fait qui est démontré dans l'extrait modernisé du " Squire of Low Degrée " (1) qu'on suppose être d'avant le temps de Chancer. Les paroles ont été traduites en anglais moderne. Le père de la princesse de Hongrie promet : « De-
« main nous irons à la chasse et je conduirai ma fille en
« " Chare " ; il sera couvert de velours rouge et vous aurez des
« étoffes d'or fin tout plein sur la tête ; vos pomelles (2) seront
« garnies d'or et vos chaînes richement émaillées. »

Mais ces véhicules si magnifiquement ornés étaient réellement des charrettes sans ressorts, traînées au petit pas par des mules ou des chevaux de trait. Il existe une peinture du temps représentant la voiture dans laquelle Henri IV de France fut assassiné. C'est une charrette avec des ornements.

« Selon Taylor le " Water Poet " le premier coche qui fut
« vu ici, fut apporté des Pays-Bas par un Guillaume Boonen,
« un Hollandais, qui le donna à la Reine Elisabeth qui avait
« régné sept ans sans avoir de voiture ; depuis, la multiplica-
« tion des voitures de louage à causé bien du mal en ruinant
« les meilleurs hommes qui tenaient des chevaux et en cau-
« sant la perte des bateliers. » Au coche de la Reine, une sorte de temple mouvant, on attelait quatre chevaux conduits par un postillon comme une diligence française.

Les chevaux favoris étaient ceux de la race flamande qui figurent dans les portraits de Roiset de Généraux par Rubens ou Van Dyke.

Les comédies du temps de la Reine Anne contiennent des allusions fréquentes aux équipages à la mode de six juments flamandes.

Six juments flamandes à longue queue traînaient le cha-

---

(1) Spécimens de Poésie anglaise ancienne, traduits en anglais moderne par Ellis.

(2) Les pomelles étaient des poignées que l'on saisissait dans les secousses inacoutumées.

riot de sir Charles Grandison. La manière ordinaire de les atteler était celle que le Lord Maire a encore conservée, un cocher conduisant quatre chevaux à grandes guides et une paire de chevaux de volée conduits par un postillon. Ollivier Cromwell essayant de conduire quatre juments flamandes qu'il avait reçues en présent de la République Hollandaise, versa sa voiture dans Hyde Parc et montra une fois de plus qu'un bon cavalier peut être un mauvais conducteur.

Le type du cheval de coche du temps de la Reine Anne et de la plus grande partie du Règne des deux Georges était le même que celui qu'on retrouve plus tard sur les coches des Cardinaux à Rome, — une grande taille, gras comme des bœufs, fiers et fringants au départ, beaucoup de mouvement pour ne pas avancer. On en conserve encore dans les écuries Royales, sous la forme des étalons Hanovriens couleur crème qui alors étaient invariablement employés à traîner le coche Royal quand le Souverain anglais allait en grand gala ouvrir ou fermer les Chambres du Parlement, ou pour toute autre cérémonie de la même importance.

Depuis la mort du prince Consort, le coche de gala et son attelage de huit immenses étalons crême n'ont jamais été employés, mais la race en est encore précieusement conservée dans les haras Royaux d'Hampton Court.

Pendant les règnes des quatre Georges et jusqu'à la mort de Guillaume IV — quand le royaume de Hanovre passa par suite de la loi salique à l'oncle de Sa Majesté britannique, le duc de Cumberland, — les écuries royales renfermaient toujours, outre les chevaux crême, deux autres lots de chevaux Hanovriens, l'un noir, l'autre blanc (albinos), ce dernier représentant le cheval blanc de Hanovre. Ceux-ci étaient régulièrement importés des fermes royales du Hanovre. Depuis la conquête prussienne et l'incorporation du royaume de Hanovre à l'empire allemand, le haras a disparu et quand nous fîmes des recherches en Allemagne, en 1870, dans le but d'acheter un attelage de chevaux blancs, nous n'entendîmes pas parler d'un seul spécimen. Il y a un tableau, à Windsor Castle, par feu R. B. Davis, de la procession du roi Guillaume et de la reine Adélaïde pour leur couronnement, dans lequel les voitures avec six étalons noirs, avec six étalons blancs, et plusieurs autres attelages à six chevaux bais, du Yorkshire, précèdent le coche d'État contenant le roi et la reine, traîné par huit chevaux crème.

Par suite de la complaisance du colonel Maude C. B. l'écuyer de la Couronne, trois des croquis originaux à l'huile pour le tableau ont été gravés pour cet ouvrage. Les crinières des chevaux crème sont tressées avec des rubans pourpres, celles des blancs, des noirs et des bais avec des rubans cramoisis. Cette tresse avec des rubans, opération très laborieuse et tout à fait artistique, demande beaucoup de temps. En 1831, cela prit l'importance d'un incident politique. Quand le colonel Grey et Lord Brougham étaient auprès du roi, le suppliant de dissoudre le Parlement qui avait presque rejeté le premier bill de réforme, au dernier moment, quand tous les scrupules du Roi avaient été levés, le comte d'Albermarle, directeur des chevaux, qui était Whig, protesta disant qu'il n'avait pas le temps de tresser la crinière des chevaux du carrosse d'État. La réponse du Roi disant qu'il " irait plutôt dans un fiacre " fut vite répandue dans le pays et pendant quelques temps il fut le monarque le plus populaire d'Europe.

Le cheval bai de Cleveland remplaça le cheval de coche allemand quand les grandes routes, améliorées par suite des mail-coach, augmentèrent la rapidité des voyageurs qui se servaient soit de leurs chevaux, soit de chevaux de poste. Les chevaux de Yorkshire, autant qu'on peut l'affirmer, ont toujours été gros. Le Cleveland fut probablement le résultat d'un croisement entre le gros cheval natif, dont parle Gervase Markham et les pur sang, qui prirent racine de bonne heure dans ce comté qui aime les chevaux. D'après les tableaux, le vieux cheval bai de Cleveland ressemblait aux grossiers spécimens du cheval de coche du Yorkshire, dont quelques spécimens voyagent encore dans les Comtés du Nord ; mais suivant les dernières autorités, le véritable bai de Cleveland, partie par suite de croisements répétés avec des pur sang, partie par suite de la grande exportation de juments, entre 1830 et 1860 a presque disparu et on ne peut le trouver parfait que dans les écuries de Sa Majesté.

Le cheval de voiture anglais arriva à la perfection comme animal puissant et distingué, avec des actions réellement belles et vites, assez tôt dans le siècle présent par suite de deux influences, les grandes routes faites pour les mail-coach et la large distribution d'étalons de sang qu'il était dans la dignité de chaque Magnat local d'avoir et d'élever pour être représenté aux courses du Comté. Le portrait d'un cheval de voiture par Benjamin Marshall, la propriété de Henry Villebois esquire, gravé dans " la description du cheval de Laurence, 1810 ", est celui d'un spécimen aussi beau, aussi puissant, avec du sang que n'importe quel beau cheval de voiture actuel.

Avant que les voyages en stage-coach ou en poste aient atteint leur perfection de vitesse, qui s'éteignit comme les coach et les chevaux par suite des chemins de fer, chaque grand propriétaire foncier, pair ou squire, avait une écurie nombreuse de chevaux de coach et accomplissait tous les trajets en deça de cent milles et certainement en deça de cinquante avec ses propres chevaux. Les grands gentilshommes venaient du Northumberland, Yorkshire, Lancashire et Cheshire, avec leurs chevaux, dans des stages commodes. Un squire ayant un revenu de deux ou trois mille livres, dans les comtés du Centre ou du Nord, ne regardait pas son écurie comme bien montée sans cinq ou six chevaux de grande taille et de bonne race.

Les nobles comptaient ces sujets de leurs écuries par vingtaine. Les chefs des grandes familles, comme le duc de Northumberland, le comte Filzwilliam, lord Darlington, le comte de Derby, le comte Grosvenor et le duc de Portland, sortaient rarement dans leurs voitures sans quatre chevaux et autant de piqueurs ; s'ils allaient aux courses de la localité, six chevaux au moins étaient attelés à la voiture de famille.

La plupart de ces chevaux, ils les élevaient eux-mêmes. Les chevaux de course favoris de ces grands seigneurs, une fois revenus à l'écurie, couvraient les juments de demi-sang de leurs tenants et voisins pour des droits nominaux.

Ainsi, en 1870, un des plus fameux chevaux de l'époque fut sir Peter Teazle, appartenant au comte de Derby. Sir Charles Bunbury écrivait, à propos de lui, quand il arriva poulain à Newmarket : " Lord Derby a envoyé ici un cheval de voiture "; peu de temps après : " le cheval de voiture peut galoper ", un peu plus tard : " le cheval de voiture est le meilleur cheval d'ici ". Cette tradition d'élever des chevaux de voiture aussi bien que des chevaux de course, était maintenue à Knowsley jusqu'à la mort récente du comte Edward Geoffroy Stanley, le grand orateur. A présent, et depuis longtemps, un cheval aussi célèbre que sir Peter, une fois dans le haras, ne servirait à saillir qu'un nombre limité de juments de pur sang pour des droits variant de cinquante à cent guinées ; et, quoique admirable comme reproducteur, ne ferait rien pour augmenter le nombre et la qualité des chevaux, excepté des chevaux de course.

Mais le comte de Derby, comme une sorte de potentat de comté, favorisait ses voisins et leur permettait de se servir de sir Peter. Pendant beaucoup d'années qui suivirent, chaque gentleman en Lancashire qui s'enorgueillissait de ses chevaux de voiture avait, ou prétendait avoir, au moins un cheval bai sir Peter dans son écurie. Lord Grosvenor rendit le même service à ses tenants et voisins dans Cheshire et Shropshire, qui furent longtemps renommés pour leurs hunters. Le même système était employé dans chaque comté d'Angleterre et de Galles, où l'on élevait et faisait courir, avant que les routes et les chemins de fer n'aient centralisé les courses de chevaux et effacé les dignités et les distinctions des différents comtés. Ainsi, il y avait en même temps des demandes de forts chevaux de harnais, avec de bonnes allures pour voyager qu'on ne demande pas maintenant, et aussi des facilités qui n'existent plus pour obtenir les services des meilleurs étalons de pur sang.

Le cheval d'une période répond toujours aux exigences de cette période. Le cheval de voiture d'à présent est, dans son essence, plutôt un cheval de plaisir qu'un cheval de service.

Dix milles et autant en plus, avec un repos au milieu, sont considérés comme un long trajet pour les chevaux de voiture. Neuf paires sur dix, ou mieux quatre-vingt-dix sur cent, ne quittent pas une fois par an les limites comprises en Hyde Park et Richmond Hill, ou à Paris ne trottent pas au-delà du bois.

Par suite, ce qu'on demande dans un cheval de voiture, c'est un animal qui paraisse bien sous le harnais, quoiqu'il puisse être très commun une fois dégarni. Il peut ne pas être capable de marcher, mais doit être capable de se bien placer une fois arrêté, comme une statue, une fois qu'il a été lui-même enrêne (1).

Il y a de très utiles et bons chevaux de selle et de voiture, des hunters et des chevaux de course très brillants qui se tiennent les quatre pieds réunis, d'une très vilaine manière, comme des chèvres.

Une semblable conformation est en dehors de la question pour un carrossier de grand prix, au contraire; la position des jambes de devant s'allongeant jusqu'à une ligne tombant du naseau, dans une sorte de position de statuaire, est une habitude naturelle à bien peu de chevaux de voiture et qu'on enseigne à un grand nombre. Le cou peut être beaucoup

(1) Enrènement. — Nous avons reçu plusieurs communications protestant contre l'usage de l'enrènement comme on le démontre dans les gravures des chapitres précédents du "Livre du Cheval". Le pour ou le contre de cette importante question, aussi bien que ce qui regarde les œillères (Blinkers) seront traités plus loin dans les chapitres sur les harnais et l'attelage. Dans ce chapitre, il sera suffisant de dire que l'enrènement ne devrait pas être, mais est souvent un instrument de torture. Pour la ville et la parade il y a bien peu de chevaux qui n'aient pas besoin d'enrènement une fois arrêtés. Quand le cheval est en mouvement, il devrait être assez lâche pour lui permettre les grands efforts sans presser sur le mors. Les dames qui conduisent des chevaux verts, fringants, sans enrènement sont, pour ne pas dire plus, téméraires. Pour de grands trajets, l'enrènement est une erreur, mais les branches du mors doivent être fixées par des boucles, de peur qu'un cheval ne venant à passer son mors dans le bout du timon, n'arrache la bride de sa tête.   S. S.

trop long pour un cheval de selle, et toute l'avant-main
être " peacoky " comme celui d'un paon, en terme très express-
sif; mais le cou doit être capable de se courber, soit par des
moyens naturels, soit par des moyens artificiels.

La crinière devra être abondante et bien tombante. Les
épaules peuvent être n'importe comment, mais pour un cheval
de selle si elles sont bâties de manière à être épaisses avec
une action imposante, elles pourraient rendre le cheval inmon-
table. Le dos peut être creusé, — de fait un dos creux, si les
reins et les hanches sont assez forts pour arrêter une voiture
lourde, est plutôt considéré comme un sujet de beauté au harnais, — mais toute paire de chevaux qui doit être attelée à
des voitures lourdes qui demandent à être arrêtées promptement et à tourner court, doit avoir les reins, les jambes et les
jarrets forts.

C'est important qu'un cheval de carrosse de cour ait une
queue bien fournie, pas trop longue, et la porte bien. Pour la
vitesse, huit milles à l'heure en paraissant douze est tout à
fait suffisant pour les motifs de parade.

Les meilleures couleurs pour les paires de chevaux de
grande taille sont le bai avec les jambes noires, le brun avec
le museau de renard (une couleur très à la mode) et le bai
brun. Les gris valaient dix livres de plus par tête que les
autres au temps ou le Prince Régent donnait le ton à la mode.
On gardait dans les écuries royales des étalons gris de première classe. Il est difficile à présent d'avoir des chevaux gris
ayant assez d'espèce. Une famille ducale à rejeté les gris fer
pour les bruns.

Feu le duc de Beaufort, attelait à la campagne sa calèche
avec quatre chevaux pie à la Daumont, mais c'était tout à fait
une exception. Les chevaux tout à fait noirs existent rarement dans les grandes écuries, pour la même raison probablement que les gris, — le manque d'étalons noirs.

Le comte de Harrington qui épousa la grande actrice
Mlle Foote fut le dernier gentilhomme qui attelait sur son
équipage, un chariot ou un vis à vis qui a disparu, les anciens

chevaux de voiture noirs à longue queue. Chez les chevaux arabes la couleur noire est la plus rare, la grise la plus commune. Lord Aveland, si l'on en croit les traditions des marais de Lincolnshire, attelait des chevaux rouan, couleur très difficile à appareiller dans les grands chevaux.

Cette classe de chevaux d'attelage, ajoutée aux différentes gradations d'excellence qui existe entre la simple utilité qui satisfait ceux qui ne regardent jamais leurs chevaux et les considèrent seulement comme des machines, et la perfection requise soit par le goût et l'ambition ou la position sociale, peut être divisée entre les chevaux de voiture proprement dits et les chevaux de calèche.

Les chevaux de calèche sont appelés à montrer plus de sang et de qualité, a être plus aptes à faire de longues courses et devront être choisis pour une visite suburbaine de préférence aux chevaux de coche, steppant comme des éléphants; par le fait, les meilleurs chevaux de calèches sont comme les meilleurs hunters. Le système de louer les grands chevaux de voiture qui a existé pendant plus de la moitié d'un siècle a, depuis une vingtaine d'années, pris des proportions extraordinaires.

Tout d'abord, comme nous l'avons expliqué, la même classe de chevaux n'est pas exigée pour la ville et pour la campagne; en second lieu, l'espèce est devenue si cher dans la métropole que bien peu d'établissements peuvent avoir l'emplacement nécessaire aux chevaux qui doivent être attelés journellement pendant la saison pour les concerts du matin, les parties de jardin, les visites aux boutiques, les dîners, les opéras et une succession de bals et de réceptions. Au moins quatre chevaux, peut-être six, ne feraient pas pendant une saison l'ouvrage d'une famille ou il y a des filles lancées dans le mouvement de la saison de Londres. Mais outre les chevaux de voiture, il y a trois ou quatre chevaux de selle, peut-être une paire de chevaux de mail phaéton ou de park phaéton, qui demandent de la place. Une écurie pour une demi-douzaine de chevaux demande pas mal d'emplacement. En ville on ne pourrait avoir une douzaine de stalles qu'à des prix exhorbitants et je ne compte pas la dépense des chevaux qui ne sont pas employés journellement, mais qui sont là pour remplacer un animal boîteux ou malade, si une famille se décide à n'atteler que ses propres chevaux. Dans ce dilemme le loueur apparaît comme le " Deus ex-machina " et procure à une somme fixée par paire, non seulement une ou plusieurs paires de chevaux, mais s'engage à en remplacer une indisponible, à n'importe quelle heure du jour ou de la nuit. On se procure pour cent livres par an ou vingt livres par mois dans la saison, une paire de chevaux de première classe; et pour trente-cinq schillings de plus par semaine on les nourrit et on les ferre. Les avantages de ce système l'ont fait adopter par beaucoup de familles nobles, qui quelques années auparavant auraient dédaigné l'idée de louer des chevaux. Avec ce système de louage, dans le fort de la saison, une paire de stalles suffira pour tous les chevaux qu'on peut employer sur une voiture.

Dans le " Post-Office Directory " pour 1873 les noms de cent quarante personnes s'intitulant loueurs, apparurent. Quelques-uns, sans doute, ne font pas de grandes affaires, mais il y en a deux qui louent chacun cinq cents paires de chevaux, sans compter les chevaux seuls pour brougham ou victoria; il y en a d'autres qui louent plus de cent paires chacun. Les écuries de ceux-ci sont ouvertes toute la nuit pendant la saison pour suppléer aux demandes soudaines de leurs pratiques.

Autrefois, les grands loueurs ne cherchaient pas à acheter de chevaux au-dessous de 15 mains trois pouces, la préférence étant pour au moins 16 mains; mais à présent la popularité des légers coupés et victorias à un cheval, voitures dont beaucoup sont louées pour la saison chez les carrossiers, les forcent à acheter des animaux convenables n'ayant même pas 14 mains trois pouces, mais ayant du cachet et des actions.

A peu près vers 1860 les grands loueurs de Londres crurent avoir trouvé une mine d'or en achetant les plus grands che-

15

vaux de voiture dans l'Holstein, le Mecklembourg, le Hanovre et en général le Nord de l'Allemagne; contrées ou les
chevaux de guerre étaient fameux aux seizième et dix-septième
siècles. Ces chevaux de voiture étaient pour la plupart des
produits d'étalons anglais et de juments allemandes. Ils
avaient des avant-mains importantes, de hautes actions et
étaient vingt-cinq fois sur cent meilleur marché que les chevaux hongres anglais de la même taille. Un des plus grands
loueurs, dans une tournée faite dans ce but, acheta plusieurs
centaines de paires. Après un essai de plus de dix ans, le résultat ne s'est pas montré satisfaisant. La majorité de ces
chevaux avaient les défauts que Gervase Markam signala
deux cent cinquante ans plus tôt, — ils étaient mous. Ils
allaient magnifiquement de boutique en boutique, de rue en
rue, montaient et desdendaient dans Hyde Parck; mais si on
leur demandait d'aller à Richmond, par exemple, il y avait
beaucoup de chances pour qu'ils ne pussent pas revenir " et
« s'ils venaient à être malades de la grippe ou de quelque
« chose comme ça, ils étaient sûrs de n'être plus bons à rien
« ou de crever. » Un marchand et un loueur qui en a eu beaucoup entre les mains, attribuait leur mollesse au manque
d'avoine entre trois et quatre ans et ajoutait : « La plupart
« d'entre eux, comme des chevaux de corbillards, n'ont ni
« bras ni jambes; » c'est-à-dire sont défectueux dans les muscles importants des membres moteurs.

Le comte de Rosebery forma un comité choisi parmi la
Chambre des lords, pour le manque de chevaux, et l'évidence
se manifesta en août 1873, pendant que ces pages étaient sous
presse. Le rapport contient une masse d'informations de
valeur; nous en avons rassemblé les passages suivants se
rapportant spécialement à ce sujet.

Colonel G. A. Maude, C. B. Ecuyer de la Couronne

En reponse à une question de Son Altesse Royale le prince
de Galles, le colonel Maude dit : « Autrefois tout l'ouvragé

« royal était fait par des coachs ou des chariots, mainte-
« nant il y a des coupés et des clarences ; pour ceux-ci nous
« achetons des chevaux plus petits. Nous n'avons rien au-
« dessous de 16 mains sur les voitures de ville. Les chevaux
« plus petits durent bien davantage ; de fait, si ce n'était pas
« pour l'œil, ils traîneraient les grands coachs bien mieux
« que les plus grands Clevelands.

« Les chevaux plus petits sont plus à la mode ; élevés en
« plus grand nombre et, par conséquent, plus facilement obte-
« nus, ils sont bien moins sujets à devenir cornards que les
« chevaux plus grands. Nous avons rarement eu un cheval de
« 15 mains 3 pouces cornard, tandis que presque tous les
« grands chevaux bais finissent par le devenir. Nous n'ache-
« tons jamais, en connaissance de cause, des chevaux étrangers
« pour les écuries de la reine, mais cela nous arrive quelque-
« fois. Ils sont, comme chevaux de harnais, très inférieurs. J'ai
« vu des chevaux de selle prussiens aussi jolis que ceux de la
« plus jolie race de ce pays. Mais le cheval mecklembourgeois
« qui a été importé comme cheval de voiture est un très mau-
« vais animal.

« Depuis que le Hanovre est indépendant de l'Angleterre,
» nous élevons nos chevaux couleur crème chez nous.

« Nous n'avons importé aucun étalon et nous vivons sur nous
« mais, ce qui est extraordinaire, les chevaux deviennent de plus
« en plus grands. Nous avons quatre poulinières, le produit
« n'a jamais une tache de blanc. Nous n'en vendons jamais. »

William Shaw, un autre témoin devant le même comité,
qui a été pendant " trente-six ans conducteur d'étalons dans
certains districts du Yorkshire " et, pendant les dix-sept dernières années, dans East Riding, dit : « Il y a un grand chan
« gement depuis que j'ai commencé. C'étaient les vieux che-
« vaux de coachs à la mode qui étaient en vogue à ce
« moment, — les vieux clevelands. — Au bout de cinq ans, à
« partir de 1836, ma clientèle tomba de plus des deux tiers;
« il y avait un changement dans le commerce, une nouvelle
« mode surgit dans les chevaux.

« Les gentlemen de Londres demandaient alors un cheval
« de première classe, steppant plus haut. Autrefois, on avait
« besoin d'un fort cheval de coach, maintenant on demande
« un cheval de sang avec de hautes actions.

« Dix-sept ans auparavant, j'avais commencé par conduire
« un roadster et j'avais continué pendant onze ans; alors, je
« pris un cheval de sang. Un cheval de sang est ce qu'il faut
« aujourd'hui et je ne voudrais pas avoir autre chose.

M. Joshua East

« Nous avons plus de mille chevaux de voiture (tous hongres)
« en service chez les loueurs. Nous sommes obligés d'acheter
« à peu près trois cents chevaux par an pour être toujours au
« courant. Nous en vendons à peu près ce même nombre aux
« enchères, à Saint-Martin's Lawe, sans garantie. Nous n'en
» perdons pas deux et demi pour cent par les morts.

« Voyant que les meileurs juments de Yorkshire étaient
« parties pour l'Allemagne, sur l'avis de mes amis allemands,
« j'étais allé en chercher. C'étaient de beaux chevaux à ache-
« ter; ils étaient dressés, ce que les nôtres n'étaient pas. Le
« cheval allemand représentait plus que les nôtres et coûtait
« de 10 à 15 livres meilleur marché. Il avait de bonnes actions
« et était parfait pour la route, mais il était comme les rasoirs
« du juif Pierre Pindar, il ne valait rien pour le service. Si
« vous alliez jusqu'à Brentfort, vous ne pouviez pas le faire
« aller plus loin. . .

« C'étaient les plus mauvaises bêtes que j'ai vues et j'aurais
« bientôt perdu toutes mes pratiques si je les avais gardées,
« aussi m'en suis-je débarrassé. . .

« En ce moment, nous avons trois cents chevaux au repos,
« ne rapportant pas un shilling, que nous préparons pour le
« mois de mai ou de juin prochain. Nos chevaux varient comme
« taille de 15 mains 5 pouces, à 16 mains 2 pouces. Nous les
« aimons venant d'un pur sang et d'une jument de demi-sang. »

M. Edmond Tattersall

Dans les pages précédentes, la question du prix des chevaux a été soigneusement écartée, en partie à cause de l'augmentation que leur valeur a pris dans les dernières années, et en partie à cause du manque d'information sérieuse de statistique. Ce dernier renseignement a été fourni par M. Edmond Tattersall, le chef de la plus grande maison de commerce du monde entier. MM. Tattersall vendent, en fait, des chevaux de toute espèce, excepté des chevaux de charrette, entre cinq et six milles animaux par an. Une grande augmentation dans le nombre s'est produite, depuis que leur marché, si estimé pendant longtemps à Hyde Park Corner a été détruit, à l'expiration de leur bail de 99 ans, pour permettre de déterminer les splendides améliorations des immeubles de Westminster, et a été transporté dans de plus grands locaux, à Albert Gate. M. Tattersall prit, pour les informations au Comité un jour moyen par mois pendant plusieurs années, et les divisa en deux classes ; la première classe étant d'une plus grande valeur que la seconde classe ; ensuite, additionnant le prix de chaque cheval, il arriva à la valeur moyenne des chevaux de chaque classe par chaque année. La suite est le détail de son travail suivant ses propres paroles :

« Voici une moyenne de quarante à cinquante chevaux
« vendus en un jour, dans chaque mois, pendant l'année ; il y
« a à peu près quarante chevaux dans chaque classe.

« Pour l'année 1864, la moyenne était pour la première
« classe de 21 livres 11 shillings, pour la seconde classe, de
« 40 livres 19 shillings. Pour l'année 1865, la moyenne était
« de 21 livres 13 shillings, pour les chevaux inférieurs, et de
« 44 livres 10 shillings pour les chevaux supérieurs. Dans
« l'année 1866, lss moyennes étaient de 24 livres 7 shillings et
« de 45 livres 18 shillings. En 1867, la moyenne pour la pre-
« mière classe était de 24 livres 9 shillings et de 57 livres 5 shil
« lings pour la seconde. En 1868, la moyenne était de 26 livres

« 10 shillings pour les chevaux inférieurs et de 52 livres 17
« shillings pour les chevaux supérieurs. En 1869, 29 livres 18
« shillings et 78 livres 15 shillings. En 1870, 29 livres 12 shil-
« lings et 80 livres 14 shillings. En 1871, 34 livres 7 shillings
« et 91 livres 7 shillings. En 1872, la dernière année pour la-
« quelle j'ai fait des calculs, c'était de 36 livres 10 shillings
« pour les chevaux inférieurs et de 90 livres pour les meil-
« leurs. Comparant cette dernière année 1872 avec l'année
« 1864, il résulte qu'il y a eu une augmentation de prix entre
« ces deux années, de 80 pour cent dans les chevaux ordi-
« naires et de plus de cent pour cent sur les hunters, etc. »

Pendant que nous écrivons sur les chevaux de voiture, nous
pensons qu'il ne sera pas déplacé de donner une citation de
Gervase Markham, gentilhomme très accompli et homme de
cheval expérimenté, qui fleurissait sous le règne de Jacques I$_{er}$,
et qui était, considérant les avantages limités que l'âge
apportait, un des plus fins écrivains sur ce sujet. Les principes qu'il a établis dans cette période éloignée sont aussi
justes et aussi applicables qu'ils l'étaient alors. Nous avons
des routes et des rues meilleures, des voitures plus légères,
des chevaux ayant plus de sang ; mais ses conseils ont encore
de la portée.

« L'usage des " coaches " n'a pas duré longtemps dans ce
« royaume, surtout de la manière dont on s'en sert mainte-
« nant ; car si autrefois ils appartenaient à certains grands
« personnages, maintenant ils sont devenus aussi communs que
« les fiacres et sont entre les mains de personnes qui estiment
« leur réputation ou qui sont comptées parmi les riches.

« De même que ce n'est pas mon métier de m'occuper des
« formes des hunters, de même ne parlerai-je pas des diffé-
« rentes modes et coutumes de l'Italie ou de la France, car
« autant que j'en peux juger, tout ce que nous pratiquons
« dans l'art de gouverner un " coach ", n'est qu'une imitation
« des formes de ces royaumes. Ainsi donc, pour ma part, je
« prétends seulement donner quelques notes, touchant le
« cheval de coach, son entretien et son harnachement.

« Et tout d'abord parlons de la charge que peuvent traîner
« les chevaux de " coaches ", quelques personnes prétendent
« que votre cheval flamand est le meilleur pour cet usage,
« parce qu'il est fort de membres, a une poitrine large, un
« bon dos et qu'il est naturellement entraîné plus pour tirer
« que pour porter; d'autres leur préfèrent les juments fla-
« mandes (et je suis de cette opinion) parce qu'elles ont plus
« de tempérament et sont plus froides, qu'elles sont plus
« sociables en compagnie et que, par conséquent, en tirant leur
« wagon, elles voyagent avec plus de patience et sont par
« cela même toujours plus fortes et plus endurantes.

« Cependant ces chevaux et ces juments ont des défauts
« accouplés à leurs qualités; en premier lieu leurs allures
« sont des petits trottinements courts qui dépensent beaucoup
« de force dans un petit espace, et ainsi l'animal déploie
« beaucoup d'esprits pour un petit trajet, tandis qu'un cheval
« de coach devrait jeter ses quatre pieds en avant, et cela le
« plus doucement et le plus loin possible, de telle sorte qu'on
« devrait pouvoir le monter, et ainsi il arriverait plus vite à
« la fin d'une journée de travail sans se fatiguer.

« Ensuite, leurs jambes, depuis le genou jusqu'en bas, sont
« tellement chargées de poils et rudes et les chevaux eux-
« mêmes si sujets aux écorchures et aux humeurs dans ces
« parties que le cocher ne peut les empêcher de se couper ni
« leur éviter les "mallendars", les "sollandars" et autres
« misères, et que le vétérinaire, malgré toute son habileté, ne
« peut les guérir. En dernier lieu ils sont pour la plupart
« rétifs (1) et chauds, de telle sorte que, quoiqu'étant excel-
« lents et bons pour tirer, cependant dans notre pays d'An-
« gleterre, au milieu des ornières remplies de boue, ils ne
« sont pas capables de continuer s'épuisent et se fatiguent de
« leur travail; et c'est une règle avec eux, que, quand ils ont
« été une fois fatigués, on ne peut les remettre par aucun
« moyen.

(1) « Les gens du peuple parlent encore de chevaux " rusting " c'est-à-dire
« refusant. Il a refusé (rusts) au tournant du coin.

« Maintenant pour vous dire mon opinion particulière sur
« le meilleur cheval de " coach ", soit pour les rues des villes,
« soit pour les grandes routes, je ne connais aucun cheval
« comparable, soit comme force, courage ou travail, au cheval
« hongre anglais de grande taille, car il est doux et sociable
« comme la jument flamande, plus capable d'endurer du tra-
« vail, mieux fait, et peut servir plus longtemps. Après lui
« vient la jument flamande et en dernier lieu le cheval fla-
« mand.

« Le " Pollander " (Polonais) est excessivement bon; mais il
« est trop petit et est d'un caractère trop violent; au travail
« il n'a pas de mesure.

« Quand vous aurez choisi votre race de chevaux de coach,
« vous examinez leurs formes et leur couleur ; ayez soin que
« vos chevaux de coach soient d'une même couleur, sans
« diversité, et que leurs marques soient aussi semblables;
« ainsi par exemple que si l'un à une face blanche, un pied
« blanc, ou de couleur pie, que l'autre ait la même chose.

« Quand à leur forme, vous choisirez une tête bien propor-
« tionnée, un cou fort, une poitrine pleine, ouverte, ronde,
« les membres plats, court jointés, secs, bien garnis de poils,
« les côtes bien arrondies, un dos fort et une croupe bien
« ronde. En général, il faut que la charpente soit forte et la
« stature très grande ; car, ceux qui sont comme cela sont
« les plus propres à tirer et les plus capables de supporter une
« une grande marche.

« Passons maintenant à leurs propriétés. Ils doivent être
« aussi semblables de nature et de disposition que de couleur,
« forme et hauteur ; car si l'un est chaud et l'autre paresseux,
« le cheval chaud, faisant tout le travail, doit nécessairement
« s'épuiser et détruire bien vite son courage et sa vie; ils
« doivent être de même caractère et, pour ainsi dire, de même
« métal. Il faut aussi faire attention que leurs allures soient
« les mêmes, que l'un ne trotte pas plus vite que l'autre ou ne
« fasse pas de foulées plus longues, car si leurs pieds ne se
« lèvent pas en même temps, il ne peut pas y avoir d'égalité.

« dans leur traction et l'un doit épuiser l'autre; en un mot,
« ils doivent être semblables de force, d'allure et de caractère,
« de telle sorte que, s'ils n'étaient qu'un seul corps, leur tra-
« vail fut également divisé entre eux deux.

« Ils doivent aussi être, autant que possible, chérissants,
« traitables et doux. Ils doivent avoir aussi des bouches
« bonnes et tendres, avoir leurs têtes bien placées à la bride
« avant d'être attelés, savoir tourner promptement à droite ou à
« gauche sans déplaisir ni rebellion, s'arrêter fermement et d'une
« manière calme, reculer franchement avec courage, ce qui est
« pleinement suffisant pour faire un bon cheval de voiture.

« J'engage ceux qui veulent parfaire leur jugement sur ces
« connaissances, à se rendre dans les écuries des grands
« princes où, en général, se trouvent les hommes passés
« maîtres en cet art, et là, d'examiner comment chaque chose
« est agencée dans sa vraie proportion et d'en tirer ensuite
« des règles pour leur propre instruction.

« J'appuierai sur ce léger principe d'avoir toujours la main
« très légère à la bouche de son cheval, de ne jamais en
« abandonner le sentiment, mais d'observer que le cheval ne
« s'appuie pas sur son mors et porte sa tête et les rênes d'une
« bonne façon ; car si le cheval va la tête libre et ne sente
« pas le mors, c'est très laid à l'œil et enlève au cheval tout
« plaisir dans son travail. »

Nous ne pouvons terminer ce chapitre sans noter les curieux
changements survenus dans la manière d'arranger les queues
des chevaux de voiture, depuis le temps de Gervase Marc-
kham. Ils la portaient traînant jusqu'à terre et coupée carré-
ment comme le charger du roi Charles à Charring Cross. Elle
était ornée de rubans dans les jours de gala et enfermée dans
un étui de cuir pendant l'hiver; aussi il y avait une certaine
harmonie entre la perruque du maître et la queue de ses chevaux. Au temps de Georges II, une perruque courte et une
petite queue de cochon avaient remplacé les boucles flottantes
qui faisaient les délices des cavaliers de Charles I et des
libertins de la cour de Charles II.

Cette idée brillante était venue à lord Cadogan, un officier de cavalerie de cette époque, de réduire les queues de ses chevaux de dragons à un tronçon court.

L'histoire ne dit pas s'il fit cela en vue d'épargner à ses soldats l'ennui de nettoyer ces longues queues, et d'éviter les éclaboussures qui devaient en résulter sur les uniformes, ou bien si le changement de goût de cette époque lui fit réellement penser que l'apparence de son régiment gagnerait à avoir les queues écourtées.

Le premier pas changea ensuite les queues écourtées en vrais tampons. On coupait tous les crins jusqu'à deux ou trois pouces du tronçon. Ayant réussi à défigurer l'arrière-main des chevaux de dragons autant qu'il était possible, des monstres ajoutèrent la barbarie de leur couper les oreilles. L'opération devint à la mode, comme beaucoup de modes hideuses et barbares, que l'on suppose améliorer et orner les têtes des femmes en 1873.

On observera que le beau cheval de voiture, gravé d'après Marshall, a la queue et les oreilles coupées. Cette dernière pratique a complètement disparu, bien que l'on trouve encore, en 1840, des hunters qui étaient ainsi torturés et défigurés; tandis qu'à une date plus récente, la stupide habitude de priver les chevaux de charrette de leurs chasse-mouches, était fréquente dans plusieurs comtés. Par degrés intermédiaires, les queues des chevaux de voiture furent allongées jusqu'à ce que tout le tronçon fut épargné et les crins égalisés comme aux chevaux de course.

Actuellement, les queues sont coupées suivant l'ensemble du cheval et le style de la voiture.

Mais cette question de la queue sera traitée au long dans un chapitre suivant.

CHAPITRE VI

Chevaux de sang Orientaux.
Arabes. — Barbes. — Persans. — Dongolas.

Sens de " qualité et pur sang ". — La réalité sur l'aristocratie chevaline. — Les avantages d'un croisement de sang. — Le pur sang
anglais, création moderne. — Les bas-reliefs assyriens représentent
le cheval de sang. — Les Arabes de la réalité et de la poésie. —
L'Arabe de Sidonia. — Le poète Rogers n'est pas un homme de
cheval. — Chevaux turcs importés après la guerre de Crimée. — Le
hunter du capitaine Morant, petit Turc. Les Arabes de Turquie du
dernier siècle, supérieurs à ceux d'aujourd'hui. — L'Arabe d'Omar
pacha d'aucune valeur dans le Northamptonshire comme étalon. —
Description des Barbes par Parker Gillmore. — Les chevaux du shah.
— Chevaux Persans. — Litle Wonder. — Récit sur lui. — Farham à
Lady Anne Spiers. — L'Arabe noir de M. Adrien Hope. — Celui de
Sir Henri Rawlinson. — Celui de Madame Turnbull. — Magdala à
M. Clayworth. — Tous de pur sang, faisant des hacks pour porter du
poids. — L'Arabe gris de Childe faisant un hunter de première classe
en Leicestershire. — Le charger favori de Runject Singh âgé de trente-
cinq ans. — Achat durant la guerre de Crimée. — Description de la
tribu d'Anazeh. — Description d'un étalon Anazeh. — Les chevaux
turcs sont des brutes. — Aucune jument n'est offerte en vente. — Manière de vendre des Bédouins. — Le cheval arabe n'est jamais vicieux.
— La manière de monter des Anazeh est supérieure à la haute école.

— Chevaux Wahabee, race pure de Nejed ; la description par M. Giffard Palgrave. — En dépassant certaines limites, la race arabe perd rapidement la beauté, la taille, la force. — Endurance merveilleuse de l'Arabe Wahabée. — Le cheval Dongola mentionné dans les voyages de Bruce, importé à la suggestion de sir Joseph Bank. — Expérience de M. Knight sur des Exmoor avec des Dongola. — Objections sur les Arabes par un éleveur. — Croisements espagnols et arabes. — Anecdotes sur deux Arabes de choix, mauvais hacks, ni hunters ni coureurs. — Le croisement de pur sang anglais avec des juments espagnoles supérieur au croisement arabe pour les usages anglais. — Expériences avec des étalons arabes en 1864. — Chevaux espagnols. — Trois races. — Description du cheval de guerre espagnol. — Résultat du croisement de juments Espagnoles avec un fils de sheet-Anchor. — Ecuries arabes du Continent.

Dans les pages précédentes les termes de " pur sang " et de " qualité " ont été fréquemment employés. Il serait bon d'expliquer leur signification pour le profit des lecteurs qui ne sont pas familiers avec l'histoire ancienne du cheval.

Pur sang signifie que le pedigree d'un cheval peut être tracé depuis des générations et qu'il est issu d'étalons et de juments anglais de sang pur ou d'Arabes, de Barbes ou de Persans, qui sont inscrits dans le Stud Book.

Le pur sang tant anglais qu'oriental est l'aristocratie de la race chevaline. Il possède des qualités physiques dans les os, dans les muscles, dans la peau, qu'aucun mode de choix, aucun avantage de sol ou de climat n'ont produit dans les races de chevaux de charrette dans les temps historiques.

Le climat et le sol peuvent augmenter ou diminuer la taille d'une tribu de chevaux, un accident peut créer et perpétuer des singularités de forme ou de couleur; mais les signes du sang peuvent seulement être produits par le pouvoir prépondérant de croisements de chevaux ou de juments de sang Aristocrate, dans toutes les contrées du continent européen où les origines sont conservées et ont de la valeur est exprimé par un terme impliquant la bonne naissance comme le sang bleu (sangre agul) d'Espagne, le " gnadiger " d'Allemagne.

En Angleterre où, plus que dans tout autre pays, on a fait attention aux origines des chevaux, des chiens, des chats, des moutons, des cochons, et, depuis de longues années, des meilleures races de volailles, il est assez curieux que les origines de l'aristocratie des hommes n'aient jamais été considérées comme d'une importance prédominante. La preuve c'est que dans notre langue il n'y a pas de synonyme pour le mot mésalliance qui, en français, signifie l'alliance du noble avec le paysan, le commerçant ou même le monde de robe. Avant la grande Révolution française les écrivains de mémoires faisaient une distinction entre les créations récentes de " Noblesse d'Epée " et " Noblesse de Robe ", (1) c'est-à-dire de loi, distinction complètement inconnue en Angleterre, où les talents militaires et judiciaires et les mariages riches ont créé nos plus grandes maisons. Par le fait, l'aristocratie des personnes est beaucoup plus le fait de l'éducation et de la position conservées pendant deux ou trois générations, que le fait de pédigrée.

Il serait impossible dans une assemblée mêlée d'Anglais et d'Anglaises comme il faut, par exemple à un bal au palais Buckingham ou à une convocation à Oxford, de remarquer les représentants des plus anciennes familles par leur apparence personnelle, ou de les distinguer des autres qui n'ont reçu que pendant une génération les avantages de l'éducation; privilège des soins minutieux et de la bonne société. Du reste on a remarqué, avec beaucoup de raison, que notre aristocratie ne renferme un si grand nombre de femmes splendides et d'hommes superbes, que parce que notre noblesse a coutume de choisir ses épouses sans regarder leur pedigree.

Avec les chevaux c'est tout à fait différent; cela prendra beaucoup de générations pour se débarrasser du croisement

(1) Les amis d'Alexis de Tocqueville considéraient qu'il avait déshonoré sa famille en devenant avocat.
« Un homme de robe ! Vos ancêtres ont toujours été hommes d'épée ! »
Nassau Genor's Recollections.

d'un cheval de charrette; la race réapparaîtra soudain, après beaucoup d'années, de la manière la plus inattendue.

. Le produit d'un étalon et d'une jument, tous les deux ayant l'apparence de pur sang, aura quelque signe d'une basse alliance éloignée, dans une vilaine tête ou dans une vilaine queue ou dans des vilains fanons touffus; " qualité " signifie évidence du sang, dans la forme et l'expression de la tête, la symétrie des membres, la douceur de satin de la peau et des crins.

Les avantages d'un grand mélange de sang n'existent pas seulement au point de vue de l'œil. Le sang implique un souffle parfait, l'énergie, l'endurance, le pouvoir musculaire, les os comme de l'ivoire, et les tendons comme de l'acier.

Notre cheval de sang anglais est, dans le sens historique, une création moderne qui ne remonte pas à deux cents ans. Les ancêtres vinrent d'Asie et d'Afrique. Les chevaux les plus anciens de l'histoire étaient égyptiens. Les bas-reliefs assy-conservés au British Museum et copiés dans le grand ouvrage de Layard présentent des tracés évidentes du cheval de pur sang oriental; ils sont attelés à des chariots pour la guerre et pour la chasse et portent des cavaliers armés de lances dans leurs conquêtes d'il y a quelques milliers d'années.

Il existe des bas-reliefs égyptiens encore plus anciens que les assyriens, mais les chevaux y sont dépeints d'une manière conventionnelle et non avec la fidélité à la nature qui distingue les sculpteurs assyriens. Cependant ils sont assez soignés pour montrer que le cheval égyptien était un pur sang. Un ancien monument Persan montre un cheval de charrette tout à fait différemment.

Pour tous les usages ordinaires le pur sang anglais est plus utile dans cette contrée que ses aïeux arabes et barbes, et, en règle générale, est moins coûteux; c'est-à-dire qu'un pur sang anglais, cheval ou jument au-dessous de quinze mains de haut, pouvant porter comme hack onze ou douze stone, peut être acheté pour moins d'argent qu'un arabe de même force et qualité, en Inde, en Egypte ou en Perse.

Les arabes en réalité, tout en les distinguant des arabes des poésies et des romances, quoique formant tableau, admirables pour leur feu et leur endurance, parfaits comme chevaux de bataille pour les combats singuliers, ne réalisent en aucune façon les descriptions des fameux nouvellistes. Aucun arabe n'a jamais gagné un steeple-chase dans ce pays comme celui des vallées d'Aylesbury, décrit si bien par M. Disraeli (qui a habité les contrées arabes); (1) et un seul hunter de pur sang arabe, dont on fera un récit authentique tout à l'heure, marqua dans les annales de Leicestershire. Certainement nous serions bien étonnés d'apprendre qu'un gentleman de n'importe quel comté, fît comme le héros d'une dame nouvelliste populaire, qui, montant son arabe noir, sautait les palissades d'un parc avec une petite fille sur le pommeau de sa selle, devant lui, simplement pour raccourcir le chemin qui le ramenait à la maison.

Samuel Rogers, banquier et poète, n'admettait pas que cette description du cheval, par Job, fût poétique du tout. Il ne pouvait comprendre : "As-tu donné la force au cheval", As-tu recouvert son cou avec le tonnerre ?...

La gloire de ses naseaux est terrible. Il frappe du pied dans la vallée et se réjouit de sa force. Il se précipite pour rencon-

___

(1) J'ai hâte de revoir votre jument ; elle m'a paru si belle, dit Coningsby. Elle n'est pas seulement de pur sang, mais encore de la race la plus noble et la plus rare en Arabie.

Son nom est la "Fille de l'Etoile". Elle est un produit de la fameuse jument qui appartenait au prince des Wahabées.

Sa possession fut l'une des principales causes de la guerre entre cette tribu et le pacha d'Egypte qui me la donna.

Elle est ainsi décrite avec des jambes comme une antilope et de petites oreilles, points qu'aucun homme de cheval anglais n'approuverait.

Dans le steeple-chase suivant, il y avait quinze partants; dans les deux premiers milles il y avait plusieurs obstacles remarquablement durs. « Ils arrivèrent à la rivière large de dix-sept pieds d'eau entre des bords escarpés ». Une batterie de mitraille masquée n'aurait pas produit plus grand effet. Venait ensuite une forte et haute palissade; la distance à parcourir était de plus de quatre milles. Il y eut trente obstacles sautés en moins de quinze minutes et la Fille de l'Etoile gagna, tirant à pleins bras. « Après avoir lu cette performance, un vieil habitué de steeples-chases observait qu'il fallait que le champ eût été bien mauvais pour avoir succombé devant dix-sept pieds d'eau avec des bords profonds ; mais la lecture avait été tirée du Racing Calendar. »

trer les hommes armés. Il se moque du danger et n'a pas peur ; il ne se détourne pas du sabre.

Le carquois, la lance étincelante et le bouclier résonnent contre ses flancs. Il mord le sol avec rage et fierté... au milieu des trompettes il hennit ha, ha !

Mais Samuel Rogers n'était pas cavalier. Il est prouvé qu'il n'aimait pas causer chevaux par l'histoire qu'il lui arriva d'un groom qui le quitta " parce qu'il était d'une trop triste compagnie en tilbury ".

Quelle est la personne, dit Georges Borrow, qui ayant vu un " étalon de sang excité par le fracas d'une foire ou d'une bataille ", et l'ayant entendu hennir si distinctement ha ! ha ! peut douter que l'auteur de Job n'ait peint le cheval de guerre oriental d'après nature? Les notions populaires sur l'Arabe, parmi ceux qui ne connaissent rien en chevaux, descendent des descriptions poétiques des Arabes eux-mêmes qui, pleins de l'exagération orientale, décrivent l'animal exactement approprié à leurs besoins (le combat singulier et la parade) et des tableaux. Un des tableaux les plus populaires qui a été reproduit des centaines de fois, à des prix réduits, depuis qu'il eût été gravé en 1810, pour " l'histoire du cheval " de Lawrence, est celui d'un splendide étalon gris appelé " The Wellesley Arabian ", peint par Marshall; un cheval que nous pouvons affirmer, avec l'autorité de l'auteur et de l'éditeur du " Stud Book ", n'être pas Arabe du tout, mais venir d'un croisement persan et " très probablement un hunter anglais ".

Après la guerre de Crimée, un grand nombre de chevaux orientaux, ou plutôt de poneys, furent ramenés par nos officiers. Les poneys turcs avaient de " l'endurance " et de jolies actions (ils auraient été au petit galop toute la journée).

Le capitaine Morant " Master of the New Forest Hounds " avait, en 1865, un cheval turc bai, qui lui avait gagné plusieurs courses en Crimée, et se montra très bon hunter dans la contrée de New-Forest; mais un célèbre éleveur de poneys, à qui nous l'offrîmes comme étalon, n'en voulut pas parce qu'il était défectueux dans les points les plus nécessaires pour un étalon devant faire des hacks. La plupart étaient du même genre et rarement dépassaient 30 livres aux enchères ; il y a cependant des raisons de croire que des chevaux turcs importés dans cette contrée, en 1616 et 1700, étaient des animaux d'une classe toute différente. A cette époque, le Padishah était reconnu comme Sultan des Mahométans de l'Afrique et de l'Arabie ; il assiégea deux fois Vienne, la seconde fois en 1686, et recevait comme " Protecteur de la Foi " des tributs en chevaux des meilleures races, venant des déserts de l'Arabie, où les Wahabees, maintenant et depuis longtemps ont défié la puissance du Sultan européanisé.

Une des importations les plus célèbres de la guerre de Crimée fut Omar Pacha, un cheval bai appartenant au général turc de ce nom. Ce cheval avait, dit-on, été monté par le messager qui apporta la nouvelle de la retraite des Russes de Silistrie à Varna, parcourant une distance de 90 milles sans débrider. Le messager mourut, mais le cheval n'eut aucun mal de ce trajet. Il fut donné par Omar Pacha au général sir Richard Airey qui le vendit au comte Spencer. Après être resté quelque temps à Althorpe comme étalon, il fut donné par sa Seigneurie à M. J. Noble Beaslay de Pitsford House, qui est un des éleveurs de la meilleure race de hunters. Il nous écrit que beaucoup d'officiers indiens, en voyant Omar Pacha, (il avait plus de 15 paumes de haut), déclaraient qu'il n'était pas du tout arabe, mais un " Whaler " (cheval australien).

Il avait des actions supérieures, était fort pour sa taille, lourd d'encolure, avec de très belles épaules et de bonnes jambes de devant.

Les produits sont sains et endurants, mais ne se sont jamais montrés bons, soit comme « hunters, soit comme hacks, soit comme chevaux de voiture. »

L'histoire d'Omar Pacha, monté de Silistrie à Varna, peut être complètement vraie ; c'est un fait qui a été égalé et même dépassé par beaucoup de chevaux de sang anglais.

16

Sir Talbot, Constable de Burton a une race de chevaux gris que l'on appelle arabes, très beaux et très gracieux, avec plus d'action de genou que l'on en trouve communément dans les arabes purs; mais on nous dit qu'ils ont un croisement de sang andalou.

Le Barbe, qui a plus à faire avec notre pur sang anglais que l'arabe, quoi qu'il soit moins joli, ayant fréquemment une croupe d'oie, est souvent un très bon hack. Les meilleurs que nous ayons vus, sont deux chevaux bais (un peu au-dessus de 15 paumes) que le duc de Beaufort importa après sa visite à Gibraltar. Il les fit courir à Godwood, mais ne furent jamais dans la course, ils devinrent alors les hacks favoris de la duchesse. Sa grâce les exposa l'Agricultural Hall en 1864.

Ils étaient si semblables à des pur sang anglais qu'un juge, de chevaux seulement les aurait reconnus pour être de sang étranger.

Le capitaine Parker Gillmore, écrivant dans " Land and Water " sous le nom de " Ubique " fait remonter le mérite des trotteurs Américains au sang Barbe. Il dit : « Pendant une « expérience dans l'Est qui dura trois jours, et où je vis cha- « que variété d'arabes, depuis la race pure de Nejed jusqu'au « Persan, je n'en vis aucun qui fût un bon trotteur ou eût « une certaine action du genou. Leurs allures sont principa- « lement le pas, le galop et le petit galop, leurs mouvements « sont trop rapprochés du sol pour être bons dans le trot.

« Les districts où sont élevés les arabes de grande race, « sont ondulés, sablonneux et couverts par endroits de végé- « tation, là le poulain et sa mère peuvent se livrer sans « danger au galop.

« Mais la Barbarie est rugueuse remplie de rocs et monta- « gneuse entrecoupée de ravins et dans beaucoup d'endroits « couverte d'arbustes épais.

« Dans un pareil terrain il serait impossible à un cheval de « galoper avec sécurité; dans beaucoup de places il serait sûr « d'attrapper du mal. Pour éviter cela il trotte; relevant bien « ses jambes sous lui, capable de tourner d'un côté ou de l'autre

« avec une grande facilité. La nature du terrain le force à
« lever haut les pieds à chaque pas. De là la différence d'ac-
« tion des chevaux de Barbarie et d'Arabie, quoiqu'ils aient la
« même origine ».

A une revue de l'armée française, passée par l'ancien Empereur des Français, revue à laquelle nous avons assisté très peu
de temps après qu'il eût reçu la couronne impériale, les officiers supérieurs des régiments d'infanterie qui avaient récemment servi en Afrique, étaient pour la plupart montés en
poneys Barbes; beaucoup n'avaient pas plus de 13 paumes de
haut, sans avoir rien pour attirer l'attention si ce n'est leurs
étonnantes queues et crinières dont quelques unes balayaient
le sol. Nous trouvons parmi les gentlemen français qui élèvent des chevaux de course, la même aversion pour le croisement arabe que chez les anglais.

Le Shah de Perse quand il visita l'Angleterre amena avec
lui deux chevaux persans que, par suite de l'amabilité du
colonel Maude, écuyer de la Couronne, nous avons pu examiner de près.

Le cheval favori du Shah était un étalon bai brun, de
14 paumes de haut environ, ayant les jambes courtes, une
jolie encolure, très puissant et avec le genre de queue spécial
aux arabes; mais qu'on n'aurait pu distinguer sous d'autres
rapports d'un pur sang anglais; sa tête quoique indiquant
beaucoup de sang n'avait pas le caractère arabe, le front
large et plat et les naseaux comparativement petits; l'autre,
qui était le cheval de guerre du Shah, était un étalon de
15 paumes un pouce de haut, gris ou plutôt blanc de corps,
avec le cou moucheté, et la tête indiquant le vrai caractère
arabe; des membres puissants, dénotant du travail aux boulets et un port de queue splendide.

Le bai aurait pu valoir quelque chose pour engendrer des
poneys; il n'avait pas de bonnes actions ou à notre avis,
aucune action du tout; on prétendait qu'ils valaient chacun
mille livres, c'est-à-dire presque quatre fois la valeur d'un
hack de sang anglais de la qualité e d'actions supérieures.

Le major Thomas Francis, qui a été pendant quelque temps à la tête du département de la remonte à Bombay, écrit au sujet d'un cheval d'apparence ordinaire (arabe) : « Le cheval « de votre tableau (cheval d'un chef Belooch) est un persan « avec un grand mélange de sang arabe. Le persan est le « meilleur animal à acheter à Bombay comme hack et comme « cheval de voiture. Le Gouvernement avait l'habitude d'en « acheter autant qu'il pouvait à 550 roupies (55 livres) à « Bombay, pour monter les dragons et l'artillerie. Ils ont de « 14 paumes 2 pouces à 15 paumes 2 pouces de haut et sont « meilleurs pour faire de la route et pour la guerre, et aussi « plus forts que la moyenne des arabes.

« Les chevaux des meilleures races arabes dépassent rare- « ment 14 mains 2 pouces et plus fréquemment n'atteignent « pas cette hauteur bien que j'en aie vu quelques-uns attein- « dre 15 paumes et un pouce. Un arabe de bonne race, bien « fait valait 200 livres dans mon temps et je crois qu'ils sont « plus chers maintenant.

« Aucune race de chevaux n'a une aussi solide constitution « que les arabes et ne supporte mieux les alternatives de « la température; la chaleur et la pluie; mais le persan est « presque aussi robuste et est un hack bien plus agréable à « monter (1). »

Cette description du cheval persan s'applique très bien à un poney entier bai, ayant moins de 14 paumes, qui fut long-temps connu dans l'équipage de la reine, sous le nom (du Little Wonder, (petit prodige).

Il portait son encolure très basse, dans la vilaine manière du persan, il avait des jarrets de chat et une croupe d'oie; de fait, excepté sa tête pétillante de sang, et son beau port de queue, il avait vilaine tournure; cependant il pouvait galo-per comme un cheval de course, sauter en large des obstacles

(1) Je pense d'après ce que j'ai vu des chevaux des frontières de Perse, que ce serait une bonne spéculation de les acheter pour le marché anglais et de les emmener dans les vaisseaux qui apportent ici le fer pour les chemins de fer de cette contrée. « Voyages sur les frontières de Perse par le lieutenant-général sur Arthur Cunynghame. K. C. B. 1872.

qui aurait arrêté la moitié d'un champ et n'était jamais fatigué après une dure journée. Une fois, portant dix stone dans un champ de quatre cents, avec l'équipage de la reine, dans un trajet où les neuf dixièmes du champ furent essoufflés et étaient espacés dans tout le pays, il galopait dans le second peloton quand le daim fut pris, c'est-à-dire que cinq cavaliers arrivèrent, plusieurs sur leur second cheval d'abord, et ensuite à petits lots, conduits par l'un des Yeomen Prickers. " Little Wonder " fut le premier à reprendre son souffle et commença à brouter le gazon sur le bord de l'étang où le daim s'était mis à la nage.

Ce poney venait, disait-on, d'un poney de l'ouest qui descendait d'un Arabe; mais tout cheval oriental, turc, barbe ou égyptien, est appelé arabe dans cette contrée.

Feu le général Angesteirn dépensa dix mille livres et consacra nombre d'années à essayer d'améliorer le sang anglais par des croisement de sang arabe, sans avoir jamais réussi à produire un cheval de course ou un bon hunter. Nous avons vu plusieurs échantillons de sa race qui étaient petits et gracieux, capables seulement de faire des hacks de parc pour porter au plus huit ou neuf stones.

Un de grande taille, acheté à la vente qui suivit la mort du général Angerstein, fut converti par MM. Sangers, propriétaires d'un cirque, en un cheval de manège remarquable.

Les meilleurs arabes, que nous ayons été à même d'examiner, peuvent être divisés en deux classes : ceux qu'on peut à peine distinguer des pur-sang anglais, parfaits de symétrie et de bonne qualité, mais ne pouvant porter du poids; et ceux de qualité pareille, bâtis comme des hacks pour porter lourd.

Dans la première catégorie nous placerons un arabe, exposé en 1869 par lady Am Spiers, dans la classe des étalons, au-dessous de 15 paumes " Farhan (Joyeux) ", un bai avec jambes noires. de 14 paumes 3 pouces de haut, âgé de sept ans, de la " race des chevaux de sang des Anazeh " acheté par le consul de Damas et évalué mille guinées. On lui donna le premier prix.

Farhan était un spécimen parfait de cheval de selle de sang, sans aucun des défauts habituels de conformation des arabes importés, et ressemblant beaucoup à un cheval compact de sang anglais, avec une très bonne action; il était très docile et laissait le groom le monter à poil. Feu le comte de Zetland vint pour le voir et l'examina attentivement.

Il dit qu'il était le meilleur de son espèce qu'il eût vu. Ce cheval fut acheté depuis par M. Dangu et exporté dans la Nouvelle-Galles du sud comme étalon.

M. Adrien Hope exposa, dans la même classe, un très joli cheval arabe noir, à peu près pareil, d'un pouce de moins comme taille, avec un pedigree tracé venant " d'une pouliche montée autrefois par le prophète Mahomet ", ce qui faisait dire : « Sur son dos est la Majesté, dans ses flancs un trésor ». Cet arabe a été jusqu'à présent monté régulièrement comme charger par M. Hope, dans un régiment des Rifles volontaires de la cité de Londres, dans lequel il a une commission de lieutenant-colonel.

Sir Henry Rawlinson R C.B. exposa, en 1864, un arabe bai, de dix ans, ayant environ 14 paumes 3 pouces de haut, élevé par le sheikh des Wahabées, acheté quand sir Henry était résident à Bagdad, et qui passait pour avoir un pedigree remontant à quatre cents ans. Un arabe gris, de la même taille à peu près, et du même modèle, ayant les mêmes actions, fut exposé en même temps par Mme Harriet Turubull, dont il avait été le cheval de selle aux Indes. On le disait de la plus pure race Nejed.

Ces deux chevaux dénotaient la meilleure qualité et le caractère arabe, surtout dans leur tête et dans leur port de queue, et cependant ils étaient de grande taille ; en un mot, ils étaient ce qu'on pouvait appeler des hacks de pur sang pour porter du poids. Le bai était excessivement docile et faisait un hack parfait ; mais le gris de Mme Turnbull ne voulait se laisser monter que par elle.

En 1872, M. J.-M. Clazworth, de Birmingham, exposa un arabe gris, Magdala, de 14 paumes 3 pouces, c'était un bon hack et un petit hunter dans le comté de Warwicshire. Il l'avait importé lui-même d'Égypte. Avec la meilleure qualité, Magdala avait le dos et les pâturons d'un cheval pour porter du poids et une action de hack parfaite; il avait été beaucoup admiré par deux juges de poneys hacks, tels que Lord Calthorpe et M. F. Winn Knight, M. P. Cent guinées furent une fois offertes pour Magdala et refusées.

Ils différaient autant des poneys arabes à croupe d'oie, à jarrets de chat et à genoux de veau, importés à grands frais de l'est, que les chevaux de steeple-chase célèbres ressemblent peu aux rosses que l'on garde pour gagner ou perdre des handicaps de mille mètres.

En considérant les mérites des meilleurs arabes (les chevaux communs sont les rosses les plus grandes de la création), nous devons toujours nous rappeler que tous ceux qui, en Angleterre, élèvent dans un but de profit, désirent produire soit un cheval de trait, soit un cheval de course, soit un hunter, soit un cheval de voiture, et qu'ils les désirent tous avec 15 paumes 2 pouces de haut plutôt plus que moins.

Pour produire des chevaux de course, des hunters et des chevaux de voiture, nous avons dans l'intérieur du royaume toutes les qualités et le fonds que nous pouvons désirer, si nous faisons un bon emploi de nos meilleurs matériaux.

L'arabe gris de Childe

Le récit suivant sur un arabe célèbre dans les traditions de chasse de Leicestershire a été fourni par M. Frédéric Winn Knight M. P., fils du gentleman qui vendit le cheval à M. Childe, l'auteur du système moderne pour suivre les chiens, système qui a complètement altéré le caractère du hunter anglais. Le vieux système d'aborder les barres de pied ferme et tous les sauts avec un soin et une réflexion complètement inconnus de ceux qui aspirent à être dans le premier lot, avec les chiens, dans les contrées que l'on appelle volantes, pour les distinguer de ces régions montueuses, entrecoupées de petites clôtures et talus, où les cavaliers les plus hardis sont obligés de grimper et même de descendre de cheval.

« Tous les auteurs sur le sport s'accordent à dire que M.
« Childe, de Kinlet Hall, dans le Shropshire, fut le père du
« présent système de suivre en droite ligne les chiens. Il était
« familièrement connu comme « Straight Childe » et de
« Flying Childe ». Il était l'un des plus assidus qui suivaient
« M. Meynel à Melton et, pendant beaucoup d'années, il était
« le leader des champs de Melton. Il quitta seulement Lin-
« colnshire et se retira comme maître d'équipage d'une meute
« de renards, dans le Shropshire, quand, plus avancé en âge,
« il se trouva incapable de garder son ancienne place devant
« Villiers, Cholmondeley, Forester, Germaine et d'autres, ses
« élèves dans l'art de monter aux chiens. Mais ce qui n'est
« pas aussi connu, c'est que le meilleur cheval de Childe,
« dans les plus beaux jours de " Quorn ", sous le vieux Mey-
« nell, était un pur sang arabe, quoique le « Druide » ordi-
« nairement bien renseigné sur ces matières, l'ait décrit
« comme demi-sang arabe.

« L'histoire est ainsi racontée : Lord Pigott, de Patsull, en
« Shropshire, qui mourut gouverneur de Madras, passa la plus
« grande partie de sa vie dans l'Inde. Il envoya de temps en
« temps chez lui un choix des meilleurs chevaux et juments
« arabes qu'il put se procurer dans l'Est, et avec eux établit
« un petit haras à Patsull. Au moment de sa mort violente,
« dans l'Inde, il y avait pas mal de jeunes produits arabes,
« d'âges variés, qui couraient sans être dressés, dans le parc
« de Patsull.

« Toute l'écurie fut vendue par les exécuteurs testamen-
« taires de Lord Pigott, et le cheval en question, fut acheté à
« la vente, comme ayant quatre ans, par le capitaine Speke,
« d'East Lackingston, près Taunton, un rameau de la même
« famille, qui a depuis produit le grand explorateur africain.
« Le capitaine Speke était alors caserné à Kidderminster et
« monta le jeune arabe, pendant une saison, avec les harriers
« de mon père, M. John Knight, de Wolverley. Quand son

« régiment partit pour l'Inde, au printemps, le cheval fut
« vendu pour lui par M. Knight à son parent et voisin M.
« Childe, pour la somme de vingt cinq livres. Le petit gris,
« décrit par un vieux sportmann qui le connaissait bien, avait
« à peine quinze paumes de haut, avait les genoux très près
« de terre, mais larges, ainsi que les jarrets; il avait le dos
« et les reins singulièrement puissants. Il était un sauteur
« étonnant; cependant sa supériorité dépendait surtout dans
« sa manière particulière de galoper dans le terrain lourd sans
« enfoncer. Son propriétaire le nomma " Skim ", de son pou-
« voir d'effleurer la surface, tandis que les autres s'enfonçaient
« jusqu'aux boulets. M. Childe, qui montait à peu près à douze
« stone refusa d'abord de l'acheter, le pensant trop faible
« pour un hunter, et ensuite l'acheta pour monter dans le
« Parc. Mais, quand le cheval arriva à Melton, dans l'automne
« sa supériorité et ses qualités d'endurance devinrent bientôt
« apparentes, et pendant une longue série d'années, l'arabe
« gris de Childe était le cheval de tête, dans la plupart des
« fameux courres de cette époque, si célèbre dans les annales
« de la chasse du renard anglaise. »

Le cheval de bataille de Runjeet Singh.

La description suivante du charger favori du Maharajah
Runjeet Singh (le lion de Lahore) — dont l'héritier et le représentant, Dhuleep Singh, est devenu un gentleman et un sportsman anglais, — par le lieutenant W. C. Macdougall de H. E.
J. C. Stud département, en 1858, montre combien les goûts
des anglais et des orientaux, pour les chevaux, diffèrent.

« Cabouterah, un étalon gris, de 14 paumes un pouce de
« haut, de la race Dhunnée, qu'on supposait avoir trente-cinq
« ans, autrefois la propriété du Maharajah Runjeet Singh et
« maintenant celle du Maharajah de Puttecallah est un cheval
« actif, bien proportionné, avec de bonnes jambes nerveuses;
« les canons courts; les jarrets plutôt gros, mais considérant
« son grand âge et remarquant que ses facultés, pendant les

« 18 dernières années, ont été employées comme étalon, il est
« étonnant que ses jarrets soient restés aussi sains; la jambe
« en dessous du jarret est très large dénotant une grande
« puissance; il a un bon rein et la poitrine large, un long
« cou et une crinière très abondante, les épaules très incli-
« nées, mais trop épaisses pour nos idées de symétrie; un nez
« romain, de grands yeux proéminants, les oreilles très dres-
« sées. Il a un caractère magnifique étant très impétueux
« mais sans aucun vice. Cabouterah pour un Sikh, est la vraie
« perfection pour un cheval et tire son nom 'de son maintien
« qui est supposé ressembler à celui d'un pigeon (cabouter).

« La vraie " race Dhumée " est pour ainsi dire éteinte main-
« tenant; autrefois cette description du cheval était beaucoup
« recherchée par tous les chefs Punjab.

« Le cheval est maintenant aussi gras que possible et est
« nourri, avec deux livres et demie de sucre, deux livres et
« demie de fine farine (Mandah) et une livre et demie de
« beurre clarifié (ghee) sans compter les douceurs de toute
« sorte. Il ne peut manger ni grain, ni herbe.

« Cabouterah est un grand favori des Sikhs qui le traitent
« avec les plus grands soins et chantent bien haut ses
« mérites.

« Le cheval couchera ses oreilles, rongera son mors, fouet-
« tera de la queue, grattera le sol, et montrera tous les symp-
« tômes de la rage et dans cet état se précipitera la bouche
« ouverte sur toute personne l'appelant par son nom mais en
« arrivant il s'arrêtera pour être caressé, jusqu'à ce que quel-
« qu'un d'autre attire son attention.

« Je considère que l'âge de ce cheval est au moins trente-
« cinq ans. Il y a dix-huit ans depuis la mort de Runjeet
« Singh et le Maharajah de Puttecallah m'informa que le
« cheval était très âgé quand il vint en la possession de son
« père. Quand un naturel avoue qu'un cheval est âgé, il doit
« être très vieux. »

Arabes de Syrie

Durant la guerre de Crimée, des officiers allèrent en Syrie pour acheter des chevaux. Ils étaient fournis de firmans du gouvernement turc, d'interprètes, de marchands de chevaux accoutumés aux usages du désert, et d'une forte somme d'or anglais avec lequel ils payaient de suite toute transaction accomplie. Ils installèrent des camps dans différentes stations convenables, firent connaître leur expédition et eurent des occasions de voir les meilleurs produits des races bédouines dans cette partie de l'Asie. Occasion que personne, même puissant, n'aurait probablement pas pu se procurer (1).

Les marchés furent surtout passés avec la tribu des Anazeh dont les chefs et les gens aisés montent avec des selles et des mors turcs, mais où les pauvres ont, comme harnachements, un mauvais tas d'habits en loques, une courroie, à peine rembourrée, pour former un siège, un pommeau recouvert d'un morceau de mauvaise étoffe avec quelquefois une bande de poitrail formant la selle sans étriers. La bride consiste dans un licou, avec une muserolle d'anneaux de fer sans aucune apparence de mors. Une seule corde attachée à cela fait l'office de rênes et aussi de longe pour attacher le cheval au besoin.

Ces accoutrements étaient parfois complètement dénudés d'ornements, mais par contre, ils étaient parfois décorés avec de longs glands noirs et blancs, comme les anciens cordons de sonnette, suspendus par des cordes qui les laissaient traîner presque jusqu'à terre, avec une couverture rouge et des plumes d'autruche piquées sur la tête et, plus souvent, une sorte de touffe de plumes noires fixées entre les oreilles.

Armé pour la guerre, le cavalier porte une lance légère d'au moins douze pieds de long.

Il n'y a pas d'Anazeh qui ne possède une lance, mais quand

(1) Blackwood's Magaizne 1859.

il monte sans armes, il a toujours un bâton court avec un crochet au bout, avec lequel il paraît guider son cheval.

Les chevaux sont petits, s'élevant rarement au-dessus de 14 paumes 1 pouce, mais ils sont jolis et ont une grande puissance pour leur taille, et se grandissent beaucoup. Ils ne seraient pas beaucoup admirés par un vrai cavalier anglais.

De fait, les chevaux arabes, importés en Angleterre à des prix fabuleux, sont considérés comme des poneys.

Le cheval anglais et le cheval arabe paraissent alternativement absurdes quand on a l'œil fait à l'un ou à l'autre ; mais pour moi, habitué pendant quelque temps à ne voir que les chevaux de l'Est, ils me semblent dépasser en beauté tout ce que j'ai vu jusqu'ici. Les étalons qu'on amenait dans notre camp paraissaient être des tableaux ; les membres plats, larges et puissants, profonds au-dessus des genoux, courts et minces jusqu'aux boulets, d'une beauté et d'une pureté de lignes qui aurait suffi seule à dénoter leur noble sang ; le cou léger, bien arqué, les flancs bien arrondis, la queue portée en balai comme une branche de palmier recourbée ; et une petite tête terminant tout cela avec de grands naseaux, toujours ronflant et hennissant.

C'était un beau spectacle de voir l'un d'eux flairant un autre étalon, se dresser debout avec son cou recourbé, ses oreilles pointées en avant et ses yeux sortant presque de sa tête ; son immobilité contrastant curieusement avec son envie ardente de s'élancer furieusement en avant.

Noble, chevaleresque, héroïque ! une incarnation de l'énergie courageuse, un coursier que Saladin aurait pu monter et qui aurait pu faire la paire avec son maître!

Le gris de différentes nuances, le bai, l'alezan et le bai brun, sont les couleurs ordinaires du cheval arabe ; la plus commune de toutes est le gris foncé couleur de noix muscade. Le gris clair, tournant sur le blanc, n'est pas particulier aux vieux chevaux ; après le gris viennent comme plus fréquents, le bai et l'alezan, tous les deux jolis et riches en qualité, le dernier si apprécié que les arabes ont un dicton disant que si vous entendez parler d'un cheval ayant accompli quelque fait remarquable, vous êtes sûr en vous informant que c'est un alezan. Dans mon registre de chevaux achetés des anazeh, j'en trouve un noir, couleur si rare, que j'aurai presque pu dire, qu'en recollationnant mes souvenirs je n'avais pas vu un cheval noir dans le désert. Je n'ai pas vu d'autres couleurs excepté un (skewbald) et je ne peux pas dire s'il était un anazeh ou s'il appartenait à quelqu'une des tribus où on peut moins compter sur la pureté du sang.

Outre les arabes, on trouvait dans notre voisinage les Turcomans, un peuple nomade dont les ancêtres vinrent en Syrie pour aider à résister aux Croisés; et même maintenant ils ne parlent pas arabe mais turc. Il possèdent des chameaux, des chèvres, des bestiaux et des chevaux.

Ces derniers pas plus grands que les chevaux arabes sont lourds et patauds, avec de vilaines têtes, des membres de derrière crochus, les jambes longues au-dessous du genou, des queues mal fournies et mal portées.

Ils sont presque tous hongres, peureux, entêtés et vicieux; les juments ont meilleure apparence mais sont communes et " flamandes ".

Notre camp prit bientôt l'aspect d'un champ de foire de chevaux.

A l'arrière-plan étaient les montagnes couvertes de neige des druses; devant notre front, une plaine herbée couverte de troupeaux; venant sur une colline éloignée, un parti de Anazehs ressemblant à des singes; ils avaient leurs longues lances sur l'épaule, leurs chevaux de pure race allaient au pas, tout près un groupe de turcomans, reconnaissables à leur taille plus élevée et leurs vêtements moins sales tenaient des affreuses juments et des chevaux hongres encore plus affreux, vêtus de couvertures de laines de toutes couleurs, avec des mors de mamelucks, des selles avec des pommeaux, des trousquins très élevés et des étriers de fer larges comme des pelles.

Tous les chevaux qui nous furent offerts à acheter par les

Bédouins étaient des étalons. Je ne me rappelle pas leur avoir vu à ce moment des chevaux hongres; et quoiqu'ils montassent fréquemment des juments dans notre camp, ils ne nous en ont jamais offert.

Cette dernière circonstance provient, je crois, de l'estime et de la valeur dans lesquelles ils tenaient leurs juments comme une source de richesse nationale et du fait de l'opinion publique tellement ancrée contre la crainte de laisser tomber la race en d'autres mains en les vendant, ce qui fait que personne ne s'aventure à le faire.

La question de sentiment ou d'affection, j'imagine, n'entre que bien peu dans ce sujet.

Je n'ai jamais rencontré la moindre trace de sentiment de regret de la part d'un arabe se séparant de son cheval, quand le prix était bon. Laissez lui voir une quantité satisfaisante d'or et il vous donne sa bête, et toutes ses facultés se concentrent pour examiner, si vous ne le frustrez pas d'un dixième de piastre dans le marché, et jamais selon toute probabilité, il ne jettera un regard sur son cheval à moins que ce ne soit dans l'intention d'élever une chicane pour savoir s'il ôtera ou n'ôtera pas le licou.

Les trafics ne sont aisés avec aucun des peuples de ces contrées; mais les Anazeh sont les plus difficiles de tous.

Supposons que vous demandiez le prix d'un cheval. Si le propriétaire consent à fixer un prix pour lui, c'est à peu près trois fois ce qu'il compte en retirer; souvent il refuse de fixer lui-même et vous dit de faire une offre. Vous la faites; il la reçoit avec mépris et le mot Béid (bien loin) prononcé avec une lenteur emphatique Bé...i...d, qui établit fortement l'énorme disproportion de votre proposition. Vous élevez votre prix et vous entamez un marché qui se termine par la disparition du propriétaire montant sa bête et s'en allant comme s'il ne devait jamais revenir.

Après un temps plus ou moins long, une heure, deux heures, le lendemain ou le surlendemain vous le voyez revenir. Une discussion s'engage qui, si elle n'est pas interrompue par

une seconde disparition, se termine par la fixation du prix.
Tout est établi; le propriétaire paraît content complètement;
vous procédez à la marque du cheval, quand tout-à-coup l'ancien propriétaire, poussé soudainement par la pensée qu'il a
peut-être touché moins qu'il n'aurait pu avoir reprend sa bête
avec furie, saute dessus et s'enfuit. Il revient de nouveau, et
de nouveau vous trouvant inexorable s'accorde pour la même
somme. De nouveau vous voulez marquer le cheval; et alors il
pousse les hauts cris pour être payé d'abord. Vous consentez
et vous le faites entrer dans la tente. Il entre accompagné
d'un ou deux amis et conseillers qui sont supposés connaître
l'argent français, et examinent s'il n'y a pas de pièces sonnant
faux.

Tous s'assoient sur le sol et vous commencez à compter
l'or.

La fanfaronnerie déployée par les Bédouins dans leurs transactions de chevaux, les éclats d'une nature insolente et domi-
natrice sont rarement capables d'enrayer leur plus grande
passion pour l'argent. Sur cent Bédouins qui monteront à
cheval comme si dans leur colère ils étaient résolus à ne plus
jamais vous regarder, quatre-vingt-dix-neuf reviendront à
nouveau. Peut-être le centième ne le fera-t-il pas. Un Bédouin
amena un cheval d'une taille extraordinaire pour un Arabe
dans le camp. Je ne l'admirais pas beaucoup, mais une somme
égale à 100 livres fut offerte pour lui.

Le propriétaire, un sauvage, sans vêtements, couvert à peine
d'une sorte de sale chemise de nuit, repartit en fureur et nous
ne l'avons jamais revu.

Le nombre des chevaux que nous achetâmes dans le désert
fut de cent. Parmi eux soixante-douze étaient des Anazeh,
des Wulad Ali et de Borvallas; le reste des tribus de Serhan
et Beni Sakr; et d'hommes de tribus douteuses.

Les renseignements suivants se rapportent aux Anazeh
seulement. Le plus fort prix payé fut de 71 livres 17 shil
lings.

Ce prix fut donné pour chacun de deux chevaux achetés en

particulier. L'un d'eux était le plus beau cheval que j'aie vu dans le désert.

A part ces deux là, le plus haut prix fut un peu plus de 50 livres et le moyen à peu près 34 livres. La taille moyenne était de 14 mains 1 pouce 1/2 et l'âge le plus commun quatre et cinq ans; mais cela serait au-dessus tant de la taille que de l'âge, pour la masse des chevaux Anazeh offerts pour la vente, car nous choisissions les plus grands et les plus âgés. Beaucoup des chevaux amenés avaient deux et trois ans et auraient pu être achetés à bien plus bas prix.

Des différentes espèces les Kahailan paraissaient être les plus nombreux, les Soklawye les plus estimés.

Les Anazeh infligent un défigurement à leurs jeunes chevaux en leur rasant complètement les crins de la queue (les Anglais eux coupent la queue de leurs chevaux de chasse à la manière de coquetiers) mais ils laissent celle des chevaux adultes atteindre leur longueur naturelle.

Ils nient être dans l'habitude de faire comme on le leur attribue généralement, des marques de feu à leurs chevaux dans un but de distinction; ils nient aussi avoir connaissance de ce fait que j'ai vu rapporter tout dernièrement, c'est-à-dire que des chevaux anglais auraient été employés pour améliorer leurs races. Leurs poulains disent-ils, quoique naissant pour la plupart au printemps, venaient au monde cependant pendant toute l'année, aussi l'âge de leurs chevaux date du jour même de la naissance et non d'une saison spéciale de l'année.

A l'exception d'un cheval anazeh méchant au piquet, je ne me rappelle pas d'exemple d'un cheval arabe montrant du vice vis-à-vis de l'homme.

Nous avions avec nous un marchand de chevaux italien, un homme grand à barbe noire, un Angelo Peterlini. Il était un bon homme et un homme utile à sa manière, bien accoutumé aux ruses et aux mystères des Bédouins, marchands de chevaux; habile à deviner le prix qu'un arabe demanderait de son cheval et ayant soin de ne lui en offrir que la moitié, afin de pouvoir débattre l'autre moitié dans le marché; remarquant admirablement les deux ou trois malheureux crins qui d'après l'estimation des Bédouins, peuvent diminuer la valeur d'un cheval, et aussi entêté à les faire causer sur le prix que s'il les croyait; en fait également bien habitué aux Bédouins et monstrueusement poli avec eux en face, mais aussi au fond ayant une horreur d'eux impossible à dire (personne n'était autant que lui doué des dons de l'éloquence) et la plus grande aversion pour ce qu'il appelait " une baruffa " avec eux. Chiens, voleurs, cochons, canaille, peuple du diable. Je voudrais pouvoir rapporter sa magnifique et sonore emphase avec laquelle il roulait, derrière leur dos, l'une ou l'autre de ces épithètes, ou bien ce qu'il inventait dans ses discours, établissant leurs relations exactes avec le diable et l'exacte nature de la curieuse ressemblance avec les cochons qu'il leur attribuait.

Je dois ajouter un postscriptum. Ne laissez pas croire à quelqu'un, parce que j'ai parlé de 34 livres pour prix moyen d'un cheval anazeh, qu'il aura pour la même somme, un bon spécimen de la race; ou bien parce que j'ai décrit les chevaux anazeh comme de jolis chevaux, s'imaginer que les très jolis ne soient que l'exception à la règle. Avec les chevaux arabes, comme pour tout le reste en ce monde, la moyenne est bien loin de l'idéal et vous devez payer pour tout ce qui la dépasse.

Finalement, que toute personne qui voudrait tenter d'aller chercher un cheval arabe dans ses déserts natals, se rappelle bien que de ce que nous autres, achetant des chevaux par centaines, nous ayons pu attirer beaucoup de vendeurs à notre camp, il ne s'en suit pas que celui à la recherche d'un animal sûr puisse rien faire de semblable ou même qu'il réussisse à réunir un nombre suffisant d'animaux pour qu'il puisse faire un choix raisonnable; et, par dessus tout, s'il veut éviter des tribulations, qu'il reçoive, comme de grandes vérités, toutes les remarques d'Angelo Peternili sur les Bédouins, et, s'il veut mon avis, qu'il dirige son voyage de manière à ne pas avoir affaire avec eux.

17

Ayant donné un extrait qui donne une si défavorable idée des qualités morales des Bédouins, sur lesquels nous étions accoutumés à lire de si pittoresques et romantiques récits, il est juste d'ajouter que l'admiration de l'officier anglais pour l'anazeh, comme homme de cheval, est sans bornes, et j'en donne ici sa descriptisn, quoique le sujet ne rentre pas, à proprement parler, dans ce chapitre.

« Son équitation, quand il veut en faire montre, est très frappante et curieuse. Il met son cheval au galop, très incliné en avant, enveloppant les flancs de ses jambes nues et de ses talons, il passe devant vous à plein train, ses brunes jambes remontées à la hauteur de ses cuisses; son bâton dans sa main et sa robe en guenille flottant par derrière; alors maîtrisant l'allure, il tourne à droite et à gauche au petit galop, s'arrête augmente ou diminue son train et avec son licou sans mors fait preuve, s'il n'a pas le pouvoir d'enlever sur les hanches son cheval immobile, que possèdent les Turcs et les autres orientaux, qui se servent de mors, fait preuve, dis-je, à coup sûr de bien plus de contrôle sur l'animal qu'un dragon anglais n'en obtient avec son mors lourd. Dans ces occasions, il me semble que le licou servait pour donner des saccades et le bâton pour diriger; mais j'ai vu les mêmes faits quand le cavalier portait une lance et, par conséquent, n'avait pas de bâton.

Nos achats dans le désert se montèrent à cent chevaux; dans tous ceux que j'ai vu essayer, je n'ai jamris remarqué un seul qui cherchât à tirer ou à montrer le moindre manque de docilité. Tous les cavaliers admettront que c'est un résultat extraordinaire, surtout ceux qui sont accoutumés au cheval arabe, tel qu'il paraît dans nos mains dans l'Inde, car autant que me permet de le dire ma propre expérience, il est chaud et enclin à tirer. Pourquoi a-t-il cette disposition avec nous et pas avec ses anciens maîtres?

Ma propre impression est que ce secret repose sur la différence qui existe entre les caractères du cavalier anglais et du cavalier bédouin.

Le Bédouin (et toute autre race d'Orientaux que je connais paraît avoir quelque chose de la même qualité), possède, vis-à-vis de son cheval, une patience aussi remarquable que l'est l'impatience et la brutalité aussi de l'Anglais.

Je ne suis pas porté à lui porter cela à son crédit au point de vue moral; je ne crois pas que cela provienne d'une affection pour son animal, ou même d'une retenue de sa part; il n'a pas, tout simplement, cette irritabilité qui porte le cavalier anglais à des actes de brutalité. Dans son organisation, il y a une vis qui est serrée, tandis qu'elle ne l'est pas chez l'anglais; il est sain d'esprit, là où l'Anglais est un peu fêlé; il monte avec sérénité et retenue, quand l'autre serait arrivé au paroxysme de la colère, jurerait et donnerait de l'éperon. J'ai vu un étalon arabe se détacher à un moment où notre camp était plein de chevaux amenés pour la vente, mettre tout sens dessus dessous dans un tumulte de piaffements, de hennissements et de morsures; quand il fut repris, je n'ai pas vu son conducteur laisser paraître le moindre signe de colère, et ne l'ai pas vu faire autre chose que de reconduire l'animal à ses piquets avec grand calme.

Comparez cela avec le " Job " dans la bouche, les coups de bâton sur les côtes et les imprécations que le groom anglais aurait employés en pareille circonstance et vous aurez, dans une grande mesure, le secret du bon caractère des chevaux arabes dans les mains des Arabes.

Chevaux Wahabee

En 1865, M. Guillaume Giffard Palgrave, autrefois officier dans l'armée indienne, publia un récit d'un voyage à travers l'Arabie centrale et l'Arabie de l'Est, et son séjour déguisé en Orient, dans la capitale des Wahabees, la plus fanatique des tribus mahométanes.

Dans ce récit, est ce passage sur la plus pure race d'arabes. Il décrit un type qui a été rarement vu en Angleterre, s'il l'a jamais été : Pendant ce temps-là, je pus jeter un coup d'œil sur les écuries royales, fait très désiré et envié, car le cheval Nejed n'est pas moins considéré comme supérieur à tous les autres de son espèce, en Arabie, que la race arabe ne l'est vis-à-vis des autres races de la Perse, du cap de Bonne-Espérance, ou de l'Inde. Dans la Nejed est le véritable lieu de naissance du coursier arabe, le type créateur, le modèle authentique.... Oui, je l'avais toujours entendu dire, et autant que je puis me fier à mon expérience, cela m'a paru vrai, quoique je sache que des autorités distinguées, en jugent autrement; mais, sans contredit, de toutes les écuries de Nejed, celle de Feysul était la première, et, qui l'a vue a vu les spécimens les plus parfaits de la perfection chevaline en Arabie, peut-être dans le monde entier.

Il arriva qu'une jument de l'écurie impériale fut mordue par un camarade juste derrière l'épaule, et la blessure mal soignée avait dégénéré en ulcère, désespérant les plus habiles vétérinaires des Nejed. Un matin, comme nous étions assis. Barakat et moi dans le « howah » d'Abdallah un groom entra pour donner au prince le bulletin quotidien de ses écuries.

Abdallah se tourna vers moi, me demandant si je voulais me charger de la cure. Joyeusement j'acceptai la proposition de visiter la malade, tout en limitant mes offres de services à une simple inspection et déclinant par principe de me mêler de ce qui regardait le domaine des vétérinaires. Le prince donna des ordres en conséquence, et dans l'après-midi, un groom, jovial comme le sont en général tous les grooms, frappa à notre porte et me conduisit directement aux écuries.

Elles sont situées à une certaine distance de la ville dans le Nord-Est, un peu à gauche de la route que nous avions suivie à notre première arrivée, et non loin des jardins de Abd-er-Raham, le Wahake. Elles couvrent un large espace carré ayant à peu près 150 mètres de côté, elles sont découvertes au milieu avec un couloir couvert tout autour de l'intérieur des murs; sous ce couloir couvert, les chevaux au nombre de trois cents à peu près, quand je les vis, sont ramassés pendant la nuit;

dans le jour ils peuvent se détendre les jambes à plaisir dans la cour centrale.

Le plus grand nombre d'entre eux étaient complètement libres ; quelques-uns cependant étaient attachés dans leurs stalles ; quelques-uns, mais très peu, avaient des couvertures. Les grandes rosées qui tombent dans le Wadi-Haneefah, ne permettent pas de les laisser en plein air sans inconvénient. Je me suis laissé dire aussi que le vent du Nord fait là-bas du mal aux animaux, de même que le vent de terre en fait parfois à leurs frères dans l'Inde.

J'avais à peu près devant moi la moitié de l'écurie du roi ; le reste des animaux était dehors à l'herbage. La réunion entière des animaux de Feysul comprend six cents têtes ou même plus.

Aucun Arabe n'a l'idée d'attacher son cheval par le cou ; une longe remplace le licol ; et une des jambes de dernière de l'animal est entourée au paturon, par un léger anneau de fer garni d'un cadenas, d'une chaîne de fer de deux pieds de longueur environ finissant par une corde qui est fixée au sol à une certaine distance par un piquet de fer. C'est la manière ordinaire, mais si un animal ne veut pas rester tranquille, et cause du trouble on agit de même pour une de ses jambes de devant.

C'est bien connu qu'en Arabie les chevaux sont bien moins souvent vicieux ou indociles qu'en Europe, et c'est la raison pour laquelle les chevaux hongres sont si rares ici quoique non inconnus ; je n'ai pu découvrir aucun préjudice particulier existant contre l'opération elle-même ; seulement elle est rarement pratiquée parce qu'elle n'est pas autrement nécessaire et tend à diminuer la valeur de l'animal. Mais pour revenir aux chevaux qui étaient alors devant nous, je n'ai jamais vu, ni imaginé une plus jolie collection. Leur taille cependant n'était pas élevée, je ne pense pas qu'un seul atteignît complètement 15 mains ; 14 mains paraissait la moyenne mais ils étaient si bien proportionnés qu'une plus grande taille aurait semblé un défaut. Remarquablement pleins de hanches, àvec une épaule d'une inclinaison si élégante, que d'après le mot d'un poëte Arabe, en la voyant on en devenait furieusement fou, un dos court, très court, fait pour porter la selle, courbé juste pour indiquer l'élasticité sans aucune faiblesse; une tête large en haut et finissant à des naseaux assez fins pour justifier l'expression d'être capables de boire dans un verre, s'il y avait des verres dans le Nejed; un regard très intelligent, et singulièrement doux; l'œil bien plein; une oreille petite, effilée et pointue comme une épine, les jambes devant et derrière, paraissant faites de fer forgé, tant elles sont nettes et tant les tendons sont bien dessinés; un sabot presque rond, juste ce qu'il faut pour un terrain dur, la queue placée ou plutôt lancée avec une courbe parfaite; le poil doux, brillant et luisant; la crinière longue mais pas trop fournie ni lourde; un air et une démarche semblant dire : « Regardez-moi; ne suis-je pas joli ? » Leur apparence justifie toute réputation, toute valeur, toute poésie. Les couleurs dominantes étaient le châtain ou le gris, un bai clair, ou la couleur de fer; le blanc et le noir étaient moins communs; il n'y avait aucun bai zain, aucun moucheté; aucun pie. Mais si on me demande après tout quels sont les points spécialement distinctifs du cheval Nejed, je répondrai l'inclinaison de l'épaule, la netteté des jambes et la rondeur des hanches; quoique toute autre partie ait une perfection et une harmonie indiscutables à mes yeux, c'est ce qui m'a le plus frappé.

Il est inutile de dire que, pendant mon voyage, j'avais souvent rencontré et étudié des chevaux, mais j'avais, exprès, négligé d'en dire beaucoup jusqu'à cette occasion. A Hazel et dans Djebel Shomer, j'ai trouvé de bons spécimens de ce qu'on appelle communément le cheval arabe; une jolie race et dont les sujets ont été à plusieurs reprises achetés par des Européens (princes, pairs et gens d'autres classes), à des prix extraordinaires. Ces sujets sont obtenus, pour la plupart, par le croisement d'une jument de Djebel Shomer, ou du voisinage avec un étalon Nejed, quelquefois le contraire; mais, jamais en apparence (quoiqu'ici, je sois pour corriger les faits) par des sujets Nejed des deux côtés. Avec toutes leurs excellentes qualités, ces chevaux sont moins systématiquement élégants, et je ne me rappelle pas en avoir vu un seul exempt d'un point défectueux; tantôt un peu de lourdeur dans l'épaule; tantôt la croupe un peu tombante; tantôt un sabot s'écaillant ou resserré; tantôt un œil trop petit. Leur taille aussi est bien plus variable ; quelques-uns atteignent seize mains, d'autres descendent à quatorze. Tout le monde connaît les divisions ordinaires de leurs pedigrees, Manakee, Siklamee, Hamdanee, Tareypee et ainsi de suite. J'ai fait moi-même une liste de ces noms pendant un séjour, il y a quelques années, parmi les Bédouins, Sebaa et Ruala, et je n'ai pas trouvé de différence notable entre ce qui me fut dit alors et les récits ordinairement donnés par les voyageurs et les écrivains de cette matière. Les Bédouins ne manquaient pas de réciter leurs légendes si répétées sur les écuries de Salaman, etc.

Mais je suis enclin à considérer ces pedigrees, et encore plus l'antiquité de leurs origines, comme des inventions relativement récentes et de peu de crédit employées, par les Bédouins et les habitants des villes dans un but de vente; pas plus qu'une jument Kahlanee n'est la garantie d'un étalon kahlanee.

Croiser les races, arrive tous les jours même en Shomar. Une fois arrivé dans ce dernier district, je n'entendis plus parler de Siklanee, Delhamee ou autres généalogies semblables; les écuries de Salaman n'étaient pas mieux connues que celles d'Augias en Nejed. Je fus assuré de tous côtés qu'on ne gardait jamais de longues listes de pedigrees et que toutes les recherches pour la race se bornent à l'assurance d'un bon père et d'une bonne mère; « quant à Salaman, ajouta le groom, il était bien plus probable qu'il avait tiré ses chevaux de chez nous, que nous de chez lui », remarque qui prouvait de la part de son auteur une certaine dose de critique historique.

En un mot, pour être un heureux jockey, en Nejed, il faut à peu près les mêmes degrés d'investigations et de connaissances que dans le Yorkshire et pas plus, plutôt moins, à considérer les Stud Books.

La race primitive de Nejed, comme je l'ai trouvée, se rencontre seulement dans le Nejed lui-même. Et ces animaux sont-ils encore rares, même là. Il n'y a que les chefs et les personnages d'un rang et d'une fortune considérables qui en possèdent; encore ne les vend-on jamais, ainsi que tout le monde le déclare ; comme je demandais alors comment on pouvait s'en procurer : " par la guerre, par héritage ou par don " fut la réponse.

Par ce dernier moyen seulement, il y a possibilité d'avoir un sujet isolé de Nejed, encore est-ce très rare; et quand la politique exige qu'on fasse un cadeau en Egypte, en Perse ou a Constantinople, — circonstance dont j'ai été témoin à deux reprises, et dont j'ai entendu parler d'autres fois — on n'envoie jamais de juments; les plus piètres étalons, quoique passant partout ailleurs pour des sujets splendides, sont récoltés pour cet effet.

Abdallah, Sa-ood et Mahammed avaient leurs chevaux dans des écuries séparées, chacune contenant cent animaux ou à peu près.

Après beaucoup de recherches et de remarques, mon compagnon et moi, nous arrivâmes à la conclusion que le recensement total des chevaux Nejed ne devait pas monter à plus de cinq mille sujets, et, probablement, donner un peu moins que ce nombre.

Le fait qu'ici le nombre des cavaliers, dans une armée, est bien inférieur à celui des hommes montés sur des chameaux, doit être confirmé, surtout depuis que, en Nejed, les chevaux ne sont jamais employés que pour la guerre ou la parade, tandis que tous les travaux et autres occupations retombent sur les chameaux, quelquefois sur les ânes.

De jolies histoires ont circulé sur la familiarité existant entre les Arabes (les Bédouins en particulier) et leurs coursiers : — comment le poulain à sa naissance est recueilli dans les bras des assistants, sans qu'on le laisse tomber sur le sol, comment il joue avec les enfants de la maison, mange et boit avec son maître ; comment il le garde quand il est malade, tandis que le même service lui est rendu, quand l'occasion s'en présente. — Que le cheval arabe soit plus doux et en général plus intelligent que la plupart des chevaux anglais, renfermés dans une écurie, surveillés, harnachés, condamnés à la prison cellulaire, je l'admets volontiers.

Hélas ! il ne peut en être autrement ; élevé dans le contact immédiat des hommes, jouissant comparativement de la liberté de ses sens et de ses membres, le quadrupède arabe est dans les meilleures conditions pour profiter avec plein avantage de tout le sentiment et l'instinct que le bon sang apporte avec lui, et cela ne manque presque jamais d'arriver. Si, cependant, nous arrivons aux incidents particuliers de la vie du cheval arabe, auxquels nous avons fait allusion, en pratique, ils ne constituent aucune règle générale ou étiquette.

Un Arabe ne serait pas blâmé pour frapper le nez de sa jument si elle le trempait dans sa soupe, ou bien s'il laissait la nature remplir l'office de sage-femme, si elle se trouvait dans une position intéressante. D'un autre côté, je ne prétends pas dire que les honorables anecdotes, immortalisées dans tant de livres, ne puissent peut-être se placer çà et là ; mais pour citer un poète arabe : « Je n'ai jamais rien vu de semblable et n'en ai jamais entendu parler. » D'après ma propre expérience, ça ne va pas plus loin que de nourrir les chevaux arabes dans ma main, non dans une auge, de les décider, mieux que les esprits des vastes profondeurs, à venir quand je les appelais.

Le reste, je ne puis m'empêcher, quoique avec hésitation, de le ranger au nombre des nombreux autres contes du désert.

Après une heure délicieuse passée à me promener de long en large au milieu de ces splendides créatures, soignées par des grooms de profession, sensibles à toutes les excellences du cheval, j'examinai la jument gris fer en question, en vis une autre dont l'appétit était défectueux, prescrivis un traitement (qui, s'il ne faisait pas de bien, ne pouvait pas faire de mal), et quittai les écuries avec de longs regards en arrière ; cependant, je rendis depuis de fréquentes visites, comme il convient à un docteur.

Plus loin, quand nous traversâmes les limites de l'est et du sud de Toweyk, nous trouvâmes la race arabe perdant rapidement beauté et perfection, taille et force.

Les spécimens de la race indigène que je vis en Oman ressemblaient considérablement aux " tatties " de l'Inde ; mais, dans l'angle est de l'Arabie, le manque de chevaux est en quelque sorte causé par les dromadaires de cette contrée. Les chevaux Nejed sont estimés surtout pour leur vitesse très grande et leur endurance à la fatigue ; de fait, pour cette dernière qualité, aucun ne peut les équivaloir.

Passer vingt-quatre heures sur une route sans boire et sans faiblir, est certes quelque chose ; mais, garder la même abstinence avec la même fatigue, sous le brûlant soleil d'Arabie, pendant quarante-huit heures, d'une seule traite, est, je crois, spécial aux animaux de cette race. En outre, ils ont une délicatesse, je ne peux pas dire de bouche, car on les monte ordinairement sans mors ou bride, mais de sentiment et d'obéissance au genou et à la jambe, à la plus petite saccade du licou et à la voix du cavalier, dépassant de beaucoup tout ce que le travail de manège, le plus achevé, donne à un cheval européen, quoiqu'il soit garni d'un filet, d'un mors et de tout le reste. Je les ai souvent montés sur l'invitation de leurs propriétaires et sans selle, ni rênes, ni éperons, mis au grand galop, puis mis en cercle, arrêtés brusquement dans le plus fort de leur allure, et cela sans la moindre difficulté et sans le moindre manque de correspondance entre les mouvements du cheval, et les miens propres. Le cavalier, sur leur dos, se sent un véritable centaure et non un être distinct.

Cela vient, en grande partie, du système de dressage arabe, bien préférable au dressage européen, car il confère la souplesse et la docilité ; la vitesse n'est estimée dans un cheval que si elle est unie à ces précédentes qualités ; car, soit dans un conflit avec une nation arabe, dans une poursuite ou dans une bataille, doubler est bien plus la règle que courir droit en avant, du moins pour une certaine distance. Le même entraînement est essayé pour le sport du " Djereed ", ce tournoi de l'est qui, comme je l'ai remarqué dans le Nejed, ne diffère en rien des exhibitions fréquentes en Syrie et en Egypte, excepté que le bâton de palmier ou " Djereed " lui-même est un peu plus léger.

Je devrais ajouter que, dans les plateaux pierreux de Nejed, les chevaux sont toujours ferrés, mais les fers sont massifs et lourds. Le sabot est paré légèrement et le nombre des clous est invariablement de six ; ces chevaux avaient une corne excellente, la ferrure de Nejed rendrait boîteux plus d'un bon cheval.

Le Dongola.

Voici un cheval de pur sang oriental, auquel le terme de poney ne peut pas être appliqué. L'attention fut attirée pour la première fois sur le Dongola par Jacques Bruce; le voyageur en Abyssinie. Il décrivit le premier cheval qu'il acheta comme un Dongola noir, ayant 16 mains et demie de haut; tout à fait assez fort pour son poids avec sa lourde selle turque et ses armes, ce qui devait bien faire 16 ou 17 stone (Bruce avait plus de six pieds). Ce cheval avait de hautes actions, mais n'était pas remarquable pour la vitesse.

Quelques années après la publication des voyages de Bruce, M. John Knight qui, plus tard, acheta Exmoor, était chez sir Joseph Banks, l'éminent naturaliste et le compagnon de Cook dans le premier voyage qu'il fit autour du monde; il y avait aussi lord Moleton un éleveur de chevaux enthousiaste; les lords Headley et Dundas étaient également de la partie; la conversation tomba sur le livre du jour et sur la description par Bruce, du grand cheval nubien. Le résultat fut que chacun d'eux écrivit un chèque de 250 livres et les remit à sir

Joseph Banks pour payer [les dépenses d'un convoi de quelques spécimens des Dongolas.

L'affaire fut confiée à M. Salt, le consul anglais en Egypte. Après un délai de quelques années et une dépense de plusieurs milliers de livres, onze Dongalas, cinq étalons et six juments arrivèrent en Angleterre.

M. Knight acheta le lot de lord Headley et devint possesseur de deux étalons et trois juments. Ils répondaient parfaitement à la description de Bruce, avaient 16 mains de haut et la qualité de peau des pur sang; ils avaient les jambes plutôt longues avec des balzanes blanches, et les actions d'un " maître d'école " relevant jusqu'à la chaînette.

Le groom nubien qui les accompagnait faisait avec eux un tour commun aux cavaliers orientaux; il les mettait au galop, courant contre un mur dans l'école de dressage, et les arrêtait net avec la cruelle gourmette turque.

Quelques produits de ces Dongolas avec des juments anglaises de bonne race, devinrent des hunters de remarquable endurance et de vitesse. Le général marquis d'Anglesea les admirait beaucoup, mais comme il était fanatique de la manière de monter au manège, cela explique son goût.

M. Winn Knight M. P. nous a confié le portrait d'un étalon Dongola, fait pour son père par le célèbre peintre animalier James Ward R. A. en 1828. Il écrivait en envoyant le tableau: « avec le Dongola noir Mahmoud, vint un bai qui, comme le noir, avait les genoux très en dessous. » Il était castré et je chassai dessus pendant plusieurs années en Exmoor, avec les chiens de cerfs sauvages.

Il allait bien et n'était jamais fatigué. Le noir était en Ecosse avec lord Moreton, avant qu'il ne vînt chez nous, et alors il était un vieux cheval.

Le portrait de Mahmoud est, d'après l'opinion de M. Knight, très ressemblant; certainement ce n'est pas un portrait flatteur, et, dans notre humble opinion, n'offre aucune tentation de recommencer l'expérience. Probablement ce cheval avec son œil brillant, sa robe noire luisante et sa belle action, pro-

duisait un effet qui ne pouvait pas être rendu sur la toile.
Mais le portrait est une curiosité, car il rappelle l'origine
d'une race spéciale de chevaux qui sont encore soigneusement
conservés par plusieurs familles de la noblesse espagnole.

Un ami, qui voyageait récemment en Nubie, disait que les
grands chevaux noir et blanc, avec les allures altières, ne sont
pas du tout rares là-bas et qu'on pourrait facilement s'en pro
curer si on les demandait.

Les étalons arabes et leur croisement avec les juments pur sang.

La question d'employer des étalons arabes ou des juments
arabes pour améliorer le cheval de sang anglais, sera plus
spécialement étudiée dans le chapitre sur l'élevage. C'est une
idée qui semble surgir de temps en temps et qui meurt
ensuite.

En 1864, un correspondant écossais du défunt " Sporting
Magazine " qui avait récemment importé deux juments arabes
à titre d'expérience, envoya d'Aleppo la lettre suivante :

« J'ai fait cinq expériences avec des chevaux ici (Aleppo).
1⁰ Le croisement de juments de pur sang avec des étalons arabes. 2⁰ Le croisement des meilleures juments arabes avec les
étalons pur sang anglais. 3⁰ La nourriture des meilleurs produits de sang arabe avec des fourrages excellents comme en
Angleterre. 4⁰ La nourriture d'un lot de pur sang anglais
dans le désert avec de la nourriture sèche. 5⁰ L'achat de poulains et pouliches supérieurs à ceux ordinairement vendus
par les Arabes.

La première expérience réussit quelquefois ; mais sur quatre,
trois sont en jambes ; faibles et inaptes à courir des courses.

La troisième est une erreur complète ; sauf que la taille
augmente.

Le produit a tous les défauts du cheval anglais sans avoir
les mérites de l'arabe.

La quatrième réussit parfaitement ; les produits, quoique

plus petits que leurs parents, étaient plus capables de supporter la distance. La chaleur du désert, la sécheresse, l'habitude
de constamment galoper (dès leur naissance pour courir après
leur mère; et à l'âge d'un an et demi d'être montés par des
enfants); le lait de chamelle avec lequel les Arabes nouris-
sent les poulains (et qui leur donne, prétendent ils, l'endurance
du chameau); l'oxygénation du sang, par le fait d'être toujours en plein air; les bons traitements (empêchant le mauvais caractère qui nuit à la croissance) ont tous un bon effet
en faisant ressortir les bonnes qualités d'un cheval. Un pouce
cubé du tibia d'un cheval, élevé de la sorte, pèse vingt fois
plus que celui d'un cheval élevé à l'écurie.

J'ai maintenant un poulain de Test par Touchstone, sa mère
Tarella par Emilius, hors de Chilton par Cowl, que j'ai offert
il y a quelques jours, dans le désert, en cadeau à tout Arabe
qui pourrait l'attraper.

Ils firent de leur mieux, mais il se sauva d'eux; je dois dire
cependant qu'il n'y avait là aucun de ces Arabes supérieurs
qui proviennent de ma cinquième expérience. Cette dernière
expérience est selon moi la meilleure chose à faire de tout.

On a bien plus de choix et on n'a pas besoin d'acheter les
sujets sans vitesse, ni vigueur; d'ailleurs, élevez ce que vous
voudrez, la moitié et plus de vos jeunes produits ne pourra
jamais faire des chevaux de course. Le fait est ceci : qu'il y
a un sang et une allure dans le désert qu'on n'a jamais vu en
dehors.

Le marché indien est pourvu par la tribu des Aghel qui
vont dans le désert, achetant les poulains plutôt que les pouliches, ne les payant jamais plus de cinq mille piastres (40
livres) et les vendant avec un petit profit aux grands marchands de Bagdad et Quaid qui les passent, après un an ou
deux, au marchands de Bombay. Les Arabes ne donneraient
pas leurs meilleurs sujets de sang et de formes pour ce prix-
là; en fait, comme vous l'aurez trouvé actuellement, il est
difficile d'en trouver à acheter.

Je suis peut être la seule personne qui ait réussi. Je les ai aidés dans leurs besoins avec les pachas Turcs, les ai empêchés d'être opprimés, leur ai rendu facile le commerce avec les exportateurs anglais, et même, après beaucoup de tracas pour moi, si j'arrivais à acheter un cheval ou une jument de première classe, c'était comme un grande faveur qu'ils me faisaient, et j'étais obligé de mettre un très fort prix. Je viens de vendre, par exemple, deux juments pour l'Empereur de Russie pour 500 livres. Une était de cette classe et m'avait coûté 300 livres; elle avait beaucoup de vitesse et de vigueur. Elle appartenait à la race presque éteinte de Seglawi Jedran. Elle aurait constitué une fortune dans l'Inde; elle avait une telle allure dans ses foulées — 15 pieds un pouce!! Les Arabes disaient que personne n'avait eu encore d'eux une pareille jument. J'en ai une autre maintenant dans mon écurie qui m'a coûté 300 livres. Elle est de même race, (Manéghi Stedrudj), même taille, beauté et même puissance d'endurance; mais malheureusement elle n'a pas grande vitesse, sans cela je me proposais de vous l'envoyer.

Dans notre for intérieur, nous pensons évidemment que ce correspondant écossais est sir John Johnstone Esq, successeur de Andrew Johnstone de Heath Hall, Annandale, l'éleveur (avec d'autres célébrités du Turf) du célèbre cheval de course Charles XII, M. Johnstone avait, et nous croyons qu'il l'a encore, gardé une écurie de course à Sheffield, Lane, Paddocks, Yorkshire.

Avant qu'il retournât en Angleterre, il était une célébrité dans le Hunt-Club de Calcutta; renommé pour ses chants sur la chasse du sanglier, comme « Josto, Ring of Elpears » et ayant emporté beaucoup de succès sur le turf indien.

Il acheta un célèbre cheval de course de Calcutta « Minuet » que le « Druide » dit avoir porté son propriétaire pesant 13 stones, dans une course fameuse, avec un cheval de sir Watking Wynne, et qui passait ou sautait n'importe quoi. Mais une partie de la contrée de sir Watking convient mieux pour des chevaux de grande taille; de fait, avant qu'un piqueur de Pitcheley ait remplacé un Gallois, le piqueur, dans cette contrée montueuse, montait souvent un poney. Minuet et d'autres Arabes furent mis au haras par M. Johnstone ; mais, jusqu'à 1873, aucun cheval de course, aucun hunter, nest sont résulté d'expériences faites dans des circonstances très avantageuses.

Croisements Arabes et Espagnols

Dans les pages précédentes, nous avons reproduit les opinions d'écrivains, enthousiastes admirateurs de l'arabe, qui ont été frappés par sa résistance, son feu, son courage, et, beaucoup aussi, par son pittoresque, si un terme pareil peut être appliqué à un cheval.

Mais, nous ne rendrions pas justice à notre sujet, si nous ne présentions pas l'autre côté de la question, dans les termes d'une personne qui, dans tout ce qui concerne le cheval, est un expert dans toute l'acception du mot.

Quelqu'un qui a passé sa vie à vendre les chevaux des meilleures classes, qui a élevé des chevaux, en a entraîné, monté, sur les routes, dans les champs, en steeple-chase ; qui en a conduit, acheté, vendu, qui est chez lui dans le monde des chevaux, aussi bien en Espagne qu'en France et en Angleterre. Voici ses réponses à nos questions : — « Est-ce que j'aime les arabes ? Non. Dans mon opinion, aucun point ne les recommande pour notre usage, en Angleterre, qui ne soit supérieur chez nos propres pur sang.

Ils sont, à de très rares exceptions près, de très mauvais hacks, ils ne peuvent marcher le pas sans trébucher, de fait ils trébuchent toujours ; ils n'ont aucune véritable action, ni au trot, ni au galop ; ils sont lents dans leur galop, à comparer avec un bon cheval de sang anglais. Ils sont trop petits pour chasser ou pour faire des chevaux de harnais de première classe, et ils ne peuvent lutter en course contre les chevaux de courses anglais ordinaires.

Tous ceux que j'ai vus avaient la croupe plus haute que le garrot et, par suite, marchaient comme s'ils descendaient une pente.

Pendant que je vivais en Espagne, un très grand personnage pour lequel je m'étais procuré quelques chevaux espagnols de parade de grande classe, me fit cadeau de deux arabes de la plus grande caste, achetés, sans limite de prix, dans le voisinage de Damas, un noir et un gris. Ils étaient aussi jolis, à première vue, que tout ce que j'ai jamais vu en fait de portraits d'arabes ; ils avaient 14 mains 3 pouces de haut, étaient très doux à monter avec une grande puissance de l'arrière-main, mais manquaient de cette inclinaison d'épaules et de ces longueur, largeur et puissance proportionnées dans les mouvements, qui sont essentiels pour faire une action complète de selle.

Je vivais, à cette époque, en Espagne, et j'avais des anglais pur sang et de demi-sang, des juments espagnoles du " Carnero " ou race de Dom Carlos, des demi-sang venant du cheval de pur sang anglais Kedger (par Sheet-Anchor du colonel Anson) et de juments espagnoles.

Je montai le gris avec une meute de harriers que j'avais ; il était un hack désagréable et n'était pas un hunter.

Je les entraînai tous les deux et ils furent battus par des chevaux issus de juments espagnoles et de mon pur sang anglais ; à la fin, je les mis au haras et leurs produits avec une vingtaine de mes meilleures juments espagnoles, furent inférieurs en taille, en condition hâtive, en valeur marchande, au lot de mes chevaux de sang.

En somme, les arabes sont de très mauvais hacks. Ils sont trop petits pour faire des hunters, même quand ils ont, exceptionnellement, une conformation apte pour chasser ; trop petits et trop dépourvus d'action élégante pour l'attelage, et trop lents pour des chevaux de courses ; comme étalons, ils sont inférieurs aux pur sang anglais de puissance et de symétrie, que l'on peut acheter, quand ils sont trop lents, pour les courses, à des prix bien inférieurs à ceux des arabes de grande caste.

La seule qualité pour laquelle l'arabe excelle, la résistance qu'il partage avec les chevaux d'Australie et les mustang

indiens, n'est pas exigée dans les contrées civilisées où les
voyages se font en chemin de fer ou avec des chevaux de
poste.

Le cheval Andalou.

Les espagnols ont été renommés pour leurs chevaux depuis
les plus anciens temps de l'histoire. Le cheval andalou était
connu comme le meilleur en Europe jusqu'à ce que les anglais
aient produit le pur sang. L'Espagne possède encore des races
de chevaux remarquables pour leur qualité et leur action; .
mais ceux qui pourraient paraître avoir quelque valeur, croisés avec le cheval de sang anglais, sont dans les mains d'un
très petit nombre de familles nobles, et on ne peut les obtenir qu'à des prix fabuleux. Les juments de la race des genêts
d'Espagne (fameux depuis les guerres racontées par le vieux
Froissart) sont conservées et très estimées comme chevaux de
selle pour les longues distances, par les riches espagnols.

Le genêt, un animal léger, élancé, ayant du sang, est évidemment le descendant des Barbes introduits dans le pays
par les Maures, quand ils conquirent la plus grande partie de
l'Espagne. Le cheval du pays connu familièrement comme le
cheval de la contrebande, est un animal solide, endurant,
utile, qui occupe sensiblement la place qu'occupait le cheval
de charge du Devonshire avant que les routes aient dérangé
son commerce. Il est probablement le descendant des chevaux dont Annibal avait monté sa cavalerie espagnole quand
il livra la bataille de Cannes et conquit presque l'Italie. Il est,
de fait, un animal qui pourra rendre service à quelqu'un voya
geant dans le pays, mais ne vaut pas la peine qu'on l'en tire.

Dans un portrait de la comtesse de Montijo, qui devint plus
tard impératrice des Français, qui forme une des gravures du
chapitre sur les chevaux et l'équitation de France, elle apparaît montée sur un rare échantillon de cette classe de chevaux — de fait l'idéal d'un artiste.

La troisième race est celle de l'ancien cheval de guerre

espagnol, le vrai destrier, dont la forme nous a été transmise par les portraits équestres de Velasquez et dont les mérites remplissent les pages de tout écrivain sur l'équitation, jusqu'à la période où les chevaliers couverts d'armures et l'équitation de haute école disparurent pour être remplacés par les courses, et où la valeur du sang, de la puissance et de la taille réunis comme ils le sont dans le pur sang anglais, devinrent connus de toute l'Europe.

Gervase Markham, le duc de Newcastle, Cox, Barret et Berenger, qui écrivit un livre dédié à Georges III en 1771, tous parlent du cheval espagnol ou napolitain comme sans rival pour la guerre et le manège, et les plus anciens écrivains même, comme un étalon pour améliorer la race des chevaux anglais

La description suivante du cheval de guerre espagnol moderne, — le cheval sur lequel le général Prim, mort assassiné, apparaît dans le célèbre tableau de l'artiste français Régnier — nous l'avons empruntée à M. Thomas Rice de Piccadilly, qui dirigeait le haras de feu lord Dalling quand il était ministre anglais en Espagne. « Le cheval espagnol a généralement de 15 à 16 mains de haut, une grosse tête osseuse, busquée comme celle d'un mouton mérinos (d'où le nom de carnero) un œil bien saillant, des naseaux bien ouverts, qui dénotent sa puissance et sa vigueur remarquables, un cou court et musculeux, des épaules fortes, le dos plutôt étroit, mais de magnifiques hanches; — les cuisses, les jarrets et les jambes de derrière bien placés dessous; les avant-bras, les jambes de devant et les pieds aussi bons en général qu'ils peuvent être, les pieds bien faits, les canons courts et les tendons forts et bien saillants. Ils ont une grande élasticité et une belle action au pas, au trot ou au canter; plus vite on ne pourrait pas le leur demander, car a une allure forcée, ils perdent la beauté de leurs mouvements et paraissent découverts par l'extravagance de leur action.

Dans mon opinion, aucun cheval n'est supérieur, pour le parc ou la promenade, à un cheval espagnol de la meilleure race, bien élevé et bien dressé, comme ceux connus comme le don Carlos, ou ceux du duc de Berwick y Alba, à Carpui, près Cordoue; ou ceux du marquis Alcanices, maintenant duc de Sesto, à quelques milles de Madrid, des ducs de Burrovvers et d'Abrantès, du marquis de Perales et plusieurs autres gentilshommes, près de Baelen et de Cadix. Ces familles marquent tous les chevaux qu'ils élèvent à la croupe (1). Cela les défigure aux yeux anglais. La constitution de cette race est plus forte que celle de tout cheval étranger que j'aie jamais rencontré; corner ou siffler leur est inconnu. Rarement ils tombent trébuchent ou font un faux pas; ils sont généreux et dégagés, soit à la selle, soit à l'attelage, si on s'en sert convenablement. Quoiqu'entiers, ils sont dociles. En Espagne, on connaît la valeur d'un bon cheval, et un sujet de première classe coûtera de 25,000 à 35,000 réaux, ou 250 à 350 guinées.

Les juments espagnoles de cette race, en règle générale, ne sont pas aussi fortes que les chevaux. On s'en sert très rarement, rarement on les dresse et on les garde pour l'élevage; mais on les nourrit rarement comme elles devraient l'être pour produire de beaux sujets. Au printemps et en été, elles ont suffisamment de quoi, mais en hiver, bien souvent elles n'ont que de la paille. Elles sont à l'état sauvage dans les herbages et ne peuvent être approchées que par les personnes qui les soignent.

Ce sont des bêtes puissantes, avec les plus jolies jambes et les meilleurs pieds possible, elles ont la tête un peu forte et ont des propensions à être un peu basses à l'embranchement de la queue, ce qu'en anglais commun on appelle (croupe d'oie). J'en croisai plusieurs avec le Kedger. Ce cheval avait

(1) Naples était une vice-royauté de l'empire Espagnol, quand les chevaux napolitains étaient si renommés; ils étaient de fait de race espagnole. Le portrait d'un cheval Napolitain, donné par le duc de Newcastle dans son grand livre — un cheval à nez romain avec une croupe fuyante — est marqué à la croupe. Un livre publié à Rome, en 1669, sur l'élevage et l'entraînement des chevaux, donne le dessin de 360 marques d'autant d'éleveurs de chevaux, avec une courte description des mérites de chacune; il renfermait les marques du roi, des princes, des cardinaux, des ducs, des marquis, comtes, barons, vicomtes, abbés et hôpitaux.

une ravissante petite tête. Un fort dos, droit, avec la queue attachée haut, points qui étaient défectueux dans la jument espagnole. Les produits à quatre ans avaient très bonne apparence, avec une action, une taille et la matière assez pour tout besoin. En fait, je ne crois pas qu'il soit possible d'avoir un plus joli croisement pour les usages communs que le cheval de pure race anglais, avec la jument espagnole. J'ai élevé des produits avec le carrossier de Cleveland, l'étalon trotteur du Yorkshire, et du Norfolk, aussi du pur arabe.

Tous les croisements paraissaient bien se combiner avec la jument espagnole, excepté l'arabe. Avec ce dernier, ils ne paraissaient pas progresser, je veux dire qu'ils ne s'amélioraient pas en puissance ou en hauteur ; il ne donnait pas aux produits cette jolie tête et ces hanches droites qui distinguent l'arabe de grande race. Il n'y a rien qui ressemble, en Espagne, à ce que nous appellerons le sang de trait, tout travail de trait est fait par des mules. Dans mon opinion, les juments espagnoles manquent seulement des mêmes traitements qu'une bonne jument poulinière reçoit dans ce pays, pour produire comme les nôtres. Elles sont de toutes couleurs, beaucoup ont des taches et sont pie. Une très jolie couleur assez fréquente, est isabelle ou café au lait, avec des bandes noires sur le dos, les cuisses et les jambes.

Le colonel Henry Shakespeare, écrivant sur " l'élevage des chevaux dans l'Inde " mentionne la race Kattiwar, de la même couleur isabelle que l'andalou. Ils étaient grands pour des chevaux orientaux, 15 mains et plus, la couleur dominante, l'isabelle, avec une raie noire sur le dos, la queue et la crinière noires ; ils avaient une grande puissance et beaucoup de courage. Je conclus que les juments du pays avaient dû être améliorées par un croisement avec l'arabe de grande race; car le cheval Kattiwar avait les beaux yeux, la largeur de tête et la résistance de l'arabe.

C'est une chose digne de remarque que la grosse tête avec le nez busqué ou romain (1), que nous condamnons tous, mais

---

(1) Les chevaux des Asturies et de Galicie sont décrits par Pline comme

que les amateurs espagnols de chevaux, regardent comme le signe distinctif de la pure race, ressemble énormément au Dongola à nez romain, le seul cheval d'Afrique ou d'Asie qui atteignant et dépassant 16 mains de hauteur, a toutes les qualités dans la peau et dans les crins, tout le feu du sang oriental. Il peut se faire que cette race (Carnero), soit le résultat d'un croisement éloigné avec le Dongola ayant comme lui tant de taille, de puissance et de qualité, avec un dos large et une action lente et majestueuse, si bien calculée pour porter fièrement un chevalier armé, pour le porter dans une courte course, comme un tournoi ou une procession guerrière.

Les étalons de cette race sont invariablement employés à la selle. Tout Espagnol, grand et noble, a ou avait ¡plusieurs chevaux dans ses écuries (avant que les chevaux anglais devinssent à la mode). Ils étaient dressés dans l'art le plus savant du manège par des " picadors ", c'est-à-dire des écuyers employés dans tout grand établissement à cette besogne, à l'exclusion de toute autre.

L'usage des chevaux, en Espagne, pour l'attelage de quelque sorte que ce soit, est tout à fait une invention moderne. Le mulet qui se développe si bien dans les plaines de sable sèches, sous un soleil brûlant, et qui périt de froid dans un climat humide, est encore, par excellence, la meilleure bête de trait, même sur les voitures de luxe. Il y en avait dans les écuries royales, tant que la royauté a existé en Espagne.

ayant une taille moyenne, (comme les genêts d'à présent), remarquables par la précision et l'exactitude avec lesquelles ils cadencent leurs pieds et, pour ainsi dire, réglant leur allure comme s'ils allaient compter leurs pas. Martial, parlant du cheval espagnol, décrit leur action distinctive et hardie :
        Hic brevis ad numerum rapidos qui colligit ungnes
        Venit ab auriferis gentibus, Aster equus!
        (Ce petit cheval qui meut ses pieds en cadence
        Venait d'Asturie, contrée produisant de l'or.)
Vegétius (A. D. 392) qui vivait à Constantinople, et compila un livre sur l'art de la guerre, dit que le sang africain, mélangé avec l'espagnol, produit des chevaux très actifs et très rapides et tout ce qu'il y a de plus propre à la selle. Les temps suivants ont confirmé leur caractère et ils sont maintenant, comme par le passé, très appréciés et admirés. (Histoire et art de l'équitation, par Richard Berenger, gentilhomme de cheval de Sa Majesté, 1771.)

En 1843, il y avait douze voitures traînées par des chevaux à Madrid. Depuis cette époque, les modes françaises, dans la toilette des dames, et les habitudes anglaises dans l'usage et l'emploi des chevaux, ont remplacé les vieux usages espagnols.

Considérant que les chevaux espagnols n'étaient pas employés pour traîner ou pour chasser, suivant l'idée anglaise de la chasse, mais seulement pour la guerre et la parade, le secret de leur conservation peut être compris, ainsi que celui d'autres usages et coutumes du moyen-âge.

L'Espagne a une race de poneys remarquables par leur action extraordinaire au harnais. Le duc de Wellington, qui a reçu du grand Capitaine, dans la guerre de la Péninsule, un état espagnol en héritage, en avait généralement quelques spécimens dans sa remarquable collection de chevaux. Une paire de ces poneys conduits par la duchesse, avec leurs têtes fières cachées par la masse de leur longue crinière, une action extraordinaire, de longues queues admirablement portées, fut longtemps un des ornements de Hyde-Park.

Arabes du Continent

Sur le Continent de l'Europe et principalement à l'est de l'Europe, les étalons arabes sont plus estimés qu'en Angleterre, où la chasse et les courses ont fait du grand cheval de sang, l'animal qui a le plus de valeur.

Les chevaux petits, actifs, pareils à des chevaux de sang d'un district de France (Tarbes) n'ont pas été effacés par la vulgarisation du cheval de course anglais, parce que les pâturages sont trop pauvres pour supporter un cheval bien élevé plus grand qu'un poney. Les chevaux natifs de Pologne, de Hongrie et de l'est de l'Allemagne descendent tous de chevaux orientaux et font bien avec les Arabes pour les besoins de leurs propriétaires: à savoir pour la cavalerie légère et à l'attelage pour les longs voyages dans les plaines roulantes de l'Europe Orientale. Entre le huitième et le dix-septième siècle, l'Europe fut continuellement envahie et subjuguée en partie par les Sarrasins et les Turcs. Les Sarrasins furent battus dans la grande bataille de cavalerie de Poitiers par Charles Martel, A. D. 732, dans laquelle leur perte fut évaluée, par les uns à un demi million, par les autres à cent mille hommes.

En tout cas, les suivants se retirèrent, après la bataille, à travers les Pyrénées, et à en juger par ce qui arriva après la bataille de Sedan, ils doivent avoir laissé derrière eux assez de sang oriental pour peupler la contrée pendant des siècles.

« Vieille Moustache » qui a vu la cavalerie de service en Espagne, aux Indes et en Crimée, qui avait une grande expérience pour élever, dresser, entraîner les chevaux de pur sang de première classe, dans une correspondance dans « The Field », rend justice aux indiscutables mérites de l'Arabe dans sa propre place.

La vérité est qu'une grande vitesse pour un mille et demi ou deux milles n'est pas le fort des Arabes. Les courses des poulains de 2 ans en Angleterre, où les épreuves comme le Derby et le Leger, ne leur conviendraient pas; ils seraient dépassés sur de telles distances, vigueur, résistance à la faim, à la soif et à la fatigue, énorme puissance pour porter le poids, ce que leur taille ne permettrait pas de croire, bon caractère, constitution extraordinairement vigoureuse, leur permettant de supporter également un froid intense et une grande chaleur et de se faire à la nourriture de toute contrée, voilà les caractères qui donnent tant de valeur au cheval arabe. Leur qualité bien fixée rend à mon avis leur croisement avec les chevaux des races de l'Ouest très désirable, tandis que leur intelligence et leur sagacité doivent toujours séduire le véritable amateur de la race chevaline.

Quant à ce qui regarde la capacité de l'Arabe à porter le poids, il est difficile de donner idée à quelqu'un qui n'en a jamais monté. Quand j'allai pour la première fois dans l'Inde, on me donna un cheval arabe à dresser. Mes yeux étaient faits aux grands chevaux élevés dans ce comté (Leicestershire) et ma notion sur un porteur de poids était intimement liée à la taille de 16 mains 3 pouces ou environ. Le cheval que j'avais à monter dans Bangalore n'avait pas plus de 14 mains 3 pouces, mais il avait certainement de la substance, de la qualité et de la longueur qui manque à la plupart des Arabes. Néanmoins, je ne croyais pas un instant que le petit animal pourrait me porter. Je ne fus jamais si trompé de ma vie, car il n'y avait pas cinq minutes que j'étais sur son dos, que je trouvais qu'il avait la puissance de quatre chevaux ordinaires. Ce vrai cheval, je crois, est maintenant au haras du duc de Leichtenstein. C'était un Kohlan gris, nommé Nobbler, et était la propriété de Hon Algernon Moreton du 15e hussards. M. Moreton le vendit au capitaine Fletcher du 12e qui, de nouveau, en disposa en faveur de sir William Gordon en Crimée. Ce dernier officier le vendit au général Laurenson; la dernière fois que je le vis, il y a cinq ans, aux courses de Warwick, ses jambes étaient aussi nettes que quand il venait de naître. Il avait alors vingt ans. Je crois qu'il est encore en vie et fait souche en Allemagne. Je sais que feu M. Bamberger l'avait acheté au général Laurenson. un bon prix, dans ce but.

Cela, je suppose, établit mon assertion, que le cheval arabe possède une constitution d'une rare énergie. Cependant, pour les « chargers » de cavalerie, vous devez les croiser avec des sujets qui puissent produire le poids aussi bien que la résistance et la bravoure, pour supporter le choc d'une charge de cavalerie.

En 1837, je fis une charge de cavalerie en Espagne. J'étais monté sur une jument de pur sang baie telle, qu'il fallait admettre que, jusqu'à ce jour on n'avait jamais vu un sujet de sa taille être meilleur. Elle était par Tramp, hors de Bartolozzi, avait été élevée par feu le général Grosvenor, était peut-être trop jolie et pas assez sérieuse pour faire un charger; elle avait bien plus de poids que la plupart des chevaux arabes. Dans la charge dont je parle, avec beaucoup d'espace devant moi, je vins en contact avec un grand et massif cheval andalou, monté par un dragon. L'Espagnol me menaça de sa lance, mais me manqua, pour la simple raison que son grand destrier noir me culbuta à la renverse, jument et tout, dans une carrière de sable peu profonde, à moitié pleine de boue et d'eau. Peut-être, après tout, je ne fus pas aussi endommagé que quelques-uns de mes camarades.

Le correspondant du " Times ", décrivant, en octobre 1873, l'exposition des chevaux de Vienne, disait : « De beaucoup, ce qu'il y avait de plus remarquable dans l'exposition, était un lot de vingt-quatre poulinières de pure race arabe, exposées par le comte du Drieduzycki, de Galicie, qui, depuis de longues années a voué sa vie complètement à élever des arabes. En 1845, après avoir passé deux ans en Syrie à visiter les tribus du désert, il ramena avec lui, en Autriche, quatre juments arabes et trois étalons, pour former le noyau d'un haras. Il a, depuis, importé beaucoup d'étalons arabes, et a conservé son lot absolument pur de tout autre mélange.

Elles sont toutes, à une seule exception, gris moucheté; et quand on les promène ensemble, elles forment un splendide spectacle et paraissent d'aussi grande race que les animaux que l'on pourrait s'attendre à voir sortir des écuries de l'aga Khan à Bombay.

« Cette exposition de Vienne a fait remarquer, d'une manière évidente, la grande partialité de l'Autriche, la Hongrie, la Russie et l'Allemagne pour le sang arabe ; de fait, cela avait l'air de la part de ces quatre nations, d'avoir tout combiné pour faire voir au monde leur tendance favorite. Les faits suivants sont dignes de remarque. L'Allemagne exposait trente chevaux en tout, et dix d'entre eux sont connus pour être des arabes de pur sang ou de demi-sang.

L'Autriche exposait 258 chevaux, dont un grand nombre pour le gros trait; mais, pour les autres, il n'y en avait pas moins de cinquante-deux étant des arabes pur sang ou ayant de la parenté arabe. La Hongrie exposait 78 chevaux dont vingt-quatre sont des arabes pur sang ou de demi-sang.

La Russie expose 44 chevaux, dont huit sont reconnus des pur sang arabes et les autres descendre, pour une grande proportion, de cette race arabe. Pour couronner le triomphe du cheval arabe, l'Égypte avait envoyé huit étalons nés dans le désert, d'une grande beauté et d'une valeur inappréciable, la propriété de Sefer Pacha et d'Arthur Bey. Ils sont de la race Nejed et anazeh et contrastent très favorablement à l'œil d'un juge d'animaux arabes avec huit juments qui sont à côté d'eux et qui appartiennent à un Russe, le prince Sangusko, et qui sont reconnues pour être de pur sang arabe, bien que quelques unes aient plus de 16 mains de haut.

« Pour la Hongrie, le comte Jules Andrassy expose quatre chevaux de pur sang anglais provenant de son propre élevage et le comte Alfred Andrassy, un étalon de la race Czyndery ou Tartare.

La plus grande partie des autres sont des étalons et des poulinières choisis pour l'exposition dans les haras du Gouvernement à Babolna, Mezohegyes, Kisber et Debreczin. Ceux-là sont d'origine anglaise, normande, espagnole, lippizaner et arabe; mais en examinant l'ensemble des chevaux hongrois, on ne peut s'empêcher de remarquer la prépondérance manifeste du sang arabe. »

Nous avons eu, il y a quelques années, l'occasion de voir et d'essayer quelques-uns des meilleurs spécimens de races arabes dans les haras allemands, mais nous nous reporterons aux plus récentes informations contenues dans un article sur la « Remonte des chevaux » attribué à Sir Erskine Perry (1), du conseil des Indes, un ancien juge indien, et un sportsman indien, bien connu depuis son retour dans les terrains de chasse de Northamptonshire.

« A Bolzna, en Hongrie, il y a un grand haras établi seulement pour l'élevage des arabes. Il eut anciennement une réputation européenne; mais, soit à cause de la pauvreté du sol, soit à cause d'autres raisons, ce haras qui renferme plus de 600 chevaux a beaucoup dépéri.

« Le feu roi de Wurtemberg avait une passion pour les chevaux arabes. Quand il n'était que prince héritier de la

(1) " Edimbourg Review " octobre 1873

Couronne, il montait, dans la dernière campagne contre Napoléon Ier, un charger arabe, qu'il envoya depuis dans un haras qu'il avait établi en 1810, près de Stuttgard. Mais ce n'est que depuis qu'il monta sur le trône, en 1817, que le haras atteignit les grandes proportions qu'il lui maintint jusqu'à sa mort, en 1864. Sa Majesté se donnait des peines extraordinaires pour obtenir de l'Orient le meilleur sang. Par son mariage avec une princesse russe, il avait pu se procurer quelques juments de grande race du Caucase (1), et il envoya des commissaires spéciaux en Hongrie, Russie, Syrie, à Constantinople et en Égypte pour acheter des chevaux dans les ventes royales.

« A Hampton Court, à la mort de Guillaume IV, il acheta le cheval noir Sultan qui passait pour avoir été l'arabe de plus grande race qui eût jamais été amené dans ce pays, et qu avait été offert au monarque par l'Imam de Muscat. En même temps, Sa Majesté réussit à se procurer, pour son haras, 18 chevaux et 36 juments, tous de race et d'origine arabes très pures ; en 1861, son haras renfermait plus de cent poulinières dont cinquante et une étaient des arabes.

On verra donc que pendant un demi-siècle et plus, durant lequel le haras fut dirigé avec une magnificence royale, toute facilité existait pour essayer l'effet des croisements arabes. Freiherr von Hügel, qui dirigeait en chef le haras, écrivant pendant la vie du roi, parle très favorablemant des résultats en ce qui concerne l'élevage du pur sang arabe.

Suivant lui, les produits devinrent plus grands et plus forts que leurs parents. Il fallait cependant craindre, que, comme dans l'Inde où l'on essaya aussi pendant longtemps l'élevage des arabes purs, les élèves devinssent bien plus hauts sur jambes que les chevaux nés en Arabie, et ne perdissent dans leur symétrie et leur compacité, ce qu'ils gagnaient en taille.

---

(1) Un gentleman de la contrée, à présent M. P., pour les commettants du Comté, servait avec les Caucasiens contre les Russes, en 1825 et 1840 ; il me dit souvent que les chevaux du Caucase étaient très mauvais, et n'avaient pas de race spéciale. — S. S.

Abbas Pacha, autrefois gouverneur d'Egypte, fit une remarque rusée à Von Hügel qui lui décrivait les arabes purs des écuries royales à Stuttgard : « Même, si vous réussissez à élever des produits venant de vrais arabes, vous n'aurez jamais d'eux de vrais arabes; car un arabe n'est plus un arabe quand il cesse de respirer l'air du désert. » Tout en respectant le demi-sang, le croisement d'arabes avec des juments de Wurtemberg, manque complètement, comme avec des juments russes et polonaises, mais il réussit mieux avec celles de la Perse et du Caucase. Avec seize juments de chasse anglaises importées en 1816 et croisées avec Emir, un cheval arabe acheté à Damas, on obtint un excellent lot de chevaux de voiture. Une semblable importation de juments irlandaises et du Yorkshire en 1822, qui furent croisées avec un arabe Mahmoud, fut l'origine de cette jolie race de chevaux de voiture d'à présent que l'on peut voir traînant les carrosses royaux et mesurant 17 mains de haut. Les couleurs favorites du roi étaient le noir et le gris.

Des juments anglaises et de Mahmoud descendent les gris, tandis que les noirs proviennent de juments venant du haras de Thakehnen en Prusse » (1).

Arabes d'Egypte.

Un autre grand éleveur d'arabes, le plus grand, suivant le baron Hügel, depuis le roi Salomon, était Abbas Pacha.

Lui-même enfant du désert, car il avait été élevé en Arabie où son père était gouverneur de La Mecque; il déploya pendant toute sa vie le plus grand amour pour le cheval; et son haras fut mis en vente publique au Caire en 1860. Au moment

---

(1) Un des plus jolis croisements arabes que je vis était de race Wurtembergeoise. C'était un cheval « charger » monté en 1844 par le Landlord of « Two Swans à Francfort, officier dans la garde bourgeoise à cheval de cette cité. Un splendide gris, ayant plus de 15 mains 2 pouces, avec une jolie action de charger, très docile et plein de courage. Il était vieux et n'avait jamais été ferré. Les sabots étaient parfaits. Pour sûr il n'avait jamais rien fait que se promener au pas, excepté les jours de revue et de parade. S. S.

de la vente, il n'y avait plus que 300 animaux, car le successeur d'Abbas Pacha, un jeune écervelé de 18 ans, en avait donné à droite et à gauche, à tous ceux qui savaient bien lui tourner un compliment. Von Hügel assistait à la vente par ordre de son royal maître, et il fut obligé de donner des prix exhorbitants pour les deux étalons et les trois juments qu'il acheta; il est vrai qu'ils étaient de la plus grande caste.

La vente dura trois semaines et les enchères étaient faites én guinées anglaises.

En un seul jour, vingt-six chevaux atteignirent 5,000 guinées. De vieilles juments âgées de vingt ans furent vendues de 180 à 250 guinées, les poulains et pouliches depuis 300 jusqu'à 700 guinées chaque.

Suivant Hammer Purgstall, les beautés du cheval arabe ont été célébrées par au moins quatre-vingt-six écrivains classiques arabes ou persans.

Gravures

Dans les gravures peintes illustrant ce chapitre, le Dongola a déjà été suffisamment décrit.

Le poney arabe blanc, de sir Hope Grant, avait entre 12 mains 3 pouces et 13 mains de haut et ne pouvait porter que 10 stones environ. Il avait été acheté d'abord par le général Probyn à un faucheur d'herbe dans l'Inde. Sir Hope Grant le montait pendant toute la chasse, faisait souvent trente milles par jour. Il était si vite que les naturels du pays l'appelaient Railway.

Quand sir Hope fut nommé commandant en chef dans la dernière guerre de Chine, il emmena " Railway " et le monta tout le temps de la campagne. Le poney rentra au pays sur un vaisseau de guerre. Il devint boîteux (atteint d'éparvins pour avoir été monté trop vite en allant au couvert dans le Leicestershire, pendant que sir Hope Grant était allé visiter son frère, sir Francis Grant P. R. A.), quand il n'était pas en condition, et mourut à Aldeshot, au printemps de 1873, sans maladie antérieure. On suppose qu'il avait alors vingt-sept ans. " Goldie ", un arabe de la plus grande classe, importé du désert en 1862 par le prince Mylowski, gentilhomme de Galicie. Goldie est un bel alezan, il a 14 mains 2 pouces et est un type de la plus pure race arabe, réunissant la force et la qualité à un haut degré. Il a ce que peu d'arabes ont, les épaules jolies, fortes et inclinées, un dos un peu ensellé, en un mot, réalisant plus que tout autre cheval que nous ayons jamais vu, la description faite par M. Palgrave de l'Arabe Nejed. Il paraît pouvoir porter n'importe quel poids, il a un délicieux pas élastique, un trot haut et élancé, est plein de qualité et docile comme un épagneul. Il est juste le cheval qu'il faudrait à M. Milward, de Thurgaton, pour élever sa classe de hacks et de poneys pouvant porter du poids. Le propriétaire de Goldie, M. Georges Samuel, un très hardi cavalier de la vallée de Aylesbury, dans sa jeunesse, acquit son goût pour les arabes, quand il était attaché à notre ambassade à Constantinople ; il n'en voudrait pas d'un qui ne pourrait pas stepper.

Le même gentleman a aussi prêté pour la gravure une vieille peinture d'un arabe appelé " Dervish ". Le portrait est rendu fidèlement, mais nous pensons que l'artiste de l'original a à peine rendu justice au cheval. Son propriétaire donne les renseignements suivants sur lui : « Dervish fut pris dans une escarmouche entre les troupes d'Ali Pacha, de Bagdad et celles des Wahabees dans la contrée de Nejed. Un ami à moi, le général Chzanorvski (1), était dans l'affaire, et Ali Pacha lui fit cadeau du poulain alors yearling. Le général était attaché à notre ambassade à Constantinople. Il ramena, avec lui, Dervish et une jument arabe de la race Anazeh. Je les achetai et les envoyai chez moi, en 1842. Eventuellement, je

(1) Le général Chzanowski, officier dans l'armée russe-polonaise, fut impliqué dans l'insurrection polonaise en 1830. Il fut, plus tard, employé par lord Palmerston pour avoir des renseignements en Orient. Il commandait l'armée sarde à la bataille et défaite de Novare, un désastre suivi de l'abdication du roi Charles-Albert en faveur de son fils Victor-Emmanuel, qui a été depuis couronné roi de l'Unité italienne, après une grande bataille et défaite.

vendis Dervish au comte Lavish, gentilhomme allemand.

Le cheval mourut en 1863 ayant été le père d'à peu près 300 poulains et pouliches. Dervish était le cheval arabe dont le vieux Richard Tattersall, oncle de celui qui est à la tête de la maison de commerce, qui méprisait les arabes et refusait de venir le regarder et qui le rencontra accidentellement, comme je le montais à Gunnesbury, disait " que c'était le plus joli cheval de sang de sa taille qu'il eût jamais vu " Un chasseur fameux et éleveur de chevaux écrivait, en parlant de Dervish : " Je me rappelle le petit arabe bai à l'exercice dans Regents Park. Il avait la plus jolie action allongée, en avant, que j'aie vu dans son trot. Le genou complètement allongé bien avant que le pied touchât le sol. "

Nous devons aussi mentionner Barack, grand'père, par le côté de sa mère, de Bobby. C'était un cheval bai brun de 14 mains 1 pouce et quart de haut, il s'était distingué dans les courses à Madras et fut importé en Angleterre en 1823, on lui supposait alors neuf ans. L'année suivante, une gravure de son portrait parut dans le " Sporting Magazine ", sur laquelle a été copié le dessin.

CHAPITRE VII

—

Les origines du cheval anglais moderne

—

Le climat anglais favorable à l'élevage du cheval. — Cavalerie Rouanne de Guillaume le Conquérant. — Les chevaux de Chaucer. — Le haras du comte de Northumberland en 1500. — Loi d'Henri VIII, réglant l'élevage du cheval, qui n'est pas détruite. — Blundeville contemporain de la reine Elisabeth. — Le cheval d'Adonis de Shakespeare qui n'est pas de pur sang. — Gervase Markham, un voyageur et sportsman contemporain de Jacques Ier. — Condition des chevaux anglais dans son temps. — La chasse très pratiquée. — La haute école est un luxe. — Les cultivateurs propriétaires montaient souvent et bien. — Description par Gervase Markham du vrai cheval Anglais. — Le Coursier de Naples. — Le cheval turc. — Le cheval de Barbarie. — Le genêt d'Espagne. — Le grand Allemand. — Le Flamand. — Le Frison. — Le Bidet Irlandais. — Le vignoble de l'équitation par le pédant Michael Barrett (1618). — Hunter de la période de Barrett. — Le cheval de course. — La chasse au cerf de la noblesse. — La chasse au lièvre de Yomanry. — Le Four-in-hand de la bonne reine Anne. — La voie traînée. — La chasse des oies sauvages. — Le duc de Newcastle (1650). — Son avis sur le choix des chevaux. — Le cheval de Barbarie renverse la lourd Flamand dans la bataille. — Ses portraits de chevaux de charrette avec beaucoup de noms. — Haute école pour

19

les élèves de Saumur en 1865. — Importation des chevaux orientaux
entre 1618 et 1688. — La notion des Italiens sur les chevaux à la même
date. — Portrait du beau idéal italien.

Tous les chevaux de ce pays du continent de l'Europe, et
des nations de l'Amérique parlant anglais (excepté ceux employés pour les lourds charrois) tirent tellement leurs meilleures qualités des croisements de sang fréquemment répétés,
qu'il est essentiel qu'un écrivain qui parle de ce sujet, quoique désireux d'éviter des recherches impraticables, raconte
l'histoire et les progrès graduels, tendant à la perfection, du
cheval de sang anglais, et son effet sur les races des autres
pays.

L'Angleterre, l'Ecosse, l'Irlande, ont eu depuis les temps
historiques les plus reculés, des races utiles de chevaux, appropriées aux besoins de l'époque.

Le climat qui convient si bien à l'élevage du cheval maintenant, était aussi favorable dans le temps de la conquête
romaine. A l'époque de l'invasion de César, des poneys étaient
élevés dans les collines et les montagnes et des chevaux plus
grands dans les plaines plus riches; mais ce n'est que vers le
milieu du dernier siècle que les chevaux de sang anglais vinrent disputer aux chevaux orientaux et espagnols, les faveurs
des cavaliers du Continent; et ce ne fut que sous le règne de
Guillaume III que les immenses chevaux de gros trait furent
importés de Hollande par les ingénieurs qui desséchèrent les
marais de Lincolnshire.

Les compagnons de Guillaume le Conquérant importèrent
les gros chevaux normands, si bien faits pour porter les chevaliers avec leur armure complète. Cet ouvrage si célèbre, la
tapisserie de Bayeux, représente les bateaux de l'armée d'invasion remplis de chevaux rouges et bleus (chevaux rouans).
Chaque chevalier avait un petit hack qu'il montait sans son
armure, tandis que son grand cheval de bataille était conduit
par un de ses écuyers. Pour cet usage les croisés ramenèrent

en Angleterre quelques-uns de ces coursiers orientaux, qui étaient bien connus et estimés en France et en Allemagne, et qui sont encore estimés en Espagne comme "genêts".

Chaucer nous donne une idée des différentes espèces de chevaux employés par les gens du pays dans le 14e siècle.

Ses pèlerinages à Canterbury étaient tous faits à cheval. Du moine dont le bidet allant l'amble était "brovon as any berry" (brun comme une baie de laurier) il dit :

Il avait dans ses stalles de nombreux chevaux cérémonieux.

Du vieux Chevalier,

Son cheval était bon, quoiqu'il ne fût pas gai.

Du jeune squire,

Il savait bien monter son cheval et le montait fièrement.

Sur l'épouse de Bath,

Elle était assise commodément sur un cheval allant l'amble.

On peut avoir une bonne notion des écuries d'un noble d'importance, par les règlements et l'établissement de Algernon Percy, cinquième comte de Northumberland :

Voici l'ordre de la règle de l'échiquier de tous les chevaux de mon lord et de ma lady qui sont à la charge de la maison, c'est-à-dire, gentils chevaux, palefrois, bidets, petits chevaux (naggis) chevaux de caparaçons (chothsell hors) chevaux entiers.

D'abord, gentils chevaux pour rester dans l'écurie de mon lord — six.

Item — palefrois pour les dames — à savoir un pour ma dame, deux pour ses dames d'honneur, un pour sa chambrière.

Quatre bidets et petits chevaux, pour la propre selle de mon lord, c'est-à-dire un pour mon lord, pour monter, un, conduit pour mon lord, et un pour rester à la maison, pour mon lord.

« Item — Chevaux de chariot pour rester à l'année dans

l'écurie de mon lord ; sept grands chevaux trottant pour traîner le chariot, et un bidet pour être monté par l'homme de chariot — huit.

De plus, chevaux pour lord Percy, le fils et héritier de sa seigneurie ; un grand double cheval trottant, appelé un "curtal" (écourté) pour sa seigneurie, pour monter en dehors des villes. Un autre cheval trottant et gambadant, pour sa seigneurie, quand il entre dans les villes ; un gentil petit bidet, marchant l'amble, pour aller à la chasse à courre et à la chasse au faucon ; un grand cheval hongre marchant l'amble ou trottant pour porter sa malle. »

Les bidets (hobys) étaient de petits hacks, décrits par les anciens écrivains comme élevés ordinairement en Irlande.

Le cheval de caparaçon (clothsell) suivait à la même allure que mon lord ; et quand il arrivait à une ville, c'était l'habitude de sa seigneurie de descendre de son bidet trottant doux, ou marchant l'amble et de monter sur un cheval de parade, pour faire son entrée dans la forme et l'état qu'on attendait des grands personnages de ces temps-là... Sans aucun doute il mettait de côté son vilain habit de voyage, et revêtait un de ces magnifiques costumes qui sont si pittoresques dans les portraits du temps de Tudor, et qui devaient être si incommodes pour monter à cheval sur les routes soit du Nord, soit du Sud.

Les écrivains de l'histoire du cheval anglais ont attribué une grande importance, à un acte du Parlement 32, Henri VIII, chap. 13 qui mentionne « que personne ne mettra dans aucune forêt, chasse, marais, lande, commun, ou terre inculte, aucun cheval entier, ayant plus de deux ans, n'ayant pas 15 mains de haut, dans les comtés de Norfolk, Suffolk, Cambridge, Buckingham, Huntingdon, Essex, Kent, South Hants, Berks, Morth Wilts, Oxford, Worcester, Gloucester, Somerset, Wales (Galles), Bedford, Warwick, Nottingham, Lancastre, Salop, Leicester, Hereford ou Lincoln, ni au-dessous de 14 mains dans les autres comtés ».

Il est établi que toute personne peut saisir un cheval n'ayant pas la taille » et après l'avoir fait mesurer par le gardien de la forêt, ou le constable de la ville la plus proche, en la présence de trois honnêtes hommes, s'il est trouvé manquant aux conditions ci-dessus mentionnées, il pourra le garder pour son propre usage. « Par le même statut » tous les communs et les autres places, dans les quinze jours qui suivent la Saint-Michel, seront visités par les propriétaires et les gardiens, et si on trouve dans une des dites agglomérations une jument qui ne soit pas capable de produire des poulains de taille raisonnable, ou de fournir un travail profitable, après l'avis de la majorité des visiteurs, on pourra la tuer et l'enterrer. « Il était aussi ordonné aux archevêques et à tous les ducs d'avoir sept chevaux entiers de trot pour la selle qui chacun devait avoir au moins 14 mains de haut. Toute personne du clergé qui possédait un revenu annuel de 100 livres ᶠet toute personne dont la femme portait un bonnet de velours étaient obligées d'avoir un cheval entier de trot, sous peine d'une amende de 20 livres ». Mais il semble avoir été oublié que l'impérieux Henri quoique pouvant faire les lois qu'il lui plaisait de dicter à son parlement, n'avait pas les mêmes moyens pour les appliquer comme cela a été trouvé pour les gouvernements du centre de la France et la Prusse. Suivant l'évidence de l'histoire, l'effet de ces promulgations fut de diminuer le nombre de chevaux, car en 1588 sous le règne d'Elisabeth, quand l'Angleterre fut menacée par l'Armada espagnole il y avait pénurie de chevaux. Avec tout l'enthousiasme répandu dans la nation, la reine ne put rassembler que 3,000 têtes pour la cavalerie, qui selon Blundeville, qui écrivit un livre sur l'équitation, à cette époque, étaient très dissemblables, forts, lourds, des chevaux de gros trait, ou alors légers et faibles. »

Shakespeare avait une bonne notion de ce que doit être un cheval de guerre ou un (roadster) capable de porter du poids, mais l'animal qu'il approprie à Adonis n'était ni un pur sang ni capable de porter quelqu'un dans une chevauchée à travers Leicestershire. Il aurait pu porter fièrement le comte d'Essex dans un tournoi, ou d'une manière satisfaisante à une chasse au daim dans un grand parc, mais il n'aurait eu aucune chance dans une chasse au renard dans un Comté où on élève des bœufs ou dans un grand national steeple-chase.

Comme Shakespeare n'est jamais sorti d'Angleterre, il doit y avoir vu l'animal qu'il décrit :

« Les sabots longs, court jointés, les fanons poilus et longs.

« La poitrine large, les yeux pleins, la tête petite, les naseaux ouverts.

« Un haut toupet, des oreilles courtes, des jambes droites et fortes.

« La crinière claire, la croupe large, la peau fine. » (1)

Quoique les fanons poilus indiquassent que le cheval de Shakespeare était de demi-sang, sa " petite tête " ses naseaux ouverts et " sa crinière claire " (peu fournie) prouvent qu'il avait quelque " qualité ", peut-être découlant d'un ancêtre espagnol, quelque étalon andalou, introduit sous le règne de la reine Marie, par son mari espagnol, ou quelque arabe de Syrie, la prise d'un Croisé. Gervase Markham (2), que l'on cite encore pour ce qui regarde les chevaux de voiture, écri-

---

(1) Vénus et Adonis. Canto L.

(2) Contenant tout l'art de l'équitation, autant qu'il est nécessaire pour un homme de le comprendre, qu'il soit éleveur, cavalier, chasseur, coureur de courses, amateur de l'amble, vétérinaire, surveillant, cocher, forgeron ou sellier. Ensemble avec la découverte du subtil commerce ou mystère des chevaux de course, et une explication sur la manière de comprendre le cheval ou de lui enseigner la façon de faire des tours, comme Banke à son " curtall ". Nouvellement imprimé, corrigé et augmenté, avec beaucoup de secrets importants, inconnus jusqu'à présent. Le premier livre et tous les autres sont datés de 1617, mais, assez curieusement, le second est daté de 1616. Chacun a la même entête, un bloc de bois brut, représentant dans cinq cercles autant de brutes informes, décrites comme étant « le cheval napolitain de service ; le cheval de vitesse de Barbarie ; le cheval hongre anglais marchant l'amble, " tous avec de longues queues " et " le cheval de chasse anglais " avec la queue nouée. Chacun des huit livres a deux dédicaces, la première adressée : " Au tout grand et puissant Charles, prince de Galles, duc de Cornouailles, York, Albanie, Rothsay, etc. Dans la seconde dédicace " aux trois grandes colombes de cet empire, la noblesse, la gentrie et la yeomanrie de la Grande-Bretagne ", il dit que c'est un développement du petit traité sur l'équitation, qu'il y a seize ans (quand j'étais jeune et que j'avais peu d'expérience), je répandis dans le monde. Une copie ayant été prise d'une manière vicieuse et envoyée à l'imprimerie sans que je le connusse, j'ai pensé qu'il valait autant le publier moi-même, avec ses défauts naturels, plutôt que de le laisser paraître avec les difformités des autres. "

vant au temps de Jacques Ier, décrit tous les chevaux européens de cette période et il y a évidence qu'il avait voyagé en France et en Espagne.

Nous prenons donc pour point de départ de la condition du cheval anglais, le temps de Gervase Markham avant la production du cheval de course de pur sang, ce qui ne remonte qu'à une centaine d'années. Le labourage et les lourds charrois étaient faits surtout par des bœufs. Les marchandises et les récoltes étaient transportées d'un point à un autre de la contrée, par des chevaux de charge d'une race active; leur emploi n'avait pas encore entièrement cessé au commencement de ce siècle, dans l'ouest de l'Angleterre. De mémoire d'homme, le cheval de course du Devonshire était l'une des gloires de ce comté.

Les voitures supportées sur de durs ressorts étaient l'un des luxes de la richesse, et les voitures de louage comme on en voit maintenant, avaient pris dans Londres un certain développement.

Chaque chevalier se bornait à avoir des chevaux en proportion du service militaire qu'il devait, tout seigneur de campagne ainsi que sa dame, tout yeoman avait un ou plusieurs chevaux de selle actifs, et tous faisaient leurs voyages à cheval.

Il n'y avait pas de moyens de transport publics. On pratiquait beaucoup la chasse du daim et du lièvre, aussi bien que les matches avec des chevaux au galop; l'enjeu était, soit des paris, soit des clochettes d'honneur.

La haute-école ou manège était pratiquée seulement par les gentlemen possédant de grandes terres et par la classe des chevaliers. Les chevaux de manège dans le temps de Jacques étaient un luxe aussi coûteux qu'une écurie de hunters de pur sang, du Leicèstershire, dans le temps présent. Il y avait donc, comme le prouve l'ancien règne, une nombreuse classe de la gentry et de la yeomanry qui possédaient beaucoup de bons chevaux, qu'ils montaient naturellement, pour faire une distinction avec " l'assiette " de l'école, et cela pour leurs besoins.

ordinaires, aussi bien que pour leurs plaisirs, la chasse et la course. Leur équitation différait autant de la manière de monter au manège que danser diffère de courir.

Dans les passages suivants tirés de Gervase Markham, nous apprenons quand vinrent ces chevaux sur lesquels les " Ironsides " de Cromwell, quelques années plus tard, renversèrent les cavaliers conduits par le prince Rupert, à Grantham, à Marston Mor, et à Naseby, batailles qui furent toutes décidées par la cavalerie.

« Je trouve tous les jours, dit Markham, dans ma propre expérience que la vertu, la bonté, le courage, la résistance et la vitesse de nos chevaux de vraie race anglaise, sont égaux aux qualités de n'importe quelle autre race de chevaux, de quelqu'endroit que ce soit. Quelques anciens écrivains, soit par manque d'expérience, soit pour flatter la nouveauté, ont conclu que le cheval anglais est une rosse, grande et forte, aux côtes profondes (aux flancs à sonnettes, à gros ventre), avec de fortes jambes, et de bons sabots, plutôt faits pour la charrete que pour la selle ou tout autre emploi. Combien cela est faux, tous les Anglais, hommes de chevaux le reconnaissent.

Le vrai cheval anglais, celui que j'entends, élevé dans un bon climat, sur un terrain ferme, dans une pure atmosphère, est de grande taille et de larges proportions, sa tête, quoique pas aussi fine que celle du cheval de Barbarie ou de Turquie, est cependant mince, longue et bien faite ; son attache d'encolure est fuyante, sujette seulement à être épaisse s'il est " Stoned " mais s'il est castré, elle devient ferme et forte, son échine est droite et large ; tous ses membres sont minces, larges, plats, et très bien jointés. Quant à la résistance, j'en ai vu peiner et travailler autant et plus que je n'en ai jamais vu faire des produits étrangers.

« J'ai entendu dire qu'au massacre de Paris (St-Barthélemy) Montgomery, avait avec une jument anglaise, dans la nuit, traversé d'abord la Seine à la nage, puis fait un si grand nombre de lieues que j'ai peur de le dire, craignant qu'une fausse interprétation me taxe d'un rapport trop prodigue.

« De plus pour la vitesse, quelle nation a produit un cheval dépassant le cheval anglais ! — Quand j'ai vu les meilleurs chevaux de Barbarie, quand ils étaient dans leur meilleure forme, battus par un bidet noir à Salisbury ; mais aussi ce bidet était bien plus battu par un cheval appelé Valentine, lequel Valentine n'a jamais été égalé, à la chasse ou en courses, et c'était un cheval complètement anglais par son père et par sa mère ? En outre pour un travail long et une résistance de longue durée, ce que l'on demande pour nos épreuves de chasses, je n'ai jamais vu aucun cheval à comparer au cheval anglais.

« Il est de bonne configuration, fort, vaillant et résistant. »

Ce passage est important, car c'est une notion populaire que la bonté des chevaux anglais, commença avec le cheval de courses dans le temps de Charles II, tandis qu'il est évident que notre gros cheval de sang est le résultat des croisements des chevaux orientaux avec des juments anglaises, croisements entretenus par une sélection soignée et de bons traitements.

Tout de suite, après le cheval anglais, Markham place le coursier de Naples un cheval de forte et jolie construction ; de ravissantes dispositions, de grand courage. Ses membres et ses formes générales sont si forts et si proportionnés entre eux, qu'il a toujours eu la réputation d'être le seul animal de guerre, étant naturellement dépourvu de crainte ou de couardise. Sa tête est longue, mince et très élancée ; elle se recourbe depuis l'œil jusqu'au nez comme un bec de faucon. Il a un grand œil plein, une oreille pointue et la jambe droite, qui pour un œil trop curieux, paraîtrait un peu trop fine ; c'est le seul défaut que la curiosité elle-même pourrait trouver. Ils ont naturellement une allure élevée très agréable pour leur cavalier, sont très forts dans leur travail, et pour conclure sont si bons en tous points, qu'aucune race étrangère, n'a produit un type aussi excellent ". Le royaume de Naples était, quand Markham écrivait, une vice-royauté de l'Espagne.

Après le napolitain, il place le cheval turc. Tous ceux qu'il avait vus venaient de Constantinople « qui est une partie de la Thrace » ils n'étaient pas d'une monstrueuse grandeur mais inclinaient vers une taille moyenne; ils avaient la tête fine autant que les chevaux de Barbarie. Ils ont de bons membres de devant, tant pour la longueur, que pour la largeur et les proportions. Ils ont beaucoup de courage et de vitesse, car j'en ai vus employés à nos courses à clochettes. Naturellement ils sont portés à marcher l'amble, et ce qui est très étrange, c'est que leur trot est plein de fierté et de grâce.

.Après le turc il place le barbe : « Ils sont plus vites que les chevaux etrangers et pour cela seulement nous les employons en Angleterre.

Après le turc, il nomme le genêt qu'il avait vu en Espagne. « Le genêt peut fournir dans une carrière (courir en joutant) de douze à vingt assauts avec beaucoup de puissance et de vitesse, mais pour nos courses anglaises, qui sont communément de deux ou trois milles, nous ne leur avons pas vu la même vertu. » Il les décrit avec des encolures fières, allant naturellement l'amble; leur trot est long et ondoyant; ils ne sont complètement formés qu'à six ans.

Le grand cheval allemand : « d'une haute et grande stature, n'ayant ni netteté, ni beauté; quelques-uns l'estiment pour le choc (charge) ou le manège.

On les emploie beaucoup dans les guerres, mais je pense de la même façon que les habitants, plutôt comme muraille et comme défense, que pour l'action ou l'assaut. Ils trottent lentement, lourdement et durement. »

Le flamand d'après sa description « ressemble à l'allemand, sa place est pour le trait, il y surpasse tous les autres chevaux. » Et le cheval Frison est comme le flamand « pas si grand, ayant plus de feu et de courage; bien plus propre au service; il peut fournir une courte carrière (dans la lice) faire une courbette, ou chose semblable » mais il est vicieux; son allure est un trot court et dur.

En dernier lieu il mentionne le Hobby (1) irlandais qui a une tête fine, le cou fort, le corps bien roulé, de bons membres, la sûreté de pied, l'adresse dans les endroits dangereux, la résistance dans les voyages, mais est très sujet à être sur l'œil et à faire des écarts « ce qui est dû d'après Markham à la rude manière dont ils étaient traités ; « ce peuple » rude ne sachant pas comment réformer cela.

Que la chasse ait existé bien avant que les courses publiques pour de l'argent aient acquis l'importance qui amena la création du cheval de courses, cela est confirmé dans les écrits de Michaël Barrett, qui en 1618 écrivit un livre fantastique sur l'équitation, plein de préceptes sérieux écrits dans le langage pédantesque de l'époque, dans lequel il parle de Gervase Markham avec beaucoup de respect (2).

« La description par Barrett, du cheval de chasse de cette époque ne serait pas déplacée aujourd'hui, sauf qu'il ne. dit pas un mot sur le saut, bien que nous connaissions de Gervase Markham un récit d'un « catte » que nous appelons « drag » et d'une « Wildgoose chase » (chasse à l'oie sauvage) qu'ils faisaient en passant par dessus tout obstacle; tandis que ses conseils pour choisir un cheval de course auraient conduit au choix des demi sang et des « cocktail » qui étaient battus par les pur sang, même dans la première période de ce siècle.

Après avoir averti ceux qui veulent des connaissances plus approfondies, de consulter « Maister Blundeville » et « Maister Markham » il résume les mérites des chevaux de cette époque de la manière suivante :

« J'ai entendu dire que les étalons Barbes et turcs sont les meilleurs pour tous les usages en général, pour le service, (c'est-à-dire la guerre) pour la vitesse et les belles allures,

---

(1) Hobby du français Hobbin signifie « poney » ; de même « hackney » du français haquenée, en espagnol haccanea, haca.

(2) Michaël Barrett 1618. « Le Vignoble de l'équitation » dédié au prince Charles, l'évêque de Peterborough et les gentlemen de Nottingham et Lincolnshire.

aussi bien que pour une allure de promenade et un trot élégant.

« Bien que le genèt d'Espagne, le poney irlandais et le coursier arabe soient tenus par Maister Blundeville et Maister Markham comme les premiers pour le pas et l'action correcte, il y a l'étalon bâtard obtenu par un de ces chevaux avec nos juments anglaises, qui les surpasse en réalité.

« Les juments anglaises doivent être de bonne stature, grandes mais pas trop, avoir une petite tête, l'œil plein, le naseau ouvert, une oreille roulée, mais un peu longue, une encolure ferme et mince avec cou droit, bien compact à l'embranchement de la tête, une poitrine large et profonde, un dos rond, les côtes bien cerclées, le rein court se terminant un peu près des hanches, la croupe plutôt longue, mais bien proportionnée, les jambes plates, le pied droit et le sabot creux. »

Le Hunter de 1618

Le plaisir de la chasse est si grand qu'il dépasse tous les autres; même s'il n'apportait aucun autre profit que la satisfaction de suivre une meute de bons chiens, (quand on a un bon cheval) ce serait assez pour compenser le danger, car je mets cela au-dessus des autres plaisirs de la terre. Il maintient la santé, rend le corps souple et agile, fait acquérir la manière de corriger son cheval suivant que l'occasion s'en présentera, car s'il peut faire tout service militaire, il sera prêt pour accomplir des exploits dangereux avec célérité et promptitude. Outre son habitude de grimper et de descendre des hautes collines, et des ravins profonds, le cheval de chasse peut rendre d'énormes services en temps de guerre à cause de sa vigueur et de son train.

Le hunter devait avoir à peu près 16 mains (1) de hauteur, la tête d'une grosseur moyenne, ses jambes fines et larges, ses oreilles pas trop petites, et s'il les a tant soit peu écartées

(1) Qu'il soit de taille moyenne, c'est-à-dire 16 mains de hauteur. *(Sic)*.

c'est un signe de vigueur, il faut qu'elles soient aussi pointues, son front large, ayant une bosse au milieu, comme à un
lièvre ; ses yeux pleins et grands, ses naseaux ouverts, avec
une bouche profonde, toute sa tête fine, un cou long et droit,
une encolure ferme, mince, bien relevée, la gorge large, la
poitrine ouverte et profonde; son corps large, ses côtes rondes
bien attachées aux hanches, une croupe bien pleine, longue,
pas très large, tombant bien dans la culotte (gascoyne), ses
membres nets, plats, droits, mais pas très gros, les jointures
courtes, surtout entre le paturon et le sabot, ayant peu de
poils au fanon, le pied droit, le sabot noir et creux, pas trop
gros. Ce qui prouve que les points d'un bon cheval de selle
étaient parfaitement compris sous le règne du roi Jacques Ier.

La description suivante pourrait s'appliquer à un steeple-
chaser moderne

Un cheval de course, même date

Pour la forme d'un cheval de course, il n'y a pas beaucoup
de différence entre sa forme et celle du hunter car leur fin est
l'entraînement :

« Le cheval de chasse doit endurer un long et fatigant travail, par le chaud et le froid, mais le cheval de course doit
dépêcher sa tâche dans un instant court. Il doit avoir autant
que possible les mêmes proportions que le premier ; seulement il peut avoir une échine plus longue, pour que ses flancs
soient plus longs; il aura une plus grande foulée surtout dans
les terrains légers, et si ses membres sont plus élancés, ses
jointures plus lâches et moins courtes au pâturon, il pourra
être excellent et vite pour une course ».

Ces chevaux de chasse et de course avec leurs têtes fines,
leurs membres plats et leurs crins fins formaient une classe
tout à fait différente de ces destriers se cabrant, conservés
pour l'amusement journalier dans l'école de dressage qui était
attachée à toute grande maison. Dans ces écoles les jeunes
gentilshommes de cette période pratiquaient des tours d'équita-

tion dont quelques-uns sont encore essentiels dans l'éducation pour la cavalerie, mais dont la plupart difficiles et inutiles ne se voient plus qu'aux cirques dans les exhibitions de haute-école. Ils se préparaient à faire galante figure en montant dans la carrière, dans les processions et parades de cérémonie et à faire bonne figure dans les duels à cheval ou les combats singuliers qui étaient la fin de toutes les actions de cavalerie tant que les armes à feu jouèrent seulement un second rang dans la guerre. Le cheval dressé pour la guerre devait prendre une aussi grande part que son cavalier — dans toute rencontre, frappant avec ses pieds de devant, ruant des pieds de derrière — faisant des balotades, des croupades et des caprioles.

Tandis que les grands nobles s'amusaient au manège et avaient le droit exclusif de chasser le cerf, privé ou sauvage, la yeomanry anglaise et les fermiers riches, une classe qui n'existait à cette époque dans aucun autre état de l'Europe, s'amusaient à chasser le blaireau, le renard, le lièvre, à faire des matches, des courses et des " Wild goose chases " (chasses à l'oie sauvage) pour prouver le train et la vigueur de leurs chevaux, et cela avec autant de liberté et d'enthousiasme que leurs supérieurs féodaux; si bien que l'élevage des bons chevaux ne dépendait pas, comme dans les autres pays, du patronage du roi et des grands nobles, mais était entrepris par les cultivateurs qui étaient aussi propriétaires du sol et cela partout.

Presque tous les écrivains modernes concentrent leurs narrations sur ce qui a été fait par les rois et les actes du Parlement, et semblent fermer les yeux sur l'amélioration constante de la race des chevaux de selle qui eût lieu génération par génération à cause de la passion des Anglais de tout rang pour la chasse, et pour tout dire, pour celle des pairs sur la vitesse et la résistance de leurs chevaux.

Selon Markham, le renard au temps d'Elisabeth et de Jacques, était comme bête de chasse, placé aussi bas que le blaireau et poursuivi seulement dans les bois ou "un cheval ne peut convenablement faire son chemin, ni poser le pied sans danger de tomber ". Bien plus estimée était la chasse à courre du cerf sauvage, qui cependant, aussi bien que celle du daim parqué, était nominativement, le privilège exclusif des rois et des très grands nobles.

Pour la chasse dans les parcs, on coupait des percées à angle droit dans les bois, par lesquelles montaient et descendaient, à un petit galop tranquille, les cavaliers et leurs dames, d'après la manière pratiquée de nos jours en France et en Allemagne. Manière qui a été remise en train, avec les costumes et toute la splendeur des jours de Louis XIV par l'empereur Napoléon III. Le caractère du sport et la mesure de l'allure peuvent être jugés par ce fait que notre propre " bonne reine Anne " chassait dans le parc de Windsor, dans une voiture découverte attelée de quatre petits chevaux qu'elle conduisait elle-même.

Mais la chasse du cerf sauvage ou du lièvre des contrées marécageuses demande un cheval d'un caractère bien différent de celui des palefrois allant l'amble qu'on employait dans les parcs renfermés. Markham dit : « Quand il (un cerf) est en liberté, il fera sa chasse pendant quatre, cinq ou six milles ; bien plus, j'ai moi-même suivi un daim pendant plus de dix milles en droite ligne de la place où il s'était levé jusqu'à celle de sa mort, sans compter tous ses tourmants, ses détours et ses retours ". Evidemment le vieux Gervase était un ardent chasseur et gardait ses chevaux en assez bonne condition.

Il continue en observant que comme la saison de chasse du cerf a lieu entre avril et septembre et est " très vite et violente " quand le soleil est le plus chaud et le terrain dur, elle n'est pas propre pour entraîner les jeunes chevaux, mais il faut des chevaux d'âge sérieux, et qui aient une longue pratique. Il y avait une certaine race de petits chevaux en Ecosse appelés biacts Galway, qu'il avait vu chasser le daim excessivement bien, supportant la chasse avec beaucoup de courage, et le terrain dur sans boîter, mieux que des chevaux de plus grandes puissances et forces.

Mais la chasse qu'il recommandait le plus pour entraîner les jeunes chevaux était celle du lièvre " qui n'est pas un privilège restreint comme celle du daim, aux grands nobles, mais un sport commun et facile, aussi bien aux fermiers riches, qu'aux grands gentlemen. " Il recommande aussi " la chasse à la traîne, qui n'était autre que le moderne " drag " d'Oxford, Windsor et autres villes de garnison, « une piste odorante traînée à travers les champs labourés, ou les vertes prairies artificielles, sautant fossés, haies, palissades, barres ou clôtures, ou courant à travers les garennes. »

Il y avait aussi la " Wild goose chase " (chasse à l'oie sauvage), précurseur du steeple-chase et (qui avait lieu même pendant ce siècle aux foires de chevaux irlandaises), où une demi douzaine de cavaliers insensés essayaient qui pourrait offrir aux autres les sauts les plus désespérés, ou gênants, ou difficiles, et le cavalier qui pouvait, pendant un certain temps, conserver une avance de quarante mètres, gagnant la gageure.

En quelque sorte, quoique les courses n'aient pas pris l'importance d'un art, comme cela arriva sous le règne de Charles II, fils du roi Jacques ; cependant des paris étaient faits constamment et des chevaux étaient entraînés pour gagner des paris particuliers, sur toute l'étendue du royaume, le prix de la course publique était seulement une clochette, mais les paris étaient importants. Les principes de l'entraînement étaient les mêmes que maintenant, quoique appliqués moins intelligemment. Les " runners " coureurs, comme on les appelait alors, étaient médicamentés (quelquefois avec des drogues ridicules), exercés, habillés et pansés avec beaucoup de peine.

Cavendish, marquis de Newcastle, publia une édition de son célèbre ouvrage sur " l'équitation " en français, en 1658, à Anvers, pendant qu'il était exilé et Cromwell protecteur ; une édition anglaise avec les copies des illustrations originales, apparut en 1667, après la Restauration, dédiée au roi, qui l'avait créé duc de Newcastle.

Les quelques pages qu'il consacre au cheval, en général, sont très intéressantes parce qu'elles montrent que, cinquante ans après Markham, quoique au moins un étalon oriental, destiné à être fameux dans les annales du Stud Book ait déjà été introduit, le cheval de sang anglais n'avait pas été créé.

Son maître, Charles, avait obtenu une position en Afrique, Tanger était une part de la dot de sa femme, Portugaise, et il avait importé les " célèbres juments royales " de sang arabe, barbe, persan ou turc, on ne peut pas dire juste lequel ; le duc qui mettait toute sa passion dans les exercices du manège, s'exprime avec beaucoup de circonspection, sur la valeur de la race anglaise.

Dans le passage suivant, il parle comme si les chevaux de ce temps-là lui étaient présentés en lots mélangés comme les troupeaux que l'on voyait ordinairement dans les foires, quand les foires étaient une institution bien plus importante que maintenant.

Si, dit-il, un cheval est apte à aller à une allure de voyage, laissez-le faire, si il est naturellement enclin à faire des courbettes, on doit l'y mettre ; et de même pour les demi-airs, passades, terre à terre, croupades, balotades et caprioles. S'il n'est pas bon pour cela, mettez-le à courir la bague, s'il n'est pas capable pour cela, employez-le aux gros ouvrages ou pour faire les commissions. Si rien de cela ne lui convient " (et là se remarque son mépris) ", il sera peut-être bon pour les courses, la chasse, les voyages, ou comme porte-manteau, ou comme bête de charge, ou pour la voiture ou la charrette ; car, en réalité, il n'y a pas de cheval qui ne soit propre à un usage ou à un autre. Et il continue à observer, avec une tranchante ironie, considérant le caractère de son roi :

« Si les princes étaient aussi industrieux à connaître les capacités des hommes pour les différentes charges qu'ils leur confient, que les bons hommes de chevaux à employer chaque cheval à ce pour quoi la nature l'a désigné, les rois seraient mieux servis qu'ils ne le sont, et nous ne verrions pas la même confusion qu'à Babel régner dans les états à cause de l'incapacité des personnes en charges.

« Celui qui a les aptitudes à être évêque, n'est pas propre à commander une armée, etc.

« Mais, laissant les rois choisir leurs officiers comme il leur plaît, suivons la nature en ce qui concerne les chevaux.

« Quelle est la nation qui produit le plus beau cheval? à cela je répondis que je ne pouvais le décider tant que je ne saurais pas à quoi le cheval serait employé.

« J'ai entendu vanter les chevaux napolitains, mais ils sont mal conformés quoique forts et vigoureux. J'ai vu des chevaux espagnols, et j'en ai possédé qui auraient été bons à peindre, et qui auraient convenu à un roi pour monter dans quelque circonstance publique; car ils ne sont pas aussi délicats que les Barbes, ni aussi mal conformés que les napolitains, mais entre les deux.

« Les genêts ont un air altier et fin, trottent et galopent bien, mais sont rarement forts, quoique bien choisis, ils portent un poids raisonnable.

« La meilleure race de chevaux est en Andalousie, surtout celle du roi d'Espagne à Cordoue.

« Pour ce qui regarde les Barbes j'avoue franchement qu'ils sont mes favoris et je leur donne la préférence pour la forme, la force, leur air naturellement agréable et leur docilité. Je confesse qu'ils n'ont pas le trot ou le galop aussi agréable que les genêts, mais aucun cheval dans le monde n'a en général de meilleurs mouvements, quand ils sont bien choisis et bien dressés; cependant j'ai été informé en France, par un vieil officier du temps d'Henri IV, qu'il aurait souvent vu un Barbe renversé par la force supérieure d'un cheval flamand (1).

« J'ai expérimenté la différence qui existe entre l'os de la jambe d'un Barbe et celui d'un cheval des Flandres; c'est-à-

(I) Voyez l'anecdote d'une charge de cavalerie par « Vieille Moustache » Chapitre sur les chevaux orientaux.

dire que la cavité de l'os du premier admet à peine une paille, tandis que vous pouvez enfoncer votre doigt dans celle du second. La généralité des Barbes sont musculeux, forts, vites et ont bon souffle. Les Barbes des montagnes sont des chevaux du plus grand courage beaucoup portent des marques de blessures faites par des lions.

« En respectant les chevaux du Nord, j'en ai vu de très beaux dans leur conformation, agréables à toute sorte d'allure, et qui ont surpassé tous les autres dans le saut.

« Bien plus, ils ont une perfection spéciale dans leurs mouvements de jambes de devant, ce qui est la principale grâce dans l'action d'un cheval; mais ils tombent en décadence plus vite qu'un Barbe, et vous trouverez toujours parmi eux plus de chevaux faits pour la charrette que pour le manège.

« Le meilleur étalon est un Barbe bien choisi ou un splendide espagnol.

« Quelques-uns prétendent que le Barbe ou le Genêt produisent une race trop petite. Il n'y a pas de crainte d'avoir des chevaux trop petits en Angleterre car l'humidité du climat et la richesse du sol produisent des chevaux plutôt trop gros.

« Dans le choix des poulinières je vous conseillerai de prendre soit une jument espagnole bien conformée soit une napolitaine. Si celles-ci sont difficiles à se procurer, alors une splendide jument anglaise, de bonne couleur et bien marquée.

« Je ne suis pas partisan des remarques astrologiques dans ce cas. L'inspection de la lune, ou celui d'un autre corps céleste est également absurde dans les affaires de cette sorte; ça ne signifie rien que la lune croisse ou décroisse, ou qu'une autre planète soit en conjonction ou en opposition, car les chevaux ne sont pas obtenus par l'astronomie ou par l'almanach. »

Bien que le duc de Newcastle s'exprime ainsi d'une manière impartiale sur les mérites de toutes les races de chevaux connues de lui, c'est une circonstance curieuse que quarante-trois dessins représentent tous seulement un modèle de cheval :

Le cheval de guerre Flamand, à membres gros, à encolure

épaisse, à fanons poilus, à longue queue et crinière, dont le cheval monté par Charles Ier, dans le portrait de Van Dyck, à Warwick Castle, est un si joli spécimen.

Il n'y a pas la plus petite différence de race apparente dans la liste suivante de chevaux qui sont dessinés sur une double page in-folio : — Paragon, " un Barbe " — La Superbe " cheval d'Espagne " — Mako-Mélia " un Turc " — Nobilissimo " coursier Napolitain " — Rubetan, " un Roussin " (un étalon épais de moyenne taille). Il y a aussi deux grandes gravures, une représentant des juments et des poulains, et l'autre des poulains de trois ans, dans un paddock renfermé, gambadant dans différentes attitudes, faisant des courbettes et des cabrioles naturelles, mais tous, de cette espèce à jambes poilues, comme les chevaux Normands qui traînaient les diligences françaises, il y a trente ans, ou comme les Suffolks améliorés. Le cheval de guerre Napolitain diffère seulement du Barbe en ce qu'il a la croupe plus fuyante et est marqué sur la fesse de la marque de son éleveur, comme les chevaux elevés dans les plaines de l'Italie le sont maintenant.

Plusieurs représentent le marquis à cheval, faisant un des exercices de la haute école, et il y a écrit, d'une manière apparente, ces mots : « Monsieur le Marquis donne une leçon. » Ainsi, après avoir commencé par dire qu'il préfère les Barbes, ce noble professeur d'équitation présente seulement une série de délicieux chevaux de charrette, plus lourds encore que l'animal de corbillard sur lequel est monté Charles Ier, à Charring-Cross.

Cette anomalie nous apparut avec éclat, à l'ouverture à laquelle nous assistions, d'une exposition de chevaux français, dans le Palais de l'Industrie, en 1865, aux Champs-Élysées.

Une troupe d'élèves de l'École de cavalerie de Saumur, apparut dans l'arène, vêtus d'habits du temps de Louis XIV, avec les petits chapeaux tricornes, à plumes d'autruche, des vêtements vert et or, des culottes de peau, des bottes noires, montés sur des chevaux de bonne race.

Ils commencèrent par se former en ligne, au pas, faisant

du passage, devant la tribune de l'Empereur, chaque cavalier en passant, saluait en soulevant son chapeau à plumes; les chevaux gardant exactement leur ligne, chaque pied se levant sur la ligne au même moment — exercice que nous avions souvent vu faire dans les hippodromes professionnels, mais jamais avec des chevaux aussi fins, et des hommes aussi bien exercés.

D'autres manœuvres suivirent, la moins réussie fut le saut de haies basses. Après cette très jolie exhibition, la troupe se retira. Puis les cavaliers reapparurent, montés sur des chevaux normands gras, avec des selles en peau de daim à demi piquet, sans étriers, les crinières tressées avec des rubans, les queues nouées et attachées sur un côté. Au moment où nous les vîmes, nous dîmes à un ami : « Mais, voilà tous les chevaux et les élèves du marquis de Newcastle ! » C'était vrai, car ils commencèrent à exécuter des ballotades et des ca brioles (1) et tous les exercices décrits dans les gravures d'Abraham Diepenbèke.

Nous nous appesantissons sur cette curieuse et coûteuse publication (2), parcequ'il est très extraordinaire qu'une telle dépense ait été faite pour faire ces portraits de chevaux, sur lesquels, au nombre de quarante, il n'y en a pas un représentant un cheval de pur sang ou même un cheval de race passable.

L'auteur de " The Gentlemen's Jockey " dont la neuvième édition date de 1704 " avec addition ", entreprend d'expliquer comment un cheval peut être préparé pour une course au galop en deux mois. Il dit que le cheval anglais peut être reconnu à sa manière de se rassembler (Knitting together),

(1) Dans la ballotade, le cheval s'enlève du sol, tendant également les genoux et les jarrets et montrant ses fers de derrière sans ruer. Dans la cabriole, le cheval fait de même, mais rue des deux jambes de derrière.

(2) Je n'ai pu trouver que trois éditions — la première, en français, que le titre appelle une traduction de l'anglais, publiée à Anvers, pendant le Protectorat, en 1658; la seconde en anglais, à Londres, en 1667, après la Restauration; et la troisième, une reproduction, en 1743 — mais toutes avec les mêmes gravures, titres et descriptions en Français.

comme le napolitain a son nez busqué et le barbe à sa tête fine. Cox, écrivant en 1686, ses " Gentlemen's Recreations " donne exactement la même liste de chevaux que le duc de Newcastle, ajoutant des conseils spéciaux, pour obtenir et importer les chevaux espagnols, arabes, barbes et turcs.

Entre les années 1618 et 1688, une importation constante de chevaux de l'Est, avait lieu, lesquels croisés avec les meilleures juments du pays, triées au point de vue du train et de la vigueur, par les hommes de courses et de chasses, produisirent graduellement et presque insensiblement le cheval de sang anglais, dont la supériorité sur toutes les races de chevaux était prouvée d'une manière incontestable, au commencement du dix-huitième siècle. Il est digne de remarquer que dans un livre sur le traitement du cheval, publié à Rome avec la permission du Pape, en 1689, on ne parle pas du tout du cheval anglais, quoique certainement il eût une certaine réputation, comme c'est prouvé par l'anecdote de Gervase Markham, sur la fuite de Montgomery, au massacre de la Saint-Barthélemy. Un noble italien, le marquis de Origo, un membre actif du Comité de la Chasse à courre romaine, qui s'occupe d'améliorer la race des chevaux italiens, nous disait comme une raison possible de ce fait, qu'un livre imprimé à Rome, en 1688, n'avait pas la permission, peut-être même de parler, des chevaux d'une contrée hérétique. Cependant, il est relaté authentiquement que le roi Jacques II, durant son exil en France, procura des chevaux anglais pour chasser à courre dans la forêt de Saint-Germain.

Voilà la description des différentes races de chevaux, par l'auteur italien. Elle ressemble beaucoup à celle du marquis de Newcastle :

« Les chevaux turcs sont pour la plupart blancs. Cela vient du climat de la contrée ; cependant, il y en a quelques-uns bais ou alezans, très rarement noirs ; et, certainement, les chevaux turcs sont très bons, bien faits, courageux, forts, nerveux et ont la bouche tendre.

« Les chevaux persans ne diffèrent pas beaucoup de ces

derniers en taille et en conformation, mais seulement dans la démarche, car ils font des foulées courtes. Ils sont courageux et ne sont mâtés qu'avec difficulté, s'ils ne sont pas écrasés de fatigue. Ils sont très agréables pour les cavaliers.

« Les chevaux indiens sont très bons sauteurs, excellents pour les courses, et vont un tel train que leur ardeur ne peut être contenue, et cela après longtemps, qu'en les fatiguant beaucoup.

« Les chevaux barbes sont petits, mais bien faits, et agiles dans la course, et sont si obéissants qu'ils sont dressés à suivre les traces de leurs maîtres et sont conduits seulement par une cravache.

« Les chevaux arabes sont plus vites que tous les autres et jamais fatigués. Ils sont délicats et minces et souffrent tout mauvais traitement de leurs maîtres, qui ne les pansent jamais, ne leur donnent jamais de litière ou de grains. Immédiatement après le travail, ils sont dessellés et envoyés à la prairie.

« Les chevaux maures sont excellents dans les longues journées et sont endurants, ils sont audacieux et rien ne peut les intimider.

« Les chevaux polonais sont excellents, surtout ceux de cette partie de la Pologne appelée Sarmatie, en Europe, près de l'Asie ; ils sont très semblables aux chevaux barbes.

« Les chevaux hongrois sont bien dressés aux fatigues de la guerre, à supporter le froid et la faim. Ils ont la tête bien placée et large, les yeux saillants et les naseaux petits; la joue large, le cou bien couvert, la crinière tombant jusqu'aux genoux, les reins puissants et bien faits pour la selle.

« Ils ont la queue bien fournie, des jambes fortes, des jointures courtes, le sabot plein. Ils sont grands en proportion de leur longueur; la maigreur leur convient, parcequ'alors ils sont dans la perfection de leur agilité.

« Les chevaux " Frigian " sont lourds et paresseux; leur naturel est vicieux, poltron et faux, surtout quand il est combiné avec la timidité; mais il faut agir avec sévérité, les frappant sans merci, pour en être maîtres, car si on n'y prend pas soin, leur malignité augmentera tous les jours, et un cavalier peut être fier quand il a soumis un de ces chevaux; car étant de deux caractères, ils ont aussi tant de mauvais penchants, qu'ils perdraient leurs qualités qui sont bonnes, si ils en ont, et à la fin on ne pourrait plus les forcer à faire usage de leur force en tirant, ou en labourant comme dans notre contrée. Ils ont la vue courte, cela tient aux neiges perpétuelles de leur contrée. Leurs sabots sont blancs et tendres, pour ceux qui viennent des endroits de la contrée qui sont marécageux. Ils ont la bouche très dure. A cause de leur mauvais caractère ordinaire, et de l'épaisseur de leurs lèvres, ce qui porte atteinte à la force des rênes, les allemands sont forcés d'employer les brides les plus dures et les plus fortes qu'ils peuvent trouver.

« Quant aux brides, elles sont bien tirées sur des yeux, de manière à leur relever la tête, et sont si haut dans la bouche que le mors atteint presque la racine de la langue. La même chose est nécessaire pour le cheval français, qui est de même caractère; mais, de ce dernier pays, on tire beaucoup de bons chevaux de selle, bien meilleurs que ceux de l'Allemagne.

« Nous ne pouvons comparer les espèces italiennes avec celles des autres contrées ou de quelque partie célèbre du monde. Beaucoup d'exemples peuvent être donnés, par lesquels, dans beaucoup de guerres romaines importantes et autres occasions, la cavalerie italienne gagna des victoires consécutives.

Mais véritablement, si la qualité de ces espèces est obtenue par différentes causes, comme par exemple le climat, la configuration de la contrée, le bon choix des juments et finalement le soin pris par les éleveurs qui s'adonnent à l'élevage des chevaux, il ne faudra pas s'étonner du grand nombre de bons chevaux que l'on trouve en Italie. Que le climat soit si bon et si favorable et de beaucoup le meilleur, c'est prouvé par ce fait que le pays a été envahi par tant de peuples. L'Italie a continuellement été attaquée par les autres et dévastée par la guerre et suivant les tours de la fortune a été gouvernée par différents conquérants, desquels changements, comme je l'ai dit plus haut, ayant acquis différentes qualités de chevaux, les espèces ont été amenées à la perfection ont tiré leur agréable tempérament de l'influence de l'air, leurs robustes constitutions de la nature du pays, la beauté des formes du croisement des différentes races et leurs belles allures du dressage par leurs excellents cavaliers.

Rome, le royaume de Naples et la Toscane, arrivent en première ligne pour les bonnes races de chevaux (1).

---

(1) La Perfettione del Cavallo di Francesco Liberati Romano-All'illustries ell Excellentios Principe il signor D. Gio Battista Borghese, principe di Sulmona. In Roma, per Michele Hercole 1669 Con Licenza de Sup.

CHAPITRE VIII

Histoire du cheval de sang anglais.

Stud-Book de M. Wetherby et liste des ancêtres Orientaux du cheval de course anglais. — Courses importantes à Newmarket, 1720. — Une liste de cent chevaux et juments de bonne race, fameux de 1711 à 1720. — Histoire de l'équitation de Bérenger 1771 — Réminiscences de John Lawrence 1800. — Anecdote de Godolphin Arabian. — Darley Arabian. — Flying Childers. — Le mille en une minute douteux. — Eclipse, sa description d'après « Personnal Recollection » de Lawrence. — Mesures d'Eclipse par Saint-Bel. — Pedigree d'Eclipse. — Tableaux de lui comme cheval de course et comme étalon. — Sa valeur comme reproducteur. — Part active de la « Gentry » propriétaire dans l'amélioration des chevaux ordinaires entre 1700 et 1800. — Effet de la chasse sur l'élevage. — Act pour décourager les courses de poneys en 1740. -- Le fort cheval de course Sampson. — Ses dimensions. — Son petit-fils Manbrino. — Portraits de chevaux de courses dans l'album de M. Tattersall. — Septicisme moderne sur les mérites de Flying Childers et d'Eclipse. — L'amiral Rous un sceptique. — Sa déposition devant le comité des lords. — Sa lettre au « Boyley's Magazine». — Le comte de Stradbroke diffère de son frère l'amiral. — Le général Peel pense qu'on élève autant de bons chevaux que jamais. mais qu'on élève plus de chevaux et plus de mauvais. — La passion du pari est le fondement de l'élevage du cheval de sang anglais.

En 1791, M. Wetherby, fondateur de la maison de ce nom qui tient la banque, et les enjeux de toute course importante dans le royaume, et dont le descendant est encore secrétaire du Jockey-Club, publia la première édition de son « Stud Book » qui est devenu depuis le registre officiel des pedigrees de tous les chevaux de pur sang élevés dans ce royaume. Dans la préface de la quatrième édition, il donna, comme le résultat de recherches laborieuses, pour lesquelles il était allé chercher les meilleures sources d'informations, la liste suivante des arabes, barbes et turcs qui avaient plus ou moins contribué à créer le cheval de course anglais.

Le roi Jacques Ier acheta un arabe à M. Markham, un marchand, pour 500 guinées, qui passait, (mais avec peu de probabilité) pour être le meilleur de cette race qui eût été vu en Angleterre.

Le duc de Newcastle dit, dans son traité sur « l'équitation », avoir vu ce susdit arabe, et le décrit comme un petit cheval bai, pas excellent comme formes.

- Le turc Helmsley était la propriété du duc de Buckingham et eut Bustler, etc.

Le turc Blanc de Place était la propriété de M. Place, chef d'écurie d'Olivier Cromwell quand il était protecteur, et fut père de Wormwoood, Commoner et des arrière-grand'mères de Wyndham, Grey Ramsden et Cartouch.

Le roi Charles II envoya au dehors le "Master of the Horse" (chef d'écurie), pour se procurer un certain nombre de chevaux et de juments étrangers pour élever, et les juments ramenées par lui (comme aussi beaucoup de leurs produits), ont depuis été appelées "juments royales".

Dodswoorth, quoique né en Angleterre, était un barbe. Sa mère, une jument barbe, fut importée au temps de Charles II et était appelée une jument royale.

Elle fut vendue par le chef d'écurie, après la mort du roi, pour 400 guinées, à plus de vingt ans, pleine (par The Helmsley Turc), de Vixen qui fut mère de la jument Old Child.

Le Straddling, ou Lister Turk fut amené, en Angleterre, par le duc de Berwick, du siège de Bude, sous le règne de Jacques II, eût Snake, Brisk, au duc de Kingston, et Pi-

ping Peg, Coneyskins (1), la mère de Hip et la grand'mère de Boston Sweepstakes.

Le Byerley Turc était le cheval de bataille du capitaine Byerley en Irlande, dans les guerres du roi Guillaume (1689, etc.). Il ne saillit pas beaucoup de juments de pur sang, mais fut le père de : Sprite, au duc de Kingston, qui était jugé presque aussi bon que Leedes ; Black Heartly et Archer, au duc de Rutland ; Basto, au duc de Devonshire ; Grass hopper, à Lord Bristol, et Byerley Gelding, à Lord Godolphin, tous en bonnes formes. Halloway's Jigg, un cheval moyen, et la jument de Knigthley, de très bonne forme. Grey hound.

La saillie pour ce poulain eut lieu en Barbarie, après quoi son père et sa mère furent tous les deux achetés et amenés en Angleterre par Marshall.

Il était par le barbe blanc " Chillaby " du roi Guillaume, hors de Slugey, une jument du pays barbe. Greyhound produisit Othello, au duc de Wharton, qui passe pour avoir battu facilement, dans un essai, Chanter, lui rendant une stone, mais qui, devenu boiteux, courut seulement un match public, contre un mauvais cheval ; il produisit aussi Whitefoot, de M. Panton, un très bon cheval ; Osmyn, un cheval très vite et en bonne forme pour sa taille ; Rake, au duc de Wharton, un cheval moyen ; à Lord Halifax, Sampson, Goliath et Favorite, assez bons chevaux de plat à 12 stone qui coururent dans le Nord où il était un étalon public et couvrit beaucoup de meilleures juments.

« Le turc Blanc d'Arcy fut le père de Old Hautboy, Grey Royal, Cannon, etc

« Le turc alezan d'Arcy fut le père de Spanker, Brimmer et de l'arrière-grand'mère de Cartouche.

---

(1) Coneyskins, ainsi nommée pour avoir été d'abord employée comme hack par un chasseur de lapins Il y a une ancienne gravure à l'eau-forte de cette jument dans " l'Album des chevaux de course " collectionnés par feu Richard Tattersall et mis à ma disposition par M. Edmond Tattersall, gravure qui la représente comme un mauvais produit mince, haut perchée sur des jambes comme des roseaux.

« Le Marshall of Sellaby Turc fut la propriété du frère de M. Marshall, chef d'écurie du roi Guillaume, de la reine Anne et du roi Georges Ier. Il produisit " the Curwen old Sport ", la mère de Windham, la mère de " The Derby Ticklepitcher " et arrière-grand'mère de "The Bolton Sloven" et "Fearnought".

« Curwen's Bay Barb était un cadeau à Louis XIV de Muley Ismaël, roi du Maroc et fut amené en Angleterre par M. Curwen qui, étant en France quand le comte Byram et le comte de Toulouse, deux fils naturels de Louis XIV étaient, le premier, master of the horse (maître de la cavalerie), et le dernier, amiral, se procura d'eux des chevaux barbes qui, tous deux, se montrèrent excellents étalons, et sont bien connus sous les noms de " Curwen Bay Barb " et " The Toulouse Barb ". Curwen's Bay Barb, produisit Mibury et Tantivy, tous deux de petits chevaux de très bonne forme (le premier avait seulement 13 mains 2 pouces de haut, et cependant il n'y avait que deux chevaux, de ce temps-là, qui pouvaient le battre à poids légers) ; Brocklesby, Little George, Yellow Jack, Bay Jack, Monkey, Dangerfield, Hip, Peacock et Flatface (les deux premiers en bonne forme, le reste moyen) ; deux Mixburys (propres frères du premier Mixbury, petit cheval moyen), Long Meg, Brocklesby, Betty et Creeping Molly (juments de forme extraordinaire), Wite Neck, Mistake, Sparkler et Lightfoot (très bonnes juments), et plusieurs petits chevaux moyens qui couraient dans le Nord pour des coupes. Il produisit deux propres sœurs de Mixbury, dont l'une produisit Partner, Little Scar, Sore Heels et la mère de Crab ; l'autre fut la mère de Quiet, Silver Eye et Hazard. Il ne couvrit pas beaucoup d'autres juments que celles de M. Curwen et M. Pelham.

« Le " Toulouse Barb " devint ensuite la propriété de sir J. Parsons et fut père de Bag piper, Blacklegs, Molly, à M. Panton, et de la mère de Cinnamon.

" Darley's Atrabian " fut amené par un frère de M. Darley, du Yorkshire, qui, étant agent de commerce à l'étranger, devint membre d'un club de chasse, par le moyen duquel il fut intéressé à se procurer ce cheval. Il fut le père de Childers, et produisit aussi Almanzor, un très bon cheval ; un cheval à jambes blanches, au duc de Somerset, propre frère d'Almanzor, et estimé aussi bon, mais qui, ayant eu un accident, ne courut jamais en public ; Cupid et Brisk, bons chevaux ; Doodalus, cheval très vite ; Dart, Skipjack, Mamica et Aleppo, bons chevaux de plat, quoique issus de mauvaises juments, la jument de Lord Lonsdale, en très bonne forme ; et la jument de Lord Tracey, dans une bonne forme pour les coupes. Il couvrit très péu de juments, à l'exception de celles de M. Darley, qui en eût quelques-unes de très bonne race, en outre de la mère d'Almanzor.

" Sir William's Turk " (plus fréquemment appelé the Honeywood Arabian) produisit les deux " True Blues " de M. Honeywood. Le plus âgé fut le meilleur cheval de plat en Angleterre, pendant quatre ou cinq ans, le second était en très bonne forme et produisit le cheval hongre Romford et le cheval gris de Lord Onslow, chevaux moyens, issus de juments communes. Il n'est pas connu que ce Turc ait couvert d'autre jument de race que la mère des deux „ True Blues ".

« Le " Belgrade Turck " fut pris au siège de Belgrade, par le général Merci, et envoyé au prince de Craon, qui l'offrit au prince de Lorraine. Il fut ensuite acheté par Sir Marmaduke Wyvil, et mourut en sa possession à peu près en 1740.

« De " Bloody Buttocks " on ne peu rien tirer d'autre des papiers de M. Croft, qu'il était un Arabe gris, avec une marque rouge sur la hanche, d'où son nom.

" Croft's Bay Barb " fut produit par Chillaby, hors de la jument Barbe Moonah.

« Le " Godolphin Arabian " était un bai brun, de 14 mains de haut, avec un peu de blanc à l'extérieur du talon de derrière. Il y a un portrait de lui avec son chat favori dans la bibliothèque, à Gog Magog, en Cambridgeshire, à l'endroit où il mourut, en la possession de Lord Godolphin, en 1752, étant, à ce qu'on supposait, dans sa vingt-neuvième année.

« Qu'il ait été un Arabe ou un Barbe, c'est un point discuté

(son portrait ferait incliner pour là dernière supposition) mais
son excellence comme étalon est généralement admise. En
1731, alors la propriété de M. Coke, il était boute en train
(Teazer) pour Hobgoblin. qui refusa de saillir Roxana. On lui
donna la jument Arabe, et de cètte saillie vint Lath, le premier de ses produits. C'est à remarquer qu'il n'y a pas à présent un cheval supérieur sur le turf, sans un croisement de
Godolphin Arabian ; il n'y en a pas eu non plus pendant de
longues années passées. Il y a un portrait original de ce cheval dans la collection de Lord Cholmondeley, à Houghton ; en
le comparant avec la gravure de M. Stubb, on verra que la
disproportion des membres comme petitesse, comme il les a
dans cette dernière, ne s'accorde pas avec le portrait peint. »

« D'un ou plusieurs de ces étalons, descendent tous les meilleurs chevaux de course des temps passés ou présents; si bien
que, jusqu'au jour actuel, les gagnants du Derby et du Saint-
Léger, peuvent être invariablement tracés jusqu'à un des étalons orientaux du xviie siècle énumérés par M. Wetherby.

« Le prix des courses au temps de Jacques était une cloche,
qui sous Charles II fut changée en une coupe, d'où l'origine
de la coupe du roi. Sous Georges II, le vase d'argent fut remplacé par une bourse de cent guinées qui à cette époque fut
appelée " Coupe de la Reine " et donnée à certaines localités
favorisées en Angleterre, en Islande et en Ecosse ; cela se
montait à à peu près 5000 livres par an. Mais l'encouragement
à choisir, élever et entraîner les chevaux pour gagner des
courses et par ce moyen améliorer la race des chevaux anglais,
n'était pas tant à cette époque, les prix publics, les cloches
ou les coupes, que la rivalité entre les voisins et les comtés,
entre le Nord et le Sud, rivalité supportée par de lourds paris.
Il n'y avait pas de journaux de sport pour raconter les courses, mais des calendriers de courses ont été collectionnés par
M. Weatherby. Ils remontent plus loin en arrière que le "Stud
Book " et renferment beaucoup de noms familiers encore parmi
notre noblesse et la gentry comme éleveurs de sang.

« En 1720 il y avait eu vingt-six matches courus à Newmar-

ket et cent ans auparavant des courses avaient été courues
dans le parc de Théobald, parc favori du roi à Enfield, à Croydon et à Espsom ; tandis que sous le règne de Charles II,
Newmarket devint ce qu'il est depuis, le quartier général du
monde des courses. Depuis le commencement du xviiie siècle,
les courses devinrent une des institutions du Yorhskire, qui
a toujours été [renommé pour ses chevaux et ses cavaliers.
Weatherby dans la seconde partie de son premier " Stud
Book " donne les pedigrees de plus de deux cents chevaux et
juments de marque entre 1711 et 1759. Tous, c'est à observer,
sont intimement alliés au sang oriental, le premier étalon
anglais paraissant être Basto (par Byerley Turk), il mourut
en 1723. Parmi les célébrités est Bold Galloway, par un Barbe
hors d'une des juments royales de Charles II, le père de Cartouche qui vint de White Turk de Place (maître de la cavalerie de Cromwell). Cartouche, pendant qu'il appartenait à
Sir William Morgan, de Tredegar, fit la monte pendant plusieurs saisons dans le pays de Galles.

« Bonny Black » né en 1875, une très célèbre jument par
un fils de Byerley Turk sa mère par un étalon Persan; par
conséquent selon toute probabilité avec au moins deux croisements de sang anglais ". « Jigg, le père de Partner, un cheval
parfait, dont il existe un portrait par Seymour, était un
étalon public de campagne dans le Lincolnshire, jusqu'à
ce que Partner eût atteint six ans ; tandis que Partner, né
en 1718 couvrait pendant quatre ans la plupart des meilleures juments du Yorkshire. Il avait été élevé par M. Pelham
l'ancêtre du comte actuel de Yarborough et éleveur de plusieurs chevaux et juments célèbres, entre autres Brocklesby
Betty, un des anciens chevaux de course anglais ».

Il est donc bien clair que sans aucun secours de l'Etat au-
delà de l'importation des juments royales de Charles II et de
sommes insignifiantes consacrées annuellement aux " Coupes
du roi " les nobles, les gentilshommes, des comtés et les yeomen d'Angleterre réussirent entre les années 1618 et 1700 à
fonder, avec les meilleures juments anglaises, avec l'aide des

étalons orientaux, barbes, turcs, arabes et persans, et quelques juments orientales, une tribu de chevaux supérieure à toute autre.

En 1724 la réputation de nos chevaux de sang devait avoir augmenté, car le géant Maurice de Saxe, fils illégitime du dernier roi de Pologne, notre vainqueur vingt ans plus tard, comme maréchal de Saxe, à la bataille de Fontenoy, vint en Angleterre pour acheter des chevaux. Il assista aux courses de Newmarket et fit la joie de ses amis anglais, en plongeant un balayeur insolent, en plein dans sa charrette de boue. En 1771 " Richard Bérenger, gentilhomme de cheval de sa Majesté le roi George publia son " Histoire et Art de la cavalerie " de laquelle la plupart des écrivains sur le cheval, depuis cette époque, ont librement tiré la partie historique de leur sujet. Il est le premier, jusqu'à cette époque, qui fasse une allusion distincte au changement de caractère du cheval anglais.

Il écrit avec le sentiment d'un cavalier de manège ou de haute école, avec peu de sympathie, soit pour la chasse, soit pour les courses, et exprime avec regrets que quelques-unes des prérogatives royales, qui avaient passé avec la maison des Stuarts, ne soient pas descendues à la maison de Brunswick.

Il dit : « Les plus jolis et les meilleurs chevaux modernes anglais descendent d'arabes et de barbes, et fréquemment ressemblent à leur père, en apparence, mais diffèrent d'eux considérablement dans la taille et la construction, étant plus fournis, forts et corpulents; en général ils sont forts, agiles et ont beaucoup de courage, sont capables de supporter une fatigue excesive, et aussi bien en persévérance qu'en rapidité, surpassent tous les chevaux du monde. » Mais d'après les remarques suivantes, il est évident qu'au temps de Bérenger, les chevaux anglais steppeurs de sang, toute la classe des hacks de parc et les chevaux de harnais légers, avec une action jusqu'à la chaînette, n'avaient pas été créés; car il ajoute : « On leur objecte qu'ils manquent de grâce et de cette expression dans leur figure et leur démarche, qui est si remarquable dans les chevaux étrangers, et si belle et pleine d'attraits qu'elle est essentiellement requise dans les occasions de pompe et de parade; mais au lieu de déployer de la dignité dans leurs mouvements, et un air de gaîté et d'ardeur conscients, semblant partager le plaisir et être fiers de leurs cavaliers, ils paraissent dans leurs actions, froids, indifférents et inanimés. Le spectateur le plus inattentif et le plus ignorant qui les verrait contraster avec les chevaux à actions (Hanovriens, Espagnols, Italiens), serait frappé de la différence, serait indifférent à la démarche défectueuse, sans vie, des uns, et transporté de la sensibilité, et du feu et du bon caractère des autres. En outre, les chevaux anglais sont accusés, non sans raison, d'être obstinés et de caractère insoumis, revêches et intraitables ; d'avoir les épaules raides et inactives, de manquer de souplesse dans leurs membres, défauts qui rendent leurs mouvements contractés, leur occasionnent d'aller près du sol, et les rendent impropres pour le manège. » En lisant ceci, chacun involontairement murmure la citation triviale " Tempora mutantur et nos ".

Un peu plus loin, M. Bérenger regrette que Charles Ier qui, par un ordre dans le conseil, ordonna à son peuple de cesser l'usage du bridon pour adopter les mors recourbés, n'ait pas suivi la recommandation d'un mémoire présenté par Sir Edward Harwood, et établit que les nobles et les gentilshommes, au lieu de faire des courses pour des cloches, devraient élever des chevaux plus forts, propres à la guerre.

Dans tous les âges, nous trouvons des écrivains déplorant le déclin de nos races de chevaux, et implorant l'intervention de l'Etat, soit par des restrictions, soit par des encouragements artificiels.

L'autre autorité dans cet aperçu de l'histoire du cheval, est John Lawrence (1), dont le livre, in-quarto magnifiquement illustré de gravures, gravées admirablement d'après les tableaux de Georges Stubbs, B. Marshall et Gilpin, contient aussi les

(1) Histoire et origine du Cheval dans toutes ses variétés, par John Lawrence, 1809.

portraits de Godolphin Arabian, Eclipse, Shakespeare, Herod, Flying, Childers, et autres fameux chevaux de course.

L'histoire du cheval anglais par Lawrence jusqu'à 1770 est surtout tirée du livre de Berenger; mais c'est une autorité pour son époque car il était un enthousiaste et un compère, et paraît n'avoir épargné aucune peine pour obtenir les portraits authentiques des chevaux qui furent le fondement des meilleures qualités du cheval anglais. A une certaine place, 1 dit à ses lecteurs qu'il a examiné mieux, dévoré chaque page et chaque ligne avec tout l'enthousiasme d'un amateur du « Stud Book » (1) de M. Weatherby, récemment paru; « dans une autre » qu'il aurait volontiers fait cent milles à cheval pour donner un galop à un cheval de course célèbre. Ses remarques sur les étalons et les chevaux de course renommés, mentionnés par Weatherby dans sa liste mélangée deviennent très intéressantes car il dit qu'en 1778 « il avait l'habitude fréquente de rendre visite au vieil Eclipse, alors à Epsom. » Lawrence donne des dates à la liste des chevaux orientaux, collectionnée par Weatherby : il dit : « Je ne connais aucun pedigree qu'on puisse tracer au-delà de White Turk à Place » (Place était maître de la cavalerie d'Olivier Cromwell) et de Morocco Barbe à lord général Fairfax. »

Sous les règnes de Charles II et Jacques II, les étalons de sang les plus fameux furent le « Walmsley Turk ». Dordsworth (un Barbe né en Angleterre, sa mère, une jument royale importée), le « Taffolet Barb » « The White Legged Lowther Barb » et the Stradley ou Lister Turk, amené par le duc de Berwick du siège de Bade, sous le règne de Jacques II, au temps où le Sultan avait un pouvoir aussi grand en Europe qu'en Orient, et avait par conquêtes et par tributs, les plus beaux chevaux orientaux dans ses armées). Sous le règne de Guillaume III, furent importés « The Byerley Turk » père de Sprite, Black Hearty, Basto et Jigg; Greyhound, acheté poulain en Barbarie, par le chef d'écurie du roi M. Marshall, avec

(1) Premier volume 1791.

son père, un Barbe blanc, Chillaby sa mère, Slugey, et la jument barbe Monah ; le d'Arcy White et Yellow Turks ; et le Marshall ou Sellaby Turk.

Sous le règne de la reine Anne, les sportsmen, élevèrent de Curven Barb, The Toulouse Barb, un fils de Chillaby, le fameux Darley Arabian, William's Turk appelé aussi Honeywood White Arabian, le St-Vuter's Barb, Cole's Barb et beaucoup d'autres.

En 1730 à peu près, au temps de Georges II, il y avait dans cette contrée les étalons étrangers suivants, faisant la monte : The Alcock Arabian, the Bloody-Shouldered Arabian, the Belgrade Turk (pris au siège de cette place) Bethell's Arabian, Burlington's Barb, le cheval égyptien de Croft, le Black Barb, Cyprus Arabian, Devonshire Arabian, Jonhson's Turk, Godolphin Arabian, Litton's Chesnut Arabian, Matthew's Persian, Pigott's Turk, Lonsdale's Bay Arabian et une demi-douzaine d'autres.

En même temps les pur sang anglais suivants (énumérés dans l'appendice du premier volume du Stud Book de Wetherby) faisaient la monte : Bay Bolton, the Bald Galloway (un poney), Aleppo, Almanzor, Basto, Bloody, Buttocks, Bartlett's, Childers, Bollan's Starling Arab, Cartouche, Flying Childers, Fox, Greyhound, Hartley's Blind Horse, Hampton Court Childers, Hutton's Guy Childers, Hobgoblin, Jigg, Manica, Lamprey, Partner Sore Hells, Small's Childers, Tifler, Woodcock, Young Belgrade et Young True-Blue — noms qui ne sont pas stériles, car tout bon cheval de course pendant les vingt dernières années et même pendant les cinquante, peut être tracé jusqu'à l'un d'eux et à travers eux jusqu'aux étalons orientaux. Lawrence rappelle les noms d'une douzaine d'autres orientaux importés entre 1730 et son époque, mais comme aucun n'est devenu célèbre, ce n'est pas la peine de les répéter.

Dans une note sur the Damascus Arabian, il est établi qu'il était « de la plus pure race arabe, sans mélange de turc ou de barbe » ce qui montre dit Lawrence « l'opinion en faveur en 1773 ».

Après 1750 environ, il semble qu'on n'ait pas employé avec succès aucun sang oriental, arabe, barbe ou turc, quoique des enjeux pour arabes importés fussent courus à Newmarket. Tous les chevaux de course les plus célèbres tracent leurs pedigrees de 1730 à 1750 à travers des pères anglais jusqu'aux arabes Darley ou Godolphin. « Nos meilleurs chevaux depuis un siècle passé ont été imbus profondément de leur sang ou dérivent entièrement d'eux. »

Suivant Lawrence « Godolphin Arabian était bai brun, quelque peu pommelé sur les hanches et l'encolure, mais sans blanc excepté à un sabot de derrière, ayant à peu près 15 mains de haut, avec une bonne ossature et une bonne substance.

Son portrait par Seymour, était dans la bibliothèque à Gog Magog, résidence de lord Godolphin. Il est à présumer que le fameux portrait par Stubb (gravé dans le livre de Lawrence) qui fut vendu à sa vente pour 246 guinées, était une copie de celui de Seymour.

Les artistes disent que l'encolure du cheval est tout à fait hors nature. Cependant, d'après tous les récits et différentes reproductions que j'ai vues de ce cheval, son encolure était excessivement grande et élevée, son cou recourbé élégamment et son nez très fin. Il avait une longueur considérable, ses épaules étendues et sa tête avaient la vraie position inclinée, et chaque partie contribuait matériellement à l'action. Suivant la tradition, il avait été ramassé dans Paris où il traînait une charrette. On ne l'employa pas comme étalon jusqu'en 1734, époque où son premier produit fut Lath, hors de Roxana, lequel fut considéré comme le meilleur cheval depuis Flying Childers. Après Lath, jusqu'à sa mort, en 1753, quand il avait alors 29 ans, Godolphin fut le père d'une série de pedigrees. Qu'il fut un barbe, et non un arabe, j'en suis de plus en plus convaincu, chaque fois que je regarde son portrait. Le nom ou la race assignée aux chevaux étrangers, par ceux qui les importent, n'offre pas la plus petite conséquence. Si un cheval est acheté en Turquie, on le qualifie de turc. Parmi nous, tous les chevaux du sud sont appelés arabes. Le Compton Barb était appelé communément the Sedley Arabian et le Turc de Sir John William " the Honeywood Arabian ". Le " Darley Arabian produisit Flying Childers et d'autres moins connus de la renommée moderne. Il n'avait pas la variété de juments qui annuellement se précipitaient sur the Godolphin Arabian; de fait, il en couvrit très peu, excepté celles appartenant à son propriétaire, M. Darley; mais d'elles vinrent les plus grands et les plus rapides chevaux de course connus. — Flying Childers et l'Éclipse, le plus vite, sans aucun doute, de tous les quadrupèdes ».

« Flying Childers était un cheval alezan, avec du blanc sur le nez et les quatre pâturons blancs. Il avait 15 mains de haut ou un peu plus et était de la forme compacte et courte, ses immenses enjambées étant façonnées par la longueur de son dos et de ses reins, ces derniers paraissant dans tous les portraits de lui, d'une longueur extraordinaire. Il était né en 1715, produit par the Darley Arabian, hors de Betty Leedes. Il était le croisement, tout à fait en dedans, d'un certain nombre de sujets de sang arabe et barbe. Il ne partit jamais qu'à Newmarket, et là, il battit tous les meilleurs chevaux de son temps. »

L'histoire de son parcours de trois milles six furlongs et quatre-vingt-treize yards en six minutes et quarante secondes, quoique souvent répétée, est actuellement traitée comme une erreur ou une exagération.

Éclipse

Éclipse était un cheval alezan, de 16 mains 1/2 de haut, né en 1764, par Marske, un arrière petit-fils de Darley Arabian. " Il ne fut entraîné qu'à cinq ans. " Quand je le vis pour la première fois " dit Lawrence ", il paraissait en bonne santé, d'une constitution robuste. Son épaule était très épaisse, mais étendue et bien placée, son arrière-train paraissait plus haut que l'avant-main, et il était dit, qu'aucun cheval dans son ga-

lop ne lança ses hanches avec un plus grand effet, son agilité et ses foulées étant de pair.

Il couvrait beaucoup de terrain arrêté, et sous ce rapport
était l'opposé de Flying Childers, un cheval à dos court, compact, dont le développement reposait dans les membres inférieurs. Quand je le vis, gras comme un étalon, il y avait un
certain air de grossièreté en lui. Éclipse ne fut jamais battu;
jamais il ne sentit la cravache et la molette d'un éperon; il
dépassait dans ses enjambées, et battait comme fonds, tout
cheval qui partait contre lui. »

Feu M. Percival, un vétérinaire distingué, écrivant sur le
même cheval, dit qu'il était un gros cheval, dans toute la force
du mot, grand de stature, avec un coffre long et spacieux,
des membres larges. Pour un gros cheval, sa tête était petite
et avait le caractère arabe; son cou était d'une longueur inaccoutumée; son épaule était forte, suffisamment oblique, et sa
poitrine ronde, n'ayant rien de remarquable, mais n'ayant
pas de défaut, au point de vue de la profondeur; il avait le
garrot peu sorti, étant plus haut du derrière que du devant;
son dos était long, et sur les reins avait la forme d'un
dos de carpe; ses quartiers étaient droits, carrés et étendus;
ses membres longs et larges, ses articulations grosses; en
particulier, ses avant-bras et ses cuisses étaient très longs
et musculeux, ses genoux et ses jarrets larges et bien
conformés. »

M. Percival arrivait à ces conclusions, d'après les descriptions des écrivains contemporains comme Lawrence, d'après
l'examen du squelette conservé dans le musée du Collège royal
de médecine, duquel M. Saint-Bel, le premier professeur du
Collège royal des vétérinaires, a donné les mesures suivantes
qui, quoique souvent publiées, sont profondément intéressantes, parce qu'elles montrent que, aussi loin que la forme
ait été (paix soit à l'amiral Rous), le cheval de course anglais
avait atteint la perfection en 1770, quand l'Éclipse avait six
ans. Nous disons cheval de course, pour le distinguer du cheval de selle, car sa croupe haute, ses quartiers puissants, et

son garrot bas devaient en faire un cheval aussi désagréable à monter qu'on peut se l'imaginer.

Proportions d'Eclipse

La longueur de la tête du cheval est supposée divisée en vingt-deux parties égales, qui sont la mesure commune pour chaque partie du corps.

Trois têtes et 13 parties, donneront la hauteur du cheval depuis le toupet jusqu'au sol.

Trois têtes du garrot au sol.

Trois têtes de la croupe au sol.

Trois têtes et trois parties, la longueur totale du corps, depuis la partie la plus proéminente de la poitrine jusqu'à l'extrémité de la fesse.

Deux têtes et vingt parties, la hauteur du corps, au milieu du centre de gravité.

Deux têtes et sept parties, la hauteur de la plus haute partie de la poitrine au sol.

Deux têtes et cinq parties, la hauteur de la ligne perpendiculaire qui tombe de l'articulation du bras avec l'épaule, directement au sabot.

Une tête et sept parties la hauteur de la perpendiculaire qui tombe du sommet de la jambe de devant, la divisant également jusqu'au fanon.

Une tête et dix-neuf parties la hauteur de la perpendiculaire du coude au sol.

Une tête et dix-neuf parties la distance du sommet du garrot au grasset.

La même mesure donne aussi la distance du sommet de la croupe au coude.

Une tête et demie la longueur du cou, depuis le garrot jusqu'au sommet de la tête.

La même mesure aussi donne la longueur du cou depuis le sommet de la tête, jusqu'à sa pénétration dans la poitrine.

Une tête la largeur du cou au point d'union avec la poitrine.

Douze parties de tête la largeur du cou dans sa partie la plus étroite.

La même mesure donne la largeur de la tête, prise au dessous des yeux.

Une tête et quatre parties, l'épaisseur du corps, depuis le milieu du dos, jusqu'au milieu du ventre.

La même mesure donne la largeur du corps.

De même la croupe, depuis son sommet jusqu'à l'extrémité de la fesse.

De même la distance de la racine de la queue au grasset.

De même la longueur du grasset au jarret.

De même la hauteur de l'extrémité du sabot au jarret.

Vingt parties de tête la distance de l'extrémité dé la fesse au grasset.

De même la largeur de la croupe.

Dix parties de tête la largeur des jambes de devant, de leur partie antérieure au coude.

Dix parties de tête la largeur d'une des jambes de derrière, prise sous le pli de la fesse.

Huit parties de tête la largeur du jambon depuis la courbe.

De même la largeur de la tête au-dessus des naseaux.

Sept parties de tête la distance des yeux, d'un angle à l'autre.

De même la distance entre les jambes de devant.

Cinq parties de tête l'épaisseur des genoux.

De même la largeur des jambes de devant au-dessus des genoux.

De même l'épaisseur des jambons.

Quatre parties et demie de tête la largeur de la couronne.

Trois parties de tête l'épaisseur des jambes à leur partie la plus étroite.

De même la largeur des jambes de derrière aux canons.

Deux parties et 3/4 de tête l'épaisseur des pâturons derière.

De même la largeur des canons des jambes de devant.

De même la largeur des pâturons de derrière.

Une partie et 3/4 de tête l'épaisseur des canons de devant et de derrière.

Les pedigrees de chevaux célèbres remontent jusqu'au commencement du XVIIIe siècle, ou pour dire en sécurité " ex unum disce omnes " presque tous remontent à the Darley Arabian (1715) ou the Godolphin Arabian (1724) ou à tous les deux. Le pedigree suivant d'Eclipse qui sera présentement rassemble avec son plus fameux descendant moderne, établira suffisamment, les faits si familiers à tous ceux qui étudient la littérature du turf.

PEDIGREE D'ECLIPSE

D'Arcy Whithe Turk
Jument Royale
Hautboy

Coneskins Lister Turk
Fille de Hautboy
Hutton's Bay Turk
Fille de

Old Wilkes par Hautboy
Ol Montague
Fille de Hautboy
Snake Lister Turk
Fille de Hutton's Grey Barbe
Fille de,
Coneskins Lister Turk
Bald Golloway
Smith's Son of Snake
Fille de
Mother Western
Régulus
SPILETTA

Lister Turck
Darley's Arabian
Betty Leeds
Careless
Snake
Barbe Mare
Fille de Hautboy
Hautboy
Fille de Hautboy
Fille de Lees Arabian
Clumsy Hautboy
Fox Club
Fille de
Fille de

Bartlett' Childers
Mère de Caroline et Shock
Snake
Squirt
Hutton's Black Legs
Fille de Hautboy
Fille de
MARSKE
Godolphin Arabian

ECLIPSE

Portraits d'Eclipse

M. Edmund Tattersall nous a aimablement permis de reproduire la gravure d'Eclipse par G. Townley Stubbs en condition de course, d'après le célèbre tableau de son père et aussi de faire un fac-simile colorié d'un portrait original d'Eclipse, après qu'il eut été mis au haras. Les deux montrent un animal de haute qualité et de grande puissance. Les annales consultées jusqu'ici prouvent que, tandis que peu de personnes s'étaient engagées dans la vie de l'élevage des chevaux de course, un grand nombre de gentlemen dans les campagnes éloignées comme M. Pelham à Brocklesby Park, en Lincolnshire, et Sir William Morgan, de Tredegar, dans les Galles du Sud, entre 1700 et 1800, amélioraient les chevaux de leur district en encourageant leurs tenants et voisins à croiser les chevaux du district avec des étalons ayant du sang de course.

Heureusement le goût des éleveurs, quand le cheval de sang anglais se confectionnait, ne se dirigeait pas uniquement sur la rapidité. Les chasses créaient un besoin de chevaux de bonne race et vers la fin du dernier siècle, un besoin de hunters de pur sang pouvant porter du poids, besoin qui a continué et augmenté depuis.

Les courses de comtés naquirent souvent des clubs de chasse des comtés. La rivalité entre différents comtés était ardente et le goût des chevaux de sang se répandit des squires jusqu'aux yeomen et aux fermiers, encouragés par la demande de chevaux de fatigue (roadsters) et de chevaux de voiture rapides. Chaque capitale de province comme Exeter, Salisbury, (une des plus anciennes), Leicester, Chester et York, vait aussi bien que son théâtre, ses chambres d'assemblée, son arène de combats de coqs, son champ de course; Yorkshire rencontrait Lincolnshire. A Holywell les squires de Cheshire rencontraient ceux des Galles et à Chester leurs rivaux du Lancashire. Il y avait rivalité entre les Ridings du Yorkshire, et la plus ardente compétition entre le nord de l'Angleterre et le sud.

La chasse à courre dans un pays dur et clôturé, un sport, comme nous l'avons déjà observé, populaire en Angleterre, quand les fermiers des autres contrées de l'Europe étaient peu autre chose que des serfs, contribua grandement avec les courses à répandre des chevaux de bonne race dans les trois royaumes.

En 1740, règne de Georges III, un acte avait été passé pour la suppression des courses publiques de poneys et pour tâcher de décourager les petits chevaux faibles ; aucun prix pour les chevaux de course ne devait être inférieur à 50 livres. Tout cheval de cinq ans devait porter dix stones, de six ans onze stones, et de sept ans douze stones. Mais il n'y a pas trace que cet acte probablement le produit de quelque membre indépendant, du Parlement, ait été jamais mis en vigueur.

Jusqu'au commencement et pendant le premier quart de ce siècle-ci, il y avait un grand nombre de courses où étaient admis les chevaux qui n'étaient pas de pur sang, connus sur le Turf comme " H. B. " (demi-sang) ou cock tails " qui, en concurrence avec des chevaux de pur sang, recevaient allégeances de poids. Le système d'accorder des allégeances de poids fut essentiellement aboli, par suite de l'ouverture qu'il donnait à la fraude, en substituant un poulain de pur sang à un demi-sang de la même couleur ; mais, pour un temps, il a dû avoir l'effet d'encourager les fermiers à donner leurs juments aux chevaux de sang dans la chance d'obtenir un cheval de course, ou sinon, un hunter.

« De Childers et Blaye " dit Lawrence " descendait Sampson, le plus fort cheval qui ait couru, avant ou depuis son époque, le plus fort, aussi bien comme " Hackney " (cheval de louage) et comme hunter. Sampson avait 15 mains et demie de haut, et ses dimensions, prises par son propriétaire le marquis de Rockingham, étaient les suivantes :

Depuis les poils du sabot jusqu'au milieu du boulet.   4   pouces.
Du boulet au pli du genou 11   »

Du pli du genou au coude 19   pouces.
Tour de sa jambe en dessous du genou, partie la
  plus étroite . . . . 8 1/2 »
Tour de sa jambe de derrière, partie la plus étroite. 9   »

Malheureusement on ne donne pas le tour de sangle, ni le
tour de l'avant-bras; mais ces dimensions indiquent un cheval
de sang puissant et compact, quoique de peu de réputation
comme cheval de course.

Ces particularités sont intéressantes, car Sampson fut le
grand'père de Mambrino, né en 1768, considéré dans son
temps comme un trotteur étonnant pour un cheval de course,
et Mambrino, décrit par Weatherby " comme un très médiocre
cheval de course ", fut le père de Messenger, qui, exporté en
Amérique, devint le point de départ d'un pedigree avec beaucoup de branches des meilleurs chevaux de trot des Etats-
Unis.

Mambrino est regardé comme un exemple de " puissance
avec qualité " que l'auteur d'un ouvrage anonyme publié en
1836 (1) et illustré d'une série de lithographies grossièrement
exécutées, pensait qu'il était du devoir de la nation de cultiver.

L'évidence ferait incliner à croire, que le cheval de course
exhibé dans les vainqueurs des grandes courses annuelles
comme le Derby, les Oaks et le Saint-Léger, était aussi parfait pour les besoins pratiques en 1803 qu'en 1873; savoir s'il
était aussi rapide pour les usages des courses, a longtemps
été une matière à dispute.

En regardant l'album de portraits de chevaux de courses,
étalons de sang et juments poulinières des temps les plus
reculés, collectionnés par feu M. Richard Tattersall, et pour
lesquels nous devons, comme nous l'avons déjà remarqué,
remercier de son amabilité son neveu, M. Edmund Tattersall,
les premiers dessins grossiers, représentent une série d'ani-

---

(1) Une vue comparative de la forme et du caractère du cheval de course
anglais et du cheval de selle, pendant les siècles passés et le siècle présent.

maux impossibles; — le complet pendant des portraits des chevaux anglais dans le livre du duc de Newcastle, ou du cheval italien en 1688, donnés dans notre dernier chapitre, — avec des corps décharnés, des jambes comme des aiguilles et des cous de chameaux. Ils semblent avoir été de véritables mauvaises graines (weds). Coneyskins, à sir William Morgan, un cheval de course fameux en 1726, est véritablement un pauvre misérable, tandis que, un peu plus tard, Marske, le père d'Eclipse, est représenté comme un pur sang, et, en même temps, un porteur de poids. L'amélioration des chevaux venait-elle des chevaux ou des artistes? Il n'y a pas de preuve digne de confiance.

Pour les usages utiles (quelles que puissent être les exigences pour une course moderne d'un mille), il serait difficile de trouver des modèles plus satisfaisants que Gohanna, du comte d'Egremont, en 1790, sang auquel les hunters irlandais doivent toute leur réputation si bien conservée; ou bien Eléanor, qui gagna le Derby et les Oaks pour sir Charles Bumbury, en 1801, et paraît bien apte à être monté à la chasse. Truffle et Benedict en 1808, Wæful et Wisker en 1812, ne laissent rien à désirer au point de vue de la force et de la qualité. Il est vrai que leurs queues courtes les font paraître compacts.

A présent, les chevaux de course les plus populaires ont seulement trois ans, ne sont pas arrivés à leur complet développement, ne sont pas (garnis) en terme de marchand; et leurs portraits, à ceux qui sont ignorants des matières en fait de chevaux, donnent une très fausse idée de nos meilleurs pur sang quand on les considère comme chevaux et non comme machines de courses.

Les mérites de Flying Childers, Eclipse et " autres pères conscrits ", des chevaux de courses anglais, et les récits traditionnels de leurs exploits, ne sont pas acceptés sans discussion. Des personnes influentes, liées au turf, ont des opinions différentes, les unes prétendent que le cheval anglais est très dégénéré, les autres qu'il est très amélioré. Peut-être regardent-elles les différents côtés d'un même bouclier, peut-être les uns ne pensent qu'à la perfection à laquelle est arrivé l'art de gagner ou de perdre de l'argent dans un après-midi à Newmarket, et les autres au nombre des " terribles " étalons de pur sang se promenant dans la contrée pour propager toutes sortes d'imperfections et de défauts héréditaires.

Devant " le Comité des Lords pour l'approvisionnement des chevaux ", la question de la dégénérescence fut incidemment soulevée, et fit jaillir des opinions de caractères très différents.

L'amiral et honorable Henry Rous, qui est affligé de dire que depuis cinquante ans, il a observé tout cheval de pur sang de course, ayant de la réputation, et, depuis les trente dernières années, a noté, chaque soir de sa vie, les résultats de chaque course, comme un préparation " pour handicaper plusieurs milliers de chevaux ", a le plus grand mépris pour les divinités de course de la vieille génération des Anglais, et refuse entièrement à croire, en fait de courses, aux mérites de Childers et Eclipse.

Il dit au Comité des Lords que, en 1700, la taille moyenne du cheval de pur sang était de 13 mains 3 pouces, et que, depuis cette époque, elle a augmenté d'un pouce par vingt-cinq ans. Il devait vouloir parler de la taille ordinaire, car, en 1740, les mesures de poneys étaient déclarées illégales. Herod (1758) avait 15 mains 3 pouces. Eclipse (1764) plus de 16 mains. Jupiter (1774) 15 mains 1 pouce, et ils étaient ce que l'on peut appeler des chevaux représentant.

« A présent, dit l'amiral, la taille moyenne du cheval de course est de 15 mains 3 pouces, et il n'y a pas moins de 12 chevaux à l'entraînement qui ont 17 mains, chose inconnue il y a cinquante ans ; » mais, comme l'amiral admet que Prince Charlie, " le meilleur cheval dans le monde entier pour un mille et ayant 17 mains de haut, était un corneur, et que les grands chevaux sont plus souvent corneurs que les petits ", il ne paraît pas que la race des chevaux anglais doive tirer plus de profit de ces géants équestres, que la nation prussienne n'en tira du régiment des gardes du corps composé des géants du roi Frédéric Ier.

Pour rendre justice à l'amiral, il faut convenir que ces opinions n'étaient pas exprimées pour la première fois.

Quelques années auparavant, il adressait au " Bailey's Sporting Magazine " une lettre qui contient le passage suivant :

« On croit. et c'est une croyance ridicule, que, parce que nos maîtres aimaient à faire des matches de chevaux de quatre, six ou huit milles, et parce que leurs grands prix étaient au moins de quatre milles pour âge, que les chevaux anglais de 1700 (Qy. 1760) avaient plus de fonds et étaient plus propres à courir de longues distances avec des poids élevés, que les chevaux d'à présent ; il y a aussi une autre croyance spéciale que les chevaux ne peuvent parcourir quatre milles. De 1600 à 1740, la plupart des épreuves à Newmarket étaient de plus de quatre milles, le poteau du sixième mille, dans mon temps, était à peu près à 200 yards de la station de chemin de fer actuelle ; " six milles Rottom " et le poteau du huitième mille était juste au sud de la côte. Mais la cruauté de la distance ? et l'intérêt des propriétaires de chevaux abrégèrent la course en rapport avec la " civilisa · tion du pays " (?) Vous pouvez engager des chevaux pour toute distance qu'il vous plaira, mais ce n'est pas une preuve de leur capacité. Après avoir dit que l'Arabe n'est pas dégénéré. et que les portraits de Flying Childers, Lath et Régulus (premiers croisements des chevaux orientaux) n'avaient pas l'apparence de chevaux de course, quoiqu'ils fussent assez bons pour dépasser les misérables bidets de cette ère, il continue : " Ma croyance est que le cheval de course actuel est aussi supérieur au cheval de course de 1750, que celui-ci dépaissait le premier croisement des Arabes et des Barbes avec les juments anglaises, et encore autant que ceux-ci surpassaient les hacks qui couraient en 1650. Un cheval pareil à Flying Childers serait bon maintenant seulement pour une coupe de 30 livres, le gagnant étant à vendre pour 40 livres.

Highflyer et Eclipse bons pour une coupe de 50 livres, le gagnant étant à vendre pour 200 livres. Cette opinion est formée sur le fait que, pendant 150 ans passés, les chevaux orientaux et leurs premiers croisements étaient les meilleurs et les plus vites chevaux en Angleterre, et, qu'actuellement, un cheval de course de seconde classe, peut rendre cinq stones. au meilleur Arabe ou Barbe et le battre aussi bien pour un mille que pour vingt. " Le comte de Stradbroke, le frère du grand handicapeur (1), et un oracle dans le monde des courses, émet (comme on le verra dans l'extrait suivant de son témoignage devant le même comité) une opinion totalement différente; mais alors il est gentleman zélé de comté ; intéressé à pourvoir les éleveurs de Suffolck, d'étalons sains et pratiques.

« Pendant plus de soixante ans, j'ai acquis une grande expérience dans l'élevage de toutes sortes de chevaux et j'ai pris grand intérêt à leurs qualités de résistance.

A un moment de ma vie, j'ai élevé un grand nombre de pur sang. Je crois que les chevaux ont dégénéré depuis les dernières années.

« Les coupes de la reine étaient données, dans l'origine pour des chevaux devant porter de gros poids et courir de longues distances. Dans le siècle dernier, et dans le commencement de celui-ci, il y avait un grand nombre de chevaux de valeur capables de courir trois ou quatre milles, sans le moindre ou le plus petit préjudice d'aucune sorte; mais, maintenant, cette catégorie d'animaux n'existe plus.

Ma ferme croyance est qu'il n'y a pas en Angleterre, actuellement, quatre chevaux capables de courir la (Beacon course) (4 milles, 1 longueur 138 yards) à Newmarket en huit minutes, et que, dans ma jeunesse, je voyais faire continuellement.

« Vous pouvez difficilement persuader les gentlemen de faire courir 4 milles, car ils peuvent gagner de grosses som-

---

(1) L'art de handicaper consiste à amener des chevaux d'âge et de vitesse différents aussi près que possible les uns des autres, en imposant des poids extra, en proportion de leurs performances publiques antérieures.

mes en courant des courses courtes (1) et leurs chevaux peuvent sortir plus souvent. Je suis effrayé que ce soit une question de gagner de l'argent, plus qu'il y a 80 ans, quand il y avait un grand nombre de personnes qui étaient très fières d'élever des chevaux de modèle différent.

J'ose dire qu'à Goodwood, pendant les dix dernières années, il n'y a pas eu plus de trois chevaux se présentant pour les Coupes de la Reine, et encore ils ont fait la moitié de la dis tance au pas.

L'opinion du général Peel (2), qui ne s'accorde ni avec l'opinion de l'amiral Rous, ni avec les mélancoliques prophéties du comte de Stradbroke, représente peut-être la plus jolie peinture de la condition actuelle du cheval de sang anglais.

Le général Peel avait " en cinquante années d'expérience comme éleveur de chevaux, ayant, ensemble avec son père, Mr Edmund Peel, élevé, en 1821, son premier animal, une pouliche qui courut seconde, derrière Cobweb, au comte de Jersey, dans les Oaks, en 1824 ". Il considère qu'il y a maintenant d'aussi bons chevaux que dans la période précédente, mais qu'il y en a beaucoup plus de mauvais qu'autrefois, par suite de l'altération du système complet d'élevage.

Autrefois, les propriétaires de chevaux de courses les élevaient eux-mêmes. Ils avaient leurs propres juments poulinières, leurs propres paddocks; ils choisissaient soigneusement l'étalon qui convenait à chaque jument, et ils conservaient le produit pour le faire courir eux-mêmes.

A cette époque, il était très difficile d'acheter des yearlings; maintenant les dix-neuf vingtièmes des chevaux sont élevés pour la vente. Quand, il y a quelques années, de très grandes sommes furent données aux ventes aux enchères, pour des yearlings, la fourniture suivit promptement la demande.

---

(1) 80.000 livres furent gagnées en paris sur une seule course par une même personne en 1873. — Ed.

(2) Opinion du général et très honorable Joseph Peel, devant le Comité choisi pour établir la manière de se procurer les chevaux.

Chacun se mit à élever, et des ventes d'écuries s'organisèrent dans tout le pays.

Plus de chevaux sont élevés (il y avait la dernière saison presque trois mille juments de pur sang), et plus de mauvais, car les éleveurs pour la vente donnent leurs juments aux étalons qu'ils achètent, ou qu'ils louent ; que le croisement soit convenable ou non. « Cette opinion est soutenue par le fait que bien qu'il y ait peu d'éleveurs particuliers en comparaison des éleveurs publics, presque tous les grands prix sont gagnés par des animaux appartenant à des éleveurs particuliers ».

Mais l'objet de ce chapitre, n'est pas de discuter les courses et leurs désavantages, moraux ou physiques, qui sont aussi inévitables que les autres maux des intelligences et des corps de la vie civilisée, mais de dessiner d'une manière rapide comment l'amour des sports de la campagne, comment l'amour de l'équitation, de la chasse, des paris sur les matches, et finalement, la concentration de l'esprit du jeu (qui dans une forme ou dans une autre, existe toujours dans les nations civilisées, ou à demi-civilisées) sur le cheval de course, a dans moins d'un siècle, posé les fondements de la plus belle race de chevaux du monde entier.

Sans les courses, le cheval de sang anglais, n'aurait jamais existé. Nous devons en prendre le bon avec le mauvais, comme des autres institutions vraiment anglaises.

A tout point de vue, il est certain que retourner au vieux système de courses de quatre milles avec des poids lourds est aussi impossible que de reproduire le long whist dans la bonne société ou de retourner des navires de fer marchant par la vapeur, aux frégates de bois, à voiles, que l'amiral Rous préfère si infiniment ; car l'amiral est strictement conservateur, sur toute question, excepté celle sur laquelle ses clients (dans le sens Romain), la fraternité du pari, prospèrent.

De grands intérêts déterminés (y compris un revenu du télégraphe, considérable et qui s'augmente) sont devenus la conséquence du système moderne, c'est-à-dire des chevaux courant très jeunes, des courtes distances, et toutes les chances de gagner des prix de milliers de francs, et des paris de dizaines de mille francs. Savoir si cela conduit à un élevage parfait de chevaux de sang utile, est une toute autre question.

CHAPITRE IX

Le cheval de sang moderne.

Points d'un cheval de course. — Description par Copperthwaite. — Le plus laid souvent le meilleur. — Taille et substance. — Pas d'objection à une grosse tête. — Ni aux grandes oreilles tombantes. — Grande largeur essentielle de la hanche au jarret. — Note sur ce sujet. — Objections à une poitrine ouverte. — Anecdote de sir Anthony Harbotlle. — Il hait les chevaux ayant des têtes de poneys. — Digby Collins, sa notion sur l'arrière-main d'un cheval de course. — La forme arabe pour l'arrière-main et la queue est mauvaise. — Arrière-main défectueuse de Blink Bonny et Caller ou description d'un cheval arabe par Abd-el-Kader. — Différence relative entre le steeple-chaser et le hunter. — Touchstone. — Son fils Motley, mauvais comme cheval de course, parfait comme producteur de hunters. — Couleurs du cheval de sang anglais. — Statistique du turf. — Tables des chevaux de course de 1797 à 1872. — Tables des distances courues. — Nombre des courses en 1872. — Lettre du comte de Coventry. — Le cheval de course comme étalon. — Exemple Stockwell et West Australian. — Anecdote du comte Derby et lord Palmerston. — Leurs favoris pour le Derby. — La vie d'un cheval de course à deux, trois et quatre ans. — Les courses des trois ans à poids fixes. — Courses à poids pour âges. — Coupes de la reine. — Les Handicaps comme prix principaux. — Carrières comparées des poulains de pur sang et de ceux qui n'ont pas pris leur grades. — Les propriétaires modernes de chevaux de courses sont surtout des parieurs. — Les parieurs classés. — Le jeu ayant changé de forme. — Anecdotes sur la vieille génération des joueurs.— Wilberforce. — Charles Fox. — William Pitt. — Les maisons de jeu ayant anciennement des licences. — Caricature par Gilray des ladies Buckinghamshire et Archer, au pilori. — Le prince de Galles et le lord Chief Justice Kenyon en 1799. — Le pari « offre une probabilité de fortune au-delà des rêves de l'avarice ». — Gains de M. Chaplin. — Pertes de ses rivaux. — Description du commerce des bookmakers. — Anecdote de Palmer l'empoisonneur. — Analyse des pratiques des bookmakers. — Whyte Melville. — Photographie du bookmaker " l'Eléphant ". — L'origine des courses le Derby et les Oaks. — Ces deux courses gagnées en 1801 par Eléanor, en 1857 par Blink Bonny. — Description par lord Melbourne du " Ruban bleu " : aucune prétention au mérite sur lui. — Malchance de lord Glascow. — Chance de lord Clifden et M. Chaplin. — Le Derby gagné par un cheval étranger Gladiateur. — Fraude de Ruming Rein en 1844. — Orlando le vrai gagnant. — Le cheval de sang comme étalon pratique. — Le haras de Glascow. — M. Tom Barrington sur les étalons de sang. — Plan de location recommandé. — Les coupes de la reine ne sont plus utiles. — Mesures et poids. — Le pur sang en dehors de l'entraînement. — Usages variés.

Les extraits suivants des ouvrages de deux écrivans, dont l'un est un maître dans l'art d'écrire sur les chevaux et l'équitation, l'autre un bon exemple d'une personne sans culture, ni prétentions littéraires, dont la vie a été dévouée au turf, donneront probablement une bonne idée de ce que les hommes de courses aiment dans un cheval de course :

« Quelques-uns des plus vilains chevaux, sont les mieux conformés, quand on les examine convenablement. Les plus mauvais chevaux de courses sont fréquemment les plus jolis.

« On pourrait presque s'avancer jusqu'à dire qu'ils sont invariablement les plus mauvais. Les plus grandes rosses sont généralement très jolies et bonnes seulement pour Rotten Row.

« La taille et la substance sont indispensables, non pas un grand cheval, étroit comme un " cheval de caparaçon ", mais d'apparence plutôt épaisse qu'autrement, quand il est en condition de graisse avant d'aller à l'entraînement. La grossièreté doit être écartée, surtout en ce qui regarde la tête, le cou et les épaules. L'œil doit être grand, clair et brillant avec une sorte de nudité, provenant de l'absence de poils grossiers, ce qui est un signe de grande race. Les os des joues (ganache) doivent se terminer en pointe graduellement vers le nez, le front doit être large et plat entre les yeux, mais il y a beaucoup d'exceptions à ces descriptions, beaucoup de chevaux de première classe, ayant des têtes fortes et osseuses. La tête doit avoir une expression intelligente ; l'œil être clair, plein et calme, ce qui dénote un bon caractère et les qualités de résistance ; un œil irritable et anxieux avec plus de blanc que d'ordinaire, dénote un caractère chaud, la vitesse sans le fonds. Les oreilles, pourvu qu'elles ne soient pas de la forme longue et droite comme chez les ânes, piquées des deux côtés de la tête, peuvent être grandes. Quelques-uns des meilleurs chevaux avaient des oreilles tombantes, leur couvrant les yeux comme à un lapin.

« Les chevaux qui ont les oreilles tombantes ont, en général, un bon tempérament. Quand il est au petit galop, si un cheval remue les oreilles alternativement, d'abord l'une, puis l'autre, c'est signe de bon tempérament ; ceux-là, en général, peuvent courir longtemps.

« Les naseaux doivent être ouverts et mobiles, le cou devra être de longueur raisonnable, mais musculeux, sans être grossier.

« Un cou court accompagne généralement des épaules rondes, lourdes ; le manque de longueur, pour les autres parties, est le pire des défauts pour un cheval de course.

« Mais la longueur ne signifie pas un dos long. Nous devons juger la longueur par le terrain qu'un animal couvre en dessous de lui. Le corps ou pièce du milieu, d'un cheval vraiment conformé pour la course, pouvant porter du poids, quand il est en condition, doit présenter de la profondeur au passage de sangle, un bon dos, des reins bien musclés et cintrés, mais ne sera pas pas trop compact du côté des hanches. Ceux qui courent le plus longtemps, et ceux qui portent le mieux le poids, et ceux qui sont les plus vites paraissent être légers dans les côtes de derrière. Le grand point de tout consiste dans l'arrière-main " ayant une bonne longueur de la hanche au jarret"(1). Avec de bons jarrets et de bonnes cuisses, les épaules qui doivent être bien inclinées en arrière, avec une bonne longueur depuis la hanche jusqu'à l'extrémité de l'os de la hanche, suppléant la longueur, là où il y en a le plus besoin. Une légère inclinaison vers la queue, est préférable à une apparence trop horizontale. Les animaux de conformation inclinée sont, en général, mieux tournés sur leurs hanches et possèdent un plus grand pouvoir de propulsion. Les jambes de devant doivent être musculeuses et raisonnablement longues ; du genou au boulet, assez courtes, nettes, avec de bons os, ni rondes, ni empâtées ; les pâturons ne seront pas droits comme ils le sont fréquemment.

« Les genoux arqués, pourvu que le cheval n'ait fait aucun ouvrage, sont préférables aux genoux de veaux qui ont l'apparence contraire.

« Quand un cheval de course est très compact, a les côtes bien roulées, c'est-à-dire quand il n'a qu'un faible espace entre la côte de derrière et la hanche, la dernière étant quelque peu profonde et ronde, il y a liberté d'action, pouvoir de propulsion et une belle foulée. La hauteur devra être de 15 mains 2 pouces à 16 mains.

« Quand un animal a la poitrine large et se tient ouvert, vous pouvez le regarder comme n'étant pas cheval de course (2).

(1) Une grande importance, dit un écrivain anonyme, est assignée à une grande longueur entre la hanche et le jarret. Cette forme poussée au point où elle l'est dans les chevaux de course, est tout à fait trompeuse et le pur résultat d'une sélection continuée depuis longtemps en vue de la vitesse, comme on peut le voir dans le levrier, elle était autrefois bien moins développée, et si nous pouvons juger les anciens chevaux de courses d'après leurs portraits, inconnue de ceux-ci. « Sur la détérioration du cheval anglais », par un officier de cavalerie, 1854.

(2) Sir Charles Bunbury discutait avec Lowel Edgeworth, le père de Miss Edgerworth, après-diner à Newmarket, la lecture d'un passage de Cicéron, quand sir Anthony Harbottle, un squire du Nord du type d'un squire de l'Ouest, se réveillant d'un assoupissement, crut entendre le nom d'un cheval à

Un coureur rapide et vigoureux, sera profond, quoique étroit entre les avant-bras ou la poitrine.

Fisherman marchait les pieds écartés, mais était étroit au-dessus. Quelques animaux à côtes plates, avec une apparence extraordinaire de faiblesse derrière la selle, résistent bien et ont un pouvoir extraordinaire de propulsion.

« J'ai vu peu de chevaux de première classe, ayant des têtes de poneys. Teddington fut le cheval qui avait la plus jolie tête que j'ai vue parmi les bons chevaux ». (1)

M. Digby Collins, qui est une autorité comme éleveur, comme cavalier, et comme jockey de steeple-chase, traite le sujet de a forme du cheval de course, d'une manière plus travaillée et plus scientifique. Pour la taille, après avoir nommé les petits et les grands chevaux de course qui ont gagné les grandes courses, il conclut comme suit : " Quelque soit le poids, il doit y avoir taille et longueur quelque part, et plus il y a de taille et de longueur sur des jambes courtes, mieux cela est. Je m'oppose décidément à la petite tête arabe qui dénote l'adresse, et le tempérament. Je ne fais pas d'objection à la taille, tant qu'elle n'est pas disproportionnée à l'ensemble général. Les oreilles grandes et longues sont un signe d'enjouement. Un bon cou veut dire un cou fort, profond, large, courant bien droit entre les épaules imperceptiblement. J'abhorre un cou mince, faible, maigre, ou un cou léger, effilé et recourbé comme celui d'un paon ».

Laissons de côté les idées de M. Collins sur les épaules, la poitrine, les membres de devant, etc. Quant à ce qui regarde les côtés et le dos, il dit : « Je ne déteste pas un cheval ayant le dos un peu creux ; on est bien assis dessus, et beaucoup de chevaux de course ont bien couru avec cette conformation. On rencontre des hanches osseuses et carrées, fréquemment dans les hunters, et les steeple-chasers qui sont de grands

l'entraînement et cria : Cicéron, qu'est-ce qu'il y a sur Cicéron? Il est étroit de derrière, large de devant et ne vaut pas mon chapeau rempli de pommes sauvages.

(1) " The Turf ", par R. H. Copperthwaite.

sauteurs, mais rarement dans les chevaux de plat ayant réussi.

« Depuis l'os de la hanche, jusqu'à l'embranchement de la queue, la construction ne sera jamais horizontale, ou ce que les jockeys appellent (comme un paon) et la queue haut placée est tout à fait un défaut. La plupart des chevaux de première classe, en plat comme à travers champs, ont la queue plantée bas, avec une arrière-main longue et ouverte, approchant de ce que les hommes de course appellent " mean quartered " vils quartiers.

« Deux juments — Blink-Bonny, gagnant du Derby, des Oaks et du St-Léger et aussi Caller-Ou, étaient des exemples remarquables de cette conformation extrême ».

Avec cette description laborieuse, de ce qu'un cheval de course devrait être, M. Collins admet que beaucoup d'entraîneurs considèrent que " les membres de devant n'ont rien à faire avec les courses "; que " les chevaux courent dans toutes les formes "; que " s'ils auront à courir dans les handicaps de six, cinq ou même trois furlongs, qui les paient aussi bien que n'importe quoi aujourd'hui, et ne sont pas attendus à être assez bons pour courir le Derby, les Oaks, les St-Léger ou les coupes de Doncaster, Goodwood. Chester et Ascot ", alors la simple conformation doit être jetée à tous les vents, " et le pedigree de l'étalon soigneusement examiné ". On peut observer en passant que le public intéressé à avoir des chevaux pratiques n'a rien à voir avec les gagnants des grandes courses, jusqu'à ce qu'ils manquent d'engendrer des chevaux gagnants, car leur prix, de trente à cent guinées par jument, les met en dehors des moyens des personnes de toute sorte qui élèvent le hunter ou le cheval de selle.

Points des arabes comparés avec les chevaux de course. Comparer ces points du cheval de course anglais avec la description par Abd-el-Kader du cheval arabe, et les différentes exigences du cheval de guerre pour un combat singulier dans e désert, et d'un cheval destiné à des efforts extraordinaires pendant moins de trois minutes, peut être examiné en un clin d'œil.

« Le cheval de race a les oreilles courtes et mobiles ; les os lourds et fins, les joues maigres, sans encombrement de chair ; les naseaux ouverts ; les yeux beaux, noirs, brillants, proéminents ; le cou long ; la poitrine proéminente, le garrot haut, les reins bien soudés, les hanches fortes ; les côtes antérieures longues, les côtes postérieures courtes ; le ventre remontant, la croupe arrondie ; les bras longs, comme une autruche, avec des muscles comme un chameau, le sabot noir.

« Quatre choses larges : le front, la poitrine, la croupe, les membres.

« Quatre choses longues : le cou, les bras et les cuisses, le ventre et les hanches.

« Quatre choses courtes : les reins, les pâturons, les oreilles, la queue. »

« En un mot, le cheval de course est élevé pour être semblable à un levrier, c'est pourquoi des centaines de chevaux sont élevés par an, qui sont trop lents pour les courses et incapables de faire un autre service utile. M. Collins, en décrivant la différence entre la conformation du cheval de course plate, du steeple-chaser et du hunter, ce dernier, étant dans sa meilleure forme, le cheval le plus utile pour tous les besoins, excepté les lourds charrois, marque la différence nécessaire entre la machine vivante, qui est employée à un exercice intense, sur un terrain doux, pendant un temps qui dépasse rarement trois minutes, et le steeple-chaser ou le hunter, dans quelques mots efficaces :

« 1o Le garrot du steeple-chaser sera plus élevé, et ses épaules plus longues.

« 2o Le tour de la taille sera plus profond, et les côtes postérieures plus courtes et plus relevées.

« 3o Les hanches seront plus larges et le bassin plus ouvert.

« Au galop, le steeple-chaser doit avoir une action brillante et fougueuse, jetant ses genoux bien tendus.

« Le cheval de course doit glisser droit en avant aussi doucement qu'un côtre dans l'eau.

« Le hunter différera du steeple-chaser en un point ; ses

côtes postérieures seront plus profondes et plus étendues, pour le rendre capable d'accomplir un travail sévère pendant plusieurs heures sans manger. »

Un examen consciencieux de ces " points " notés par les deux hommes pratiques déjà nommés, débarrassés des théories qui souvent enchaînent les écrivains publics sur le même sujet, montrera que le cheval de course peut être de première classe dans son métier — métier de gagner des courses avec des poids légers, et des distances ne dépassant pas un mille, comme le favori de l'amiral Rous " Prince Charlie " — et manquer des qualités essentielles pour faire un bon hunter, ou un cheval de selle, de quelque sorte que ce soit.

Quant aux contours les plus admirés dans le cheval oriental moderne, ils sont détestés des entraîneurs anglais.

Ils n'admettent pas la très petite tête, et les oreilles courtes pointées en avant " ni la queue haut plantée " qui donne tant de crractère à l'arabe. Au contraire Digby Collins dit positivement que la plupart des chevaux de première classe sur le plat et à travers champ (steeple-chasers) ont la queue plantée bas.

De temps en temps des exemples se présentent dans lesquels le type du sang oriental éloigné, est reproduit avec une curieuse fidélité. Par exemple, Touchstone, vainqueur du Grand St-Léger en 1834, était un étalon très renommé de chevaux de courses. De lui avec beaucoup d'autres, descendait Orlando, auquel le Derby fut attribué en 1844 dans de curieuses circonstances et aussi Teddington, vainqueur du Derby en 1851.

Le pedigree de Touchstone, remonte par six étalons à Eclipse, dont la provenance d'un lot d'orientaux est montrée dans le pedigree établi plus haut. Parmi les nombreux fils de Touchstone, se trouva Motley qui ne se distingua jamais sur le turf. Quand Motley fut exposé à Islington en 1865, ayant alors 14 ans, il reçut, sur la recommandation expresse de M. Joseph Weatherby, d'Old Burlington Street, un prix extraordinaire, en raison de sa remarquable reproduction du type de ses ancêtres éloignés, orientaux et principalement arabes. La tête était celle d'un arabe pur sang ; son défaut le garrot plus bas que la croupe, était un défaut arabe, qu'il avait de commun avec son ancêtre Eclipse. Ce défaut était neutralisé d'une manière évidente par son union avec des juments de chasse de demi-sang, ayant de bonnes épaules de cheval de selle. Enfin quand ses produits commencèrent à travailler, il obtint une grande réputation comme étalon de hunters, réputation qu'il conserva jusqu'à sa mort.

Les chevaux de courses modernes ne sont plus forcés de porter douze stones dans des courses de quatre et six milles, et en Angleterre la cruauté des épreuves a complètement disparu.

Elles étaient communes dans les courses de la contrée, dans le milieu du siècle présent et sont encore continuées en Amérique et en France.

Les couleurs de chevaux de pur sang.

Le cheval de pur sang moderne est le plus fréquemment bai, souvent alezan, moins souvent bai brun, rarement noir et encore plus rarement rouan et presque jamais gris.

Un autorité très compétente, écrivant en 1855, a calculé que dans les derniers trente ans, le Derby a été gagné par 16 bais, 7 alezans et 7 bais bruns, le Saint-Léger par 17 bais, 8 bais bruns et 5 alezans. Depuis cette époque, le nombre des alezans a augmenté, le nombre des bais bruns a diminué et ni rouan ni gris n'a gagné aucune de ces grandes courses. Il n'y a pas eu de cheval gris renommé depuis Chanticleer, qui à 4 et à 5 ans en 1847 et 1848, gagna beaucoup de " Coupes royales ", le Goodwood Stakes et le Doncaster Cup. Il y a seulement deux gris renommés dans le " Racing Calendar en 1872," Master Bagot, un gris fer, et Strathconan, un gris clair descendant de Chanticleer. Strathconan, n'a à son acquit que 9 poulains, dont aucun n'est gris, et Master Bagot un seul qui est bai. Le seul gris de quelque réputation en 1873 était la

jument Oxford Mixture ; elle était presque noire et ne gagna
pas la grande course où l'on pariait beaucoup pour elle à
Newmarket. Les rouans furent connus en 1864, quand Rapid
Rhone, gagna le Claret Stakes à Newmarket pour le comte
de Glasgow, battant le gagnant du Saint-Léger, Lord Clifden. Il était du sang de Physalis ; et le comte en éleva beaucoup de la même famille, parmi lesquels, dans le haras légué
au général Peel, étaient " Brother, to Rapid Rhone " un cheval
rouan,"Beauvale" et d'autres. Un ami écrit : « Dans une visite
à la ferme haras de Lord Glasgow en 1865, je vis une pouliche d'un an, d'un splendide jaune foncé, mais comme elle n'a
jamais couru, elle fut probablement convertie, comme beaucoup d'autres poulains de la même ferme, en viande pour les
chats; car telle était la coutume d'un pair aussi excentrique
que tous ceux qui ont pu être décrits dans un roman français. » Les étalons de pur sang rouans, ont surtout été employés à couvrir des juments de demi-sang.

Aucun cheval de pur sang pie ne parut en public dans le
siècle présent ; mais dans une lettre à l'éditeur du Duc de
Beaufort, sa grace mentionne, qu'une jument Physalis lui
donna, une fois, deux jumeaux pie !

« Les fermiers, éleveurs d'animaux, depuis les taureaux,
jusqu'aux volailles de prix, sont très difficiles sur la couleur.
Un nez noir dans un animal à cornes courtes, une mauvaise
plume dans un oiseau Espagnol ou des jambes bleues chez
un coq de combat, sont considérés comme de fatals défauts,
et les étrangers reprochent vivement les marques blanches
chez les étalons qu'ils achètent, qu'ils soient de pur sang ou
trotteurs, mais un examen du " Calendar " montre que très
peu fréquemment, les chevaux de course ne transmettent pas
leur couleur propre.

Par exemple le " Calendar " de 1872, montre que sur neuf
poulains issus du cheval bai King's Tom, quatre étaient
alezan et un bai brun ; lord Lyon, eut huit fois, cinq bais
bruns et quatre alezans. Blair Athol eut 17 alezans, sa propre
couleur, 14 bais et un bai brun ; Old Voltigeur, dans son

déclin, faisait tous les poulains bais ou bai bruns ; Youg
Melbourne, quatre bai bruns, tous les autres alezans ; tandis
que Saunterer, qui est noir, fut le père de 14 alezans, dix
bais, trois bais bruns et seulement deux noirs. C'est une
opinion, dans le monde de l'entraînement qu'il n'y a jamais
eu une bonne jument noire sur le turf, quoique les traditions en citent beaucoup qui n'étaient pas tout à fait de pur
sang. En comparant les couleurs des pur sang anglais avec
les Arabes de Syrie et du pays Wahabee, on observera que
la principale différence consiste dans la rareté des gris et la
présence des rouans dans les races anglaises.

Beaucoup de chevaux de pur sang, ont des poils gris épars
dans une robe foncée, une variété à laquelle on ne fait pas
de reproche ; mais l'antipathie pour les gris est très forte
dans les écuries d'entraînement. Quand il y a quelques années un fils gris de Chanticleer fut côté au betting pour la
grande course à Epsom, L'Honorable F..... L..... écrivait :
" Je ne peux jamais croire qu'un cheval gris puisse gagner
le Derby. »

Les Français et les Allemands, qui écrivent, consacrent des
pages entière à la description des différentes nuances de
de couleur des chevaux ; mais c'est un sujet sur lequel on ne
peut émettre un avis sérieux, sans avoir des sujets vivants,
ou sans des gravures qui coûteraient plus que le sujet ne
vaut. Il est difficile de décrire où le bai finit, et où le bai
brun commence. Un cheval noir en condition basse parait
souvent d'un bai brun couleur de rouille. En Angleterre,
seulement un cheval noir avec le museau et les flancs couleur
de renard (tan) est appelé conventionnellement bai brun. Les
alezans ont presque autant de nuances que les bais, depuis le
doré, jusqu'au saure foncé qui paraît noir dans une écurie sombre. Les rouans peuvent être noirs ou rouges. Le feu comte de
Derby avait, au commencement de sa carrière de course, un
cheval de course rouan noir appelé Parolles ; la race de Lord
Glasgow, est rouanne rouge ou rouanne jaune. Gris signifie
toute couleur entre le gris d'acier et le gris pommelé. Le gris

peut être d'une nuance très à la mode ou extrêmement vulgaire.

Les tables suivantes et figures, tirées du " Racing Calendar " pour 1872, résument l'histoire et la situation actuelle
du turf Anglais.

En 1872, il y avait d'inscrits comme pères et mères des
poulains de pur sang :

Etalons. 387

Deux ou trois des étalons les plus à la mode, sont crédités
pour vingt poulains et même au-delà de trente, jusqu'à ce
qu'en descendant l'échelle, il y en a qui n'ont qu'un produit
en face de leur nom; mais le Calendar ne parle pas des produits des juments de demi sang qui sont les habituées des
étalons moins renommés et moins coûteux :

Juments poulinières. 2853

DIVISÉES COMME SUIT :

Stériles	661	
Avortées.	85	
Non saillies	155	
Couvertes par des demi sang.	50	
Mortes avant d'avoir pouliné.	108	1112
Exportées avant d'avoir pouliné	53	
Produits, Poulains 857; Pouliches. .	866	1741

En 1800 poulains et pouliches de pur sang élevés   600
En 1802 Le nombre des chevaux de course était   536
En 1831 Poulains et pouliches de pur sang élevés   961
En 1872 Le nombre des chevaux de course était 2310

La table suivante montre le nombre de chevaux qui ont
couru à différents âges dans les années indiquées.

ANNÉES	YEAR-LINGS	DEUX ANS	TROIS ANS	QUATRE ANS	CINQ ANS ET AU-DESSUS	TOTAL
1797	»	48	161	122	262	593
1802	»	31	117	108	280	536
1807	»	32	230	148	280	691
1812	»	55	324	188	254	821
1817	»	78	309	174	239	800
1822	»	112	285	194	387	988
1827	»	142	361	210	453	1166
1832	»	200	395	237	407	1239
1837	»	215	326	210	462	1213
1843	»	213	384	236	456	1289
1849	»	264	419	254	378	1315
1859	9	576	496	240	324	1645
1860	»	608	521	302	286	1717
1861	»	661	550	214	342	1767
1862	»	626	528	291	381	1826
1863	»	643	510	291	393	1837
1864	»	664	548	298	438	1948
1865	»	659	572	359	449	2109
1866	»	729	572	364	447	2042
1867	»	752	661	408	637	2458
1868	»	844	631	418	617	2510
1869	»	842	673	402	617	2534
1870	»	807	709	442	611	2569
1871	»	732	740	450	561	2483
1872	»	699	627	382	390	2098

D'après ce tableau on peut voir que pendant 7 ans finissant en 1872, il fallait plus de 700 poulains pour suffire à la demande annuelle des deux ans. Pour le reste un certain nombre n'ont pas couru avant trois ans ou sont employés comme étalons ou comme poulinières sans avoir été entraînés. Le reste détaché comme steeples-chasers ou comme hunters, chevaux de selle, « barouche », et leaders dans les attelages à quatre, ceux qui sont inférieurs se répartissent dans toute la contrée et deviennent des hacks bon marché ou trouvent leur chemin dans les cabs ou les voitures à ressorts des commerçants.

On remarque qu'un tiers des deux ans et des trois ans ont disparu des courses pour les quatre ans et les cinq ans et qu'il ne reste que 380 chevaux de 4 ans et 390 de cinq ans et au-dessus. Le surplus (554) est passé dans le même tamis que les year-

23

lings. La mort et les accidents comptent peut être pour 20 pour cent, quelques-uns ont été transférés à la ferme de haras, le reste a été converti en chevaux d'utilité générale. Un calcul sérieux à montré que sur 15 poulains, seulement deux valent la peine de rester à l'entraînement à trois ans.

Il est donc clair que du caractère de ces animaux détachés du turf, dépend complètement le caractère du cheval de plaisir anglais.

Le tableau suivant montre que le nombre des courses courues dans le Royaume-Uni, a diminué de plus de trois cents depuis 1869; mais les prix ont augmenté dans une bien plus grande proportion et les paris ont atteint une bien plus grande importance.

DISTANCE	1867	1868	1869	1870	1871	1872
Un 1/2 mille et en dessous.	390	417	464	388	179	188
Au dessus d'un 1/2 mille et moins d'un mille . .	745	803	850	814	1020	1032
Un mille	337	323	325	281	253	264
Plus d'un mille et moins de deux	411	410	383	397	353	323
Deux milles et moins de trois	225	181	190	173	158	96
Trois milles et moins de quatre	25	23	22	21	20	17
Qatre milles	7	5	4	4	4	3
Total. . . .	2140	2162	2238	2078	1987	1923

Ce tableau montre le changement suivant dans l'arrangement des courses;

En 1867 les courses d'un demi mille et au-dessous étaient. 390

Pour plus d'un demi mille et moins d'un mille. . . 745

En 1872 les compétiteurs pour un demi mille et en dessous étaient. 188

Pour plus d'un demi mille et moins d'un mille. . . 1032
Sur 1923 courses, seulement 116 étaient de deux milles et au-delà.

Nous ne voudrions pas rêver de critiquer ces arrangements, qui sont réglés indirectement par les principaux soutiens du turf, les bookmackers, qui ne s'occupent du cheval que comme une machine faisant de l'argent. Personne ne voudrait croire qu'un parlement de propriétaires de navires écouterait la proposition consistant à diminuer les profits en augmentant la sécurité des navires allant à la mer. Mais le comte de Coventry, comme propritaire et éleveur de chevaux de course, comme chef d'équipage, comme juge éminent des points et des qualités d'un cheval utile, est une autorité.

Voici sa manière de voir, exprimée dans une lettre adressée au " Times " à la date du 5 novembre 1873.

« Les courses courtes qui dominent maintenant ont une bien
« plus grande influence pernicieuse, suivant mon avis, sur la
« race des chevaux que la pratique nuisible de faire courir
« les deux ans dans le commencement de l'année. J'ai proposé
« une motion, à une récente réunion du Jockey-Club, dans
« l'effet d'obtenir qu'il n'y ait plus, pour les chevaux âgés de
« trois ans et au-dessus, de courses à plus courte distance
« qu'un mille, mais elle a été repoussée par une grande majo-
« rité.

« Le nombre des courses courtes augmente, car je trouve
« qu'en 1871, sur 1253 courses, 646 étaient de moins d'un
« mille ; en 1872, sur 1269 courses, 741 étaient au-dessous d'un
« mille. Je n'ai pas compris les courses de deux ans dans ce
« calcul, que je crois exact. Nous admettons tous que le bon
« état de la respiration et des membres est l'élément impor-
« tant dans la constitution du cheval. Il est généralement
« admis que le cornage est un défaut héréditaire, et c'est un
« fait également connu que les corneurs peuvent gagner des
« courses courtes ; donc les courses ridicules dont je me plains
« peuvent être regardées comme encouragement pour les
« chevaux défectueux.

« L'amiral Rous, dans une lettre qu'il a publiée il y a
« quelque temps dans le *Times*, dit : " La race des chevaux
« dont nous sommes si fiers sera éventuellement battue par la
« race française " ; et donne la raison de cette manière de
« penser, en ce que " les Français rejettent les corneurs et
« les jambes infirmes ". Cela peut-il étre une matière à sur-
« prise, quand il est reconnu qu'en France, il n'y a pas de
« course en-dessous d'un mille, et qu'en conséquence, il n'y a
« pas d'emploi pour les corneurs et les impotents ! A beaucoup
« d'exhibitions de chevaux, j'ai l'habitude de voir des étalons
« que je sais être corneurs, mais ils ont acquis — merci aux
« courses courtes — une réputation sur le turf, et leurs ser-
« vices au haras sont recherchés des éleveurs.

« Il est très facile de montrer que le défaut du cornage a été
« plus fréquemment rencontré dans les dernières années, et
« nous trouvons que le nombre des courses courtes augmente.
« Les parieurs et les propriétaires de mauvais chevaux aiment
« bien les courses courtes ; le public des courses, en général,
« les déteste ; et je crois que si on les supprimait, il y aurait
« une diminution notable dans le nombre des corneurs à élever
« pour les années à venir. »

Le Cheval de Course comme Etalon.

Le caractère d'un étalon de pur sang est une matière aussi
délicate que le crédit d'une banque ou la réputation d'une
femme ; et comme les charmes d'une beauté, il est constamment menacé par de jeunes rivaux surgissant à chaque
saison. Il vaut donc mieux ne pas mentionner les célébrités
vivantes, pour ne pas les condamner ou les louer, surtout les
louer, car quelques années ont vu les idoles d'une autre année
complètement discréditées par les résultats obtenus en courses
par leurs produits.

On peut prendre de tels exemples dans les carrières de
Stokwell et son rival (comme étalon) West Australian, tous
les deux, chevaux des plus populaires que le turf anglais ait
produit, tous les deux morts, l'un à vingt ans, l'autre à vingt-

et-un ans. Le pédigree de Stockwell ne peut pas être tracé aussi directement de père en fils que celui de Toutchstone, qui était le père d'Orlando et le grand-père de Teddington ; mais il était du sang d'Eclipse, comme on peut le voir :

« Né en 1849, par the Baron hors de Pocahontas par Glencœ ;
« hors de Marpessa par Muley, hors de Clare par Marmion,
« hors de Harpalice par Johanna, hors de Aurazon par Driver,
« hors de Fractions par Mercury, sa mère par Woodpecker,
« hors de Everlasting par Eclipse.

En 1872, Stokwell gagna les " deux Mille ", fut battu dans le Derby par le petit Daniel O'Rourke, si longtemps étalon favori dans le haras de sir Tatton Sykes (quoiqu'il n'y ait jamais produit rien de fameux), gagna neuf courses dans la même année, y compris le Doncaster Saint-Léger, fut battu à Ascot pour la coupe de l'Empereur (1) par Teddington l'année suivante, et termina sa carrière sur le turf à la fin de sa quatrième année, gagnant presque 10,000 livres en prix en quatre ans. Mais, comme étalon, il ne fut jamais égalé. Entre 1856 et 1869, y compris ces deux années, sa lignée se monte à 420. Dans les douze années, de 1858 à 1869, il fut le père de 337 gagnants, de 183 courses, évaluées 302,312 livres.

Parmi ses descendants il y avait, de son vivant, Blair Athol, Lord Lyons et Achievement; et depuis sa mort Doncaster, c'est-à-dire les gagnants de quatre Derbys, un Oacks et trois Saint-Légers.

West Australian, né en 1860, après un début bien plus brillant, termina sa carrière sous différents maîtres, comme étalon sans gloire ni profit. Il était, dit le " Druid ", un poulain qui promettait bien plus que Stockwell, et un des meilleurs coureurs qu'on ait jamais vu (sujet cependant à une sorte de boiterie intermittente des pieds et puis des cou-de-pieds). Il gagna aisément les " Deux Mille "; puis le Derby difficilement, plus tard le Doncaster Saint-Léger.

---

(1) Il est curieux de remarquer que les deux vainqueurs de Stockwell (Teddington et Daniel O'Rourke) ont été tous les deux au haras impérial en Autriche.

A quatre ans il gagna trois courses, puis fut mis au haras.
En 1860, à la mort de Lord Londesborough, qui l'avait acheté
4750 livres, il fut vendu avec Stockwell aux enchères au
comte de Morny pour trois mille guinées, quinze cents de
moins que Stockwell. En Angleterre, il n'avait rien fait
comme étalon, en France il n'eut également pas de succès. A
la mort du comte de Morny, il fut acheté par feu l'Empereur
des Français pour 1500 livres et mourut sans avoir été le père
d'un seul bon cheval. Ses descendants français, comme chevaux de plat ou chevaux de steeple-chase, furent tous claqués
à l'entraînement (1).

La réputation d'un étalon et le revenu annuel qui en dé-
coule, en ce qui concerne les juments de pur sang, dépendent
dans ses premières années de ses succès sur le turf.

Un gagnant d'une des grandes courses pour les trois ans,
est toujours assuré d'avoir de bonnes juments dans le commencement de sa carrière. Au bout de quatre ou cinq ans, sa
pratique dépend du succès de ses produits. Sa réputation peut
continuer à augmenter jusqu'à l'âge où ses moyens déclinent :
un âge avancé. Dans la liste des étalons, il y a beaucoup de
chevaux de 19 et 20 ans.

Il y a des étalons qui, comme Nervminster, ont continué à
maintenir leur haute réputation comme reproducteurs, longtemps après qu'ils étaient impotents, par suite de membres
lésés, ou de pieds pierreux, ou de cécité ; et quelques étalons

(1) Les hommes de courses, comme les autres dans le monde, sont enclins à
imiter le savetier d'Œsope qui pensait " que rien ne vaut le cuir ".
Les renseignements déjà donnés prouvent d'une manière concluante qu'il n'y
aura pas vraisemblablement, dans ce pays, disette de matière première pour les
intérêts des courses.
Cependant lorsqu'il y a chance qu'une écurie de course célèbre, comme celle
de feu M. Blenkiron, soit achetée pour l'exportation, on jette de grands cris.
Un vigoureux appel est fait au patriotisme des Anglais ; un appel pour suren-
chérir sur " l'Etranger ", et nous sauver d'un " malheur national et d'un
" déshonneur national ".
En réalité, un étalon de quelque valeur est aussi profitable pour les besoins
utiles dans les haras d'Autriche, ou du nord de l'Allemagne, ou de France,
qu'en Angleterre ; les produits sont toujours à vendre et, en ce qui regarde les
produits de demi-sang, plus accessibles que s'ils restaient en Angleterre où
nous avons près de quatre cents étalons de pur sang.

de pedigree renommé, comme Young Melbourne, ont, à cause du succès de leurs produits sur le turf, rapporté un grand revenu annuel, sans avoir gagné une seule course.

Les droits varient et sont quelquefois très élevés. Dans un récent " Racing Calendar ", deux étalons sont affichés pour cent guinées chaque ; le prix de chevaux renommés, soit pour leur perfomance, soit pour leur sang, est de vingt à trente-cinq guinées.

Dans la liste des étalons dans le " Racing Calendar " qui est en tête de la liste des poulains, beaucoup n'en ont qu'un seul, d'autres seulement une demi-douzaine correspondant à leurs noms. Mais comme cela ne paierait pas leur entretien, il est probable que ceux-ci, quand ils ne sont pas de vieux héros usés, servent à saillir des juments de demi-sang, pour une somme de deux à cinq guinées chaque. Par exemple, il y a Mainstone, à Belhuss, en Essex, inscrit comme n'ayant qu'un seul poulain de pur sang, mais il sert à couvrir des juments de demi sang pour son propriétaire, sir Thomas Barret Lennard, et pour les fermiers de South Essex.

En 1859, quand le sort du gouvernement conservateur tremblait dans la balance, lord Palmerston avait Maidstone et Lord Derby, Cape Flyaway, dans le futur Derby d'Epsom, ces deux chevaux étaient nommés dans le Betting. Le jour après que le cabinet Derby fut battu à la Chambre des Communes, dans une division sur l'adresse, les rivaux en politique, amis dans la société, se rencontrèrent au Tattersall, dans ce champ touchant au vieux " Coin ", que les souscripteurs du somptueux Club d'à présent regrettent tant. " Eh bien Palmerston ", dit le comte, " vous ne comptez pas gagner le Derby ? " Deux gains en une semaine ce serait trop ". " Je ne sais, répliqua Palmerston, Mainstone est un bon cheval ". Mais il n'était pas un bon cheval, pas plus alors qu'après ; et, comme Cape Flyaway, Mainstone ne fut nulle part et est finalement tombé à la position humble, mais utile, d'étalon de fermier au profit des amis et voisins de sir Thomas Lennard.

La vie d'un Cheval de Course

L'âge d'un cheval de course, à quelque date qu'il naisse, date du 1er janvier; c'est le but des éleveurs, que les poulains naissent en janvier ou en février. Si l'un naît en décembre, il est tout de suite exclu de toutes les courses réservées aux deux ans et aux trois ans; et de fait, de toutes les courses à poids pour âge, puisque, à un an, il est considéré en avoir deux et ainsi de suite. D'un autre côté, un poulain né en juin aurait, comme âgé de deux ans et de trois ans, à concourir avec des chevaux ayant nominalement le même âge, et réellement, six mois de plus.

" Un Yearling ", suivant l'opinion du général Peel, qui peut montrer, à un centime près, ce que chaque cheval coûte dans son haras, " ne peut pas être amène sous le marteau de M. Tattersall, à moins de 100 livres; mais cela, ajoute-t-il, sans comprendre le cas ou les étalons ont sailli les juments pour vingt guinées ou davantage ". Le prix de Stokwell était celui de Blair Athol, en 1873, — Cent guinées! Un yearling de nom, mais ayant souvent dix-huit mois, offert aux enchères en juin, atteindra souvent, par suite des effets d'une abondante nourriture, du lait de vache si c'est nécessaire, de l'avoine depuis le temps où on a pu le persuader de grignoter, la taille moyenne d'un hunter complètement formé.

En juillet et en août, commencent les coûteuses éducation et entraînement du yearling de course. L'année suivante (d'après les dernières alternatives dans les règles du Jockey-Club) en février, où, si la discrétion règle l'écurie, en juillet, quand il y a de bons prix pour les deux ans, mais plus fréquemment en octobre, commence sérieusement la carrière de course.

A Newmarkett seulement, il y a la chance de gagner plusieurs prix de 1,000 à 1,500 livres; le meilleur, le Middle Park Plate, qui en 1873 était de plus de 3,000 livres, fut à partir de cette année réduit à peu d'importance. Beaucoup d'excellents chevaux ont été et sont annuellement usés dans cette partie de leur carrière ; parmi eux on peut nommer Lady Elisabeth, au feu marquis d'Hastings, qui fut presque invincible dans sa saison de deux ans, mais dont on n'entendit plus parler après qu'elle avait été première favorite dans le Derby et les Oacks de 1867 et qui fut ignominieusement battue, complétant ainsi la ruine de la carrière de course, que le marquis avait commencée avec des gains extraordinaires comme parieur.

Dans la seconde année, c'est-à-dire à trois ans de nom, et réellement à trois ans et demi, la tête d'une écurie de course, est qualifiée pour les Grandes courses de trois ans, dans lesquelles un poulain a à porter 8 stone dix livres, une pouliche 8 stone 5 livres. Ces courses comprennent : en avril, les Deux Mille Guinées à Newmarket, valant plus de 4,000 livres; tard en mai ou tôt en juin, le Derby à Epsom, qui atteint souvent 5,000 livres et a rapporté plus de 7,000 livres, ouvert aux pouliches aussi bien qu'aux poulains; les Oacks, ouverts aux pouliches seulement, évalués en moyenne plus de 4,000 livres; une quinzaine après à Ascot, le " Prince of Walles Stakes " de plus de 3,000 livres et " The Coronation " au delà de 1,000 livres; et en septembre, le Grand St-Léger à Doncaster, évalué de 4,000 à 5,000 livres.

Il y a eu plusieurs poulains, comme West Australian, qui ont remporté : les Deux Mille, le Derby, le St-Léger, dont on n'a jamais entendu parler ensuite sur le turf, et ont totalement trompé comme reproducteurs de gagnants; tandis que d'un autre côté, des chevaux ont été battus pour les grands événements, et cependant sont devenus les pères d'une longue succession de gagnants.

A trois ans, le cheval de course peut concourir dans les handicaps qui sont plus nombreux et plus populaires que les autres classes de courses, parce qu'ils laissent le champ plus ouvert aux opérations des paris, et parceque le public est intéressé de voir les gagnants des plus grandes courses, ramenés à l'égalité par le poids avec des animaux plus vieux et inférieurs. Le Cœsarewitch à Newmarket et le Cambridgeshire, tous deux des handicaps, sont courus en octobre, quand un poulain de la première semaine de janvier, nommé cheval de trois ans, aura réellement trois ans et neuf mois (1).

A la fin de la saison des trois ans, les gagnants des grandes courses, si ce sont des poulains, sont souvent mis au haras et des chevaux de seconde et troisième classe, soigneusement choisis, penvent encore prendre des places. Après quatre ans, bien peu de chevaux de grande classe restent dans le turf; en fait, un très bon cheval est presque écarté des courses à quatre ans ou après par la surcharge du poids, d'après le système du handicap, qui mal appliqué et condamné par les autorités directrices du turf, est réellement le fondement des courses anglaises modernes.

Les " Queen's Plates " sont ouvertes à tous les chevaux de trois ans et au-dessus, les poids étant pour 3 ans, depuis 1 stone jusqu'à 8 stone 3 livres, à quatre ans, 8 stone 7 livres, cinq et six ans, depuis 9 stone 12 livres, jusqu'à 10 stone 4 livres.

La valeur des " Royal Plates " en Angleterre et en Écosse, de 105 livres chaque, montait en 1872, à 3,465 livres. Elles sont données dans le but théorique d'encourager les chevaux pour les longues distances et les forts poids. La distance courue fut dans un cas de plus de 3 milles; dans 4 cas, 3 milles; dans les autres, à peu près 2 milles. Dans trois cas, les gagnants firent walck-over; en dix cas, il y eût deux concurrents; en cinq cas, 3 concurrents; en huit cas, 4 concurrents; en deux cas, cinq concurrents; en quatre cas, six concurrents; dans un cas, sept concurrents.

Un cheval gagna cinq courses; un, quatre; deux, chacun

(1) En 1873, il y eût 79 inscriptions pour le Césarerwitch et 31 chevaux vinrent au poteau, parmi lesquels Marie-Stuart, gagnante des Oacks et du St-Léger de cette année-là. Elle avait 3 ans et portait 8 stone 5 livres; et Corisandre, âgée de 5 ans, gagnante des Deux Mille et des Oacks, en 1871, portant 8 stone 10 livres. Le vainqueur fut King-Lud, âgé de 4 ans, portant 7 stone 5 livres dont la cote une semaine avant était de 60 contre 1, et le jour de la course, 29 contre 1. Un bel exemple de l'incertitude des prédictions du turf. La distance était 2 milles, 2 furlongs, 28 yards. La course fut courue en 4 minutes, 10 secondes 1∖2 d'après le chronomètre de Benson.

trois; cela veut dire que quatre chevaux gagnèrent quinze courses; la plupart gagnent avec une facilité ridicule, — Corisandre, par cinquante longueurs.

La valeur d'une jument au haras, qui a gagné une des grandes courses de trois ans quand vient le temps ou l'âge et le poids dans les handicaps l'éloignent du turf, est infiniment moins grande que celle d'un cheval. D'abord elle ne peut produire qu'un seul poulain par an; quand elle a des jumeaux, rarement les deux viennent bien, s'il y en a même un seul. Ensuite l'expérience à montré que des juments presque invaincues sur le turf, ont souvent été soit, par l'entraînement soit par une autre cause, tellement épuisées, qu'elles ont été sans valeur pour l'élevage. Les gagnantes du Derby, des Oacks et du Saint-Léger, n'ont pas produit un poulain valant plus de 50 livres, que l'entraînement soit cause de cela, c'est confirmé par le fait qu'une jument qui a été à l'entraînement pendant trois ans, retiendra rarement jusqu'à ce qu'une année soit passée à la rafraîchir avec de la nourriture douce On observera, par les statistiques des pages précédentes, combien pour cent il y a de juments de pur sang stériles.

Un parallèle peut être parfaitement établi entre « Alummi » les élèves de nos deux grandes universités et les poulains de pur sang entraînés pour le turf. Un nombre considérable d'élèves n'ayant pas de grades, ne prennent pas de degrés du tout, un grand nombre obtiennent seulement un simple certificat. Parmi ceux qui arrivent aux honneurs, la majorité est seulement connue dans les cercles de l'Université pendant une année. Parmi les hommes de la double première classe annuelle, ceux ayant obtenu les prix de mathématiques et ceux ayant obtenu les prix de Smith, la majorité reste dans les places de Clergyman de campagne, de membres effacés du barreau, membres du Parlement, qui font le vide à la Chambre quand ils se lèvent, magistrats de campagne qui assomment leurs voisins moins instruits; très peu deviennent des orateurs célèbres, chanceliers de l'échiquier, premiers ministres, lord chief justices, et évêques. Néanmoins, ceux qui ne sont pas connus en dehors de leur cercle social aident à relever le niveau des masses, et à donner un ton à l'éducation de la classe aisée de cette contrée. De même aussi font les chevaux de pur sang rejetés ou écartés du turf, relevant le niveau de la masse entière de nos chevaux de selle et de trait léger par une infusion du sang qui fait qu'ils sont sans égaux dans les autres pays pour la qualité et la taille.

L'objet des pages précédentes à été de décrire le turf dans son état actuel, une institution qui a, en fait, créé le cheval de sang ; et non de s'appesantir sur les vains projets de réforme, sur la coutume de jouer qui n'existerait pas si elle n'était pas un goût national. Prétendre que les réunions de courses modernes sont tenues dans le but d'améliorer la race de chevaux, est une simple hypocrisie. Indirectement elles améliorent la qualité des chevaux ; mais des courses ont lieu, et 60,000 livres de prix, environ, sont accordées dans les sept réunions de Newmarket, en réalité pour offrir au monde des parieurs, une occasion de gagner ou de perdre des millions.

Dans les ponteurs, sur les courses de chevaux, peut être ceux qui contribuent le plus aux gains des bookmakers de profession, ne sont-ils pas des parieurs confirmés. Le goût des anglais pour tout ce qui touche au cheval, conduit des milliers de personnes de toute classe, depuis le pair et le gentilhomme de comté jusqu'au fermier, au commerçant et à cette tribu très sporting, les domestiques, à risquer quelques shillings, ou quelques livres ou quelques milliers de francs, sur le résultat d'une course nationale ou locale, de la même manière qu'ils joueraient le whist, le bézigue, le piquet, le cubbage ou un jeu tournant pour un enjeu insignifiant, sans rien de l'ardeur et de la détermination de ces habitués des clubs de Londres ou de Paris, pour qui le jour paraît long jusqu'à ce qu'ils puissent s'asseoir, devant un tapis vert et couper les cartes. Quoique les enjeux de ces amateurs soient individuellement insignifiants, ils forment un apport considérable dans les gains des bookmakers de profession.

Parmi les propriétaires de chevaux de courses il y en a peu

— très peu aujourd'hui, — qui élèvent qui entraînent et font courir pour le sport seulement, et ne risquent jamais assez d'argent en paris pour influer sur le revenu d'un mois ou d'un jour.

Mais de tels magnats sont devenus aussi rares dans ce pays que les yeoman propriétaires fonciers, qui florissaient avant que la grande Révolution française de 1789 n'amenât les grandes guerres, les grands tarifs, les grands impôts et créat les placements qui rapportent bien plus dans les manufactures que dans les propriétés foncières.

Outre les simples amateurs qui parient seulement sur deux ou trois courses par an, il y a ceux qui, annuellement et systématiquement risquent une partie de leur revenu dans le but de l'augmenter, 10 livres, 25 livres (en terme technique un pony) ou 100 livres ; cette sorte de parieurs calculateurs, se rencontre chez les plus jeunes fils de bonne famille et chez les officiers de l'armée. La marine ne donne pas beaucoup sur le turf, quoique le Grand Dieu des Orfèvres de cet Ephésus, New Market et Albert gate, soit un amiral. Enfin, il y a l'armée incessante, se recrutant annuellement, de ces joueurs, nés, mâles et femelles, haut et bas, qui ont par le progrès de la législation, été graduellement portés de toutes les manière à risquer leur argent dans le Betting Ring, argent que leurs grands pères et leurs arrière-grands pères possédaient ?

Les loteries, qui étaient une source de revenu considérable pour l'État, ont été abolies de mémoire des vétérans du turf. Dans les premières années de Georges III, la famille royale jouait au pharaon les soirs d'anniversaires et tous les courtisans devaient jouer.

Quand M. Wilberforce entra dans la vie publique, comme un homme jeune, riche et pas converti, les jeux de hasard étaient joués dans chaque club dans St-James, et dans les maisons particulières des dames à la mode ; des banques de pharaon étaient ouvertes tous les soirs de la saison. On disait de Charles James Fox, pour plaisanter et non pour lui faire un reproche qu'il aurait pu faire une belle fortune au whist et au piquet, mais il aima mieux se ruiner aux jeux de hazard, déclarant « qu'à côté du plaisir de gagner au hazard, le plus grand plaisir était de perdre. »

Tout le monde jouait beaucoup ; de belles fortunes héréditaires passèrent des mains des nobles, dans celles d'obscurs propriétaires, ceux qui critiquaient le jeu, étaient tournés en ridicules comme « Méthodistes. »

Le général Scott, dont les deux filles épousèrent, l'une l'homme d'État, George Canning, l'autre le duc de Portland, père de Lord George Bentinck, plus heureux que son petit fils, accumula une fortune par son habilité aux cartes, sans déshonneur.

Lord Holland dans ses " Mémoires du Parti Whig " dit « M. Pitt était, je crois, un partenaire dans la banque de pharaon à Gooesetrée's (St-James). A cette époque beaucoup d'hommes à la mode ne se faisaient pas scrupule d'appartenir à de telles associations et l'avouaient. Je rappelle cette circonstance, non pas pour discréditer M. Pitt, mais pour prouver par l'exemple d'un homme aussi correct et convenable, le caractère et la manière d'être de cette époque (1).

---

(1) Les maisons de jeu étaient régulièrement autorisées, comme les cafés, les salles de concert le sont maintenant. En 1799, le Lord Chief Justice Kenyon, dans l'une de ses ordonnances, recommandait la poursuite des maisons de jeu à la mode (non autorisées) disant : " Si quelqu'unes des parties incriminées, sont déclarées coupables, quelque soient leur rang et leur position, seraient-elles les plus grandes dames du pays, elles seront certainement exposées au pilori ". La semaine suivante Gilray représentait une caricature de Lady Bucking-hamshire et Lady Archer, au pilori. A peu près à la même époque, une ordonnance judiciaire sur le même sujet, entraînait sa seigneurerie (Lordship) dans une correspondance avec Son A. R. George Prince de Galles. Les magistrats de Middlessex avaient demandé à Lord Kenyon de leur prêter main forte et de les assister dans leur résistance à accorder la licence à une nouvelle maison de jeu dans Bondstreet à St-James, qui allait être ouverte sous le patronage du Prince de Galles, par un M. Martindale, naguère en banque-route et défendeur, comme il apparut, dans une cause appelée, devant Lord Kenyon à Guildhall. Le Chief Justice, au nom de cette personne nommée, dans un procès d'annuité, dit : " Qu'il se rappelait que dans une cause jugée devant lui, le certificat de banqueroute de M. Martindale avait été prouvé n'avoir pas d'effet légal, parce qu'il avait perdu certaines sommes d'argent au jeu. Il avait entendu dire que de vastes locaux étaient préparés dans lesquels, ce personnage allait tenir une maison de jeu, sous le patronnage d'une personne illustre. Cela ne pouvait être fait sans autorisation. Il avait confiance que les magistrats

Pendant le premier quart de ce siècle, le jeu était ouverte-ment tenu, dans des tentes, sur tous les hippodromes et dans les appartements à chaque meeting de course. Les cochers de stage avaient l'habitude de faire remarquer les moutons mar-qués E. O. broutant à Bagshot Heath, dont le propriétaire avait gagné le capital suffisant pour installer une ferme, à Ascot, dans une E. O. tente.

Dans Saint-James street, en 1825, on pouvait littéralement dire :

" Les grilles de l'enfer étaient ouvertes jour et nuit;

Douce était la montée, et facile était la route ",

à une certaine sorte de gens, privilégiés pour se réunir, s'ils le choisissaient à l'établissement de Crokford, ou s'ils ne le faisaient pas, pour jouir du Club luxueusement installé, avec l'excellente cuisine du chef Ude, et des vins achetés sans regarder à la dépense.

C'est chez Crokford, le soir d'un Derby, que Disraëli (1) fait commencer une de ses nouvelles par un dialogue pris sur le vif, et le même local était toujours une des scènes les plus populaires de ces " nouvelles à la mode " de rebut qui tuèrent

feraient leur devoir vis-à-vis du public, accorder une pareille autorisation serait contraire à leur devoir; il y avait assez de maisons de jeu déjà. " 1 e Prince de Galles adressa immédiatemeut une lettre par l'entremise de son avoué général, demandant rétractation et excuse, qui renferme le passage suivant : " Il est vrai que j'ai permis que mon nom fut placé avec d'autres comme membre d'un nouveau club, qui devait être dirigé par M. Maitindale, dans le but de relations sociales, ce dont on ne peut pas me reprocher d'être un pro-moteur, surtout comme on m'a représenté, que l'objet de cette institution était de mettre ses administrateurs en mesure de rendre justice a des réclamants divers..... Laissez-moi vous dire que vous vous êtes complètement trompé sur mon caractère et sur mes intentions, car de tous les hommes universellement connus pour avoir le moins de prédilection pour le jeu, je suis peut-être l'homme du monde entier qui ait la réputation la plus forte et la plus prover-biale sur ce point. " Lord Kenyon maintint son opinion; le roi était son ami particulier. Dans sa réponse, il dit : " J'ai travaillé pendant des années à faire cesser le jeu, beaucoup de délinquants inférieurs ont été traduits en justice, mais aucunes poursuites efficaces n'ont été commencées contre les maisons du voisinage de St-James, où sont donnés aux classes plus basses, des exemples qui sont un grand scandale pour le pays. „

« Vie du premier Lord Kenyon par son petit-fils, 1873. ꞈ

(1) Dans le " Racing Calendar ", de 1872. il y a un poulain nommé Disraëli, par Prince Minister hors de Mystery.

Bulwer et Mme Gore (photographiant les lions d'après nature).

Mais Crokford, le propriétaire, comme les indiens de l'Amérique du Nord, qui détruisent tout le gibier d'une contrée, et meurent de faim, consuma toute la fortune de la " jeunesse dorée " de son temps, fut obligé de se rabattre sur les chevaux de courses, par suite du manque de victimes ; et mourut juste à temps pour se sauver de l'amertume, de la ruine, dont il s'était enrichi et engraissé, sur un tapis vert au lieu d'une piste verte. Son cheval, Ratau, grand favori pour le Derby, fut empoisonné la veille de la course, par l'homme enfermé avec lui pour le garder.

La force de l'opinion public, aidée par une nouvelle police, renversa les maisons de jeu au commencement de ce siècle ; et quand une nouvelle source de gain fut ouverte aux bookmakers entreprenants, aux gentilshommes mis à bas, aux publicains de sport, par l'invention des Bettinglistes et des Betting sweps, une législation paternelle s'élança de nouveau et, par des actes successifs du Parlement, arrêta cette nouvelle forme de loterie, excepté les enjeux faits dans les clubs aristocratiques. Mais jusqu'à présent, la législation n'a pas essayé d'intervenir dans les transactions du Betting transportées dans des salons privés, à souscription, et dans les Betting-rings, des courses publiques, sur des principes commerciaux, c'est-à-dire faites par des joueurs de profession, qui accomplissent strictement leurs engagements, sous peine d'expulsion, et qui sont supposés ne pas parier des sommes moindres que un " fiver " c'est à-dire cinq livres.

Les dépenses d'une écurie de course sont énormes. Les gains d'un cheval de course sont insignifiants, même s'il remporte des prix, comme les deux mille guinées, le Derby, les Oacks, le Doncaster Saint-Léger, en comparaison des gains possibles du Betting, étant donné le pied sur lequel cette affaire est montée.

Le Betting offre, suivant l'expression du Dr Johnson (parlant de la Brasserie de Thrale), à l'homme confiant et au boy " une possibilité de fortune dépassant les rêves de l'avarice ". On rapportait ordinairement que, lorsqu'en 1867, Hermit gagna le Derby, M. Chaplin réalisa, outre le prix de 4,000 livres, 140,000 livres en paris.

En 1869, un cheval, décrit par un reporter de sport comme " un ordinaire coureur de 90 guinées ", gagna pour son propriétaire, le Cambridgeshire Handicap, 1,900 livres de prix, et 12,000 livres en paris.

Les pertes sont proportionnées. Lord Clifden et le marquis d'Hastings héritèrent tous deux de fortunes accumulées pendant de longues minorités, et soigneusement dirigées ; tous deux commencèrent par gagner beaucoup ; tous deux terminèrent leurs carrières de course de la manière la plus désastreuse. De plus, Mr Carrew mourût à la fleur de l'âge, dans l'obscurité et la pauvreté, ayant dissipé sur le turf, une fortune qui avait été dans sa famille depuis la reine Elisabeth, et qui était estimée à au moins un million.

Comme la valeur des prix et le nombre des chevaux de course ont augmenté, le commerce de jouer en pariant a été organisé en véritable métier, dont celui qui en fait profession, suit régulièrement les circuits des meetings de course les plus importants, prêt à parier contre n'importe quel cheval. Ceux qui portaient le nom de " legs " (jambes) et " Black legs " (jambes novices) dans la dernière génération, portent maintenant le nom plus élégant de " bookmakers ". Ils sont sur le turf, ce que sont les agioteurs à la Bourse, — toujours prêts à faire leur métier en pariant contre tout cheval dans toute course. Ils comprennent des personnes ayant tout degré de fortune et de crédit; une seule vertu étant imposée pour assurer une place permanente dans le Betting-ring et dans les salons privilégiés, — le paiement ponctuel. Corsaires du monde du sport ils doivent être :

« Enchaînés par une vertu, s'ils ont tous les crimes ».

Les plus sombres antécédents (1) les habitudes les plus viles,

---

(1) Bien avant que Palmer fut arrêté, condamné et pendu pour avoir empoisonné son allié, — ayant sans aucun doute, auparavant empoisonné sa mère, sa

un langage composé du slang des voleurs et des jurons des mineurs de Lancashire, sont compatibles avec une haute position comme bookmaker, si celui-ci est prêt à parier sur la plus grande échelle sur n'importe quoi, et paye au jour fixé pour le règlement sans discussion. Le bookmaker sur une grande échelle, assisté de ses secrétaires et de son caissier, a plus de correspondance, reçoit et expédie plus de dépêches, qu'un banquier ordinaire. Les bookmakers trouvent leur clientèle ordinaire dans les classes dont nous avons déjà parlé, familièrement connue comme " backers de chevaux " une tribu nombreuse, qui soit " par les informations qu'ils ont reçues " ou par amour du jeu, ou par une fantaisie occasionnelle, désirent mettre un enjeu sur un cheval spécial.

Dans chaque course d'importance, chaque cheval a une cote dans les journaux du matin et du soir. En règle générale, les enjeux sont versés contre n'importe quel cheval gagnant, et comme un seul cheval peut gagner, le bookmaker fait son profit en donnant chaque cheval dans la course s'il peut trouver des pontes, ce qui est un point essentiel. Le grand objectif du commerce des bookmakers est de trouver des chevaux qui ne peuvent probablement pas gagner, — des " morts " en terme technique, et de s'assurer un bénéfice sûr en les donnant. Le bookmaker heureux peut, et cela arrive souvent, ne pas connaître un cheval de course ; mais il connaît bien ses performances et n'épargne ni peine ni dépense pour connaî-

femme et plusieurs autres — la fatalité qui atteignait ses amis, lui avait attiré parmi ses associés du betting le plaisant surnom de " Drogueur ".

L'année ou Wild Dayrell était favori pour le Derby, l'usage de la strychnine forma le sujet d'une facétieuse correspondance.

Aucun saint, aucun martyr ne montra plus de calme que ce misérable. Le Lord Chief Justice actuel, alors Procureur Général, plaida l'évidence contre lui dans un discours remarquable de lucidité et de force. Quand le verdict " conpable " fut rendu, Palmer écrivit quelque chose sur un bout de papier et le tendit à son conseil qui longtemps après l'exécution le montra à Sir Alexandre Cockburn. Il y avait les mots : " C'était le cavalier qui avait fait le coup ".

Le propriétaire d'un musée ambulant de figures de cire, qui songeait à visiter une ville ou Palmer avait beaucoup d'amis, fut averti de ne pas y aller s'il avait " l'Empoisonneur dans sa chambre des horreurs ". Car, " disait l'avertisseur " le pauvre Palmer, quoiqu'il ait été pendu, était très respectable, — quand il avait une bonne affaire, il nous y associait toujours.

tre la santé de chaque favori, au moyens d'espions appelés
en termes de courses " touts ".

L'objectif d'un propriétaire de chevaux de courses, qui fait
un livre, est de cacher tout ce qui concerne ses propres chevaux et de tout connaître sur ses concurrents. Dans un procès
qui eut lieu il y a quelques années on découvrit qu'un noble
ayant une écurie de courses, employait des " touts " pour lui
rapporter les progrès des écuries rivales.

Le ring se compose d'une foule de personnes se recrutant
constamment, qui chargent un cheval pour toutes sortes de
raisons, — parce qu'ils l'ont élevé ; parce qu'un ami le connaît ; parce qu'il a été élevé dans leur propre paroisse ou dans
leur comté ; parce qu'ils ont lu sur lui article favorable dans
un des journaux de sport (dont le métier est de suivre la naissance, raconter l'éducation, l'entraînement, les performances
et la santé de tout cheval de course jusqu'à ce qu'il ou elle
soit " brocken down " ou retiré du turf) ; parce que (cela est
la plus dangereuse des raisons) ils ont été spécialement et
confidentiellement informés des résultats d'un essai particulier et que conséquemment un certain animal doit gagner.

Ils ont été ce qu'on appelle " put up " ou " put on " " instruits " d'une bonne affaire. Dans les foules assemblées en
dehors des salons de souscription de Tattersall, parmi les
personnes qui ne sont pas admises dans ce paradis, avant
chaque grande course ouverte aux paris, il y a toujours un
grand nombre pour cent, de gens ruinés qui ont été réduits
à la misère, ou aux limites de la misère, pour avoir eu confiance dans " de bonnes affaires " ou avoir chargé des chevaux
ou essayé de faire un livre sur des renseignements impar-
faits.

Il faut admettre cependant, que le ring attire un grand
nombre de personnes ayant des moyens et des loisirs qui
parient un peu et bavardent beaucoup, pour passer le temps
et se reposer de la société, — comme cela existe. Mme Guy
Flouncey dont l'apparition, les progrès et le triomphe final
comme meneuse de la société à la mode, sont racontés dans

les chroniques de " Coningsby " et de " Tancred " faisait aller
son mari sur le turf pour faire des connaissances dont elle
savait tirer profit.

Harriett Lady Ashburton, qui n'est pas une création d'un
nouvelliste, mais une des plus habiles et des plus charmantes
femmes de sa génération, disait une fois d'après lord Houghton : « Si j'avais à recommencer la vie, j'irais sur le turf pour
me faire des amis. Ils me semblent être les seules personnes
qui se tiennent réellement entre elles. Je ne sais pas pourquoi ; c'est peut être parce que chacun connaît quelque chose
qui pourrait faire pendre l'autre, mais l'effet est réjouissant
et tout à fait particulier » (1).

La théorie de faire un livre de manière à gagner à chaque
occasion, est extrêmement simple ; mais la pratique dépend de
tant de circonstances invisibles, qu'elle est extrêmement difficile. Par exemple le profit repose sur la supposition de ce que
chaque perdant payera ; et si quelqu'un a établi ses paris de
telle sorte qu'il a à recevoir 800 livres, et 500 livres à payer,
sa balance de profit sera complètement détruite si des personnes lui devant 400 livres lui font défaut. Quand Wild Dayrell
gagna le Derby, en 1855, quatorze bookmakers qui avaient
parié contre lui firent défaut et suivant le sporting Gazette,
« cessèrent d'être membres du Tattersall ».

Une législation paternelle, agissant dans l'intérêt des bou-
tiquiers à comptoirs et des teneurs d'établissement à enseigne, à successivement renversé, d'une main forte, certains
établissements ingénieux par lesquels les chances du turf
paraissaient devoir atteindre des millions ; si bien que tout
homme, femme ou enfant qui pouvait mendier emprunter ou
voler une demi couronne pouvait charger un favori pour quelque grande course.

Le menu fretin des bookmakers, pour la plupart " Wels-
hers " (c'est-à-dire des gens qui ne paient jamais excepté
comme Bardolph, par contrainte) sont encore nombreux, et

(1) Monographie de lord Houghton.

continuent encore leur détestable commerce avec difficultés, chassés des cabarets dans les parcs, des parcs dans les terrains vagues de la cité, des terrains vagues dans les plaines tranquilles, et sont continuellement obligés de se déplacer. Ils existent encore, s'attroupant comme des sauterelles autour des grilles des bettin-rings autorisés, et moissonnant une modique récolte d'argent parmi une incessante troupe d'insensés à la fois crédules et voraces.

La législature n'a pas trouvé à propos et ne semble pas vouloir intervenir dans la branche de profession de parieur qui fleurit encore et existe, pour répondre aux demandes des opulents en faveur d'une forme de jeu essentiellement anglaise. Il est à présumer que les membres du Tattersall, et autres clubs établis sur le même principe, sont capables de prendre soin d'eux mêmes.

Feu M. Richard Tattersall disait que le club des bookmakers, le Victoria, avait été fondé parce que l'aristocratie qui pouvait parier, ne voulait pas " manger " avec ces joueurs de profession.

« Si, dit une personne qui écrit avec toute la plénitude
« de l'expérience et qui peut dire « quorum pars magna fui »,
« un étranger veut avoir d'un coup d'œil, une vue complète
« de la société anglaise, faites le aller dans les salons du
« Tattersall un jour de foule avant un de nos grands évents
« sur le turf. Là il verra dans sa plus grande perfection, la
« patente anomalie des opinions aristocratiques et des habi-
« tudes démocratiques; la contradiction sociale par laquelle
« le pair accorde sa familiarité au " leg " et sa hauteur vis-à-
« vis de ceux, presque ses égaux en rang, qui n'appartiennent
« pas à sa propre catégorie. Là, il pourra voir des conseillers
« privés, coudoyant des escrocs reconnus; des nobles de lignée
« sans tache, miroirs de l'honneur eux-mêmes, plaisantant
« pour un temps, sur un ton de parfaite égalité, avec un pos-
« tillon enrichi, ou un ancien condamné qui a eu de la
« chance.

« Je puis donner à Votre Seigneurie sept contre un dit un

« individu extra poli, qui semble considérer que prendre et
« donner est la condition normale de l'honneur, et dont la
« surabondante courtoisie (l'homme était dans l'origine valet
« de pied) n'a d'égale que la précaution délibérée des mouve-
« ments masquant comme on peut le voir, la perception lu-
« mineuse de l'épervier, réunie à l'insatiable rapacité de l'oi-
« seau de proie » (1).

Un autre écrivain de sport, populaire, d'un pinceau plus
commun, mais non moins vrai, à peint d'après nature un bookmaker leviathan décédé il y a quelque temps, avec des anecdotes sur ce qui est plaisamment appelé " voleries " dans
l'argot du ring.

" L'Eléphant " à Croydon

Six pieds trois pouces, des épaules larges, habillé d honnêtes
habits de drap fin, un confortable pardessus de drap brun, un
plaid de berger; une contenance rude et massive qui aurait
donné du crédit à un herbager de première classe de cette
époque, terminée par un chapeau à larges bords, comme un
chapeau d'ecclésiastique; une profusion de bijoux sur son gilet
et sur son écharpe, des mains passablement sales, tel était
M. Josph Bacon, plus connu sous le nom de l'Éléphant à cause
de la gigantesque nature de ses proportions et de ses opérations de betting.

Il n'avait jamais moins qu'un livre de " trente mille " sur le
Derby, Léger, Chester Cup, ou au grand handicap d'automne.
Il opérait rarement de vive voix, si ce n'est avec les millionnaires backers et plongeurs du turf; il préférait, dans tous les
cas, tenir un " monkey " (500 livres) et daignait à peine ouvrir la bouche pour un modeste " pony " (25 livres). Personne
ne payait plus sûrement, dans tout le ring, que M. Bacon, à
un règlement du lundi, au Tattersall. Quoique strictement
ponctuel dans ses paiements, M. Bacon n'était, en aucune

_____

(1) Major Whyte Melville.

façon, un créancier dur pour les " Swells " qui avaient eu une mauvaise semaine et dont les promesses étaient sûres d'être bonnes tôt ou tard. Pour eux, l'Éléphant leur accordait une remise de temps. . .

Le père de M. Bacon lui avait laissé un bon commerce de boucherie de porcs, dans un centre de l'intérieur des terres. Son goût pour les chevaux de course le prit bientôt dans la Gazette. Dès qu'il fut blanchi, il se mit à travailler comme petit bookmaker au comptant, et teneur de liste en dehors du ring; bientôt il put relever un peu la tête, ouvrir un livre de cent livres sur les grandes courses, fréquenter les cafés de sport dans les grandes villes manufacturières, et prendre sa place à l'intérieur, à toutes les réunions de courses, " un vrai saut parmi les prophètes ". Une stricte intégrité dans toutes les affaires d'argent, contrebalancée par une adresse illimitée et la chicanerie dans toutes les matières se rapportant aux courses (car il était alors propriétaire d'un bidet ou deux) augmenta rapidement son capital. Un animal soigneusement " roped et bottled ", qui s'abattit comme un météore sur le public des courses, pour le Chester Cup " tondit l'agneau " car M. Bacon (ayant pris son cheval et parié contre tous les autres dans la course) gagna chaque pari et d'un seul coup plaça à son avoir 60,000 livres chez ses banquiers! (1)

Historiquement, le Derby et les Oacks sont plus intéressants pour le dilettanti que les autres courses, bien que depuis les dernières années l'intérêt dans les deux, semble avoir diminué, peut-être depuis que le champ a été, en inventant un mot, mobilisé par les chemins de fer rivaux.

Celui qui a fondé et nommé les deux, fut le douzième comte de Derby, le sportman, pour le distinguer de son fils le naturaliste, son petit-fils l'orateur; son arrière petit-fils l'homme d'État. Le comte avait une meute de chiens de cerf dans Surrey et une maison de chasse appelée " The Oacks " (les chênes). Le général Burgoyne, malheureux comme général dans la

---

(1) Tiré du " O. V. H. ", par Wat Bradwood.

guerre américaine, nomma une de ses comédies " The Oacks " et le même nom fut donné à la course pour les pouliches de 3 ans, à Epsom, fondée en 1799. L'année suivante, le Derby fut établi pour les poulains et pouliches de trois ans. En 1801, la distance était alors d'un mille, et les courses étant courues les deux jours se suivant, les deux furent gagnées par Éléanor à sir Charles Bumbury, une proche descendante d'Éclipse. Le fait ne se renouvella pas, jusqu'en 1857, ou Blink Bonny gagna le Derby, un mercredi et les Oacks un vendredi, — la distance avait été depuis de longues années augmentée à un mille et demi.

Le comte fondateur gagna le Derby, une fois avec son fameux fort cheval sir Peter, en 1787, ainsi appelé à cause de sir Peter Teazle, dans la comédie de Shéridan "The scool for Scandal" (L'École de la médisance), qui avait récemment causé un orage dans le monde du théâtre.

Quelques années plus tard, à la mort de sa première femme (une fille du duc de Hamilton) il dépouilla la scène de sa plus charmante actrice, miss Farren, la créatrice du rôle de Lady Teazle, en en faisant une comtesse. Il est de tradition, que le jeune Stanley dut à sa belle grand'mère ses premières leçons d'élocution. Comme nous l'avons observé plus haut, le vainqueur du Derby est le " Senior Wrangler " (grand vainqueur) de son année ; mais la course a été le sujet de beaucoup de coups de chance, et a été remportée souvent par des chevaux qui ne se sont jamais distingués ensuite sur le turf ou au haras. Des hommes ont fait de cette victoire le but de leur vie, sans succès; d'autres, comme Lord Clifden, en 1848, avec Surplice et M. Chaplin avec Hermit, qui partit à la cote de cent contre un, ont triomphé, dans les premières années de leurs essais sur le turf. Lord George Bentinck consacra la meilleure partie d'une vie énergique à l'établissement d'élevage le plus grand qui ait été créé par une seule personne, et plusieurs fortunes à cette poursuite; et vendit le gagnant de 1847, avec son haras, à lord Clifden, quand il abandonna momentanément le turf pour être encore plus malheureux dans ses luttes politiques.

Un grand phraseur, qu'il le fît exprès ou non, ne fut jamais plus heureux que quand il appela le Derby, le " Blue Ribbon " (ruban bleu) du Turf " The Garter " (la jarretière), qui est généralement réservée pour les ducs et les alliés royaux — car c'était de cette décoration que lord Melbourne dit une fois " ce que j'aime de la Jarretière, c'est qu'on ne peut pas confondre les prétentions à la mériter. "

Le dernier comte de Glascow, avec de plus grandes ressources que lord George Bentinck, et une égale ténacité (car les courses étaient son seul objectif) ne fut pas plus heureux que le brillant quatorzième comte de Derby ; tous les deux eurent la seconde place avec des chevaux qui, dans les années ordinaires auraient gagné. Mais il y avait une grande différence entre eux, les courses étaient un des amusements du comte de Derby ; elles étaient l'occupation journalière du comte de Glasgow.

La plus grande somme gagnée fut celle de 1866, quand lord Lyon enleva 7,500 livres. Le Derby a été gagné une seule fois par un cheval étranger: Gladiateur, en 1865; il eût dans la même année le triomphe inconnu de gagner les Deux Mille, le Derby, le Grand Prix de Paris et le St-Léger, et se retira du turf pour le haras, sans avoir jamais été battu.

Le Derby est aussi mémorable comme ayant été la scène de grandes fraudes, le sujet d'un très intéressant procès de chevaux.

Dans le bon vieux temps, quand les coureurs de grands chemins arrêtaient et dévalisaient les gentlemen retournant à Newmarket Heath, quelques misérables (les Dawsons) furent pendus pour avoir empoisonné des chevaux, favoris dans les courses. On a adopté maintenant des manières plus humaines de se débarrasser de chevaux dangereux, — on les achète. Mais en 1844, il y eut un scandale retentissant. On avait échangé un trois ans engagé, dans le Derby, pour Rimming Rein, un quatre ans anglais, et aussi on avait fait courir un allemand de quatre ans. La course eut lieu. Le cheval allemand, Leander, tomba, se cassa la jambe et fut enterré la nuit même. Le cheval substitué, Rimming Rein, gagna ; Orlando, au colonel Peel, maintenant général, étant second. Le secret des escrocs transpira; le paiement du prix fut refusé, et une accusation fut lancée contre eux. L'affaire fut jugée devant le juge Alderson. La preuve était ordinairement contradictoire dans les procès de chevaux; mais le juge, avec sa finesse qui le caractérisait, ajourna le jugement jusqu'à la production du témoin le plus important — Rimming Rein lui-même. Quand le jour du second jugement arriva, on ne put le trouver, ainsi le verdict fut en faveur des défendeurs, et le prix accordé à ce fameux cheval Orlando, père de beaucoup de bons chevaux de course, de hunters et de hacks, dont nous avons donné un portrait. Des gens envieux déterrèrent le corps de Leander, pour lui regarder la bouche, mais trouvèrent qu'il avait la tête coupée.

Tout étranger qui visite l'Angleterre, et tout Anglais, s'intéressant aux courses ou non, devrait voir le Derby une fois et remarquer les regards et les bruits de 250,000 personnes transportées pendant une minute dans une excitation intense. Qu'un quart de million de personnes, renfermant tout ce que Londres et tout champ de course dans le royaume peut fournir de brigandage, se rassemblent et se dispersent avec tant d'ordre et si peu de police, n'est pas la partie la moins curieuse de ce jour; c'est une forte preuve de ce que la population a dans le caractère de respecter la loi. Dans un autre pays d'Europe, une armée comprenant infanterie, cavalerie et artillerie, serait convoquée pour maintenir la paix.

Le pittoresque de la route a cessé depuis la communication du chemin de fer au champ de course et une dame, — surtout une jeune dame, — ne peut voir le Derby, protégée par ses amis, que dans une de ces boîtes particulières en lesquelles le terrain a été divisé, à la destruction de tout ce qui était amusant à cause du Derby, lorque Surplice gagna, et que Lord Bentinck, comme son biographe le raconte " poussa un superbe rugissement " qui, de toute façon, devait être le contraire d'un gros rire vulgaire et commun. Ascot Heath, grâce à sa distance de la métropole, en dépit du chemin de fer, conserve encore une partie de ses anciennes gloires, garde encore sa pompe royale, le défilé des clubs de quatre chevaux, et le grand déploiement du rang ét de la beauté dans des ajustements somptueux sur la grande pelouse, à la vue desquels un Américain enthousiaste, familier avec Paris, s'écria que cela seul valait la peine de traverser l'Atlantique.

Mais pour voir les courses dépouillées de leurs sales et dégoûtants accessoires, de la cohue degradée, de toute la bohème jurant, rapace et obscène, qui s'abat sur les plaines d'Epsom et sur les champs de courses ordinaires, il faut visiter Goodwood Park, où l'enceinte privilégiée de la grande pelouse exclut tout ce que les plus exigeants peuvent souhaiter voir exclus ; et offre avec son terrain doux, ses arbres séculaires et ses arbrisseaux pittoresques, peuplés d'hommes comme il faut et de femmes délicieuses, un tableau que Watteau n'a jamais égalé en pittoresque et en riche couleur. Par une après-midi ensoleillée d'août, rien n'a été produit comme cela, même dans les fêtes les plus recherchées des cours de l'Europe dans leurs jours les plus magnifiquès, — pas même à Fontainebleau ; car à Goodwood, les courses donnent une agréable excitation à la scène. Elles sont un accessoire à un somptueux pique-nique. Vous ne pouvez, à moins de le faire exprès, entendre même le rugissement du betting-ring, au-dessous de la grande pelouse.

Le Doncaster St-Léger, offre l'occasion de voir une foule du Yorkshire, le contraire de la cohue du jour du Derby, car, en Yorkshire, tout homme, même le plus humble, est familier avec le pedigree et les performances de tous les favoris, au moins, et porte dans sa tête une histoire des courses, et particulièrement du St-Léger, qui embarrasserait un " Civil Exercice Examinning Commissionner ". — Un commissaire civil faisant un interrogatoire. — En un mot, le Doncaster St-Léger est couru en présence d'une foule composée de critiques experts, parmi lesquels, le cheval de course est en véritable adoration, comme le chat ou le crocodile chez les anciens égyptiens.

Les courses deNewmarket, sont réglées, d'après de sévères principes pratiques. Celui qui vient pour son plaisir seulement, n'a rien à y faire ; pour ceux qui fréquentent régulièrement, on y travaille et rien d'autre. Les excursionnistes, amenés par le chemin de fer, à l'occasion des grandes courses, sont une gêne et rien n'est fait en vue de leur commodité ou de leur amusement..

Pour employer un jour à Newmarket avec quelque profit, prenez un bon hack, et un guide, aussi à cheval, qui connaisse toutes les célébrités du monde des courses, les ponteurs, les parieurs de tout rang et des deux sexes.

Le Cheval de Sang comme étalon utile.

Heureusement pour les gens nombreux, dans toutes les parties du monde civilisé, qui ont intérêt à la reproduction des chevaux sains et utiles, auxquels on ne demande pas de courir des courses et de gagner des paris, il est possible de choisir, parmi les centaines de chevaux élevés en vue du turf chaque année, un nombre considérable d'étalons et de juments, qui ont à la fois toute la taille désirable dans un cheval de selle, la force pour porter un grand poids, la symétrie, la beauté, avec toute la " qualité ", le courage et les qualités épurées de leurs petits ancêtres Orientaux.

Le dernier comte de Glasgow, laissa son harras au général Peel et à M. George Payne, à la condition que les étalons ne seraient jamais vendus. Ces étalons étaient remarquables par leur force et peut-être, pour cela ne firent jamais un gagnant du Derby, des Oacks, ou du St-Léger Aussi longtemps que le comte de Glasgow vécut, il ne vendit jamais, mais tuait plutôt d'un coup de fusil, tout produit qu'il ne considérait pas comme parfait ; les services de ses étalons étaient obtenus avec difficulté et seulement pour des juments de pur sang. En obtenant le haras de Glasgow, le général Peel le transporta dans une ferme à Enfield, et commença un nouveau système, qui, s'il est adopté plus largement, est appelé à causer une influence avantageuse sur l'élevage des chevaux dans ce pays. Les étalons sont mis tous les ans aux enchères pour être loués pour la saison, trois ou quatre étant réservés pour servir les juments au haras de Glasgow. Quinze furent ainsi prêtés en 1872-73, et dispersés partout en Angleterre et en Irlande ; le nombre total est de vingt et un ; ceux qui restaient à Enfield étaient offerts au public pour des prix proportionnés, à leur valeur. Les quinze rapportèrent une moyenne de 125 livres chaque. Ils sont emmenés le 1er janvier et reviennent à la fin de la saison de la monte. « Ces « étalons, qui du vivant de Lord Glasgow, n'avaient jamais « couvert une jument de demi sang, (excepté par une faveur « spéciale ou par accident), couvrent maintenant à peu près « mille juments de demi-sang Quinze ou vingt de ces étalons « sont assez forts pour me porter moi-même (Général Peel) « et sont trop forts et valent mieux pour élever des hunters » et des chevaux de selle que pour courir en courses. Dans « cette écurie d'étalons " The Drake " mesurait 10 pouces « au-dessus du genou. » Cette opinion, avec celle de gens aussi compétents, montre combien facilement et combien sûrement la nation pourrait bénéficier de beaucoup d'étalons de pur sang utiles et vigoureux, (en dehors des 360 de la liste du calendrier) qui, parce qu'ils sont forts et pratiques, sont trop lents pour courir utilement dans les courses.

Une extension du système des prix, avec un nombre de règles difficiles à appliquer, a été proposée ; mais le bénéfice pratique de donner des prix dans un pays d'élevage, est douteux.

Devant le comité des Lords, M. Thomas Parrington, le secrétaire de la grande société d'agriculture du Yorkshire, — avec une réputation bien méritée, comme éleveur de chevaux, — un cavalier et un maître d'équipage de renard, dit dans sa déposition : " Les étalons de pur sang concourant l'année dernière pour trois prix à l'Exposition du Yorkshire, étaient seulement au nombre de sept ; un lot mauvais qui blessait la vue dans l'Exposition. Le meilleur était Lozenge, un cheval de bonne apparence, mais ne convenant pas du tout à des juments de demi sang ; un dos bas et faible et une substance insuffisante ". Mais, même si les étalons qui ont remporté des prix à une société d'agriculture quelconque sont convenables, et exempts de défaut héréditaire, il n'y a aucune certitude qu'ils resteront dans le district où ils ont gagné leurs prix. Au contraire, il est bien connu que certains des meilleurs étalons de hunters sont ce que l'on peut appeler " des exposés de profession " et voyagent du Nord au Sud et de l'Est à l'Ouest, alternativement, gagnant des premiers, des seconds ou des troisièmes prix, suivant la fantaisie de chaque lot de juges.

Quelques personnes appelées en témoignage, (et le comité des Lords l'a adopté après hésitation), avaient recommandé un plan détourné qui faisait que les prix décernés à un étalon ne le seraient qu'à la condition qu'il ferait la monte dans un district, à des prix réduits.

Les objections à cette idée, sont que, si la classe des étalons dans laquelle le gagnant du prix est choisi, n'est pas meilleure que le lot mentionné par M. Thomas Parrington, le district n'aura à sa disposition qu'un cheval qui, quoique à bon marché, serait impropre à l'élevage des hunters utiles, hacks ou chevaux de harnais. Un arrangement plus simple, plus direct, et aussi économique, serait que chaque district (qui n'a pas la bonne fortune de posséder un de ces propriétaires comme feu lord Zetland, qui mettait un bon étalon à la disposition de ses voisins à un prix raisonnable), louat un étalon convenable, avec des fonds spécialement obtenus par souscription et augmentés d'une subvention proportionnée du Gouvernement.

Cette forme d'assistance, du Gouvernement, est strictement dans les habitudes, les pratiques et les précédents constitutionnels de ce pays ; églises, écoles, ports, hôpitaux et autres établissements d'utilité publique, sont aidés par les fonds impériaux, quand, ceux qui en ont besoin, sont prêts à s'aider eux-mêmes.

Dans chaque district d'élevage de chevaux en Angleterre,

il serait facile, à uu comité compétent, de réunir par souscrip
tion un fond pour louer un bon étalon, si le Gouvernement
voulait ajouter 50 livres pour chaque 50 livres souscrittes
jusqu'à concurrence de 100 livres.

Il n'y aurait pas besoin pour cela d'imposer de nouvelles
charges au Trésor public. Le comte Spencer, Lord-Lieutenant
d'Irlande, anciennement maître d'équipage des Pytchley
Hounds, et éleveur de chevaux, le comte de Sradbroke, Lord
Combermère, le colonel Kingscote, et d'autres personnes moins
haut placées, tous accordent que les coupes de la Reine, qui
coûtent, chaque année, plus de 3000 livres en Angleterre
et 1500 livres en Irlande, ont cessé de servir à quelque usage
utile. Il y a là la base d'un fonds pour aider ceux qui vou-
draient s'aider eux-mêmes. Si cela n'est pas assez, le chancelier du Trésor pourrait être amené à abandonner une portion
du droit sur les courses de chevaux, qui a doublé en vingt ans
et produit maintenant, chaque année, entre 8 et 9 mille livres.

Dans toutes les autres branches d'élevage d'animaux avec
pédigree, la location est en règle.

Des taureaux à courtes cornes, sont loués par saison et les
béliers de chaque race renommée, sont loués aux enchères.

Si les membres de la Société royale d'agriculture qui s'intéressent à l'élevage du cheval, voulaient seulement établir la
mode en patronnant " les Comités de location de chevaux ",
nous aurions une liste de chevaux de pur sang à louer aux
enchères, aussi régulièrement que la vente de hunters pour
renardeaux, au commencement de leur saison et de hunters à
la fin ; et chaque éleveur d'un poulain de pur sang essayé et
trouvé insuffisant comme yearling pour le turf. examinerait
s'il ne pourrait pas le garder comme étalon de hunters,
avant de l'abandonner au scalpel du vétérinaire.

Quant aux revenus probables de la location d'un bon étalon,
M, Parrington dit au Comité des Lords que son cheval Périon,
élevé par M. Vansittart (qui fut toujours partisan de la force,
et cita la relation de sir Charles Bunbury sur sir Peter), saillit
cent juments en une saison.

Un autre témoin de Yorkshire, M. Shaw de Holderness, produisit son livre, montrant que son cheval avait sailli cent-quatre-vingts juments dans une saison, à deux guinées chaque et établit que ce cheval voyageait pendant vingt mille chaque jour excepté le dimanche.

Si on laissait les sociétés d'agriculture, assistées par des subventions du Gouvernement, (qui pourraient être tirées du même département qui contrôle actuellement les coupes de la reine) essayer le système de louer des étalons, on verrait se créer des demandes régulières d'étalons de pur sang, sains avec des os et de l'action, chevaux ayant l'action que l'on n'approuve pas pour les exigences du turf.

Au lieu d'avoir une seule vente aux enchères pour la location des étalons du haras de Glasgow, il y en aurait des vingtaines, et les gentlemen, appréciés actuellement comme juges dans les expositions de chevaux, seraient retenus pour assister les Comités afin d'obtenir les étalons convenant à chaque district. Comme les statistiques, déjà citées, montrent qu'il y a près de 400 étalons de pur sang dans les relevés de MM. Weatherby et comme il y en a bien plus qui ne sont pas cités, parce qu'ils sont seulement employés à saillir des juments de demi sang, par exemple, dans cette grande pépinière de hunters, l'Irlande, il n'y a pas besoin de s'inquiéter de la question de la remonte, si des demandes régulières sont faites d'étalons sains, accommodés pour produire " des chevaux de services ".

Le pur sang en dehors de l'entraînement.

Le pur sang n'atteint pas la perfection de sa force et de sa beauté avant six ou sept ans. Avec le système moderne des courses, les chevaux et les juments sont retirés du turf à cinq ans si ce n'est à quatre. S'il a une réputation supérieure, un étalon devient une personnalité de l'aristocratie du haras; s'il en a une inférieure il peut descendre du Stud Book Register jusqu'à être un étalon de hunters, ou plus bas encore, à voyager dans le pays et à couvrir des juments de toute race à des prix insignifiants. Et c'est comme étalon que le cheval de pur sang, d'un âge mûr et pas trop gras, atteint sa plus grande beauté poétique.

La jument de sang, avec son poulain à ses pieds, est là dans un parc, abritée par des chênes séculaires; des daims ne sont pas plus gracieux et plus intéressants.

Le cheval de course trouvé trop lent pour le plat sera souvent essayé à travers champs, et s'il déploie une puissance de saut supérieure et la somme de courage indispensable, sera converti en steeple-chaser. C'est parmi le steeple-chaser que l'on trouve les spécimens les plus puissants du cheval de pur sang complètement développé. D'autres, encore, n'ayant pas le train suffisant pour courir, sont castrés et convertis en hunters dont il faut bien une demi douzaine au moins, à tout homme qui aspire à galoper dans les champs au premier rang autour de Melton, Markel Harboroug, Rugby et autres paturages à bœufs.

Et puis aussi il y a un nombre limité de chevaux de pur sang ayant des actions extraordinaires et souvent extravagantes qui deviennent chevaux de harnais, atteignant des prix fabuleux (tel était Edmond), et chevaux de selle pour Rotten-Row.

C'est parmi les steeple-chasers, hunters et autres chevaux de service en plein âge que l'on peut trouver le pur sang dans la perfection de sa force et de sa qualité, que l'on ne dirait pas de la même race que ces animaux maigres à longues jambes, de deux ou de trois ans, entraînés jusqu'à la dernière once pour quelque grande course.

On ne peut établir trop fortement, que pour tous les besoins du service et de l'ornement, excepté là ou un lourd fardeau exige un grand poids, le cheval de sang est le meilleur (le plus joli, le plus fort, le plus résistant, le plus intelligent) si la santé et une action convenable peuvent être combinées avec une puissance suffisante. Malheureusement, comme pour l'infanterie anglaise, ceux qui peuvent être décrits ainsi sont

25

très rares; la force n'étant pas une recommandation pour les
courses modernes, ni la conformation symétrique une nécessité pour les rapides handicaps. Un nombre considérable de
chevaux qui seraient très bons comme étalons, sont disquali-
fiés sans avoir été mis à l'entraînement parce que un cheval
de pur sang portant du poids est toujours demandé à un grand
prix, tandis qu'il n'y a pas de système organisé pour employer
les services de la meilleure classe des étalons de pur sang
sains, forts, mais lents (au point de vue des courses) à des
usages utiles, autres que ceux du jeu.

Entraînement et monte en courses.

Pour le profit des colons et des résidents à l'Etranger les
renseignements sur le sujet d'entraîner et de monter le cheval de sang, soit en plat, soit en steeple-chase, seront donnés
dans un futur chapitre, renseignements fournis par l'expérience des gentlemen qui ont eu plus que des succès ordinaires comme amateurs.

Le pur sang à l'Etranger. — Amérique.

Les chevaux de pur sang furent importés par les colons de
Maryland et Virginie déjà sous le règne de Georges II; le premier cheval à pedigree, Spark, ayant été, suivant la tradition,
donné au gouverneur Ogle, à peu près en 1750, par lord Bal-
timore, qui l'avait reçu en cadeau du prince de Galles, le père
de George III. L'ouvrage où nous avons pris nos renseignements, contient une liste d'étalons et de juments importés entre
1750 et 1865 qui comprend 150 pages impériales in-octavo (1)
et raconte avec des détails barbares les matches courus
entre les Etats rivaux, et entre le nord et le sud, pendant la
dernière moitié du siècle. Dans les dernières années le goût

(1) "Le cheval américain" par Frank Forester.

des courses plates semble avoir décliné. La grande insurrection des Etats confédérés détruisit le bien-être qui supportait les amusements coûteux dans le sud; et dans le nord la passion des courses au trot attelé, a remplacé, dans une grande mesure, les courses plates. Il y a cependant, quelques amateurs qui ont des haras de pur sang sur une assez grande échelle pour inonder tout le pays.

Il y a quelques années, M. Ten Broeck un sudiste, amena ici quelques chevaux de course américains, mais quoique l'un d'entre eux, Prioress, excitat un vif intérêt et portât beaucoup d'argent pour sa première course, l'expérience ne fut pas suffisamment heureuse pour encourager la répétition, le long voyage par mer étant un obstacle insurmontable, surtout étant donné que le prix des chevaux de sang en Amérique, ne laisse pas de marge pour rapporter ici.

Parmi les chevaux importés, mentionnés dans le livre de Forester, est Messenger, le fils de Mambrino, qui était considéré en 1856 « comme le meilleur cheval, a tout point de vue » amené jamais en Amérique également comme père de chevaux de courses et comme père de roadsters. Messenger à du vivre jusqu'à un âge excessivement avancé ou bien l'écrivain du passage suivant devait être un centenaire.

« Je me le rappelle bien, — sa grosse tête osseuse, son cou
« droit plutôt court, avec son gosier et ses naseaux presque
« deux fois aussi grands qu'à l'ordinaire avec son garrot bas,
« ses épaules plutôt droites, mais profondes, resserrées et
« fortes a l'arrière, étaient la perfection et aussi la puissance
« de la machine. Son cerceau, son rein, ses hanches, ses quar-
« tiers étaient incomparablement supérieurs à tous les autres;
« ses jarrets et ses genoux étaient d'une largeur inusitée ; en
« dessus d'eux ses membres étaient de dimension moyenne
« mais plats, longs, forts et remarquablement nets, et soit
« arrêté, soit en action, leur position était parfaite » (1).

Céla est intéressant parce que les meilleurs trotteurs amé-

(1) Correspondant of Frank Forester, 1856.

ricains, comme on l'a déjà remarqué , tracent leur pédigree jusqu'à Messenger, et aussi parce que la description correspond admirablement au portrait gravé de Mambrino.

Avant les années 1835 et 1840 parmi les importations de chevaux de courses anglais dans les Etats-Unis étaient : Priam gagnant du Derby en 1830 ; Barefoat gagnant du Saint-Léger, 1823 ; Margrave gagnant du Saint-Léger en 1832 ; Rowton gagnant du Saint-Léger en 1829 ; Saint-Gilles, vainqueur du Derby en 1832 et Spaniel gagnant du Derby en 1831; avec une foule d'autres y compris Zinganee et Glencoe de lord George Bentinck, du meilleur sang, mais moins heureux dans lés grandes courses anglaises.

L'édition de " L'Américan Horse " de Franck Forester en 1871 ne donne aucun nom de cheval de course anglais depuis 1865 ; il faut donc présumer qu'il n'y a pas eu d'importation de sujet important du turf.

On en a assez dit pour montrer que, comme dans toute autre contrée, les Etats-Unis puisent la vitesse et la qualité de leurs cheveux ordinaires, dans les croisements avec le sang anglais.

La préférence que les Américains ont pour les chevaux de harnais sur les chevaux de selle, influencerait du reste sur le choix de leurs étalons.

Les passages suivants tirés d'une lettre adressée a l'un des journaux de sport les plus littéraires, donnent un pittoresque et exact récit des courses du jour à New-York, par un observateur et un reporter compétent :

Une visite à Jérôme Park

« Il y avait une chaude et ensoleillée matinée d'automne le samedi 15 octobre. Les voitures suivaient la 5ᵉ avenue et traversaient le Central Park pour les courses ; et notre drag était à la porte de l'Union Club, attendant que M. Lawrence Jérôme montât sur le siège et nous y conduisît aussi. C'est un étrange chemin que celui qui mène à Jérôme Park, assez

plaisant le long des routes serpentantes du splendide Central
Park, mais un peu moins plaisant, s'il est plus excitant, pour
le reste du parcours. La scène représente un peu, mais bien
mal, la route d'Epsom un jour de Derby. On en a la poussière
et les voitures, mais non la sordide cohue des marchands de
pommes et des cabaretiers ; à la place de ces représentants
caractéristiques de la vie de Londres, il y a une foule d'êtres
humains montés sur des véhicules fragiles d'apparence, à
deux ou quatre roues et traînés par un ou deux chevaux. Ce
sont des trotteurs et leurs conducteurs fendent l'espace au
train de 17 milles à l'heure. Leurs esprits sont dans un apparent état de pénible sensation, avec les yeux leur sortant des
orbitres, les jambes écartées et plantées en avant à droite et
à gauche, une rêne enroulée autour de chaque main ; une
femme effrayée sur la banquette de derrière, se cramponnant
nerveusement à la galerie de fer et dans une crainte momen-
tanée sur le sort de son manteau et de son chapeau ; et
aussi le maître de cet étrange spectacle se dépêche. Il a la
furieuse ambition de dépasser tout ce qui peut être dépassé
sur la route, et s'il y réussit il a accompli une action d'éclat
pour un conducteur de trotteur. Cette manière de se mouvoir
transférée dans son temps et lieu, offre dit-on des fascina-
tions auxquelles on ne peut pas résister quand on s'y est livré
mais j'imagine qu'aucun vrai anglais ne se soucierait de faire
la connaissance de ces charmes inexprimables. Heureusement
dans Central Park, des policemen sont placés pour régler le
trot de tous les véhicules à 7 milles à l'heure ; mais leurs
fonctions sont aussi simples que la fonction solitaire des
policemen qui sont postés dans Broadway pour offrir le bras
aux dames et les conduire sans accident dans les traversées;
car il faut bien comprendre que personne ne va au train de
chemin de fer dans les agréables défilés du parc et que l'allure est aussi tranquille que dans la route de côté a Rotten
Row un après-midi de juin.

« Tranquillement et sur un terrain uni, nous roulâmes au
train de huit nœuds comme le remarquait un compagnon nau-

tique, et dans un peu plus d'une heure, nous descendîmes sous la galerie couverte du club de Jérôme Park. Nous étions suivis par le drag plus prétentieux de M. Belmont, avec un très joli attelage bai brun ; les uns arrivent ensuite à la file des autres ; les voitures suivent les voitures, toutes contenant des dames, jusqu'à ce que bientôt la galerie entourant le club fut remplie par une foule de beautés les plus gaies qu'un homme puisse voir en allant aux courses. Je ne veux pas dire que ces dames américaines soient plus jolies, mieux habillées, ou qu'elles causent mieux que les dames anglaises; mais elles sont jolies, leurs toilettes sont telles qu'elles ins- pireraient un modeste littérateur de " Court Tattler " ; et leur conversation doit être brillante, à la manière si attentive dont on les écoute. Tout cela était éblouissant ; et ce ne fut que lorsque chacun fut assis dans la galerie, et que la foule au milieu de laquelle je me trouvais, fut devenue tranquille, que je pus regarder tout autour de moi et cesser de m'étonner de l'endroit ou j'étais. Je trouvais bientôt que Jérôme Parck ne s'accordait pas exactement avec mes idées anglaises d'un parc, le Central Park non plus ; tous les deux sont très jolis à leur façon, et chacun est certainement unique Le Central peut avoir les plus belles promenades du monde pour voiture comme le livre du guide le dit, ou des Etats-Unis, ou de New- York, et peut avoir coûté dix millions de dollars ; cependant il ne ressemble pas plus à un parc que la Parade à Brighton, ou la Promenade des Anglais à Nice. Les terrains de course que nous connaissons tous, diffèrent tous dans le monde ; et si Jérôme Párk ne ressemble pas à un parc c'est certainement aussi peu semblable à un champ de course anglais, que n'importe ce que j'ai vu cependant c'est un champ de course, pour ne pas dire une invention ; il y a là des courses ; c'est le temple du Jockey Club américain ; et c'est un des endroits fréquentés les plus agréables qu'un voyageur qui a quelques heures à dépenser puisse visiter.

« Le Club est tout à fait une institution , il a des salles à manger, des salons, des chambres à coucher, des salles de. billard, et une grande salle de bal, et certainement tout le luxe d'un club et le confort d'une habitation particulière. Ceux qui vont aux courses, y mangent leurs déjeuners, y font leurs lunchs, et quelques-uns y restent diner. Quand les courses sont finies, on danse une " Allemande " dans la salle de danse, avec la musique d'un excellent orchestre ; et quand le festival est terminé, le retour à New-York, à la clarté d'une lune d'août, n'est pas la partie la moins agréable de l'émotion de la journée. Quelques-uns, peut-être, resteront la nuit, ou retourneront le lendemain matin pour déjeuner; mais peu importe quand ils arrivent ou quand ils s'en vont, le club est toujours ouvert.

« Nous avons déjeuné et nous sommes de nouveau sur la galerie, regardant en bas le champ de course. Il consiste en routes serpentant sur un plateau en-dessous du club. Ces routes ou pistes forment à peu près la figure d'un 8, et leur terrain est comme celui de Rotten Row, quoique un peu plus dur. On demande pourquoi le gazon n'est pas préféré à une route dure; et la réponse prompte est que la route en terre, dure comme elle est, est ce qui convient le mieux aux chevaux américains. De l'autre côté de ces pistes, qui tout le long sont bordées de !barrières, et en face du club, il y a une longue rangée de tribunes, dont celle du milieu est réservée aux membres du Jockey-Club.

« Le parc entier, comme on l'appelle, est entouré de collines, de chaque côté sont des arbres, et leurs feuilles sont justement maintenant de ces teintes cramoisies et dorées de l'automne. La première course va commencer, et tout le monde, dames et autres, quittent le club et se promènent sur la piste devant la tribune du Jockey-Club. Les numéros des chevaux qui doivent partir sont hissés, mais nous n'entendons pas offrir le champ à 6 contre 4, ou 4 contre 1 pour un cheval.

« L'air est aussi peu troublé qu'au déboulé, après le départ pour le Derby. Mais notre Mentor nous surveille et attire notre curiosité vers un gentleman âgé se penchant à la fenêtre d'une boîte élevée à l'une des extrémités de la tribune ; il vend dés poules et l'on organise une poule de ce côté. Supposons trois chevaux partants, une chance peut être vendue pour 200 dollars, une autre pour 100, et une autre pour 50. L'acheteur de la chance qui gagne prend les 350 dollars, moins 3 pour cent de commission pour le vendeur de poule. Placés dans le betting, nous jetons nos yeux sur les courses. Les chevaux sont sortis, et galopent autour de la piste, en couvertures. Justement, l'un est amené derrière notre place avantageuse, et nous restons stupéfaits en voyant enlever, une, deux, trois grosses couvertures de laine de dessus l'animal haletant. Le thermomètre est à 80 degrés, et la robe du cheval est fumante d'écume ; tous sont galopés, en couvertures et découverts de la même façon ; et alors la course commença. Les voilà partis, tous tirant dur, à une allure résonnante et dans un nuage de poussière, maintenant ils disparaissent, où réapparaîtront-ils ? Sera-ce au bas des marches, le long du club ? Non ; la piste formait un tournant que nous n'avions pas remarqué, et ils sont en pleine vue derrière la tribune ; une autre courbe profonde, un tournant, et les voilà dans la ligne droite pour arriver. Nous regardons curieusement la fin ; des cris s'élèvent, c'est l'un ou l'autre qui gagnera ; les dames se lèvent debout, l'excitation est à son comble. Les voilà, les deux leaders laissant les trois autres cachés par un épais nuage de poussière, et chacun ignore ce qui gagne ; un boy noir, ses yeux semblant deux rosettes blanchés dans sa face d'ébène, arrive ; sa selle est arrivée en avant du garrot de son cheval, et ses jambes semblent cogner dans la bouche de son cheval ; mais n'importe, son cheval est un bon cheval, n'a pas eu besoin de lui pour finir et gagne d'une demi-douzaine de longueurs. C'était une bonne course, car tous les chevaux, comme ils rentraient séparément, avaient été très sérieusement montés.

« Bientôt la course est oubliée. Et maintenant nous sommes avertis de nous préparer pour une course de meilleure qualité. Glenelg est le favori à 300 dollars et les autres sont à vendre à 80. Glenelg est un cheval bai brun, par Citadel, sa mère Bapta, il a quatre ans, est né pendant la traversée d'An-

gleterre et ressemble beaucoup à Restitution. Samedi dernier,
il a battu le crack américain, Helmbold, dans une course de
3 milles, courue en 5 minutes, 42 secondes 1/2. Helmbold,
est un très joli cheval par Australian, marche comme Lord
Lyons et lui ressemble; un peu enlevé peut-être, mais sa longue allure cadencée et sa forme rappellent un gagnant du
Derby. Forfait était déclaré pour Helmbold, — jamais battu
auparavant, — parcequ'il ne s'était pas remis de la course à
Saratoga, en août dernier. C'était une course de quatre milles,
avec le thermomètre à 120 degrés, et Helmbold n'avait gagné
qu'après une arrivée tout ce qu'il y a de plus sévère. Eh bien,
aujourd'hui Glenelg, le vainqueur d'Helmbold, arriva devant
Magara et Mozart, auxquels il rendait respectivement 16 lbs
et 26 lbs, et la consternation régna parmi ceux qui suivaient
avec confiance l'écurie de M. Belmont. Plusieurs courses suivirent, de différents caractères, les champs se composant de
deux ou trois chevaux; et puis vint une course de haies. Les
haies ont trois pieds et demi de haut et demandent à être
sautées, car elles sont trop fixes pour qu'on puisse galoper au
travers. Huit haies et une distance d'un mille 3/4 fût parcou-
rue en 3 minutes 30 secondes. Un steeple-chase mettait fin au
sport, et cette performance était quelque chose digne d'être
considérée. On pourrait s'imaginer un steeple-chase dans Lei-
cester-Square, aussi bien que sur la piste de Jérôme Park.

« Deux milles 1/2 étaient la distance de la course, non à travers la campagne, mais dedans, en dehors et pardessus les
tournants tortueux de la piste, jusqu'à ce qu'on décrivit une
courbe plus tournante et plus tortueuse que le labyrinthe à
Hampton-Court. Ici, il y a une rivière à peu près la même
qu'à Croydon; et comme les chevaux, avec une précision admirable, la passèrent heureusement, un battement de mains
eut lieu dans le vrai style " du Grand Métropolitain ". Puis
on saute dedans et en dehors de la piste; autour et entre les
arbres, pardessus un mur en pierres, ou descend un précipice,
on saute une barre, puis d'autres barres et haies, tournant en
spirale sur le plateau, si bien qu'on en arrive à la conclusion

que les obstacles sont très bien faits, et bien assez embarrassants pour désapointer le plus habile hunter d'Angleterre qui
n'aurait pas subi auparavant un entraînement spécial. Une
bonne fin bruyante eut lieu entre Oysterman et Biddy Maloue
et le premier semblait gagner à la distance d'un quart de
mille de l'arrivée. Mais Biddy fut le premier à s'enlever à la
dernière haie et la renversa ; cela fut cause qu'Oysterman fit
une faute et un faux pas, son jockey noir se cramponna au
cou du cheval, et puis reprenant adroitement son assiette,
finit à deux longueurs derrière Biddy Malone. Les deux milles
et demi, furent couverts en 5 minutes 55 secondes, temps
assez court, j'imagine, en considérant les montées et les des-
centes.

« La conclusion à laquelle arrive un anglais, témoin
d'une scène pareille, est que les chevaux Américains sont
entraînés à courir leurs courses très vite et que, ils paraissent
tous, jusqu'à ce qu'ils soient battus, tirer furieusement. »

Une course de deux ans, d'un mille et un furlong, courue
en deux minutes quatre secondes, une d'un demi mille, courue en 54 secondes et une autre de trois quarts de mille en 1
minute 18 secondes, paraissent vites, quoique je n'ai pu savoir
si cela serait considéré comme vite par les américains du turf.
Ce qu'on ne peut nier toutefois, c'est que, considérant le peu
de chevaux de courses en Amérique, — ils ne sont pas, je
crois, plus de deux cents à l'entraînement, — il est surprenant
qu'il y en ait tant qui paraissent bons. Je n'ai pas vu des meilleurs chevaux de l'élevage américain, Kingfischer par Lexing-
ton, — car son unique engagement se termina par un walko-
over. On dit, cependant, qu'il peut faire un mille en 1 minute
43 secondes. Cela peut être cru, si on accepte comme un fait
que Glenelg a fait un mille 1/2, à Long Branch en 2 minutes
37 secondes, ce qui est le train d'un mille en 1 minute 45 secondes. En règle générale on ne peut pas accorder une grande
valeur à la mesnre du temps; mais les Américains apportent
une grande attention à cette matière et entraînent au temps
avec des résultats assez précis. Savoir s'ils réussissent à obte-

nir une plus grande vitese et une plus grande puissance de
tenue que les entraîneurs et les éleveurs anglais, ne pourrait
être prouve d'une manière décisive que par une série d'essais ;
mais il semblait à mon œil pas très exercé que toutes les
courses, prises du départ à la fin, étaient courues avec beaucoup plus de vitesse que chez nous, quoique les arrivées ne
fussent rien moins que brillantes, sans compter qu'elles sont
accompagnées de beaucoup de coups de cravache et d'éperons.

Combien de temps des chevaux peuvent-ils supporter un
terrain de course comme celui de Jerôme Park, et des débou-
lés de vitesse pareils, c'est une question qui regarde les Américains et dans laquelle ils pourraient nous renseigner ; mais
un entraîneur anglais y regarderait probablement à deux fois
avant de faire faire un tel ouvrage à des chevaux chez nous.
Le point extraordinaire de cette matière, est qu'on obtienne de
si grandes vitesses avec de si mauvais jockeys. Il serait difficile de dire lesquels montent les mieux des boys noirs ou des
boys blancs, tellement ils montent mal tous. On voit rarement
quelque chose ressemblant à une arrivée artistique, excepté
quand un couple de ce qu'on appelle les meilleurs jockeys
sont sur des montures à peu près égales.

Le manque de bonne équitation est probablement particulier
à ce pays, et ce serait une grossière adulation de dire seulement
qu'un américain paraît mal à l'aise à cheval. Cependant il y a
certainement des exceptions ; mais monter à cheval est au
moins une chose que nos amis transatlantiques ne font pas
bien, surtout en course. Quelques lads anglais ont été importés, mais avec un médiocre succès ; et il y a, je crois, matière
pour un cavalier anglais accompli à faire fortune en Amérique,
tant en montant qu'en apprenant à monter. Il semble, cependant, que les bons cavaliers ne soient pas désireux de quitter
leur chez eux, même pour des prix très tentants, comme me
le disait le principal protecteur de son temps, du turf américain, qui avait donné commission à des autorités bien connues du turf, en Angleterre, de lui obtenir les services d'un
excellent jockey, pour les mois d'août, septembre et octobre.

Il offrait de donner à un bon jockey 500 livres pour trois mois, payer toutes ses dépenses et lui donner en outre une commission pour les montes gagnantes; cependant il ne put obtenir aucun jockey (1).

Le cheval de course en France.

Le cheval de course est autant un exotique en France que l'opéra italien en Angleterre, quoique déjà renommé sur le turf anglais dans la personne de l'invinsible Gladiateur, et Fille de l'Air gagnante des Oaks en 1864.

Cela étonnera, ceux qui ne sont pas familiers avec l'histoire sociale de l'autre côté du canal, d'apprendre qu'il y a au moment présent, quarante huit établissements réguliers d'entraînement en France, dont la plupart sont aussi des écuries d'élevage; et cela en dépit des réductions causées par la chute de l'Empire et les désastres de la guerre.

Le climat et le sol de la France se sont montrés particulièrement favorables à la précoce maturité du pur sang.

Le Gouvernement, comme une matière de politique, donne de très grands prix, d'après le principe de nos Queen's Plates, c'est-à-dire pour chevaux n'ayant pas moins de trois ans, courant au moins deux milles; et le choix des écuries françaises à l'avantage de pouvoir concourir pour les meilleurs prix anglais aussi bien que français,

Cependant c'est une curieuse circonstance que, bien que des chevaux de courses soient élevés et entraînés en France depuis presque un demi siècle (du reste, ils sont entièrement de sang anglais), tous les entraîneurs, tous leurs assistants et à une ou deux exceptions près, tous les jockeys soient anglais. De fait, aucun jockey français n'a jamais gagné une grande course sur le turf anglais. Un ouvrage, par le baron d'Etreillis. « Le pur sang en France » donne les plus amples détails sur la condition présente du turf français; rien d'ap-

(1) Tiré du Field.

prochant n'est aussi complet que ce livre, sur le mystérieux sujet des chevaux de l'Irlande, le pays d'élevage par excellence de l'Europe, soit pour la qualité soit pour le nombre.

Le baron donne le nom de chaque propriétaire de chevaux de courses, de son entraîneur, de son jockey et même de son "head lad" avec les portraits de tous, qui, pour dire le moins, ne sont pas flatteurs. Il décrit minutieusement aussi quelques cent. étalons, juments, chevaux de deux ans et de trois ans, à l'entraînement en 1873.

Le Gouvernement français, sous l'Empire, quand les courses devinrent une mode, sinon une passion parmi les riches et les nobles, abandonna l'élevage des chevaux de pur sang dans les haras de l'Etat, dans le but d'encourager les entreprises particulières.

A présent, dit le baron "le cheval de pur sang" (thoroughbred) est plus que jamais frappé d'ostracisme, négligé par les établissements officiels d'élevage, obligé d'être déguisé en ayant la queue coupée pour être admis dans les rangs de la cavalerie, ou pour être admis dans le commerce ordinaire des chevaux de selle; les deux extrêmes de la hiérarchie chevaline, lui sont seuls ouverts, les courses ou les fiacres.

Les subventions pour le turf ont été diminuées, on ne donne plus de prix pour les steeple-chases, ou de primes pour les poulinières de pur sang, et on ne donne qu'un très petit encouragement aux étalons de pur sang. Mais il semble que la même transformation de goût à laquelle nous avons fait allusion déjà. comme ayant renvoyé en Angleterre les joueurs, du tapis vert sur le turf, à pris place en France. Les riches et les titrés, dégoutés de la politique, et suivant la mode du pays avec lequel ils sont dans les meilleurs termes, se livrent aux sports de la campagne, au lieu des amusemenss des villes qui sont dans un état chronique de mécontentement si ce. n'est de révolte.

Nous en trouvons un exemple, en tournant les pages de "Le pur sang", dans un nom qui brilla à une des réunions annuelles de Newmarket en octobre 1873, quand Montargis, au comte de Juigné, un oustider, gagna le Cambridgeshire battant les deux favoris Kinq-Lud et Walnut.

« Le comte de Juigné commença par avoir une passion pour l'attelage. Pendant plusieurs années il eut une réputation pour ses voitures et ses chevaux de première classe pour la qualité et l'action. Fatigué à la fin de tourner dans le même cercle de steppeurs et de four in hand, il vendit tout, acheta quelques bonnes juments et commença à élever. En manière d'occupation (en France) il commença par essayer de produire, cet éternel cheval de troupe de demi sang, sans père de pur sang, quoi qu'ils soient aussi intimement liés que la cause et l'effet.

« Après un certain temps, associé avec le prince d'Arenberg, il débuta sur le turf, mais sans grand succès. » En 1872 son écurie se composait de neuf chevaux de deux et trois ans. Parmi les trois ans était Montargis, que le baron décrit minutieusement, et auquel il prédisait de nombreuses victoires, un sur lequel il a compté de la manière la plus innattendue, les paris étant au départ de quarante contre 1. Il est établi par les passages suivants que les courses ne sont pas dans les gouts de la nation française : « Nous ne pouvons pas compter sur l'opinion publique pour encourager quoique ce soit ayant rapport à l'élevage du cheval en France, comme on le peut en Angleterre, ou des questions semblables sont considérées comme étant d'intérêt national.

« Nos organisations politiques et sociales rendent impossible un pareil état de sentiments ; de tels sujets resteront toujours la spécialité d'une classe. Par exemple, quand la question de la remonte des chevaux fut discutée récemment dans le parlement anglais, le débat fut ajourné parce que plusieurs membres comptant parler, étaient absents pour chasser le renard.

« Si un pareil délai avait été proposé en France, il aurait été repoussé avec des hurlements. Cependant les hommes d'Etat en Angleterre ne sont pas inférieurs aux nôtres dans les questions d'intérêt général, mais le goût pour le sport est inné chez l'anglais et on le trouve seulement exceptionnellement chez le Français. Pour cette raison, l'aide de l'Etat est indispensable pour maintenir l'élevage dans de sains principes en France ».

Les faits prouvent qu'il doit y avoir quelque chose d'extrèmement favorable a la production de chevaux de pur sang, soit dans le climat de France, soit dans la sélection des lots par les éleveurs français ; car la proportion des victoires obtenues par l'élevage français, sur le turf anglais, eu égard au nombre comparatif des animaux élevés dans chaque pays, est très grande.

En novembre 1873, M. Digby Collins, écrivant au Field pour montrer que le comte de Stradbroke se trompait en disant au comité des lords pour la remonte des chevaux, qu'il n'y avait pas trois chevaux en Angleterre capables de résister plus de deux milles, donnait les noms de quarante chevaux, dans quatre classes, qui dans son opinion donnaient une contradiction à cette théorie. Parmi ces quarante il y en a 10 français, une énorme proportion.

Actuellement il y a une violente dispute engagée entre les directeurs de haras de l'Etat et la Société d'Encouragement pour l'élevage du cheval, représenté par le Jockey-Club français ; car les premiers, depuis que le privilège de l'élevage du pur sang leur a été ôté des mains découragent celui qui achète des étalons de pur sang aux éleveurs français. " Malheureusement, dit le baron, c'est l'habitude en France de préférer les phrases aux actions et d'adopter les conclusions d'une théorie abandonnée. " Les hommes choisis pour décider sur les questions pratiques vitales, sont très souvent ceux que leurs études, leurs occupations et leur manière d'exister, rendent tout a fait étrangers à la question à décider. "

Par cela le baron veut dire que ce sont les vétérinaires de profession et les officiers de cavalerie qui sont en France considérés comme des autorités dans toutes les questions chevalines. Nous traiterons des haras du gouvernement en France, à leur propre place. Pour le moment il sera suffisant d'établir que le cheval de pur sang en France est encouragé par des prix montant entre 50,000 et 70,000 livres, dont 26,000 livres sont données par des sociétés particulières (la société de Paris fournissant la part du Lion) le reste par le gouvernement et les municipalités. Quoiqu'un établissement d'entraînement fut intallé à Chantilly par le duc d'Orléans, le fils aîné de Louis Philippe, dès 1833 jusqu'à la venue de l'Empereur, ses imitateurs furent peu nombreux et espacés dans l'intervalle. C'est seulement à partir de 1864 que le cheval français est devenu un formidable concurrent sur le turf anglais. Il est heureux qu'il y ait des gens riches, dans un pays voisin, qui estiment que la vigueur a plus d'importance que la seule vitesse dans un étalon de pur sang.

Le pur sang en Allemagne

Les haras de pur sang sont sontenus par l'Empereur d'Autriche qui a un grand établissement avec un entraîneur anglais à sa tête. Dans son royanme de Hongrie, les nobles et les riches propriétaires fonciers entretiennent le pur sang pour les courses et pour les usages de la selle ; tandis que pour l'attelage ils recourent plutôt aux croisements arabes avec les races du pays. Le Hongrois aime autant le cheval que l'Irlandais ; et lè comprend aussi bien qu'un habitant du Yorkshire.

En Prusse " le stud book allemand, décrit dix-huit haras particuliers de chevaux de pur sang. " On les recherche tellement, que la noblesse propriétaire demande a être débarassée de la concurrence du gouvernement.

La Russie, aussi, a depuis plus d'un demi siècle importé avec constance des étalons de pur sang, mais c'est plus pour améliorer ses races natales que dans l'intérêt du turf.

En un mot le pur sang anglais à fait sentir et connaître dans chaque pays du monde, ses mérites, là où la taille aussi bien que la qualité est un objet ; car le " sang " suivant les termes du baron déjà cité, donne " la force, l'agilité, la résistance et l'énergie. " En terminant ce chapitre il ne faut pas omettre d'expliquer les différents termes en usage parmi les hommes de courses.

Mesures et Poids

Quatre pouces sont une main
Quatorze livres sont une stone, poids de jockey.
1760 yards sont un mille.
220 yards sont une furlong.
Huit furlongs font un mille.
240 yards sont une distance.
Huit livres équivalent à une distance entre chevaux de même vitesse.

CHAPITRE X

Cheval de demi-sang

Demi-sang. — Sa signification en langage de course. — Lottery Jim Mason, demi-sang. — The Colonel, gagnant du Liverpool Grand National, demi-sang. — Son pedigree. — Sa vente à l'Allemagne. — Les étalons de hunter de demi-sang estimés en France. — Fair Nell, qui bat le Pacha's Arab. — Son portrait. — Pedigree douteux. — Challenge à Abbas Pacha. — Il n'est pas accepté par le Jockey Club. — Marchands du Caire et Haleem Pacha. — La course. — Victoire de la jument Irlandaise. — Les produits d'étalons de pur sang et des juments de charrette recommandés par Nimrod. — Ils ne sont plus à la mode. — Un exemple d'un bon hunter élevé ainsi. — Étalons trotteurs de Norfolk, Lincolnshire et Yorkshire. — Leur origine en Lincolnshire, d'importations Hollandaises, il y a cent ans. — Leurs mérites, actions et allures. — Description de trotteurs en 1760. — Marskland Shales. — Une célébrité. — Description et portrait en 1825. — Récit de Lavengro à Norwick Hill. — Une foire du Norfolk. — Le marché de Weighton, fameux pour les trotteurs. — Leur allure. — Leur forme. — Leurs couleurs. — Prévention étrangère pour les marques blanches. — Description par un exposant de trotteurs. — Exportation récente aux Indes. — Leur grand emploi en Normandie. — Le général Fleury à l'éditeur sur les juments Normandes. — Shepherd Knapp, un trotteur Américain et non du Yorkshire. — Succès de son croisement avec des juments de pur sang. — Le trotteur de pur sang de M. Crisp. — Opinion sur les trotteurs du Norfolk devant le comité des Lords. — M. Philipps, de Knightsbridge. — Le

Comte de Charlemount. — Uu leader de chevaux du Yorkshire. —
Condition actuelle de la remonte. — Comité du Comte de Rosebery.
— La cause du déclin. — Ventes qui ne rapportent pas. — Opinion
du Yorkshire sur le coût de l'élevage. — La vieille méthode n'est
plus à la mode. — Les loueurs n'achètent que des chevaux hongres.
— Les étrangers achètent les juments. — Augmentation des prix, et
accroissement de l'élevage. — Opinion de M. Edmund Tattersall. —
M. Thomas Perrington, secrétaire de la société d'agriculture du
Yorkshire. — Il ne croit pas que le nombre des hunters ait diminue.
— Au contraire, ils sont plus nombreux. — Les chevaux sont mieux
qu'ils n'étaient. — Le cri de " pas de juments " est une erreur. —
Opinion de Mannington sur les étalons de pur sang défectueux. —
Propositions pour améliorer la qualité des chevaux. — Le plan
Français rejeté. — L'entreprise particulière, est la seule ressource de
salut. — Plan suggéré par l'éditeur. — Opinion de Lord Combermere. —
Rareté causée par la demande. — L'élevage rapporte, avec de bons
étalons et de bonnes juments. — Accroissement de l'élevage en
Cheshire et en Shropshire. — Lord Vivian, trouve que l'élevage des
hunters a augmenté en Cornouailles et Anglesey. — Plus de chevaux
en chasse, plus de hacks dans le parc que dans sa jeunesse. — Le
Colonel Poltimore de Devon et Dorset, même opinion. — Loi de
garantie. — Le Colonel Aingscote C. B. pense qu'elle ne fait pas bon effet.
— La loi Française de garantie, un modèle à imiter. — Description. —
Remonte des chevaux de cavalerie. — Opinion de Sir Henry
Storks, général Wardlaw, colonel Price, R. H. A. colonel Baker et
général Peel. — Licences des marchands de chevaux. — Chevaux
Irlandais. — Aucuns droits sur eux. — Passion comparée de l'Irlandais et de l'homme du Yorkshire pour les chevaux. — L'Irlandais,
rarement égalé comme Jockey de steeple-chase. — Hunters Irlandais. — Demandes. — Le recrutement de la cavalerie, pour l'Angleterre et la Belgique. — La France en temps de guerre. — Manque de
livres sur les races Irlandaises. — Le comté de Charlemount un grand
éleveur. — Ses opinions. — Statistique de la remonte de chevaux
dans le Royaume uni.

Demi-sang (half bred) désigné dans les rapports de course
par les lettres H. B., ne signifie pas ce que les mots implique-
raient dans leur sens littéral. Le produit du pur sang d'un

côté, et le sang de trait de l'autre, mais seulement qu'il y a quelque tache dans le pedigree à tracer, tache qui peut du reste être si éloignée qu'on ne peut la reconnaître par aucun signe extérieur.

Par exemple, Lottery, le fameux cheval de steeple-chase, dont le nom il y a trente ans était associé avec les nombreux triomphes de Jim Masson, le plus élégant sinon le meilleur jockey à travers champs de ce temps (ils figurent ensemble dans le tableau de steeple-chase Cracks de Herring) était un cheval de course, complet à le voir, mais en terme de courses, un demi-sang. Pour arriver à des temps plus récents, The Colonel gagna le grand handicap-cross-country, le grand National de Liverpool, en 1869, et aussi en 1870. The Colonel, né en 1863, était par Knight of Kars, hors de Boadicea, par Faugh-a-Ballagh-Boadicea par Baronet, hors de Princess of Wales ; Princess of Wales hors de Modesty, par Pill-Garlic ; Modesty, née en 1827, une jument de demi-sang par Sancho. Cette légère tache (car Modesty était sans doute une bonne jument), en dépit de la splendide symétrie et des admirables performances de The Colonel, le disqualifia pour être inscrit sur le livre d'or anglais, le " Stud Book " et de prendre sa place et fixer son prix avec des étalons de pur sang de forme extérieure inférieure et de performances inférieures, mais de pedigree sans tache. Les éleveurs dans le but de courses, craignent toujours que l'alliage n'amène une gêne ; ausssi dans ce pays, les étalons qui ne sont pas de pur sang, mais qui en ont l'apparence, ne prennent jamais un rang élevé.

The Colonel fut vendu un an avant la guerre franco-alle-mande, à Mr Cavaliero, pour 2,000 livres, et après avoir couru une fois encore en Angleterre, passa aux haras de l'empereur d'Allemagne.

Sur le continent, cette classe d'étalons, quand ils montrent beaucoup de substance, est très estimée. Dans les réponses aux enquêtes faites par une commission ayant pour but de ontrôler la condition de l'élevage des chevaux dans les vingt-cinq cercles dans lesquels la France est divisée, plus de la moitié conclut pour les étalons hunters anglais.

Fair Nell, qui ne courut jamais en Angleterre, mais dont la réputation fit le tour du monde parmi les hommes de chevaux, l'année d'après qu'elle eût battu le meilleur arabe du Pacha, peut avoir été de pur sang, mais comme son pedigree n'était pas inscrit, elle aurait été classée comme demi-sang en Angle terre. Voici son histoire : — Abbas Pacha, dont nous avons décrit le haras de courses dans le chapitre sur les arabes, à peu près en 1853, envoya un défi au Jockey-Club, de faire courir nimporte quel nombre de chevaux de courses anglais contre ses arabes, pour toute somme non inférieure à 10,000 livres. Le Jockey-Club ne possède aucun cheval, mais est, en effet, une petite autocratie dans l'établissement des règles de courses, exerçant un contrôle absolu sur les courses courues à New-Market Heath, fixant le poids et conditions de certains matches et handicaps.

Le défit fut donc nécessairement décliné, et il fut compris que le Pacha ne ferait pas de match avec un individu en particulier. Il n'y eut donc pas de résultat.

Haleem Pacha, le fou qui hérita de l'incomparable haras d'arabes d'Abbas Pacha, un haras qui avait coûté près d'un million sterling à son père, pour le rassembler et élever, — condescendit à faire un match avec des marchands du Caire, consistant à courir huit milles pour 400 livres de chaque côté.

Les marchands du Caire envoyèrent en Angleterre et achetèrent Fair Nell jument irlandaise, supposée de pur sang, mais cela est complètement mis en doute par M. Edmund Tattersall qui l'avait eue comme monture, pour se promener au parc et aller au rendez-vous. La course eût lieu deux semaines après son arrivée en Egypte ; et sur la distance de huit milles, elle battit le meilleur arabe du Pacha, sur un terrain dur et rocailleux, d'un bon mille, accomplissant la distance en 18 minutes et demi et en tirant et en étant fraîche.

En fait, Fair Nell gagna si facilement, qu'il fût trouvé impossible de faire un autre match.

C'était une jument bai splendide avec les jambes noires ;
elle avait 15 mains un pouce et demi de haut, avec de si belles
épaules, on en avait tant devant soi, elle avait une allure si
élastique qu'il était facile, même délicieux de la monter,
quoiqu'elle fût chaude et qu'elle plongeât violemment par
moments. Elle tirait dur, mais avait bonne bouche et demandait à être relâchée et reprise alternativement, avec une main
légère. Elle porta souvent M. Tattersall, pesant 12 stone,
pendant seize milles, pour aller au rendez-vous, en une heure
y compris les arrêts, et semblait aller au canter tout le temps,
pendant que vous essayiez de trotter à côté d'elle. Elle avait
été élevée en Irlande, elle n'était pas au "Stud Book" mais
était supposée être par le célèbre étalon irlandais Freney.

Il n'y a aucun doute dans l'esprit de l'écrivain de ce chapitre, qui monta souvent Fair Nell, que, demi-sang ou de pur
sang, elle aurait battu tous les arabes du monde dans une
course de vingt milles, et aurait accompli les exploits les plus
extraordinaires connus pour les longues distances pendant
plusieurs jours dans un climat tempéré.

A un moment, les demi-sang réels, produit d'un étalon de
pur sang avec une jument de charrette étaient cultivés dans
le but de produire des hunters pour forts poids, sur la recommandation de "Nimrod" (M. Apperley) qui avait trouvé à
Melton au moins un sujet extraordinaire de cette espèce, portant M. Edge un yeoman de 18 stone, dans le premier rang
en Leicestershire; mais on trouva bientôt que les prix étaient
rares et les ratés nombreux.

Le résultat le plus commun de ces mésalliances est un
monstre composé de deux sortes différentes de chevaux mal
réunies dans le milieu.

Quelquefois quand une jument de sang ne retient pas avec
des étalons de son degré, elle retiendra avec un étalon de
charrette; et d'accidents pareils on obtient çà et là un perfor-
mer extraordinaire, avec une grande puissance et le courage
de sa mère plus noble. Dans l'hiver de 1873, un gentleman
américain, d'un gros poids, montait à une bonne place un

cheval d'apparence très commune dans les galops de Leicestershire, cet animal avait été élevé par M. John Bennett de
Husbands Bosworth, bien connu comme éleveur et cavalier
de steeple-chasers; il était par un étalon de charrette, et sa
fameuse jument Lady Florence, mère de nombreux bons chevaux de pur sang lorsqu'elle vint à ne pas remplir avec des
étalons de sang.

Mais, en règle générale, dans cette contrée, quand un éleveur se décide à ne pas donner une jument à un pur sang, il
ne s'arrête pas à moitié chemin dans la descente, mais choisit
un roadster de trot.

Etalons trotteurs.

Les étalons trotteurs autant qu'on peut l'assurer d'après les
recherches faites dans les comtés où ils commencèrent à deve
nir renommés, sont d'origine Hollandaise ou Flamande. En
tout cas, on en entendit parler pour la première fois il y a
cent ans dans les districts marécageux de Lincolnshire. Leur
mérite réside dans la compacité, la force, l'action; leur allure
qui étonnait tellement la dernière génération, a été complètement rejetée dans l'ombre par les promesses des trotteurs américains, une classe d'animaux très différente.

Quoique l'origine du roadster trotteur ne remonte pas loin,
elle est aussi mystérieuse, que tous les faits historiques se
rapportant au cheval anglais.

John Lawrence (1810) dit : « Il est à remarquer qu'il n'y a
pas d'exemple d'un cheval de pur sang, étant un parfait trotteur ». — (cela suivant l'expérience des américains, est une
erreur. Editeur).

« Quoique quelques chevaux de courses, comme Shark,
Hammer par Hérod, et je crois, Mambrino, eussent un trot
vite, pour une petite distance. Infidel, par Turk, trottait
quinze milles en une heure, portant dix stone, sur la route,
entre Carlisle et Newcastle, il y a à peu près 25 ans (1785).
Old Shields, père de Scott, était [par Blank, et une forte

jument de race commune. Les meilleurs trotteurs d'à présent, que l'on peut trouver en Lincolnshire, descendent de Old Shields? On les distinguait, dans la première production, par la croupe arrondie et la poitrine large de l'étalon de charrette. La race fut améliorée par les croisements avec du sang de chevaux de courses. Pretender, un fils de Club, venait d'une fille de bonne race de Pretender au Lord Abingdon, par Marske (père d'Eclipse) Pretender disait on (je ne suis pas porté à le croire) trottait un mille en deux minutes et demi. »

Marshland Shales, suivant un mémoire, accompagnant son portrait, par Abraham Cooper dans le vieux " Sporting Magazine " de 1825, était né en 1802. Il avait 14 mains 3 pouces de haut.

En 1824, son encolure était encore très grosse; quand il était jeune et en belle condition, elle était immense, ses quartiers de derrière étaient nets, et dénotaient le sang de course, mais sa tête ressemblait au vieux Soffolk Punch. Il portait aisément vingt stone, et on l'appelait en Norfolk " un terrible trotteur " quoiqu'il recourbat bien le genou, il n'avait pas une action remarquablement haute. Il trotta une fois 17 milles en une heure, sur une route dure portant 12 stones 2 lbs. On imagine ce qu'il aurait pu faire avec un poids léger sur une piste douce. Il fit la monte en Lincolnshire, The Fens Norfolk, Cambridgeshire, Suffolk et Essex. Lavengro a décrit Marshland Shales dans un style particulier : « Il arriva que j'assistai sur cette colline (Norvick Hill) à une foire de chevaux. Je n'avais pas de cheval à monter, mais je pris plaisir à les regarder et j'avais déjà assisté à plus d'une de ces foires. Celle-là était assez animée, du reste, les foires de chevaux sont rarement tristes. Il y avait des cris, des vociférations, des hennissements, des braiements; là on galopait et trottait; des individus avec des longs bas blancs, avec beaucoup de ficelles tombant des genoux, de leur culotte collante, couraient désespérément, tenant les chevaux par le licou, et dans certains cas, les remorquant; il y avait des coursiers à

longues queues et des coursiers à queues courtes, de tous
les degrés, de toutes les races; il y avait des troupes de
poneys sauvages, et de longues rangées de sobres chevaux
de charrette; il y avait des ânes et même des mulets, ces derniers, chose rare à voir dans l'humide et brumeuse Angleterre, car le mulet pique dans la boue et la pluie, et réussit
mieux avec un chaud soleil sur sa tête et un sable brûlant
sous les pieds. Il y avait, oh les galantes créatures ! " J'entends
leur hennissement amené par le vent ", il y avait (le plus beau
spectacle de tout) certains énormes quadrupèdes, que l'on
rencontre a l'état de perfection seulement dans notre île
natale, conduits par des grooms sémillants, les crinières
enrubannées, leurs queues gracieusement relevées et arrangées en boule. " Ha ! ha ! disent-ils distinctement, ha ! ha ! "
Un homme âgé s'approche. Il est monté sur un poney maigre,
et il conduit par la bride un de ces animaux ; rien à dire de très
remarquable sur cette créature, sinon qu'elle était plus petite
que les autres et plus douce ; ce qu'ils ne sont pas; il est tout à
fait isabelle et une taie épaisse lui couvre un œil. Mais patience ;
il y a quelque chose de remarquable dans ce cheval; il y a quelque chose dans son action dans laquelle il diffère de tous les
autres. Comme il avance, une clameur s'élève, et tous les yeux
sont tournés vers lui. Quels regards d'intérêt, de respect ! Et
qn'est-ce que cela ? La foule ôte son chapeau, certainement
pas pour ce coursier ? Si vraiment, les hommes, principalement les vieux, ôtent leurs chapeaux devant ce cheval borgne;
et j'entends plus d'une exclamation. Ah ! Quel cheval est-ce ?
Dis-je à un très vieux compagnon, la contre-partie du vieil
homme sur le poney, excepté que ce dernier portait un vête-
ment fané de velours et que l'autre était habillé d'une blouse
blanche. Le meilleur dans notre mère l'Angleterre dit l'homme très vieux, ôtant de sa bouche un bâton noueux, et me
regardant en face d'abord avec négligence, mais ensuite
avec quelque intérêt. Il est vieux comme moi-même, mais
peut encore trotter ses vingt milles à l'heure. Vous ne vivrez
pas longtemps, mon jeune garçon, les gens grands et élancés

comme vous, ne le font jamais, mais si vous aviez la chance d'atteindre mes années, vous pourrez vous vanter, devant vos petits enfants, que vous avez vu Marshland Shales ! Je fis pour le cheval, ce que je ne ferai jamais pour un comte ou un baron, j'ôtai mon chapeau ; oui, j'ôtai mon chapeau devant l'étonnant animal, le rapide trotteur, le meilleur dans notre mère l'Angleterre. Et moi aussi je poussai un formidable Ah ! et répétai tout autour les mots du vieux bonhomme. Nous ne verrons plus jamais un cheval pareil à celui-ci, c'est dommage qu'il soit si vieux ! »

Le marché de Weigton, en Yorkshire, était autrefois renommé pour ses trotteurs, mais il semble qu'ils tirent leur origine de Lincolnshire ou de Norfolk ou des deux, car ils portent les noms familiers de Serformers, Merrylegs, Roan Phenomenons, Norfolk Phenomenons, Prickwillows, Fireaways, tous des noms trouvés sur les cartes des étalons Norfolk.

Le type d'un trotteur Norfolk est 15 mains 2 pouces de hauteur, pas plus ; fait comme une édition épurée d'un Norfolk Punch ou d'un cheval de charrette Clydesdale, avec une action extravagante qui varie du train de 14 milles à 17 milles à l'heure pour de courtes distances.

Leur poids rend les longues distances a une grande allure sur les routes dures, impossibles. Argent et rouan rouge sont les couleurs favorites et héréditaires. Il y a aussi des bais, des bais bruns, des alezans qui sont plus estimés par les acheteurs étrangers s'ils n'ont pas du tout de blanc. La prévention contre les marques blanches, dans un étalon trotteur bai ou alezan, est chose curieuse, car dans les chevaux de pur sang et même dans les arabes, les marques blanches sont communes, et en règle générale, ils ne transmettent pas leurs couleurs comme un taureau à pedigree, à courtes cornes ou Alderney. Toutes les opinions semblent démontrer que les trotteurs ne sont pas une race distincte du tout, mais le résultat de croisements judicieux et d'une soigneuse sélection, maintenue comme pour plusieurs races de moutons, par des

croisements alternatifs du cheval de charrette ou de sang
selon que la circonstance l'exige. Ils sont employés avec des
juments de très bonne race, sans être tout à fait de pur sang,
quand on demande plus de force qu'on en trouve souvent
dans les étalons de pur sang, qui couvrent à un prix de fermier, et surtout quand on recherche l'action d'atelage. Dans
les notes de M. Milward sur l'élevage des poneys, il mentionne que le célèbre hack à Newmarket appprtenant à lord
Calthorpe, Don Carlos, était le produit d'un étalon de Norfolk
et d'une ponette de bonne race. Les passages suivants sont
tirés d'une lettre adressée à l'écrivain de ce chapitre par un
correspondant bien connu de Norfolk qui a gagné des prix
avec des étalons de trot et aussi de pur sang.

« Je suis sûr que les comtés de York et de Norfolk ont importé les premiers roadsters du Lincolnshire. Le vieux
roadster revient de nouveau en faveur parmi nos éleveurs,
grâce à une demande très catégorique de l'étranger. On ne les
croise pas autant avec le sang. Les étrangers ne font pas
d'objection à une grosse tête, s'ils peuvent avoir la force et
l'action. Pour ma part, je cherche toujours un pur roadster,
dont le pedigree remonte à des étalons roadsters pendant plusieurs générations, comme l'on dit en Yorkshire " J'aime
l'eau-de-vie ou l'eau, et non l'eau-de-vie et l'eau mélangées. "
La grande faute de maintenant, c'est que l'on recherche
beaucoup trop l'action des jambes de devant, et l'on oublie
l'action plus importante des jambes de derrière.

« Je me rappelle bien le vieux trotteur Roan Phenomenon
de M. Lines. En action quand il venait vers vous, ses quatre
jambes touchaient son ventre ; tout ce que voyiez, c'était une
barrique fondant sur vous comme la chaudière d'une machine à vapeur avec une tête et un cou dessus. Actuellement
ils lèvent leurs jambes de devant assez bien mais laissent
leurs jambes de derrière, derrière eux. Les étrangers donnent
de grandes sommes pour les étalons Norfolk, de sorte que je
pense que nous pouvons supposer que l'élevage sera plus
soigné, ils ne font pas attention à la grossièreté ou à une

vilaine tête, s'ils peuvent obtenir des os avec de l'action. Je pense que vous avez remarqué que les étrangers qui viennent pour acheter des chevaux français, allemands ou italiens, sont remarquablement bons juges de chaque point d'un cheval, et connaissent exactement ce qu'ils veulent. Comme grosseur, en dessous du genoux, je n'en ai jamais trouvé un qui mesurât franchement neuf pouces. Huit pouces et demi est une bonne mesure pour un trotteur. Les jambes sont très trompeuses à l'œil et offrent des chiffres différents avec le ruban

« Les entraîneurs n'aiment pas une très grosse jambe dans un cheval de pur sang, (les entraîneurs ont besoin de chevaux vites, non de hunters.) En règle générale, les épaules sont les points faibles dans les trotteurs modernes et ne peuvent soutenir la comparaison avec les portraits de l'ancien temps. Dans mon opinion, les chevaux exposés actuellement, sont trop hauts sur leurs jambes, ils sont plus chevaux de course que bidets. Nous n'avons pas obtenu le pur cheval de carosse du Yorkshire dans les comtés de l'Est, et peut-être ce n'est pas une perte.

« Je préfère les trotteurs rouans à ceux de toute autre couleur, parce qu'ils doivent vraisemblablement posséder le vieux sang de trot ; mais beaucoup des rouans actuels sont excessivement communs, les restants seulement que l'étranger ne veut pas acheter. En essayant, cette année, d'acheter deux trotteurs Norfolk pour la Nouvelle-Zélande, j'en ai vu un bon nombre, mais ils manquaient complètement de ce que je cherchais. Ils sont trop gros ou trop petits, sans aucune vivacité d'action, des têtes vulgaires et la croupe élevée. Les vieux roadsters avaient de ravissantes têtes, comme les arabes. Il paraît cependant qu'il vient du Continent une grande demande d'étalons avec des os; on passe par dessus des têtes communes, des hanches décharnées, s'ils marchent et ont des os.

« Ceux qui ont été achetés pour les haras du gouvernement indien, peuvent marcher, mais sont terriblement communs » (1).

(1) Lettre du capitaine F.-B. de Suffolk.

A présent, à l'exception de quelques étalons de carosse de grande taille, voyageant en Yorkshire, ceux qui ne se servent pas des étalons de pur sang, emploient des trotteurs Norfolk. Récemment, sir Erskine Perry, du conseil des Indes, informait l'auteur que les étalons arabes et de pur sang anglais, n'ayant pas réussi à donner de bons chevaux de troupe avec les juments du pays aux Indes, dans les haras du gouvernement, on allait essayer les étalons Norfolk.

Les roadsters trotteurs étaient beaucoup achetés par les agents des haras français sous l'Empire, pour améliorer la race normande ; et quelques-unes des meilleures juments de poste des écuries impériales étaient le produit d'étalons trotteurs.

Dans une conversation avec le général Fleury, écuyer de l'Empereur, quand l'auteur exprimait son admiration pour les juments bai-foncé, grosses comme des cobs, relevant haut, avec leur queue " en cue " troussée, leur harnais pittoresque, leurs bricoles et leurs grelots, de la poste impériale, — exposées à l'Exposition de Paris. — le général répondit : Vous avez les mêmes animaux, mais vous les employez autrement, quelques-uns de ceux-ci sont anglais.

Feu M. Crisp, renommé pour ses chevaux de charrette Suffolk, exposa, une fois, un pur sang par Grey Momus, acheté à sir Tatton Sykes, à une exposition d'agriculture en Suffolk et obtint un prix de trot ; mais cela fut généralement considéré par les éleveurs de trotteurs de Suffolk comme une erreur de la part des juges, due à une extravagante préférence pour le sang à " tout prix ".

Le sujet du trot, qui n'est pas un des amusements des gentlemen anglais, est réservé pour un chapitre sur le trotteur d'Amérique, le pays où cet art a été conduit à la perfection, de même que l'Irlande peut être proclamée le berceau et la pépinière du steeple-chaser, et l'Angleterre du cheval de course, de même les État-Unis ont fait leur trotteur.

A la réunion de la Société d'agriculture du Yorkshire, à Beverley, il y a quelques années, un prix fut accordé au trotteur américain Shepherd F. Knapp, dont l'action était plus belle que tout ce que l'on a vu dans ce pays, ses jambes de derrière suivant ou poussant ses quartiers de devant en dehors de ses avant-bras. Pour l'allure, aucun roadster anglais ne pouvait l'approcher; ce n'était pas un étalon suivant les autorités de trot du Norfolk, Suffolk ou Yorkshire, de fait, il était presque du pur sang. " The Shepherd " a depuis été mis au haras et ses produits, avec deux juments, ont réussi au plus haut degré.

Major Stapylton, de Myton Hall, Yorkshire, si connu comme éleveur de chevaux de toute espèce grande classe — chevaux de course, hunters et carossiers — en Yorkshire et à la ville, il y a quelques années, pour le cachet des chevaux qu'il conduisait sur son four in hand et sur ses autres voitures, écrit à propos de Shepherd F. Knapp : « Il est d'une jument arabe par Ethan Allen, par Morgan-Black-Hawck, par Sherman. La jument Morgan Howard's par un fils de Hamblelonian, sa mère dite par Messenger importé un cheval de pur sang par Mambrino. Les produits avec des juments de pur sang dans le cours de quatre années, rappelant plus la forme de la mère que celle du cheval, avec de bonnes tailles, ont gagné les points qui manquent si souvent dans tant de nos hunters et de nos trotteurs, des jambes et des épaules excellentes, avec l'action et la constitution. Avec des juments de pur sang sa puissance est encore plus visible. Ils ont invariablement suivi le cheval en forme et en action, gagnant la tête de l'arabe et le bon caractère. Comme Yearlings et comme deux ans ils ont atteint de grands prix. »

Les extraits suivants tirés des opinions émises devant le comité des Lords, en 1873, font que nos informations sur la valeur des trotteurs Norfolk, sont de la date la plus récente :
— M Philipps, de Knightsbridge, qui réunit la plus grande partie de l'écurie incomparable formée par l'ancien empereur des Français, et qui, avec M. Joshua East fait les marchés pour les chevaux réclamés par les bureaux de la Guerre, dit : « Les roadsters remontent à Champion, de M. Théobald, qui

coûta mille guinées, et à Phenomenon, à M. Bond. Phenomenon fut amené en Yorkshire par Robert Ramsdale, de Market Weighton. Croisé avec les juments de Yorkshire, une race supérieure fut produite. Les roadsters sont élevés en Norfolk, Suffolk et Cambridgeshire ; mais la race du Yorkshire, élevée du croisement de Phenomenon est supérieure à la race originaire de Norfolk et plus jolie. Les étalons roadsters. sont très favorisés par les étrangers, moins par les Anglais. Les deux derniers chevaux que j'ai vendus étaient tous deux par des étalons roadsters, l'un un cheval de voiture, pour 300 guinées, l'autre une pure jument roadster, pour 250 guinées. La jument avait 15 mains 2 pouces de haut, le cheval de voiture acheté par le comte de Lonsdale, 16 mains 1 pouce.

Le comte de Charlemont, le plus grand éleveur de chevaux, en Irlande, trouve que cela rapporte plus d'élever des chevaux de harnais que d'autres, quoique toutes les espèces rapportent excepté les chevaux de course. Il donne la plupart de ses juments à un cheval Norfolk, appelé Broad-Arrow, qui ressemble à un cheval de charrette, avec une excellente action, sur le pedigree duquel il n'a aucune notion. Il a 15 mains 3 pouces, ressemble à un cheval de charrette, mais n'a pas de poils aux jambes ; une action très supérieure et un caractère parfait. Le cheval a couvert 61 juments pour les fermiers et 11 pour le comte ; 72 en tout. " Je n'ai jamais cherché son pedigree, parce que ma théorie en élevage est de juger par le lot qu'un cheval produit ".

M. William Shaw " pendant 36 ans, un conducteur de chevaux entiers en Yorkshire " a voyagé les 17 dernières années dans le district d'Holderness " East Riding of Yorkshire ". Quand je commençai le commerce, c'étaient les anciens chevaux de carrosse qui étaient en vogue. — les Clevelands, — gros chevaux bais. En 1836, je commençai par conduire un gros cheval bai, de suite il saillit 160 juments dans une saison, mais la mode passa si bien qu'à la fin de ce temps-là il n'obtint que 50 juments. « Il y eût un changement dans le commerce, une nouvelle mode surgit pour les chevaux. Les gentlemen de Londres, demandaient un cheval steppant plus haut. Anciennement, c'était un gros carrossier dont on avait besoin; maintenant on demande un cheval de sang avec une jolie action de stepper. Le prix d'un Cleveland hongre tomba de 120 livres par tête à 20 livres. Vinrent les chemins de fer, les fermiers furent effrayés et dirent : « Nous n'avons rien pour vous, les chemins de fer arrêteront le commerce des chevaux. » Pendant onze ans, quand j'eus abandonné les Clevelands, je conduisis un étalon roadster. Mon prix était 30 shillings; mon cheval était à la mode, et quoique le commerce fut mauvais, je fis d'assez bonnes saisons. Alors, je pris un pur sang, et depuis je m'y suis arrêté. Je demande deux guinées pour lui.

« Le gentleman qui le premier amena des étalons roadsters dans notre pays, M. Ramsdale, amena de très bons produits de la race du vieux Phenomenon et de Wildfire, descendants d'un croisement de la race de charrette et du sang. M. Ramsdale alla chez les fermiers et ramassa, où il put, un poulain d'un an assez bon pour faire un étalon, il obtint des fermiers de garder les meilleurs entiers pour le même objet. Beaucoup de la sorte furent élevés dans East Yorkshire. Le Nord suivait toujours la ligne de carrosse, les Clevelands et tous sont éteints, parce qu'on ne les demande pas.

« Je pense qu'on élève maintenant moins de roadsters étalons qu'on ne le faisait. Il y a à peu près 40 ans que M. Ramsdale avait commencé à élever cette sorte de chevaux. Nous les avons améliorés depuis lors. Nous essayons de les garder aussi près que possible de la race pure des roadsters, les croisant avec le meilleur sang que nous puissions trouver, un steppeur. Mais, maintenant, les fermiers préfèrent un pur sang, s'ils ont une bonne jument bidette. Un poulain hors d'une bidette, par un pur sang, à 3 ans, atteindra quelquefois 120 livres ».

État actuel de la remonte des chevaux

Il n'y a pas eu de période dans l'histoire de ce pays, depuis qu'on écrit des livres, où on n'ait pas crié, où on ne se soit pas lamenté sur le déclin et la ruine prochaine du cheval anglais. Il existe de Blundeville, au temps de la reine Elisabeth, du duc de Newcastle, au temps de Charles II ; de Berenger, dans les premières années de Georges III, et de plus tard, des monceaux de publications, des grands in-quartos illustrés avec profusion, des pamphlets et des hécatombes d'articles de Magazine qui ont été consacrés au même texte.

Il n'y a rien d'extraordinaire en cela.

L'homme le plus âgé, le plus savant de notre histoire, ne peut pas dire la date " où l'Église n'était pas en danger " ; les deux services de l'armée et de la marine vont à la diable, l'intérêt de l'agriculture entière est à la veille de sa ruine ; tous les domestiques, tous les jeunes gens de n'importe quelle classe, sont inférieurs à leurs prédécesseurs, à quelque période que l'on se place. Il ne faut pas s'attendre à ce que nous envisagions mieux notre position que les contemporains d'Homère, qui nous informent " qu'Ajax lança une pierre que deux hommes de nos jours dégénérés n'auraient pu soulever ".

Dans la session de 1873, le comte de Rosebery se fit l'organe de tous ceux qui désespèrent de l'avenir du cheval anglais et obtint un comité, dont nous avons parlé plus d'une fois, qui siégea douze jours, et entendit trente-neuf rapporteurs. Le comité ne s'aventura pas, excepté incidemment, et par détours, à rechercher la condition du turf anglais, le berceau du cheval de course, qui est le parent inévitable, d'un côté ou de l'autre, de tout cheval de selle utile dans le royaume ; peut-être fit-il sagement, car aucun avis, aucun rapport, d'aucun comité ne voudrait ou ne pourrait exercer une influence sur les agissements du maître de la situation le " book Maker ".

Le comité réunit des faits et des personnages qui n'avaient

'27

jamais été réunis par autorité, et recueillit des théories très contradictoires.

Il est vrai que chaque vendeur consulté se plaint dans les termes les plus amers de l'aridité persistante avec laquelle cette détestable personnalité (dans chaque pays) " l'étranger " achète les meilleures juments anglaises ; juste comme les fermiers français, les belges et les hollandais, se plaignent des 1,900 chevaux de charrette que nous avons importés en 1862, augmentés à 2,300 en 1870, et à 12,000 en 1872 (1).

Mais il sera très difficile de faire croire à des observateurs impartiaux, que l'exportation même de 5,000 juments diverses pendant la guerre franco-allemande, peut avoir eu quelque effet matériel sur un nombre de chevaux se chiffrant par plus de deux millions.

La cause de diminution du nombre des chevaux anglais et irlandais, n'est pas longue à chercher et est expliquée de la manière la plus claire dans l'avis de quelques-uns de ces marchands de chevaux appelés en témoignage et déjà nommés. Les Anglais aiment beaucoup les chevaux, les Irlandais aussi, mais des deux côtés ils aiment mieux les profits de la ferme. Il faut quatre ans pour amener au marché un hunter de demi sang ou un cheval de voiture, à partir du moment où la jument à été donnée au cheval, et il faudra huit ans au moins de prix rénumérateurs, pour contrebalancer la diminution de nombre produite par une longue série de vente sans profit.

Il ne faut pas supposer que la remonte des chevaux ne doit pas sa conservation dans une juste proportion à l'augmentation de la population. En chiffres ronds le nombre des chevaux imposés a plus que doublé en 30 ans ; mais pendant une longue série d'années, tout cheval de selle, d'attelage ou de chasse, tout poney ou cob amené au marché, a été produit à perte par l'éleveur. En même temps, les facilités de transport

---

(1) Il y a quelques années " John Bull " fut brûlé en effigie par les laboureurs flamands, pour avoir élevé le prix des provisions par ses impôts.

par des bonnes routes, les chemins de fer, les bateaux à vapeur, ont permis d'employer un grand nombre de terrains,
(qui anciennement, produisaient les machines vivantes de
locomotion : poulains et pouliches); à produire davantage de
grains, de racines, de moutons, de bœufs et de porcs, pour la
vente dans les marchés de la Métropole ou des grandes cités
de l'Empire.

Quand des troupes de poulains de deux ans, de bonne race,
amenés d'Irlande, dans les comtés du centre, atteignaient seulement par tête, dix, quinze et au plus vingt livres, l'éleveur
avait toute tentation de tourner son attention vers l'élevage
des cochons et des bœufs.

William Shaw, dont on a déjà parlé, présenta au comité un
livre dans lequel il avait consigné ce qu'il gagnait chaque
année, pendant une longue période de temps, par chaque cheval et jument. Il fut observé par un membre du Comité, que
1864 était sa plus mauvaise année, son cheval ayant servi
alors seulement quatre-vingt-deux juments. A quoi il répondit. « Je pourrais aisément aujourd'hui faire 40 livres par tête
pour des chevaux que je vendais alors pour 15 et 18 livres.
L'élevage se relève en Yorkshire. Ce serait une bonne chose
que le Gouvernement achetât des trois ans à la place des
4 ans pour la troupe, car il les a à cet âge là tout de même,
qu'il le veuille ou non, parce que nous leur enlevons les dents
et nous les faisons passer pour des quatre ans. J'ai moi-même
arraché une centaine de dents dans une semaine. Je trouve
cela une très mauvaise pratique. Mais on gagne 10 livres en
les faisant passer pour 4 ans, somme que l'on aurait à dépenser pour les garder encore un an. La dépense d'un fermier
qui a élevé un cheval de quatre ans, commence avec le coût
de la saillie de l'étalon et l'entretien de la jument au moment où
elle ne peut travailler, c'est-à-dire pendant quatre ou six mois,
l'entretien de la jument et de son poulain comme yearling,
comme deux ans et comme trois ans; puis la dépense du dressage. La dépense ne peut pas être taxée à moins de 10 livres
par an, ce qui correspond à 40 livres, s'il est au pré, plus si,

comme chez beaucoup de fermiers, il a du grain — nous cotons le dressage à 5 livres. Cela fait 45 livres, sans aucun profit ou remise pour les juments vides et les poulains qui meurent ou qui deviennent bons à rien.

« Les juments ne sont pas aussi bonnes qu'elles étaient ordi nairement; mais si nous continuons à aller comme les der nières années (c'est-à-dire, vendant à de bons prix) nous pourrons je pense, les obtenir aussi bonnes que jamais — juments de chasse de sang — qui ont fini leur travail, non les juments de l'ancienne sorte, les juments de vieille sorte ne revien dront jamais; mais nous aurons une bonne classe.

« Les étrangers vinrent et nous donnerent 60, 80 et 100 livres pour de bonnes juments. Les loueurs n'achètent que des chevaux hongres. Des juments de 4 ans, qui auraient coûté 45 livres, furent vendus 20 livres au moins. Maintenant on commence à voir l'avantage de garder les juments pour son usage, puisque les chevaux se vendent si bien. Les chevaux n'ont pas diminué pendant les trois dernières années dans notre district; c'était avant ces trois dernières années que la pénurie des chevaux commença.

« Les etalons roadsters, ont presque toujours des chevaux avec action, mais un cheval provenant d'un étalon de pur sang est le plus facile à monter. Le fermier de Yorkshire, aime à monter un petit bidet de sang : ils se montent tous beaucoup plus facilement. En Holderness, nous produisions des chevaux de harnais de première classe, hors de juments de demi-sang, aussi bien que des hunters. Il y a à peu près 40 étalons faisant la monte en Holderness, et ils saillissent à peu près 100 juments par tête. Retranchant quelques juments qui ne retiennent pas, il ne devrait pas y avoir moins de quatre milles poulains pas an. Un cheval qui voyage, aura trois fois plus de juments qu'un étalon stationnaire. Un cheval que je conduisais, sauta 192 juments en une saison. — vous trouverez cela inscrit dans mon livre, et il n'y eût que 22 juments qui ne furent pas pleines. J'ai voyagé 35 ans, et je crois que si vous prenez bien soin de votre cheval, plus il voyage, plus il aura de produits; avec des précautions convenables, il peut voyager trente milles par jour, et rester frais en se reposant le dimanche. »

M. Edmund Tattersall, qui fut pendant plus de vingt ans l'associé, et actuellement le chef du plus grand établissement du monde, pour les ventes aux enchères des chevaux de bonne race, donna des statistiques, qui rendent étonnant, non pas que les chevaux soient rares et chers, mais que l'élevage du bidet, et du cheval de harnais léger, ne soit pas tombé plus bas que les rapports officiels ne le démontrent.

M. Thomas Parrington, anciennement maître d'équipage d'une meute par souscription, ayant de l'expérience comme fermier et comme éleveur de chevaux, actuellement secrétaire de la société d'agriculture du Yorskshire, voulait à peine croire les fermiers, quand ils disent qu'ils n'ont pas autant de chevaux qu'autrefois. « Il y a une quinzaine, j'étais sorti avec la meute de Holderness ; et je comptai plus de 200 cavaliers bien montés dans la campagne, et il y en avait beaucoup que je n'ai pas comptés. On m'a dit, qu'il y a trente ans, le nombre ordinaire était de 30 à 50. La qualité des chevaux est étonnamment bonne, mais la demande a dépassé la production et sans aucun doute, éventuellement, la demande sera cause de la production. » M. Parrington concorde avec M. Shaw, sur le nombre des juments qu'un étalon peut saillir. « J'avais, dit-il, un cheval élevé par M. Vansittart, appelé Perion, par Whisker, 15 mains 1 pouce de haut, de qualité excellente, il pouvait produire un cheval de très bonne classe avec une jument très commune et était pour cela populaire (1). Je l'ai connu ayant servi 160 juments et il en est résulté 120 produits dans une saison. Dans les dernières années, de meilleurs chevaux, ont été présentés, dans nos expositions, surtout des juments de chasse de sang. Cette année, il y avait 17 juments exposées; et M. Arkwright, le

(1) C'était M. Vansittart qui avait coutume de raconter l'histoire sur Sir Peter Tealze comme raison de sa préférence pour la force dans un cheval de course.

maître d'équipage des Oakley Hounds, disait qu'il valait la peine de parcourir une longue distance, pour voir dans une réunion d'aussi bonnes juments. Elles étaient principalement élevées par des personnes élevant pour en retirer profit. »

Mais M. Parrington n'avait pas grande confiance dans des prix comme moyen de recueillir des hunters de pur sang utiles.

« L'année dernière, nous avions un mauvais lot d'étalons de pur sang, la seule mauvaise classe qui fut dans la cour, blessant tout à fait la vue. Le meilleur Lozenge, n'était plus propre à rendre des services avec des juments de demi-sang, un dos faible et bas, et pas assez de substance. »

Les opinions montrent abondamment que la production n'est pas restée a la hauteur des demandes créées par l'augmentation de fortune et de luxe du pays. La diminution dans le nombre des élevages, est expliquée par les lois du commerce :

A — Pendant une série d'année, les chevaux communs ne pouvaient être vendus au prix de revient de l'élevage et de l'entretien.

B — Pendant la même série d'années, l'élevage des bestiaux et des moutons, devint de plus en plus rénumérateur. Pendant les mêmes années, la race Cleveland passa de mode et cela naturellement.

C — Les fermiers éleveurs, vendirent leurs juments, pour avoir la place de faire des récoltes de racines, et d'avoir des moutons qui rapportaient par an, une tonte de toison, deux ou trois agneaux, qui étaient moutons à la fin, pendant le temps qu'un poulain devenait prêt à être vendu.

D — Plusieurs nations du Continent, désireuses d'améliorer leur lot de chevaux, achetèrent les juments que nos acheteurs avaient laissées de côté. Aux prix énoncés par M. Tattersall, au comité en 1871 et 1872, il est devenu à nouveau lucratif d'élever des chevaux, car les moyennes offrent de bons prix dans la loterie de l'élevage.

Comme il y avait, non compris les chevaux de course, ni

ceux réservés à l'agriculture, en Angleterre seulement, en 1872, plus de 850,000 chevaux soumis à l'impôt, sans compter plus d'un demi million en Irlande, dont un petit nombre pour cent, de race de charrette; il est parfaitement clair que les rebuts des chevaux de chasse, et de chevaux de harnais, apportent chaque année une ample remonte de juments, propres à l'élevage, aussi longtemps que les prix offerts sur le marché continueront à encourager les fermiers en Angleterre, et surtout en Irlande, à recommencer à relever le lot de; chevaux.

Le nombre total des chevaux de toute sorte exportés sur le continent, en dix ans (suivant le rapport fourni au Comité), de 1863 à 1873, ne montait pas à 50,000 (1). Cela comprenait les purs sang, les chevaux de troupe et les chevaux hongres de voiture. Dans cette période, le nombre de chevaux imposés, non compris les chevaux de course, a augmenté, en Angleterre, de 200,000.

Ceci montre que le cri universel des marchands de chevaux " il n'y a pas de juments " est une erreur.

Mr Dickinson, un loueur, avait correctement et énergiquement résumé la cause, en disant qu'en Yorkshire " les moutons avaint mangé le cheval ". Il y avait accord général entre les témoins, anglais et hollandais, à savoir qu'on devait chercher les moyens de fournir des étalons de;purs sang sains et utiles, à des prix de saillie ne dépassant pas trois guinées en Angleterre, et moindres en Irlande. Sur le nombre des brutes à grands pedigree, voyageant dans le pays, prêtes à saillir à de bas prix, Mr Henry Thurnal, de Hertfordshire, qui élève des chevaux, et remplit souvent les fonctions de juge dans les expositions de chevaux, fut très décisif. Mr Mannington, vétérinaire de Brighton, parla encore plus explicitement : « Il y a, dit-il, un lot de chevaux, voyageant dans le pays, qui empoisonnent la race. Il y a maintenant parmi les chevaux de pur sang, des maladies dont on ne parlait jamais, quand je commençai à exercer

(1) L'exactitude de ce rapport est discutée. Comprenait-il les exportations d'Irlande en Belgique?

La boiterie des genoux est tracée dans toute la progéniture de Wild Dayrell ; cela était inconnu, avant que ses descendants ne commençassent à faire le monte. C'est malheureux quand un cheval de course n'est pas sain, car on lui envoie des juments, malgré son imperfection. Probablement, il obtient quelques poulains qui galopent à deux, à trois ans, et qui à leur tour, deviennent des étalons, et alors perpétuent les défauts héréditaires ».

Tous les témoins s'accordèrent pour dire qu'on devait faire beaucoup pour améliorer le système du choix des étalons de pur sang, pour couvrir les juments de demi-sang.

Les systèmes proposés pour ce but furent variés, par exemple :

1° Que le gouvernement, suivant le système français (qui sera décrit dans les chapitres sur les chevaux français) fit le commerce d'acheter ou d'élever des étalons de pur sang, et de les envoyer partout dans le pays pour servir les juments à bas prix.

2° Que le gouvernement examinât et donnât une licence aux étalons sains.

3° Que le gouvernement consacrât les allocations des Queens' Plates (que tous les témoins sérieux déclarent de l'argent perdu (1) à encourager les étalons sains, en leur donnant des primes en argent.

4° Que des sociétés soient formées dans le but d'attirer les étalons par des prix et de retenir les primés pour l'usage de de leurs districts.

5° Que les propriétaires fonciers se fassent un but de garder de bons étalons pour l'usage de leurs voisins, à des prix de saillie raisonnables.

La première et la seconde propositions peuvent être mises de côté, car elles étaient dans le rapport du Comité. Le Parlement ne voudrait jamais voter de l'argent pour permettre

---

(1) Comte Spencer, comte Stradbroke, Lord Combermère, colonel Kingscote et Hon. Fulke-Greville.

aux entreprises officielles du gouvernement de rivaliser avec l'entreprise privée — qui séule a fait le cheval anglais ce qu'il est, le plus généralement employé dans le monde entier.

Quant à la seconde proprosition, elle demanderait une bureaucratie et une police sur le modèle prussien, pour la mener à bonne fin, et alors elle ne donnerait pas satisfaction, car un cheval peut être sain et n'avoir ni la conformation, ni l'action propres à produire des chevaux de service.

Si l'impôt des chevaux de courses, sur les poulains entiers de deux et trois ans, était élevé de 3 livres 12 s. 6 d. à 12 lives, un grand nombre de brutes inutiles disparaîtraient. Mais une proportion semblable ne pourrait être prise en considération sans que l'impôt tout entier sur les chevaux de course, à peu près 8000 livres par an, ne soit consacré à améliorer la race des chevaux.

Quant à la troisième proposition, si la somme mise à la disposition des sociétés pour l'encouragement de l'élevage du cheval, consistait seulement dans le montant des Queen's Plates, ce ne serait pas la peine de la prendre en considération. Il y a 43 comtés en Angleterre, en comptant le Yorkshire pour trois; et dans l'East Riding seulement, comme cela a déjà été établi par le témoin Shaw, il y a 40 étalons rouleurs. A moins que le gouvernement n'abandonne complètement l'impôt sur les chevaux de course, la bistribution du montant des Queen's Plates, à peu près 3,500 livres, serait une petite goutte d'eau dans l'Océan, en comparaison de la demande.

L'idée, qu'un bénéfice permanent pourrait résulter d'une distribution de primes, est une des manies de l'esprit des agriculteurs, rien ne peut être plus incertain que le mérite "bona fide" de tout cheval choisi dans le feu du concours pour un prix, surtout quand il peut arriver, comme à l'exposition du Yorkshire (1871) que, suivant le secrétaire, tout le lot soit mauvais, ou comme à quelques-unes des expositions royales d'agriculture qu'un seul cheval concourre pour un prix de 100 livres. Personne ne songerait à former une écurie de hunters en offrant une série de prix au concours. Il irait avec

ses milles ou deux milles livres, récoltant les sujets qui conviennent à son poids, à son tempérament, à son comté. Aucun propriétaire foncier ne choisit un étalon pour l'usage de
ses tenanciers en offrant un prix. Il choisit la classe de
chevaux convenant à la classe des juments de ses tenanciers.

Il est bien connu qu'il y a un lot d'étalons qui, année après
année, concourent pour les prix des sociétés d'agriculture,
faisant leurs parcours avec une régularité d'avocats, et gagnant les premières, deuxièmes et troisièmes primes, suivant
les goûts variés des juges.

La réunion d'une somme pour la location d'un étalon et d'un
comité pour sa répartition, à chaque société d'agriculture,
dans chaque comté d'élevage, ferait de la location d'étalons
aux enchères une occupation ordinaire, et sauverait quelquesuns [des plus beaux chevaux de sang, trop lents pour les
courses, de la castration, avant qu'ils ne soient envoyés à la
chasse.

Quant à la facullé qu'ont les propriétaires fonciers de rendre
service à leur comté et à leur voisins en leur procurant des
étalons de grande classe, des exemples en sont trouvés du
Nord au Sud, et de l'Est à l'Ouest, quoique il y aurait besoin
qu'il y en eût davantage.

Lord Combermère qui était aide de camp de son père, le feldmaréchal, et qui, comme il le dit, a été occupé pendant trentecinq ans à élever les meilleurs chevaux de toute sorte, non
seulement dans sa propre propriété, mais dans la Rawcliffe
(Yorkshire) Stud Company, dont il était un actionnaire actif,
établit " que dans certains districts, on élève plus qu'autrefois, dans d'autres moins. Cela dépend en grande partie des
particuliers qui ont des étalons et encouragent leurs tenanciers à élever. Par exemple, dans mon propre district, il y a
dix ans, il n'y avait pas d'ouvrage pour un étalon. Maintenant,
j'ai trois étalons à moi, et un à LordFalmouth dans le comté.
Ils ont en moyenne chacun 40 juments, tandis qu'il y a dix
ans, il n'y avait pas en tout 40 juments données à l'étalon. Je
loue les étalons à mes tenanciers pour en faire ce qu'ils

peuvent, demandant à mes propres tenanciers un souverain — ce qui est meilleur que de les laisser couvrir pour rien et plus apprécié — et demandant seulement 2 livres 18 s. à chaque fermier. Il y a quinze ou vingt ans, l'élevage, dans la meilleure partie du Shropshire, fut interrompu, partie à cause de la manière injuste dont la loi de garantie était appliquée par les marchands de chevaux, partie à cause des prix non rénumérateurs pour les animaux communs. Maintenant on commence à élever davantage.

Il y a rareté, parceque la demande a beaucoup augmenté. Je pense que le remède est entre les mains des différents propriétaires fonciers. Ce doit être un sujet d'entreprise individuelle, et non une affaire du Gouvernement; aucun système du Gouvernement ne réussira jamais. Je ne pense pas que des prix aux expositions d'agriculture, encourageraient les fermiers à élever en nombre. L'argent donné maintenant dans les Queen's Plates, ne fait rien de bon dans le monde. j'ai trouvé que l'élevage était profitable, quand de bonnes juments sont données à de bons étalons. A ma vente, il y eut des pouliches de 3 ans, vendues de 70 à 100 livres pièce, il y a vingt ans, elles n'auraient pas atteint plus de 25 à 30 livres. »

Lord Vivian, fils du grand officier de cavalerie dans la Péninsule, entra dans la cavalerie à 16 ans et servit pendant 18 ans. Il a été un hardi cavalier à la chasse toute sa vie ; et ayant six pieds, quoique mince avait besoin d'un assez bon cheval. Il a une propriété en Cornouailles et une autre dans l'île d'Anglesey, et il est très positif dans ses opinions sur tous les sujets.

« L'élevage des chevaux, tant à Cornouailles qu'à Anglesey a beaucoup augmenté les dernières années; dans ma jeunesse, il y avait beoucoup de cobs en Cornouailles, mais vous pouviez parcourir tout le comté sans rien trouver de belle venue. Maintenant, on élève d'admirables chevaux, grâce aux gentlemen qui ont introduit les étalons pur sang dans le comté. Un grand nombre de marchands viennent les acheter.

« Dans le pays de Galles, où on n'élevait anciennement que

des poneys, on trouve un très bon modèle de cheval. L'autre jour un fermier de Sir Richard Bulkeley, chez qui j'allai pour acheter quelques chevaux, me dit qu'il avait acheté plus de 100 chevaux dans l'île d'Anglesey.

« La quantité des chevaux de selle a, je pense, augmenté dans les dernières années, car pour un homme qui chassait autrefois, on peut actuellement en trouver cinquante. Les gentlemen, dans l'assemblée, peuvent se rappeler quand cinquante cavaliers étaient un champ considérable; maintenant vous en trouvez de 300 à 500 à un rendez vous de chasse. Et si vous allez dans les parcs, combien vous voyez d'hommes montant à cheval! mais en plus, vous voyez des centaines de dames montant dans le Row. Dans ma jeunesse, une dame montant là était une exception. Maintenant vous voyez presque autant de dames que d'hommes. De même à la chasse, pas tant de dames que d'hommes; mais tout de même un bien plus grand nombre qu'autrefois. Naturellement cette demande qui a augmenté fait élever le prix. »

Lord Poltimore (autrefois maître d'équipage d'une meute de renard de Dorset, dont le siège est en Devonshire) émet l'avis que pendant les dix ou douze dernières années " grâce à l'importation des étalons de pur sang dans le comté de Devon, il y a une classe de chevaux bien meilleure qu'avant cette période, époque où il y avait bien peu de chevaux propres à faire des hunters. Le nombre de roadsters, petits animaux, de 13 à 14 mains de haut, a certainement diminué. Je pourrais choisir un cheval de voiture, ou un hunter de poids léger, là où autrefois on n'aurait rien trouvé de semblable.

Le cheval ordinaire de Devonshire, était le vieux cheval de bât, sorte de cob, employé à porter de lourds fardeaux, le long des passages étroits, bordés de haies du Devonshire; et le bon roadster est maintenant presque éteint. Le Cumberland, sous l'influence du bien-être développé dans les mines, et de la résidence de riches propriétaires est aussi, récemment, devenu connu, comme pays d'élevage de chevaux d'une classe supérieure.

Loi de garantie

Lord Combermère et le colonel Kingscote, C. B., M. P. écuyer du prince de Galles (qui a la direction des écuries de Son Altesse Royale) membre du conseil de la Société royale d'Agriculture, et juge plus d'une fois aux expositions de chevaux à Islington, s'accordait avec plusieurs témoins de Yorkshire pour dire que l'œuvre de la loi anglaise de garantie décourageait beaucoup l'élevage des chevaux parmi les fermiers.

Le colonel Kingscote dit : « Un homme achète plusieurs chevaux à une foire et prend une garantie; quand il arrive à Londres, s'il pense qu'il a fait un mauvais marché pour l'un d'eux — a donné trop d'argent pour un cheval — il se procure un homme pour l'examiner et lui trouver quelque défaut qu'il transforme en maladie. Il renvoie alors un certificat à la campagne, à la personne à laquelle il a acheté le cheval. L'éleveur, un fermier, répond que le cheval était parfaitement sain quand il l'a quitté. La correspondance continue, et le marchand écrit, pour dire qu'il renverra le cheval tel jour, ou qu'il va l'envoyer vendre. Souvent, pour éviter la dépense et effrayé du coût d'un procès, le fermier dit : « Si vous voulez garder le cheval, vous l'aurez pour la moitié du premier prix. » Il y a des centaines de cas semblables.

M. E. Green, M. P., qui est un brasseur, un maître d'équipage, et un éleveur de chevaux, raconte une histoire que nous ne voudrions pas imprimer, si ce n'est sous sa haute autorité, quoique nous ayons entendu la même, racontée il y a bien des années, par un fermier de la plaine de Lincolnshire :

« Il y eut le cas d'un grand marchand de Londres, qui acheta un cheval à Lincoln Fair, et donna un prix élevé pour lui. La lettre d'usage arriva, disant que le cheval n'était pas sain. Tout le comté soutint son ami, et le fermier engagea l'action. Ils employèrent un détective pour découvrir les secrets du commerce du marchand, et trouvèrent qu'il s'était fait

1,500 livres, par des lettres de la même sorte ; parceque beaucoup de personnes, plutôt que d'avoir de l'ennui, lui envoyèrent 20 ou 30 livres. »

Le Comité exprime un vœu « que, considérant la position imposante dans laquelle les éleveurs sont placés, par suite de la grande demande de chevaux, le système de garantie disparaisse dans les districts d'élevage ».

En Irlande, la pratique de donner des garanties de bonne santé est inconnue, probablement, parceque la majorité des fermiers irlandais, dans les temps anciens, ne valaient pas un coup de fusil.

Nous proposons qu'une équitable loi de garantie, renforcée par un simple procès sans dépense, serait plus avantageuse pour le vendenr et l'acheteur que la suppression suggérée par le Comité. Un modèle d'imitation peut être trouvé dans la loi Française, promulguée en 1838.

Loi Française de garantie

Dans la première clause, les maladies et défauts, au nombre de douze, qui créent les vices légaux, sont spécifiés.

La garantie comprend 30 jours, pour le cas d'ophtalmie chronique et de vertigo, et neuf jours pour tout autre défaut, avec une extension de quelques jours, proportionnée avec la distance qui sépare le vendeur de l'acheteur.

Dès que l'acheteur découvre un vice apparent, il doit immédiatement s'adresser au juge de paix, et en même temps prévenir le vendeur, de l'animal. C'est le devoir du juge de paix (c'est-à-dire, Country Court judge, ou magistrate in Petty sessions) de nommer un ou trois experts, qui sont appelés de suite à examiner l'animal et à rédiger un rapport, qui pourra être confirmé, si c'est nécessaire, par serment. Le juge rendra alors son jugement, sans appel.

Si cette loi était adoptée avec cette addition, ou bien abolir toutes les garanties qui ne sont pas par écrit, ou établir que, comme en Écosse, une vente est une garantie de bonne santé pour le terme exprimé par l'acte, une foule de faux serments et pour ne pas dire de parjures, seraient écartés. Il est bizarre que personne n'ait appelé l'attention du Comité, sur la loi du Code Napoléon, sur cette importante question.

Chevaux de Troupe

Le Comité des Lords examina beaucoup d'avis, et apporta une grande attention à la question importante de la remonte des chevaux pour la cavalerie. Dans cette partie de l'enquête, le prince de Galles prit une part active. Beaucoup d'opinions très différentes, étaient représentées. Le Cabinet de la Guerre, par Sir Henry Storks et les officiers commandants, qui approuvent le système actuel d'acheter la remonte à quatre ans au moins, et d'augmenter le prix, si c'est nécessaire, pour obtenir des chevaux en pleine maturité. Avant la guerre de Crimée, les chevaux de remonte étaient achetés à trois ans, mais à cette période, la cavalerie, dans l'Angleterre, était une branche de service, servant d'ornement, son travail consistant en " un simple exercice et à deux manœuvres par semaine ". Un officier, ayant un commandement à l'école de cavalerie de Maidstone, en 1852, disait à l'auteur que, quand il commença à faire galopper et sauter les recrues, feu le comte de Cardigan lui écrivit, qu'il casserait les hommes et rendrait les chevaux boiteux. En réponse, il fut demandé à sa Seigneurie " si la cavalerie Anglaise était composée de soldats ou de joujoux.

Les remontes pour chaque régiment, sont achetées par les colonels respectifs, soumis à l'inspection, mais chacun suit sa fantaisie, quant au modèle de chevaux qu'il préfère.

Les projets faits par des témoins militaires distingués, sont variés. Que les chevaux devraient être achetés à trois ans et conservés jusqu'à quatre ; que trois grands dépôts fussent formés pour l'Angleterre, et trois pour l'Irlande, d'où les régiments pourraient se remonter en chevaux leur convenant, que des étalons convenables soient attachés à chaque régiment, en en faisant bénéficier les fermiers du district, à bas prix; toutes ces propositions furent appuyées par des arguments plausibles et toutes sont dignes de considération, en gardant strictement en vue les principes posés par le Comité, c'est-à-dire que l'intérêt du service de la cavalerie, doit être considéré, et non l'encouragement de l'élevage par des prix artificiels à titre de primes.

En un mot, on peut dire que tous les officiers commandants, sont en faveur du statu quo du système de la remonte de cavalerie, que tous les personnages officiels, trahissent une horreur naturelle pour toute augmentation des estimations; tandis que les ex-personnages officiels, comme le général Peel, et les ex-soldats, comme Lord Combermere, sont portés pour les innovations complètes.

Sir Henry Storks, M P. G. C. B., représentait les vues du cabinet de la guerre, en faisant une distinction pour les Horse Guards.

« En 1871, le prix de mille chevaux achetés pour le trait dans les manœuvres d'automne, tous Anglais, fut de 38 livres chaque; en 1872, le prix pour deux mille chevaux dont les deux tiers étaient étrangers, fut de 42 livres chaque. Si on ajoutait vingt pour cent de chevaux de trois ans, pour être gardés dans chaque régiment jusqu'à quatre ans, comme cela a été proposé par plusieurs témoins, cela augmenterait la dépense de l'entretien de 67,806 livres, 18 st., sans compter le prix de 2642 chevaux, à 35 livres chaque. " Donc, Sir Henry Storks, n'approuve pas l'achat de chevaux de trois ans. "

Le Major général Wardlaw, proposa que des trois ans fussent achetés et envoyés à une ferme, ou envoyés comme chevaux supplémentaires; ne devant pas faire un grand travail dans les régiments de cavalerie.

Il dit : " Les chevaux de cavalerie font dix fois plus de travail, qu'avant la guerre de Crimée. Nous aurions besoin de deux mille chevaux pour la cavalerie seule, en cas de guerre.

Le cornage est devenu moins commun dans l'armée qu'il ne l'était, parce que nos chevaux ont plus d'air. Un cheval de troupe dure douze ou quatorze ans, ayant commencé à travailler à quatre ans. Les remontes de trois ans devraient être achetées par un fonctionnaire du Gouvernement, gardées dans une ferme jusqu'à quatre ans, distribuées par un Conseil, ou l'inspecteur de cavalerie, dans chaque régiment, suivant ses besoins, retirant toute responsabilité aux colonels.

Ce serait très impopulaire, auprès d'un grand nombre d'officiers, mais ce serait bien mieux (pour le service), si beaucoup de colonels de cavalerie n'achetaient pas leurs chevaux. Je conviens que la cavalerie est aussi bien, si ce n'est mieux, montée en juments qu'elle ne l'a été pendant les vingt-cinq dernières années. " Le colonel Edward Price R. H. A. a acheté tous les chevaux d'artillerie, pendant les huit dernières années, la plupart en Yorkshire et Lincolnshire, Norfolk, Suffolk et les comtés du centre. Le prix des chevaux pour les batteries de campagne a été élevé dernièrement à 45 livres. Personne ne peut élever un cheval de 4 ans pour 45 livres ".

Le colonel est en faveur d'un dépôt pour élever les chevaux de 3 ans jusqu'à 4 ou 5 ans, si c'est possible. Cela prendrait un homme pour deux chevaux, s'ils sont pansés, et un homme pour dix chevaux, s'ils sont au pré.

" Les meilleurs chevax d'artillerie viennent de Yorkshire, et les meilleurs chevaux de batterie, du Norfolk ".

Le colonel Valentine Baker a acheté les chevaux du 10e hussards pendant trente-cinq ans ; autrefois, tous venaient d'Irlande ; en partie d'Angleterre, depuis qu'ils sont devenus rares là bas. Il approuve complètement le système actuel d'achat pour la cavalerie. Il préférerait acheter des chevaux plus âgés, pour un prix additionnel. A présent, nous achetons les 3 ans après le 1er octobre, c'est-à-dire ayant 3 ans et 5 mois. Ils restent un ou deux ans sans travailler ; et le prix originaire, qui est de 40 livres, revient finalement à 68 livres.

« Les lanciers ne sont pas des dragons légers, mais sont intermédiaires. Nous avons les dragons pesants, les lanciers (intermédiaires), et les plus légers (hussards), qui demandent des chevaux de meilleure race, et plus actifs, de 15 mains

28

2 pouces à peu près. Autrefois, les hommes étaient plus forts. Les hommes ayant été classés, nous avons pu aussi classer les chevaux. Les chevaux irlandais nous conviennent, parce qu'ils sont mieux élevés et plus petits que les anglais. Je pense que le poids de tout léger hussard peut être réduit de beaucoup, en allégeant l'équipement, et alors la selle pourrait être aussi allégée ».

Le lieutenant-général, très honorable sir John Peel (qui a été Secrétaire d'État à la Guerre) diffère entièrement de sir H. Storks et de tous les officiers commandants qui préfèrent les chevaux de troupe à 4 ans. Il voudrait acheter des 2 ans en octobre, il pense que toute dépense extra, faite en gardant les chevaux, serait complètement remboursée par le fait d'avoir les chevaux sous la main bien plus tôt que les 4 ans, avec l'avantage d'un plus grand choix en les ayant avant qu'ils ne soient ramassés par les marchands.

Le général n'approuve pas une ferme du Gouvernement. " Vous ne seriez pas capable de mettre, avant 4 ans, dans le rang, un cheval venant de l'une de ces fermes. Les juments poulinières du Gouvernement ne feraient rien ; un fermier se sert de ses juments poulinières la moitié de l'année ".

Cela explique probablement pourquoi les compagnies pour l'élevage des chevaux n'ont jamais payé. " Si, dit le général Peel, vous achetiez des 2 ans (deux ans et cinq mois), vous payeriez nos chevaux moins cher, vous en auriez un bien plus grand nombre à ramasser ; vous obtiendriez des chevaux qui, à 4 et 5 ans, vaudraient plus que la dépense extra, tant la bonté d'un cheval dépend de ce qu'il mange ".

Feu Richard (Dick) Gurney de Norfolk, était l'un des poids les plus lourds, et l'un des plus hardis cavaliers de son époque (1820). Il achetait toujours ses chevaux jeunes et les exerçait, au pas seulement avec des poids lourds sur le dos, afin de les accoutumer à porter le poids. C'est pourquoi je crois que si vous aviez ces deux ans entre deux ou trois ans, ils pourraient passer dans les rangs aussi vite que des quatre ans. De jeunes pur sang pourraient être employés dans les rangs. Dans le match de M. Osbaldiston, six ou sept chevaux qu'il monta pendant quatre milles chacun étaient des trois ans. Ils le portèrent tous aussi bien que possible, et variérent à peine de trois secondes dans un mille. « Lord Combermère est en faveur du système de supprimer l'achat des chevaux de troupes par les colonels des régiments. Il voudrait avoir trois stations en Angleterre, trois en Irlande, les chevaux seraient achetés dans le voisinage par une personne étrangère, employée à cet usage, répartissant à chaque régiment la classe de chevaux convenable. » Les Queen's Plates ne produisent aucun bien. Laissez le Gouvernement reprendre l'argent et le consacrer à l'achat de chevaux de troupe à un prix extra. A présent vous avez une douzaine d'officiers commandants se faisant concurrence à la foire de Ballinasloe élevant les prix comme à une vente aux enchères pour un animal inférieur. Les estimations paraîtraient plus élevées, mais vous épargneriez la dépense des voyages des officiers commandants, du vétérinaire, de Dorset en Irlande par exemple, et la longue liste d'accidents auxquels sont sujets les chevaux amenés de telles distances. »

Licences des marchands de chevaux

Les licences des marchands de chevaux produisirent en 1873 à peu prés 20,000 livres pour une année, une somme trop insignifiante pour mériter l'attention du Chancelier de l'Echiquier. Le Comité recommandait l'abolition de la taxe, parceque sa perception conduit à beaucoup de procédés vexatoires et inevitablement à des exceptions injustes. Par exemple, un petit fermier, qui fréquente les foires locales et les tripotages de bestiaux, peut être facilement mis à l'amende s'il est tenté de se mêler de la vente d'un cheval ou deux. Des exemples de cette sorte furent cités devant le Comité. Mais dans toute grande cité, un agioteur en chevaux, familièrement appelé un " coper " peut faire des marchés toute l'année, sans que les employés de l'accise soient ca-

pables de mettre la main sur lui. Il y a une raison d'économie d'abolir la taxe, si insignifiante dans ses résultats.
L'élevage serait encouragé, si on permettait au fermier
d'acheter tout cheval depuis un yearling jusqu'à un quatre
ans, sans la peur de l'intervention du percepteur des taxes.

Chevaux Irlandais

L'Irlande ne paye de taxe, ni pour les chevaux, ni pour les
voitures, et élève plus de chevaux de bonne race, en comparaison de son étendue, qu'aucun autre pays du monde entier.
De même qu'un homme du Yorkshire a une passion calculante
pour un cheval à pédigree, de même l'Irlandais a une affection poétique pour un " Lepper ", tout ce qui peut sauter,
depuis un Tipperary cob, jusqu'à un gagnant de Punchestown.
L'homme de Yorkshire est ferré sur les généalogies, l'Irlandais est patriotique en matière de localités ; pour lui, ce n'est
pas " de qui descend-il ", mais " où a-t-il été élevé ". L'homme
de Yorkshire marchera toute la nuit, et restera toute la journée
pour voir " Saint-Léger run " courir le Saint Léger, l'Irlandais
devient fou pour un steeple-chase. L'Angleterre a produit les
meilleurs jockeys sur le plat, mais les Irlandais n'ont jamais
été dépassés, rarement égalés pour un steeple-chase.

Quelques-uns des meilleurs hunters viennent d'Irlande, soit
réunis par les agents des marchands de chevaux, qui, pour
cela, traversent journellement le royaume entier, soit importés
par les marchands irlandais dans les foires de chevaux d'un
pays plus riche.

Presque tous les régiments de cavalerie sont remontés en
Irlande. Du même pays, la Belgique tire tous les chevaux de
sa petite armée ; et les acheteurs pour les armées française et
italienne font la concurrence à nos propres acheteurs et con-
tractants des régiments. Mais, ayant dit cela, il y a réellement
peu de chose à dire de plus — les faits manquent. Aucun Irlandais n'a été assez pratique pour consacrer son éloquence
naturelle à l'histoire de l'origine et du progrès du hunter ir-

lardais, depuis le bidet du temps de la reine Elisabeth, jusqu'au hunter du temps de la reine Victoria ; et des recherches dans la bibliothèque et les archives de la Société royale de Dublin n'ont rien produit. Il reste encore à rendre justice au cheval irlandais.

Quelques sentences d'un haut intérêt sont bonnes à recueillir des avis des témoins irlandais devant le Comité souvent mentionné.

Le comte de Charlemont, le plus grand éleveur de demi-sang, en Irlande, dit : " Nous n'avons pas de classe de chevaux de charrette comme en Angleterre. J'ai de la culture faite avec des chevaux de pur sang. Le hunter irlandais vient d'un pur sang et d'une jument de charrette légère et de bonne race par un étalon hunter. Récemment, l'importation de juments de charrette Clydesdale, dans Meath et le comté de Dublin, pour l'usage des fermiers qui ont adopté les instruments anglais et la culture plus profonde, a lésé la race des chevaux de chasse dans ces comtés ". Il y a quinze ou vingt ans, le cob irlandais était très répandu et rencontré sur les carrioles de Bianconi ; il avait à peu près 15 mains 2 pouces, un cheval épais, court de jambes, bien fait.

Le meilleur pouvait être acheté pour 40 ou 50 livres. Cette classe de chevaux est rare et atteindrait 70 ou 80 livres. Il y a 50 ou 60 chevaux irlandais de bon sang, mais pas assez vites pour faire des chevaux de courses., comme chit Chat et Artubus, que l'on garde comme étalons hunters.

', C'est une des spécialités de l'élevage des chevaux irlandais ". En Irlande, on attache plus d'importance au pédigree qu'en Angleterre, et il y a un sentiment plus général en faveur du sang. En Angleterre, le propriétaire d'une jument admettra souvent qu'il ne sait pas comment sa jument a été élevée, — en Irlande, vous aurez toujours un pédigree, — si mauvais qu'il soit.

Statistique de la remonte des chevaux

La notion populaire qu'il y a eu un déclin graduel dans le nombre des chevaux élevés dans le cours de ce siècle est complètement sans fondement, bien qu'il y ait eu de temps en temps une diminution temporaire dans l'élevage et une exportation considérable. Ainsi le résultat des chevaux imposés, après avoir additionné les exemptions maintenant abolies, se résume de la sorte : — Entre 1831 et 1841, quand les éleveurs pensèrent que les chemins de fer allaient rendre les chevaux une marchandise qui ne se vend pas, il y eut une diminution de 24,000 chevaux, ou de 439,000 à 415,000 en chiffres ronds. En 1854, les chevaux imposés remontaient à 475,000, en 1864 à 615,000 et en 1872 à 784,000, sans compter 75,000 chevaux de louage, non compris à chaque date. Ainsi le rapport de 1872 donne presque 860,000 chevaux payant l'impôt, ou le double du nombre existant en 1841. A cela il faut ajouter près de 963,000 chevaux employés à l'agriculture, juments poulinières, chevaux non dressés, tous exempts d'impôt, faisant un total de 1.823,000 chevaux en Angleterre, Galles et Ecosse seulement. En Irlande, où il n'y a aucune taxe d'impôt ou de licencë sur les chevaux, ni impôt sur les chevaux de course, les statistiques agricoles de 1872, montrent plus d'un demi-million de chevaux de toute sorte — surtout, cependant, faits pour la selle et le trait léger — le lourd cheval agricole n'ayant été que récemment introduit dans la culture de ce pays.

La France est notre plus grand acheteur de chevaux de bonne race. L'importation totale des juments d'Angleterre et de Belgique en France (dont toutes n'étaient pas anglaises) n'a, selon le rapport de la douane française, jamais atteint 6,000 ; il est donc impossible de croire que cette exportation de juments dont tant de témoins devant le comité des lords se sont plaints sérieusement, ait pu avoir un effet sérieux et permanent sur le lot de chevaux anglais de deux millions et quart, dont plus d'un million ne sont pas de la race de charrette.

CHAPITRE XI

―――

Chevaux Etrangers

―――

Importations des chevaux français depuis 1870. — La Compagnie générale des Omnibus à Londres et les chevaux français. — De même le commissariat des chevaux pour les manœuvres d'automne. — Races françaises de chevaux légers. — Ardennes. — Limousin. — Tarbes, descendants de la cavalerie sarrazine. — Déclin du Limousin. — De l'Equitation en France. — Aucun Français, ayant des occupations, n'est vu à cheval ou conduisant. — La remonte des chevaux de trou· pe n'est pas égale à la demande. — La cavalerie de Louis XIV, montée en Danois et en Allemands. — Origine des haras de l'Etat Français. — État de la remonte 1813-14. — Sérieuse recherche 1830. — Description du système adopté. — Six dépôts d'achats de chevaux. — Vingt-cinq cercles d'élevage de chevaux. — 1500 étalons officiels. — Résultats. — Succès partiel. — Manque de production du cheval de bonne race. — Dépense annuelle du gouvernement français, à peu près un quart de million par an. — Les Normands, les meilleurs chevaux de selle français. — Ancienne réputation. — Étalons anglais employés en 1774. — Dégradation du Normand en 1830. — Résultat de la fantaisie de Madame Du Barry. — Grand progrès sous Napoléon III. — Le Percheron. — Son origine. — Le Limousin presque éteint. — Camargue. — Lorraine. — Chevaux bretons. — Description d'un piétinement de grain dans la Camargue. — Le Lorrain comme cheval d'omnibus et cheval de courrier. — Le Breton est un Gallois. — Son cheval. — Double bidet est un cob. — Le Boulonnais. — La jument poitevine, pour élevage du mulet. — Les deux races. — Raisons du système

rassemblement de chevaux. — Scène émouvante. — Chevaux tasma-
niens. — Description d'un joli spécimen.

Il y a quelques années, tout ce qui aurait pu intéresser un
lecteur anglais sur le sujet des chevaux français, aurait pu
être compris dans deux ou trois paragraphes. — Nous n'im-
portions aucun cheval français ; nous exportions chaque année
quelques-uns des nôtres du meilleur sang et de la meilleure
action. — L'exportation des chevaux anglais de grande classe
semble avoir commencé dès 1608, sous le règne de Henri IV,
et a toujours continué depuis, quand elle n'a pas été inter-
pue par les guerres. Mais cette importation avait toujours été
plus importante en qualité qu'en nombre. De fait, sous la
mode établie par le dernier empereur des Français, de plus
hauts prix étaient obtenus tant dans Paris que dans Londres
pour les " steepeurs ", soit pour le harnais, soit pour la selle.
Pendant plus de quarante ans, les directeurs des haras de
France ont, presque chaque année, acheté un certain nombre
de chevaux anglais de pur sang et de demi-sang, et de juments pour les haras ; mais le département de la remonte de
l'armée est venu chez nous seulement quand il a été nécessaire de mettre la cavalerie et l'artillerie sur le pied de
guerre.
Depuis 1872, l'exportation des éleveurs de France en Angleterre a pris une grande importance commerciale. En 1870,
deux étalons percherons, sauvés de la boucherie pendant le
siège de Paris, qui avaient reçu des médailles d'honneur partout
où ils avaient été exposés dans leur propre pays, furent mis de
côté par les juges de the Agricultural Hall Horse Shaw,
comme absolument indignes d'attention ; et ce fut seulement
sur un appel postérieur que des médailles leur furent accordées comme marque d'hospitalité, à cause de leur caractère
" d'étrangers malheureux ". Depuis ce temps, nons avons été
trop contents de ramasser tout ce qui ressemble à un cheval
d'omnibus.

C'est vrai que vingt ans avant la guerre franco-allemande, quelques gros chevaux de charrette avaient été importés de France, surtout par Mr Henry Dodd, un grand entrepreneur de balayage, pour le commerce de Londres, qui alla en France et en Hollande, sur la suggestion de Mr Shillibeer, le fondateur du système des omnibus à Londres, en 1829. Mais depuis 1871, l'importation des chevaux d'omnibus français, et de ceux qui peuvent être appelés chevaux de trait trottant, a augmenté si rapidement, qu'en 1872, les demandes, à Londres seulement, se montaient à 12,000. Dans les années suivantes, les écuries de la Compagnie générale des omnibus étaient recrutées presque entièrement en France et en Belgique, et presque tous les chevaux achetés pour les manœuvres d'automne étaient étrangers, normands, boulonnais, percherons.

On suppose que l'importation, en 1873, n'était pas beaucoup en dessous de 25,000.

Le nombre des chevaux de France se monte à peu près à trois millions, et a, pendant plus d'un siècle, conservé la même proportion avec le même nombre de la population, excepté en temps de guerre, quoique le caractère des chevaux ait changé d'une manière remarquable, sous l'influence des changements d'institutions et des systèmes de culture. La tendance des fermiers modernes est, excepté dans un ou deux districts restreints, d'élever une sorte de cheval de charrette, qui puisse trotter lentement; et de ceux-là, si la paix continue, ils produiront une remonte suffisante; mais il y a et il y a toujours eu un notable déficit dans les chevaux de selle, chevaux de cavalerie et chevaux de harnais légers, malgré les efforts extraordinaires et les dépenses extraordinaires faites par le Gouvernement, pour encourager leur production.

Avant la guerre de la première Révolution française, la France possédait en Ardennes, dans le midi (nous n'avons pas de synonyme pour ce mot), au pied des Pyrénées, dans les plaines du Limousin et de Tarbes, plusieurs races de bons chevaux, les descendants de la cavalerie des Sarrazins, défaits (an 732) par Charles Martel, entretenus et améliorés par des étalons orientaux, importés par la ville de Marseille, pour l'usage et l'amusement de la noblesse française, avant le système de centralisation de Louis XIV, système qui l'arracha de sa province, de ses amusements et de ses occupations, pour voltiger autour de la cour du grand monarque et de ses deux successeurs.

Le limousin, suivant la description des auteurs du Moyen-Age, était le plus joli hack de gentleman qu'on puisse imaginer, élevé dans les parcs et sur les fermes des descendants des croisés; mais, même au temps de Louis XIV il avait commencé à dégénérer, ayant cessé de recevoir les infusions de sang oriental de choix, Des essais maladroitement tentés de croisement avec le sang arabe, anglais et même espagnol, amenèrent le résultat de détruire le caractère original du limousin. Le sang anglais donnait la taille, l'espagnol l'action, mais le croisement ne réussit pas. Une grande importation d'arabes, sous le régne de Louis XVI, devait, pensait-on, faire revivre le caractère de la race; mais le déluge de la Révolution de 1789 engloutit, avec dix mille abus, tout essai d'amélioration agricole autre que la sueur du paysan. Napoléon essaya de relever les anciennes gloires de la race par une importation d'étalons égyptiens, mais pour quelque raison inconnue leurs produits étaient petits, mauvais à n'importe quel usage. « Anciennement, écrit un gentilhomme limousin, monter à cheval était un des actes de tout gentilhommé français. Nous galopions à la poursuite du daim, du sanglier, du loup. La France n'avait que quelques grandes routes, les moyens de communication, autres que le cheval de selle, étaient difficiles; aussi il était absolument nécessaire, à tout gentilhomme campagnard, d'avoir une écurie renfermant des chevaux de manège, des chevaux de chasse, des hacks d'agréments et même des chevaux pour courir la poste. Dans les cinquante dernières années (1832) tout cela a disparu. L'équitation n'est plus un art; il y a peu de chasses et la France est coupée d'excellentes routes, voilà la raison pour laquelle le limousin a complètement cessé d'être une contrée d'élevage de chevaux ».

Quarante ans après cet écrivain, le baron d'Etreillis, déplore qu'en France le goût pour les chevaux soit associé dans le public à une idée de frivolité, et que l'homme d'Etat, le juge, l'avocat, le médecin ou le procureur qui s'aventurerait à paraître sur un hack de bonne race, ou conduisant lui-même un phaéton, pour aller à l'Assemblée législative, au Palais de Justice, ou au lieu de ses occupations, compromette sa réputation d'homme pratique et de caractère sérieux.

A ce découragement social il faut ajouter le désavantage de la culture arable, qui, dans tous les districts excepté quelques-uns où il y a des pâturages, est universelle dans un pays habité par des paysans propriétaires. Les chevaux ne peuvent pas êtres élevés sans pâturages, et, les poulains comme l'observent des commissaires français « dans un rapport sur les chevaux d'Alsace, » n'atteignent jamais la perfection, si depuis un âge très tendre ils sont enfermés dans les écuries.

Le fermier français, s'il élève un cheval, préfère naturellement un cheval qui pourra lui servir dans les champs à deux ans, et il est encouragé par l'amélioration des routes à remplacer par un cheval de charrette le cheval de charge sur lequel autrefois il montait et portait ses récoltes au marché. Dans les Ardennes, il y avait autrefois, dit le général Fleury, le grand écuyer, une excellente race de chevaux, propre au service de l'artillerie, qui a été complètement détruite par les ravages et les réquisitions de guerre de Napoléon Ier. Le gouvernement essaya de faire revivre la race en envoyant de bons étalons carrossiers dans la circonscription (district) dans le but d'élever des chevaux d'artillerie; mais les paysans propriétaires n'ont rien à faire avec les étalons, même à des prix nominaux. Ils trouvent meilleur profit de donner leurs juments à des chevaux " de wagon flamands ". Les rouleurs flamands ont été préférés à nos bons étalons carrossiers.»

C'est alors que pour remplir la place occupée dans notre

pays par une gentry résidant à la campagne, et une race de
fermiers aimant le cheval ; pour encourager et aider une
race de paysans cultivateurs, et pour assurer autant que
posssible, pour l'usage de l'armée française, une classe de
chevaux pour lesquels les goûts de selle et de chasse en Angleterre occasionnent une demande illimitée, le gouvernement français a été forcé, depuis plus de quarante ans, de
maintenir un système d'encouragement artificiel sur une
échelle très étendue. La production de la classe de chevaux
exigés pour la cavalerie française c'est-à-dire des chevaux de
voiture et de bonne race de selle, « des chevaux à deux fins »
(horses with two goods ends, comme disent les marchands
de Londres), n'a jamais été en France égale à la demande,
même en temps de paix. Le déficit entre l'importation et
l'exportation a été estimé à 15 pour cent. Le déficit a existé
depuis le dix-septième siècle, c'est-à-dire que des armées
permanentes ont été établies.

Les premières mesures pour améliorer la remonte des chevaux de France furent prises sous Louis XIII. Du reste,
d'après l'esprit de ce temps, ces essais consistaient surtout
en un nombre de règles vexatoires suggérées par les philo-
sophes naturalistes de bureau.

Sous Louis XIV, ses sujets, en Lorraine et en Alsace, parmi
les quelques Français (ils sont tous Allemands dans le sang "dit
M. Gayot "), qui sont réellement amateurs de chevaux, et qui
étaient fiers de leurs attelages, furent si harassés et si décou-
ragés par le pillage de l'étranger et les réquisitions de leurs
propres armées, qu'ils ont, par système, pris l'habitude
d'élever de misérables brutes, juste capables de tirer une
charrue et une charrette et ne valant pas la peine d'être volées.

Dans ce temps-là, les troupes de la maison du roi étaient
entièrement montées de danois noirs ou de mecklembourgeois
bais.

La noblesse de la Cour importa les chevaux anglais de
bonne race et encore dans l'intervalle des guerres. Sous
Louis XV, le maréchal de Saxe vint en Angleterre pour

acheter des chargers. Sous Louis XVI on courut des courses à la manière anglaise dans les plaines de Satory, et Philppe-Egalité monta en jockey. En 1798, sous la République, le Conseil des Cinq cents décréta que des étalons de races pures seraient procurés aux frais de l'État, au profit des éleveurs. On établit des courses et d'autres modes d'encouragement pour l'élevage.

Le même système, avec de légères modifications, fut adopté sous le premier Empire, quand les séries de guerres firent un sérieux assaut à la production chevaline de France; tous les pays de l'Europe continentale furent réquisitionnés pour monter la cavalerie impériale. Les étalons et les juments venaient de l'Est; mais, excepté pendant la courte période de la paix d'Amiens, le marché anglais fut fermé aux acheteurs français, officiels ou particuliers. En 1813-14, les réquisitions pour la cavalerie avaient réduit le lot de chevaux de France, à sa plus basse condition, et très peu de chose fut fait pour stimuler l'élevage du cheval sous les gouvernements de Louis XVIII et Charles X. Ce dernier monarque ayant un préjugé contre tout ce qui venait de l'étranger, tout ce qui était neuf, digne de vivre au temps des squires de la campagne anglaise à l'époque de Pitt. A la fin, il s'occupait à chasser à tir avec un fusil à un coup à pierre.

Après la révolution de Juillet 1830, une enquête sérieuse sur la condition de l'élevage du cheval, conduisit à l'établissement d'un système très élaboré, qui fut adopté, augmenté et amélioré par le dernier empereur des Français.

Le principal objet de ce système était de procurer un nombre suffisant de chevaux pour l'armée, sans regarder le prix naturel du marché.

Par des décrets promulgués sur les rapports d'enquêtes étendues en 1856, toute la remonte de cavalerie devait être achetée en France en temps de paix. Le prix des chevaux de troupe était élevé à une somme que les producteurs considéraient comme rémunératrice, sans regarder à leur valeur sur le marché. Le même nombre de chevaux, autant que possible, étaient achetés tous les ans, de sorte que les éleveurs pouvaient compter sur la demande militaire.

Des étalons, faisant la monte à bas prix, étaient distribués dans le pays. Les vieux haras du Pin et de Pompadour furent renforcés, et d'autres établissements créés dans des situations favorables, pour élever différentes classes d'étalons et pour faire des expériences en produisant les anglo-normands, les anglo-arabes, les purs arabes et les pur sang anglais ; ces derniers seuls réussirent complètement. On institua des courses pour les chevaux de sang et les trotteurs. Des primes furent données pour les juments et pour leurs produits de deux et trois ans. Pour appliquer tous ces plans, des écoles d'enseignement équestre, composées d'officiers de cavalerie et de professeurs, furent établies dans différents points du pays ; elles devinrent en quelques années aussi pédantes et aussi dogmatiques que les institutions semblables le deviennent toujours, quand elles ne sont pas contrôlées par l'opinion publique intelligente.

On fit des écoles de dressage pour former des grooms aux frais de l'Etat et très approuvées par les conseils de province.

Dans le système particulier du pays, la France était divisée pour l'élevage en vingt-cinq cercles, appelés en langage officiel " circonscriptions " dans lesquelles quinze cents étalons, des espèces considérées les plus convenables par les autorités centrales, voyageaient ou restaient dans les dépôts, faisant la monte à des tarifs nominaux. Outre les étalons officiels, ceux des particuliers, s'ils étaient approuvés, étaient exemptés de lourds impôts, et recevaient des subventions de l'Etat.

Quatre-vingt-dix réunions de courses avaient lieu dans le courant de l'année, dans lesquelles concouraient les chevaux de courses plates, les steeple-chasers, les trotteurs ; les dépenses étaient couvertes par des fonds en partie fournis par le Gouvernement, en partie par des taxes municipales imposées par les représentants officiels du Gouvernement.

Le résultat de ce grand et coûteux mécanisme pour encourager la remonte des chevaux de selle et de cavalerie n'est pas peu curieux.

La qualité des chevaux de gros trait trottant, qui composaient les écuries de poste et de diligence, avant que les chemins de fer aient absorbé le trafic des voyageurs sur toutes les grandes routes de France, fut beaucoup améliorée, quoique ce fut cette classe de chevaux qui reçut le moins d'encouragement.

Les demandes de chevaux de grandes classes pour l'attelage et pour la selle continuèrent à être satisfaites par l'Angleterre.

La remonte de la cavalerie continua à rester insuffisante toutes les fois que la paix fut troublée.

Tous les essais pour faire revivre les anciennes espèces de chevaux de service français de bonne race manquèrent, parce que les fermiers n'étaient pas préparés à supporter la dépense de nourrir le jeune lot avant qu'ils fussent prêts à être vendus, même si un nombre considérable de gentilshommes eussent été prêts à les acheter et à les monter.

En dépit du peu d'encouragement voulu, l'élevage du lourd cheval de charrette dans le Nord et des mulets dans le Midi, devint une industrie florissante.

L'influence officielle, représentée par l'autorité des préfets, sous-préfets, officiers de gendarmerie et tout le reste de l'armée des fonctionnaires du gouvernement, n'empêcha pas les fermiers éleveurs de chevaux de castrer les poulains au dernier moment pour les vendre au département de la remonte, tandis que les chevaux de trait, au grand préjudice de l'élevage, étaient et sont encore conservés tous entiers.

Le succès le plus positif obtenu par quarante années d'inspection du Gouvernement, de haras du Gouvernement, d'étalons du gouvernement et de primes du Gouvernement se présenta dans l'ancien district de l'élevage de la Normandie ; un pays de prairies et de pâturages, où il y a encore de grands fermiers, où les produits des chevaux de sang anglais avec des juments normandes étaient nourris et soignés de manière à élever un lot vigoureux et de grande taille.

En chiffres ronds, pendant près de quarante ans, plus de cinquante mille livres par an ont été dépensées par le gouvernement français en prix et primes pour l'encouragement de l'élevage de chevaux français ; à cela il faut ajouter le prix de l'entretien de quinze cents étalons de l'Etat et de plusieurs fermes d'élevage, et les prix extra payés pour les chevaux de troupe achetés pour la cavalerie ; en tout, à une estimation raisonnable, pas beaucoup moins de 250,000 livres sterling par an.

Le résultat a été une augmentation positive dans le nombre des chevaux élevés en France, une évidente amélioration, comme nous l'avons déjà établi, dans la qualité du gros trait pour lesquels on ne donnait pas de primes en argent; mais à aucune période, depuis que ces efforts ont été faits, et ces dépenses effectuées, la France n'a pas été capable de mettre ses troupes sur le pied de guerre, sans recourir aux importations étrangères ; et on a trouvé que le prix protecteur ou artificiel fixé pour les chevaux de cavalerie a mis presque entièrement fin au commerce des marchands de chevaux dans le pays, et les a conduits à faire leurs achats de bidets et de chevaux de trait léger au dehors.

Les prix payés pour les chevaux de cavalerie par le Gouvernement français jusqu'en 1870 étaient en moyenne de 40 à 48 livres, ce qui était considérablement au-dessus du prix anglais.

Les haras d'étalons, excepté ceux de chevaux de pur sang, ont été maintenus ; les écuries d'élevage ont cessé en grande partie. Les prix pour les courses ont été diminués, et ceux pour steeple-chases ont été retirés ; mais cette économie est, probablement, simplement temporaire.

Normands

La Normandie possédait à l'origine deux races ou espèces de chevaux très distinctes toutes deux, de grande renommée: une de chevaux de harnais, l'autre de chevaux de selle. Les

29

chevaux les plus estimés par les chevaliers français et anglais, dans les âges des lourdes armures, étaient normands. " Il y a à peu près cent ans (1872), la race normande, ayant été très détériorée, quelques grossiers étalons anglais furent importés, mais sans effet satisfaisant. Le Prince de Lambesc, grand écuyer, (Master of the Horse) de Louis XVI, importa pour le service de la ferme haras du Pin (qui existe encore), vingt-quatre étalons, pas un pur sang, qui produisirent une amélioration très décisive par l'influence du sang avec des jumeuts hunters de bonne race. Ces étalons anglais peuvent être considérés comme les arrières grand'pères de la race actuelle.

En 1790, les haras furent supprimés, et l'Angleterre étant fermée par les longues guerres, on employa une classe très inférieure d'étalons; à la chute du premier Empire, la qualité des chevaux de Normandie était à son plus grand déclin.

En 1830, quand l'amélioration de la remonte des chevaux de France fut prise en sérieuse considération, les chevaux normands se faisaient remarquer par leurs têtes énormes, semblables à des cercueils, et leur nez romain, un legs de Madame Du Barry, l'infâme maîtresse de Louis XV. Cette personne ayant reçu en cadeau de l'ambassadeur de Danemark une paire de chevaux danois, avec des têtes monstrueuses, de petits yeux de cochon, et de grandes oreilles ballottantes, se touchant presque, ces hideuses particularités devinrent la mode. En fait, suivant le récit de M. Gayot, le cheval Normand de 1830 ressemblait beaucoup au plus mauvais spécimen de nos étalons noirs, de corbillard.

Depuis cette date, et particulièrement sous le règne de l'Empereur Louis Napoléon, qui était un maître consommé dans tous les arts se rapportant aux chevaux, la race normande a été énormément améliorée par les croisements avec des pur sang anglais et des roadsters trotteurs; et, depuis quelques années, on a élevé, en Normandie, des chevaux de voiture, qui auraient pu passer et qui passent quelquefois pour des produits du Yorkshire.

Les Percherons, sont une autre race de chevaux de charrette trottant qui ont en nom une réputation considérable, en Angleterre, comme animaux pratiques de trait, trottant doucement; quoique en conformation, le contraire de ce qu'un juge de chevaux Clydesdales ou de Suffolk voudrait choisir. Mais quand nous interrogeons les plus grandes autorités, en matière de chevaux en France, nous trouvons que tous nient que les Percherons aient la prétention d'être une race ou une espèce distincte, comme pour nos propres Suffolk. Le nom n'avait jamais été mentionné ou rappelé avant le siècle présent. M. Devaux-Soresier, dit le Professeur Moll, un habile éleveur du Perche, et un avocat enthousiaste du Percheron, déclare qu'il date du décret de 1806, établissant le haras de Blois: que c'était l'expression d'un besoin — un ouvrage de l'homme, non le résultat du sol ou du climat — et qu'il pourrait élever des Percherons partout, même en Limousin, avec des pâturages clos, et beaucoup de bran de son. » D'autres ont décrit le Percheron comme un cheval de charrette gris, trottant, avec des membres propres, et des têtes correctes. Ces Percherons, dans leur meilleure forme, étaient les chevaux de poste de France. Il nous semble que depuis quelques années, leur qualité est moins bonne — surtout dans la pureté de leurs têtes — et qu'ils devinrent communs ; mais, communes ou non, les juments sont importées en Angleterre par milliers.

Le Limousin

De tous les chevaux de selle de France, le Limousin, les descendants des ancêtres sarrazins était, comme nous l'avons déjà mentionné, le meilleur — un barbe actif et endurant — mais dans les jours de triomphe de cette race, le district du limousin consistait en plaines couvertes de prairies, convenant bien à l'élevage des chevaux. Après la Révolution, les prairies furent graduellement converties en terre arables ; et quand M. Nassau Senior visita Alexis de Tocqueville, en 1850, la race était complètement éteinte et tous les essais pour la faire revivre, entrepris à grands frais par le gouvernement, ont manqué. Probablement la cessation de demandes locales avait eu un effet d'appauvrissement. Il n'en avait pas toujours été ainsi. Un ami de monsieur de Tocqueville, se rappelait un mariage dans la vieille noblesse, auquel beaucoup de dames arrivèrent a cheval, suivies d'un domestique conduisant un âne qui portait les toilettes de bal dans un carton. Dans les remises de de Tocqueville il y avait une chaise à porteurs à chevaux, un vis-a-vis, avec une paire de brancards devant et une paire derrière, dans lesquels on mettait deux chevaux de charrette à la place d'hommes, (en Chine on met ainsi des mulets aux litières) pour pouvoir rendre visite là ou il n'y avait pas de routes pour les voitures à roues ; et même à cette date M. Senior trouva les paysans rentrant leurs moissons dans une sorte de berceau sur le dos des chevaux, six gerbes de chaque côté, — les passages étaient juste assez larges pour laisser passer un cheval chargé.

Faites disparaître la chasse dans notre pays, une noblesse résidente et une gentry faisant la mode de monter à cheval, des fermiers qui montent, et remplacez-les par des paysans qui conduisent des charrettes attelées de bœufs et de vaches, et le déclin de la qualité et du nombre de ceux qui montent à cheval et qui conduisent en Angleterre serait certainement rapide.

Chevaux de la Camargue, de la Lorraine et Bretons

Parmi les chevaux de races françaises qui, comme les Limousins et les Ardennais, ont été renversés par le système moderne de culture et les demandes modernes, il est impossible de sauter la Camargue quand ça ne serait que pour la place qu'elle occupait à une époque très intéressante de l'histoire de France.

Le fleuve le Rhône, avant de se jeter dans la Méditéranée, forme un vaste delta, une île à laquelle le nom de Camargue à été donné. Là, pendant des siècles, fleurissaient des races de troupeaux à demi sauvages et de chevaux à demi sauvages aussi. Suivant la tradition, le cheval de Camargue date de l'introduction de la cavalerie numide, quand, en l'an de Rome 629, Flavius Flaccus occupa Arles et reçut plus tard des renforts du sang africain de la colonie de Julia, et des deux invasions des sarrazins qui occupèrent la Provence à peu près en A. D. 730 et une seconde fois à l'époque des Croisades.

Ce fut de la Camargue, que les Camisards, — les Calvinistes des Cévennes, que la persécution de Louis XIV et la pieuse madame de Maintenon poussèrent à la rébellion, — tirèrent leur cavalerie.

Ce qui est certain, c'est que, quelle que soit l'origine du cheval de la Camargue, il est caractérisé aujourd'hui par une sorte d'air tartare, particulier aux animaux vivant à l'état sauvage.

Ils n'étaient pas estimés pour la guerre et les parades penpendant les 12e 13e et 14e siècles, époques où le cavalier et son cheval étaient bardés d'acier ; ils étaient trop petits et trop légers d'ossature.

On est porté a croire qu'à une certaine période, la gentry résidant en Camargue, prit un soin particulier de conserver la qualité de la race et par des importations d'Afrique et par la castration de poulains inférieurs ; mais avec la Révolution de 1789, ces précautions spéciales disparurent.

Ils courent encore à l'état sauvage pendant l'hiver, en troupes de vingt à cent chaque, sous la conduite de gardiens à cheval, qui emploient le lasso avec beaucoup d'adresse, pour attraper les chevaux ou les bœufs sauvages.

L'un de ces cavaliers sauvages est le héros d'une romance pitoresque de Mme George Sand.

Le cheval sauvage de la Camargue, nourri entièrement sur un terrain sauvage, est un peu mieux qu'un poney, et généralement de couleur gris clair. Le croisement avec un étalon de pur sang produit un très bon animal, mais les produits comme le croisement Exmoor, demandent une meilleure nourriture l'hiver, que l'herbe des marais sauvages, et cela ne convient pas à l'économie agricole des petits fermiers du district, quoique le climat soit très favorable à l'élevage de toutes sortes d'animaux. Les chevaux demi-sauvages étaient très appréciés et sont encore employés pour la primitive opération du foulage de blé, travail des plus fatigants.

A quatre ou cinq heures du matin, les gerbes ayant été placées en un énorme amas, les chevaux sont conduits dessus et enfoncent dans la paille jusque par-dessus leurs dos et par-dessus leurs têtes ; ce qui les forcent à se démener comme s'ils étaient dans une fondrière.

Ce travail est continué jusqu'à neuf heures, presque cinq heures, on les mène alors boire et se reposer pendant une demi-heure. On les force alors à remonter sur la pile et à trotter en rond jusqu'à deux heures de l'après-midi, heure à laquelle ils se reposent une heure. Puis ils recommencent, et on les fait trotter jusqu'à six ou sept heures, quand on suppose que la paille est cassée en bouts d'à peu près six pouces. On ne leur donne rien à manger que ce qu'ils ont pu ramasser malgré l'œil vigilant et le fouet du gardien. Cette opération dure en Camargue près d'un mois, mais pas toujours avec la même troupe de chevaux. Le travail du foulage étant fait, les troupeaux de chevaux sont conduits dans les marais jusqu'à la prochaine moisson.

Telle est, ou plutôt était, la principale valeur du poney de la Camargue qui, sous un système amélioré d'agriculture, a été bientôt remplacé par le fléau et la machine à battre.

Le cheval lorrain moderne qui, avant l'ère des bonnes routes, des diligences et des wagons de transport, dénotait de grandes traces de sang oriental, a été converti maintenant en un lourd cheval de harnais, montre encore un peu de la qualité de ses ancêtres et trotte librement.

Les fermiers lorrains ont abandonné l'usage de monter à cheval, dit le professeur Moll, mais ils parcourent de longues distances, toujours au trot, dans leurs chars-à-bancs (la wagonnette primitive), et vous ne rencontrez jamais un Lorrain dans un wagon ou voiture vide allant au pas ; souvent même il trotte avec un chargement de foin ou de paille. C'est parmi le lot de chevaux de cette classe, améliorés par des croisements avec des étalons anglais, que nous trouvons les remontes qui deviennent un point important dans les importations d'animaux vivants en Angleterre.

La Bretagne a une excellente race de hacks actifs, petits, connus sous le nom de bidets et de doubles bidets (poney et cob).

Ils sont actifs et résistants, quelquefois ont très bonne apparence et pourraient, sans aucun doute, arriver à un haut degré de perfection, s'il existait la même bonne entente qui existe en général entre nos gentlemen de la campagne et les fermiers environnants.

Le double bidet breton a été appelé d'une manière appropriée " le Cosaque de France ". Ils font de très bons croisements avec des petits pur sang anglais comme Underhand et Daniel O'Rourke.

Malheureusement, les Bretons ne parlent pas encore français. Une des requêtes du Conseil général qui représentait la Bretagne à la Commission française pour la remonte des chevaux en 1863, était qu'un traité de l'élevage et du traitement des chevaux fût traduit du Français en Breton.

Mais le Breton, comme son frère le Celte dans les Galles, ou comme le fermier du nord de Devon, va rarement à pied au marché s'il peut faire autrement; les femmes jamais, — elles paraissent ne pas savoir comment marcher.

« Vous les rencontrez à califourchon sur un sac de toile, avec leurs pieds enfoncés dans des cordes en guise d'étriers, leurs genoux aussi haut que le garrot du poney, avec une bride en corde dans une main et un long bâton dans l'autre, portant sur un bras un panier de beurre recouvert d'un linge blanc très propre, et avec deux paniers de marrons pendant de chaque côté du sac rempli de paille. On voit maintenant des hommes, à cheval aussi, conduisant devant eux des troupes de poneys, aussi velus et aussi sauvages que des Gallois. »

La race boulonnaise renferme, aux yeux anglais, tous les

chevaux de charrette trottant en France, — le Picard, le Flamand, — des noms et pas autre chose, distinctions sans différence. En Angleterre, à moins qu'un cheval de tapissière du
chemin de fer ne soit bai, quand même il pourrait être un
Suffolk, les acheteurs et les vendeurs ont cessé de nommer les
chevaux de race de charrette du nom d'un district ou d'un
comté. Par suite des fréquentes et faciles communications
entre le Pas-de-Calais et l'Angleterre, et par suite de l'attention intelligente des propriétaires fonciers en rapport avec
Boulogne, les chevaux de ce pays ont été, pendant les trente
dernières années étonnamment améliorés. Les chevaux de
charrette de Paris excitèrent l'admiration de nos meilleurs fermiers quand, sur l'invitation du dernier empereur, cette cité
fut envahie par une armée, pour ainsi dire, d'éminents éleveurs anglais de toute sorte d'animaux vivants.

La jument poitévine pour élever des mulets

Nous ne pouvons terminer ces croquis de races françaises de
chevaux sans en noter une qui est conservée dans le seul but
d'élever des mulets, entreprise qui a surgi dans le cours d'un
siècle et a atteint un haut degré de prospérité et d'importance, non seulement sans l'assistance donnée avec prodiga-
lité à l'élevage des chevaux de troupe, mais encore en dépit
de tout encouragement positif donné à celui-ci. — La vente
aisée et à des prix rémunérateurs des mulets l'a emporté sur
tous les encouragements artificiels et les empêchements des
haras officiels.

Le Poitou a deux races ou tribues de chevaux ; — les uns croisés avec le sang anglais, appelés Anglo-Poitevins, qui souvent font de beaux chevaux de voiture, les autres, d'apparences
très inférieures, dont les juments sont employées exclusivement à élever les mulets et appelées (on ne peut traduire le
mot) Poitevines-Mulassières. Rien ne produit d'aussi bons mulets que la grosse jument lourde des marais du Poitou, — une
bête commune et trapue, avec un grand coffre, de gros os et

des jambes poilues; lourde, lente et bonne seulement pour traîner un fardeau. En fait, dit Jacques Bujault, un célèbre éleveur de mulets " imaginez un gros tonneau supporté sur quatre jambes solides ; telle est la mulassière, la mère des mulets ". « Ceux qui achètent des juments à deux fins, propres à vendre à la troupe ou aux diligences, s'ils ne veulent pas les donner au baudet, font un mauvais commerce et sont, sur le chemin d'une ruine rapide ». La poitevine mulassière était élevée dans l'origine dans les marais de la Vendée (juste le même pays que celui dans lequel était élevé "il est presque éteint" le cheval de haquet noir de Lincolnshire entretenu par Bakewell), une grande étendue de terrain, anciennement constamment trempé, à présent très bien drainé, et couvert d'eau seulement pendant les inondations, après les grandes pluies de l'hiver. Mais cette idée que de bons mulets peuvent être élevés seulement des juments communes du Poitou, est une erreur de province. Toute bonne jument de charrette anglaise, française ou américaine, donnera un fort mulet avec un fort baudet.

Les pouliches étant conservées pour l'élevage des mulets, les poulains sont vendus à des marchands à deux ans; de même les chevaux du Berry, de la Beauce et du Perche sont employés aux travaux agricoles jusqu'à cinq ou six ans et tous vendus ensuite pour les omnibus ou le gros trait. Quelques très jolis chevaux, parmi les poitevins sont achetés par le dépôt de remonte du Berry pour l'artillerie.

Haras du Gouvernement Français

Le système adopté par les gouvernements successifs de France, pour augmenter et améliorer les races de chevaux, est basé sur les principes suivis par tous les gouvernements du continent de l'Europe, avec plus ou moins de frais pour l'État. Ses détails ont acquis un surplus d'intérêt depuis que sous l'influence de la panique causée par une soudaine augmentation dans le prix des chevaux de bonne race" plusieurs

Anglais, dont les goûts et les entreprises dénotent une grande
connaissance de l'élevage du cheval, ou de la vente du cheval,
ou de la chasse, et de tout ce qui concerne le cheval en général, ont hautement recommandé dans ce pays-ci un recours
aux particularités plus saillantes du plan Contentinental,
c'est-à dire des subsides du Gouvernement, des droits sur l'exportation et le contrôle sur les entreprises privées, renforcés
par des règlements de police. Ces gentlemen, quand ils sug-
géraient que le gouvernement anglais devrait promulguer les
restrictions de police et fiscales du commerce, qui sont fami-
lières en France et en Allemagne, mais complètement inconnues aux générations actuelle et précédente d'anglais, et que
cela rapporterait des fonds à la nation, en établissant une
concurrence aux entreprises particulières, ne semblent pas
s'être souvenus que les conditions de vie politique et sociale,
et de relations extérieures entre ce royaume protégé par la
mer et ce peuple qui, pour plus de 50 ans, a toujours été en
diminuant l'aire de l'accise et les taxes de douanes, sont essentiellement, radicalement différentes de celles des. États de
l'Europe continentale, gouvernés munitieusement et surveillés
de près.

En première ligne, notre position d'île, nous délivre de la
nécessité d'être appelé à mettre la cavalerie sur le pied de
guerre dans un court délai, — une nécessité qui a été longtemps une matière de suprême importance avec la France, la
Prusse et l'Autriche. Ensuite, les habitants de la démocratique
France et de l'aristocratique Prusse et de l'aristocratique Autriche ont toujours été accoutumés à compter sur l'aide du
Gouvernement pour l'encouragement de tout ce qui touche
à l'Agriculture, les Travaux Publics et une foule d'institutions
auxquelles les anglais ne permettraient pas au Gouvernement
de toucher. Nous avons souvent trouvé difficile d'expliquer à
un étranger la signification d'une Société Royale d'Agriculture à laquelle le Gouvernement ne donnait aucune assistance
et sur laquelle il n'exerçait aucun contrôle.

La France n'a pas de gentry résidant à la campagne, dans

le sens de notre terme, c'est-à-dire gens riches et ayant une position, qui prennent la tête et sont suivis par leurs voisins, soit pour fonder une société, ou pour construire un hôpital, améliorer les races de troupeaux, ou installer une exposition de chevaux. En France, vous pouvez voyager tout un jour et ne trouver personne au-dessus du rang de paysan fermier, ne payant pas au Gouvernement, et certainement personne qui voudrait prendre l'initiative d'une entreprise publique, sans la sanction du préfet, du sous-préfet, du maire ou du commissaire de police; et si un gentleman français, imbu des idées anglaises, essayait de prendre la tête dans une amélioration locale de quelque sorte, en formant une association, il serait probablement regardé comme une impertinente personne par les fonctionnaires et avec beaucoup de soupçons par tous les petits fermiers autour de lui.

En fait, si le gouvernement français n'avait pas pris l'affaire d'offrir des primes pour les juments et les poulains et de fournir les étalons, il n'y aurait eu aucune autorité ayant le pouvoir ou les moyens de le faire.

En Prusse, les mêmes raisons existent. La Gentry prussienne, propriétaire foncière, était pauvre, très pauvre, jusqu'à l'amélioration des moyens de communication par les routes, les chemins de fer et les bateaux à vapeur, qui donna de la valeur aux produits agricoles et justifia la culture de grandes récoltes à frais coûteux. Quand le vieux Blücher confondit le duc de Wellington en lui proposant de pendre l'empereur Napoléon s'il était pris après la bataille de Waterloo, une des raisons qu'il donna fut " que l'empereur avait complètement ruiné la noblesse prussienne. " En outre, les Prussiens et tous les Allemands sont habitués, depuis les premières années, à trouver le gouvernement réglant leur vie privée.

Ni le mécanisme, ni les raisons d'une intervention dans les entreprises particulières, n'existent en Angleterre. En Irlande, il y a quelque chose du sentiment français sur l'appui du gouvernement dans plus d'une affaire, peut-être parce que les propriétaires ont été depuis si longtemps divisés de sentiment d'avec leurs tenanciers. Etablir des haras d'étalons du gouvernement en Angleterre, à des prix de saillie réduits, serait faire concurrence aux patriotiques propriétaires et aux industrieux marchands de chevaux.

En fait, l'intervention du gouvernement et son appui, sont essentiels en France et en Allemagne, parce que ces pays ne possèdent pas le mécanisme et les matériaux que nous avons dans une gentry résidente, des fermiers aimant le cheval, et une demande illimitée à des prix élevés pour n'importe quel nombre de chevaux de selle et de harnais léger.

Il y a en Angleterre seulement, sans compter l'Ecosse et l'Irlande, et en laissant de côté les meutes de lièvres, plus de 130 meutes pour le renard, chacune formant une " circonscription " pour encourager l'élevage du cheval. Tous ces terrains de chasse sont ouverts à toute personne possédant un poney et désireuse de l'y monter ; dans presque tous, chaque classe de la société possédant des chevaux y est représentée. N'était-ce pas un balayeur " qui chassait toujours avec le duc ? " La plupart des cent meutes de lièvres sont entretenues par des fermiers et des très petits fermiers aussi.

En France, en Allemagne, où par parenthèse il y a d'aussi bonnes chasses que dans le Devonshire, The New Forest, Cumberland ou dans les parties montagneuses des Galles, le marchand du pays ou l'homme de profession, n'étant pas noble ou invité, qui se joindrait à une chasse, serait considéré et traité comme un intrus, — le docteur perdrait ses pratiques et le notaire ses clients, tandis qu'en Angleterre et dans les Galles l'homme de loi, le docteur, le brasseur, l'aubergiste, sont les personnages à la tête des chasses rurales.

La faute du gouvernement français, dans ses arrangements pour l'amélioration des races de chevaux légers, n'a pas eu lieu dans les principes mais dans les détails ; c'est-à-dire dans le choix des étalons étrangers. On a trop aimé acheter des chevaux de courses célèbres, gagnants des grands prix, de grande taille, sans regarder aux usages qu'on allait leur demander. En Autriche on comprend mieux cette matière. Des chevaux de pur sang, de taille moyenne, avec beaucoup d'os et une bonne action, n'ayant jamais couru ou ayant couru sans succès, feraient mieux avec les cobs de Bretagne, les poneys des Ardennes, les barbes de Tarbes et les chevaux sauvages de la Camargue, que les incertains anglo-normands, les arabes étroits, à cuisses de chat, ou le West Australian et le Flying Dutchman, pour lesquels on a dépensé tant d'argent.

Outre la difficulté causée par le manque de pâturages naturels, et de clients hors de Paris, le Français éleveur et dresseur de bons chevaux se trouve avoir d'immenses désavantages dans le manque de grooms. Les grooms allemands sont quelquefois excellents. Les Italiens du nord sont bons, mais un Français, réellement un bon groom compétent, est un phénix. Le besoin en était tellement pressé que des écoles de dressage furent établies par l'ancien empereur, et aussi plusieurs établissements particuliers furent fondés et soutenus par un subside de l'Etat. Les grooms français n'ont pas le vice dominant des grooms anglais et irlandais, mais rarement ils se donnent de peine et n'ont pas d'amour-propre pour leurs chevaux. En 1874 il y avait un seul jockey français, Garret, qui montait le vainqueur du Césarewitch en 1873, qui fut assez bon pour monter contre les jockeys anglais de première classe.

Une écuyère française célèbre se plaignait à un anglais, propriétaire d'un cirque, que son groom, un lorrain, fût trop malade pour soigner ses chevaux :

— Il est ivre, mademoiselle, je pense, ha !

— Oh ! certes non, il s'est étouffé jusqu'à en mourir avec de la pâtisserie chaude.

Cet homme, cependant, était réellement un bon homme d'écurie, quoiqu'il fît un bruit assourdissant, partout avec ses sabots, et qu'il se rendît malade avec des tartes d'un sou.

Prusse

La Prusse, aussi longtemps qu'elle est restée en royaume, a compté parmi ses sujets allemands, une race de gentils-hommes, vrais chevaliers, amateurs enthousiastes du cheval; et parmi ses sujets Polonais, une nation d'hommes nés cavaliers; — hommes de cheval, non seulement de goût, mais dans le fait et dans la forme; gaillards, minces et vigoureux, n'ayant aucune inclinaison à devenir pareils aux terriblement gras sergents majors d'Angleterre et de France. ·

Frédéric le Grand avait la plus belle cavalerie de son époque et gagna avec elle plusieurs de ses plus grandes victoire, — Kesseldorf, Rossbach, Zorndorf. Il tirait ses chevaux légers surtout de Pologne et sa grosse cavalerie de l'Allemagne du Nord. Sa cavalerie avait une assiette naturelle, pareille à la sienne et montait bien. Ce ne fut qu'au temps de son ignoble successeur, le complice et la victime du conquérant d'Iéna, que la position ridicule " tougs on the Wall " (les pincettes sur la muraille) fut adoptée pour être copiée après la paix de 1815 par les officiers commandants royaux des autres pays, qui avaient mieux à faire avec les absurdités des uniformes collants (1).

La Prusse a, comme la France, des dépots pour l'achat et le dressage des chevaux de cavalerie ; six dans l'Est de la Prusse, un en Brandebourg, un en Posen, un en Hanovre, un dans la province de Saxe, deux en Poméranie et un dans le Grand Duché de Hesse. Chaque dépôt consiste en plusieurs fermes, sur lesquelles est récoltée la plus grande partie du fourrage, et, ce qui est extraordinaire dans un établissement du Gouvernement, ces fermes, actuellement, rapportent du profit, actuellement, elles couvrent une grande partie de la dépense annuelle. Les jeunes chevaux, achetés à trois ans, sont

---

(1) Quand un fameux régiment de hussards fut envoyé pour la première fois en Turquie, en route pour la Crimée, le commandant défendit à ses hommes d'aller couper de l'herbe pour leurs chevaux, parce qu'ils faisaient craquer leurs pantalons collants.

gardés à l'écurie depuis le 1er octobre, jusqu'au 1er mai, et sont nourris, pendant le jour, dans des prairies le reste de l'année.

Le cheval de race Prussienne, se développe tard, et est dans son apogée, pour le service militaire, depuis sept ans jusqu'à quatorze ans. Un système utile a été appliqué récemment, d'après lequel les éleveurs particuliers riches, achètent des chevaux de deux ans à leurs voisins plus pauvres, les nourrissent de grain, pour être revendus à trois ans ou trois ans et demi. Cet arrangement, résultat de l'éducation Allemande, détruit la difficulté qui, en France, a détourné les paysans propriétaires d'élever une bonne classe d'animaux. L'armée impériale d'Allemagne a besoin de plus de huit mille chevaux, par an en temps de paix.

Les meilleurs chevaux viennent de l'Est de la Prusse, qui qui a été un pays d'élevage de chevaux depuis un temps immémorial. Cette race dénote une grande infusion de sang Oriental, d'où elle descendait primitivement durant l'invasion des Sarrazins en Europe. Les Hanovriens et les Mecklembourgeois sont plus gros et plus puissants que les chevaux Prussiens de l'est, mais par contre, plus lents et moins résistants.

Différemment de ce qui existe en France, l'élevage du cheval est une partie importante de l'industrie rurale dans presque toutes les parties de la vieille monarchie Prussienne, aussi bien que dans quelques unes des provinces annexées, après la guerre de 1866.

Les provinces dans lesquelles cette branche d'industrie est nouvelle, font des progrès extraordinaires. Il y a un demi siècle (1820) en Posen, le paysan était un esclave lié au sol.

C'est dans cette province qu'a lieu le plus grand accroissement de l'élevage du cheval. En Westphalie (connue principalement en Angleterre pour ses cochons et ses jambons) rien n'est venu pour secouer les populations rurales de leur adhérence aux stupides coutumes d'une génération passée.

« Vous ne vous faites pas une idée, disait à l'auteur, un

officier de cavalerie allemande, de la difficulté qu'il y a d'apprendre à un paysan, qui n'est accoutumé qu'à une vache, à soigner un cheval. »

Dans les provinces de l'est, les marchands étrangers font de grands achats, non seulement de poulains, mais de juments poulinières, à ce point que cela a causé récemment une sérieuse alarme,

De fait, dans chaque contrée d'Europe, excepté en Russie, une sorte de panique chevaline eut lieu en 1872, par suite de la même cause. La rivalité des moutons et des bestiaux et la conversion de prairies en terres labourables.

Du reste, les meilleurs chevaux viennent des provinces où il y a le moins de culture labourée, et les plus mauvais des provinces rhénanes, ou la loi française d'héritage domine, où les propriétés sont divisées en petits champs, et où il est presque impossible d'avoir de l'herbe au grand air. La Prusse obtint de bons terrains, terrains d'élevage pour les chevaux puissants, quand elle annexa le Hanovre et le Schleswig d'Holstein.

Le général Walker, notre attaché militaire à la cour de Berlin, se tourmenta beaucoup, inutilement, pour expliquer la supériorité de la résistance des chevaux de troupes prussiens, en comparaison avec les nôtres. Un officier de cavalerie à la tête des haras impériaux donna trois raisons, dont une était suffisante.

La première : la plus grande affinité avec le sang arabe pur, nous n'y avons pas foi le moins du monde. Si cela était vrai, les chevaux des haras de l'Inde devraient être les meilleurs du monde, et c'est le contraire qui a lieu.

Qui est-ce qui est plus résistant, qui est aussi résistant qu'un poney gallois, Exmoor ou Dartmoor ? Vous ne pouvez jamais en style de marchands de chevaux en voir le bout. Pourquoi ? Parce qu'ils ont été élevés durement. Qu'y a-t-il de plus résistant qu'un poney de pur sang, sain, qui n'a jamais été entraîné, a toujours été bien nourri, mais traité durement.

Nos chevaux, en règle général, sont passés au blanchissage

depuis leur naissance jusqu'à leur mort. Le général de cavalerie allemand, observait avec justesse pour nos chevaux de troupes, avant l'époque pratique (le système a changé depuis) : " Deux exercices par semaine, et une heure de lavage à l'eau les autres jours, cela tend seulement à relâcher la constitution au lieu de la resserrer ".

En 1867, le royaume de Prusse, renfermant près de 24,000,000 d'habitants, avait plus de 2,300,000 chevaux.

Dans ce nombre, 1,600,000 étaient employés à l'agriculture. Mais dans l'est de la Prusse, comme en Irlande, il y a très peu de chevaux de la race de charrette, les travaux des fermes sont faits avec des chevaux qui, bien nourris de grains, peuvent galoper.

Le gouvernement prussien emploie les moyens les plus soigneux pour encourager l'élevage du cheval, mais imagine de combiner l'efficacité avec l'économie, d'une manière qu'il semble impossible d'appliquer avec les fonctionnaires anglais, français ou américains.

Il y a trois haras d'élevage qui avaient été fondés dans l'origine, pour remonter les écuries royales en chevaux de voiture et de selle, mais servent maintenant à élever les étalons pour les haras du pays ; il y a aussi douze dépôts d'étalons faisant la monte.

Des prix (sur une très petite échelle) sont donnés aux étalons entretenus chez des particuliers, approuvés par les directeurs des dépôts, et aussi aux bonnes juments poulinières et aux poulains.

Des prêts, sans intérêts à payer, sont accordés aux associations fondées pour l'achat des étalons.

Le premier haras fut établi à Trakehnau, dans l'est de la Prusse, par Frédéric Guillaume Ier, successeur de Frédéric le Grand, en l'an 1732, pour la remonte des écuries royales, et de celui-ci surgit trois tribus, nous ne pouvons les nommer races, de chevaux de voitures, distinguées les unes des autres par leurs couleurs — noire, baie et alezane.

Deux autres haras furent créés en 1788 et 1815.

30

Les onze dépôts du pays, dépôts d'étalons faisant la monte (un douzième est sur le point d'être établi en Poméranie), sont recrutés dans les écuries d'élevage royales déjà mentionnées, et d'achats faits en Allemagne et dans les pays étrangers, notamment depuis 1870, en Angleterre.

Le nombre des étalons dans les onze dépôts, d'après un rapport, en 1873, se montait à 1750.

Le directeur général de chaque haras de district, à la saison convenable, distribue les étalons dans la région, par petits détachements de six ou de huit. Il partage généralement les chevaux, sous la charge des employés du haras, entre les propriétaires à la campagne qui s'intéressent à l'élevage du cheval.

Ces dispositions mériteraient de fixer l'attention, si il était décidé que le gouvernement viendrait en aide au moyen d'étalons à l'Irlande. Au delà de l'entretien de ces haras, les dépenses supportées par le Gouvernement Prussien en prix et en primes sont très insignifiantes.

Le nombre total des chevaux requis par l'armée impériale du nord de l'Allemagne, sur le pied de paix est d'un peu moins de 100,000 et sur le pied de guerre de presque 300,000. Après avoir lu ceci on ne sera pas surpris d'apprendre que la perte allemande en chevaux par la mort et la maladie pendant la guerre franco-allemande, a été de plus d'un million, et par quelques-uns a été estimée à un million et demi. Le nombre des chevaux depuis le commencement de la campagne fut renouvelé trois fois, en comprenant tous les chevaux de l'armée française faits prisonniers à Sedan et à Metz.

Si la paix était maintenue, la Prusse est un des pays d'où les prix anglais pourraient attirer une remonte de chevaux de selle et de harnais de bonne race. Nulle part l'élevage du cheval n'est établi sur des principes plus intelligents. Le lot de juments de l'est de la Prusse et de la Galicie est de la bonne marque, et les étalons Anglais sont très judicieusement choisis et employés.

Autriche et Hongrie

Nous avons déjà mentionné la sensation éprouvée par les marchands de chevaux anglais qui ont visité l'exposition de chevaux de Vienne.

Ni en Yorkshire, ni en Irlande, la gentry et le peuple n'aiment plus le cheval que les sujets de François-Joseph roi de Hongrie.

Quand aux officiers de cavalerie autrichiens, comme cavaliers et hommes versés dans toute connaissance du cheval, ils n'ont pas leurs pareils. L'Empereur lui même, sans exagétion ni flatterie, est un des plus beaux cavaliers de l'Europe. Quand il fut couronné roi de Hongrie, une partie de la cérémonie consistait à monter un cheval fougueux, à le conduire sur le haut d'une montagne sacrée, là de faire halte et, tandis que son cheval se cabrait en faisant des courbettes, de tourner le sabre de la Hongrie vers les quatre points cardinaux. Quand il accomplit cette action, un anglais qui se trouvait présent — habitué à nos cavaliers de cross-country et brillant lui-même dans ces exercices s'écriait en racontant l'incident : « Je tremblais pour le roi ! Je croyais que le cheval allait se renverser sur lui ! ».

Des rapports officiels faits par notre attaché militaire à la cour de Vienne, nous donnent les dernières et les plus authentiques informations.

Le dernier recensement donne pour la Hongrie 2.160.000 chevaux, pour les provinces d'Autriche 1.367.000. Les deux ministères de l'agriculture séparés, de l'Autriche et de la Hongrie, encouragent chacun par système l'élevage des chevaux et pour ce but achètent tous les ans en Angleterre un lot de pur sang soigneusement choisis.

Il y a deux haras du gouvernement en Autriche, trois en Hongrie et un quatrième va être établi dans la province récemment rendue accessible de Transylvanie — Trans-sylva « au delà de la forêt » — une contrée d'une richesse extraordinaire et pas développée.

La besogne de ces haras qui ont existé depuis la dernière partie du dernier siècle, est d'élever des juments pour le service des haras, et des étalons en nombre suffisant pour subvenir aux besoins du pays en général ; ils sont distribués dans des dépôts établis à cet effet.

Dans chaque haras il y a des étalons de races différentes : Arabes, Anglais pur sang et demi-sang, Normands et Lepiza, descendant de l'ancien lot Espagnol élevé dans les haras impériaux. Il est impossible d'imaginer de plus grandes brutes que ceux ci, d'après nos notions anglaises, si ce n'est nos étalons de l'État couleur crème.

Le nombre des juments, dans chaque dépôt, varie de 200 a 400, dont il y a quelques-unes, de pur sang anglais, mais la majorité sont demi-sang anglais, arabes et normandes, élevées dans le pays d'un côté ou de l'autre pendant des générations.

Ces haras ont souffert pendant les vicissitudes de l'empire Autrichien.

Pendant la grande insurrection hongroise, un nombre de haras particuliers de valeur, montés à grands frais, furent dispersés ou détruits, réquisitionnés ou emmenés comme dépouilles de guerre. A présent le système est de garder les races distinctes et d'envoyer l'espèce d'étalons dans chaque district que l'on a reconnu par l'expérience convenir le mieux.

Le gouvernement hongrois possède près de 1,800 étalons, le gouvernement autrichien 1,600, et comme ces nombres étaient insuffisants, en 1873 le gouvernement fut obligé d'en acheter davantage. Des expositions de chevaux ont lieu tous les ans dans chaque district, où des commissaires du gouvernement accordent des prix en argent et des médailles aux meilleures juments suitées, aux yearlings, aux deux ans et aux trois ans. Le gouvernement alloue aussi de 10 à 30 livres annuellement à tout étalon approuvé appartenant aux particuliers.

A l'heure actuelle les paysans ne sont ni assez riches, ni assez intelligents pour élever beaucoup de bons chevaux, mais la rapide introduction des progrès dans les moyens de communication et les progrès de l'agriculture ayant pour conséquence le bien-être des fermiers, amènera certainement une amélioration dans quelques années surtout en Hongrie, où pas un homme ne va à pied s'il peut monter à cheval.

L'empereur, les archiducs et les riches propriétaires de la Bohême, de la Galicie (Pologne) et de la Hongrie ont des haras pour élever des bons chevaux de voiture et de selle.

Le Stud Book autrichien, paru périodiquement, notant chaque race de chevaux, forme un gros volume.

Le climat est un gros inconvénient en Hongrie, parce qu'il n'y a guère que trois ou quatre mois de l'année pendant lesquels les chevaux de valeur peuvent trouver des pâturages suffisants pour les maintenir en bonne condition.

Les courses en Hongrie sont suivies, au contraire de celles de France, par des foules enthousiastes de paysans.

Les gentlemen cavaliers sont nombreux. Il y a plusieurs meutes de fox-hounds et de harriers établies, dans le style anglais ou plutôt dans le rude style du pays de Galles, où la même meute chasse tout ce qui court, depuis le lièvre jusqu'au putois.

Près de Vienne il y a une meute de stag-hounds, montée pour chasser le cerf de boîte.

Feu Charles Boner (1), dont le charmant livre, maintenant hors de l'impression, sur la Transylvanie, était écrit en 1864-1865, avant l'heureuse réconciliation entre François Joseph et ses sujets hongrois, donne un délicieux tableau de la manière de voyager dans ce pays où existe en grand l'amour du cheval. Voici ce passage : « Nous changeons de chevaux alors pour la dernière fois et partons de nouveau avec quatre petits animaux. Un joyeux gamin nous conduit et la délicieuse élasticité de l'air semble l'inspirer et le rendre heureux et plein

---

(1) Le récit de Boner sur les gypsies hongroises explique les principes d'après lesquels les chevaux des pays très peuplés comme l'Angleterre sont mous, tandis que ceux élevés dans les plaines sablonneuses de l'est de la Prusse et de l'Europe orientale sont résistants. Les enfants de ces gypsies vont tout à fait nus jusqu'à dix ans. On peut les voir se laissant glisser assis le long des pentes de glace. Par suite, les faibles meurent ; ceux qui résistent peuvent vivre là où un habitant des villes périrait de froid ou de manque de nourriture.

de vie. Par Jupiter! comme nous marchions avec ce jeune
conducteur! comme il parle à ses chevaux et comme ils répon-
dent à sa voix! Avant que la mèche de son long fouet flottant
dans l'air n'ait pu toucher ses chevaux de volée, ceux-ci
s'élancent en avant comme pour une course et comme si un
autre attelage, disputant la victoire, courait juste derrière eux.

« Puis la mèche est rattrapée par une saccade et les deux
chevaux de derrière sont enveloppés dans le meilleur style.

« Un nouvel appel, un cri de jeunesse et de joie, et les nerveux petits animaux s'élancent en avant avec leur maximum
de vitesse. Comme ce gamin avive son attelage, et comme je
l'aime, moi aussi! Durant tout le parcours, il ne cesse pas de
parler à ses animaux, et ainsi, au son joyeux de la clochette,
aux éclats de son fouet tournant autour de sa tête et au bruit
des claquements, nous arrivâmes à Karansebes comme si
nous étions un express annonçant que toute la frontière était
en armes, que les Serbes avaient traversé la frontière ou toute
autre nouvelle aussi monstrueuse! »

M. Boner trouva à Gernyeszg un haras de très bonne race
appartenaut au comte Dominique Teleki. Ses chevaux, produits d'étalons de pur sang et de juments de Transylvanie,
sont résistants et supportent le froid sans malaise; ils sont
immenses, ont bonne tournure, et aptes à être montés par
tout gentleman.

Les distances que les voyageurs font faire aux mêmes chevaux pendant des jours entiers sont étonnantes; ils ne cla-
quent pas et ne refusent pas la nourriture. Les poulains
courent dans la cour des fermes toute la journée, pendant
l'hiver, avec une toison comme les ours, et n'ont que peu de
grain.

Le comte Lazar a aussi un haras considérable. Il a dépensé
beaucoup d'argent pour avoir le meilleur sang anglais et les
chevaux qu'il a élevés sont des animaux très puissants, mais
plus sujets à se fatiguer et à se tarer que ceux du comte
Teleki.

Depuis que cela a été écrit, l'empereur François-Joseph, à

son immortel honneur, a rejeté les préjugés dans lesquels il avait été élevé, s'est reconcilié avec ses sujets Hongrois, et a adopté pour tout son territoire ses principes constitutionnels de gouvernement que les nobles Hongrois chérissaient, pour lesquels ils mouraient, alors que tous autour d'eux étaient soumis à l'esclavage organisé par le stupide despotisme de Metternich et prôné par les différents papes. Depuis cet heureux événement politique, on a fait en Transylvanie des chemins de fer aussi bien que dans la Hongrie proprement dite, qui mettront en relations commerciales avec l'Europe Occidentale ces régions à moitié développées (1).

Russie

L'empire de Russie, comme les États-Unis, est si vaste, qu'il renferme beaucoup de climats, différant autant en température que la Norvège et la Sicile.

La Russie renferme aussi beaucoup de races, — Allemands, Scandinaves, Slavons, Orientaux et Semi-Orientaux, Polonais, Tartares, Lesguiens — parmi lesquelles il y a tant d'espèces variées de chevaux, qu'à une exposition à Moscou, la liste des prix du concours était divisée en au moins quatorze classes :

1º Pur sang anglais et arabes.

2º Chevaux de selle de demi sang.

3º Trotteurs Orloff.

4º Chevaux de voiture.

5º Carabaghs — chevaux de selle (croisés d'arabes et de trouchmens).

6º Trouchmens — une jolie race de l'Asie centrale, ressemblant beaucoup à l'arabe.

7º Chevaux du Don; les chevaux bien connus de la cavalerie irrégulière des cosaques du Don.

(1) On peut distinguer un Hongrois d'un Allemand dans la manière dont il porte sa tête et regarde autour de lui — comme son cheval. Il est la transition entre les habitants de l'ouest et les orientaux, sans l'indolence orientale. Le Hongrois né cavalier a les membres légers, le pied petit et la jambe bien prise. " Julius Faber ".

8° Chevaux de charrette.

9° Voitugs.

10° Finlandais.

11° Sinonds.

12° Baschkines.

13° Poneys.

14° Chevaux du Caucase.

Les propriétaires fonciers de Russie comprennent un grand nombre de gentilshommes campagnards qui vivent sur leurs états, grands ou petits, beaucoup commes squires du temps de Georges Ier, quand il y avait une différence entre le courtisan, l'habitant des villes, et le squire propriétaire (admirablement dépeint par Macaulay), qui a totalement disparu depuis longtemps dans la Grande-Bretagne.

Un nouvelliste russe, dans les " Journées d'un sportsman russe " a aussi dépeint le squire russe, ni courtisan, ni soldat, fier de ses chevaux, de ses levriers persans et de ses grands chiens loups et s'adonnant au sport de la campagne. Dans cette classe, l'élevage du cheval est entrepris avec passion et l'équitâtion est l'une de leurs principales occupations, en été. En hiver, le traîneau est la seule manière de voyager ou de transporter les marchandises. Pour les exigences du service militaire, tout officier russe doit savoir monter et bien monter; mais dans tout l'Empire, il faut des chevaux de harnais ayant de l'allure et de la résistance pour parcourir les longues distances séparant les maisons de campagne et les villes des villages. Sur un territoire aussi vaste et aussi stérile, les chemins de fer ne peuvent être faits que pour relier les villes importantes et les ports; et s'il en était autrement, il faudrait au moins un siècle avant que les traîneaux ou les chevaux cessent d'être les principaux moyens de communication.

Il y cent ans environ, la noblesse Russe commença à importer des chevaux de sang Anglais, pour croiser avec ses excellentes juments et depuis des importations judicieuses ont toujours continué. Depuis, les moyens de communication ont été rendus moins coûteux qu'à présent, c'est sensiblement de Russie que nous obtiendrons la fourniture de nos chevaux de selle utiles, produits des juments du pays, avec des étalons Anglais; car la Russie possède des races du pays, ayant de la taille, de la substance, des actions de selle sans compter ses dizaines de milliers de poneys Cosaques et de Galloways Orientaux.

Les portraits des chevaux russes de traîneaux, dénotent plus de sang que ceux des chevaux français ou du Nord de l'Europe.

Les chevaux russes importés en Angleterre et en France, sont toujours dits venir de la race Orloff, et sont de deux espèces tout à fait différentes. L'une est une espèce de chevaux de selle, hauts sur jambes, ayant beaucoup de la qualité du style Arabe. Un, exposé au concours des chevaux à Islington en 1869, dans une classe de hacks, eut le second prix derrière un hack, qui était presque de pur sang, propriété de son Altesse Royale, le prince de Galles. Il manquait un peu de l'action du genou d'un hack de parc, et était un peu en jambes, mais était élégant et plein de qualité.

Les autres sont des trotteurs Orloff, qui sont de gros chevaux ordinairement bruns, quelque fois gris, vites d'après les notions Européennes, mais avec une action de chasse dans l'arrière main, que nous n'admirons pas beaucoup dans notre pays, mais qui est bien appropriée aux voyages en traîneaux. Dans un article attribué à Sir Erskine Perry (1), celui-ci a tracé l'origine de ces trotteurs dont nous avons vu quelques uns des plus beaux spécimens à l'exposition agricole d'Hambourg en 1865.

Un Américain, habitant Brighton en 1874, avait une écurie de chevaux russes, qu'il avait amenés dans des wagons américains.

Alexis Orloff (le frère de Grégoire) l'amant de Catherine II, la grande Catherine, auquel un imposant monument vient d'être élevé à St-Pétersbourg, reçut en cadeau d'un pacha turc, un Barbe, Smolenska, dont le squelette est encore con-

(1) Edimburgh Review.

servé au musée Orloff. Le haras commença en 1700, avec les
éléments suivants, d'après les renseignements de l'élevage de
chevaux russes :

	Etalons	Juments
Arabes	12	10
Turcs	1	2
Anglais	20	32
Hollandais	1	8
Persans	3	2
Danois	1	3
Mecklembourgeois.	»	5

Smolenska, d'une jument Danoise, eut Volcan, qui fut le
père de Barss, hors d'une jument Hollandaise. Barss, dénota
d'extraordinaires moyens pour trotter et tous les trotteurs
russes modernes, tirent leur origine de lui et des filles de
Smolenska, hors de juments anglaises ou Arabes. Le comte
Orloff obtint aussi d'Angleterre deux fils d'Eclipse, deux fils
d'Highflyer, et les gagnants du St-Léger, en 1798 et du Derby
en 1794, Tarta et Dadalus, sans compter beaucoup d'autres.
La race des trotteurs, ainsi créée, devint un type distinct au
au bout d'à peu près trente ans et, ce qui est curieux, c'est
que depuis cette période, tous les essais pour améliorer la
race par un nouveau sang, soit Arabe, soit Anglais, soit
Français, soit Hollandais, ont manqué. Le comte Alexis, ne
voulait pas vendre aucun de ses meilleurs étalons et à sa
mort, en 1808, il déclara dans son testament, qu'aucun ne
serait vendu. En 1845, la défense fut levée, quand le Gouvernement acheta à sa fille et héritière, le haras de Krenothan ;
et maintenant, on a calculé qu'il n'y a pas moins de 1600
haras particuliers en Russie avec environ 6.000 étalons et
plus de 50.000 juments, produisant les trotteurs Orloff.

Les trotteurs Orloff, ne sont pas si estimés qu'autrefois,
parce que, dans un cheval de harnais, l'action est plus recher-
chée que l'allure, et même dans l'allure ils ne peuvent approcher des trotteurs Américains. Outre les trotteurs Orloff, les
bidets Orloff ou chevaux de selle, sont renommés. Ils descendent

aussi de Smolenska et d'un autre Barbe, appelé Sultan, croisés avec les juments Anglaises et Anglo-Arabes. Suivant les auteurs russes, ils réunissent les bonnes qualités de chacun de leurs parents et sans égaler leurs auteurs anglais en rapidité, ils les dépassent en beauté, en santé, en docilité dans les aptitudes pour tous les services militaires.

Comme les trotteurs, ils conservent un cachet distinct et tout essai d'introduction de nouveau sang anglais ou arabe, n'a pas réussi.

Le duc de Sutherland amena un étalon trotteur gris de Russie, quand il visita St-Pétersbourg, comme marquis de Stafford, avec une société distinguée, à l'occasion du couronnement de l'Empereur actuel. Il avait l'habitude de toujours l'atteler seul sur un stanhope phaéton. Ce cheval était certainement un tableau en action avec un grand déploiement de crinière et de queue, mais était commun et pas de l'espèce que nous voudrions voir perpétuer.

Le meilleur hack de parc russe que nous ayons vu, était gris, d'apparence de pur sang, présenté et primé à l'agricultural-Hall. Il était la propriété du colonel (maintenant sir John) Dugdale Astley, Bart, qui était autrefois célèbre dans l'armée anglaise comme le plus vite coureur. Le cheval n'était pas seulement splendide et plein de qualités, mais était dressé au passage, au changement de pied et autres exercices, que travaillent tous les écuyers de cirque et cela aux indications imperceptibles de son cavalier accompli.

Un grand marchand de chevaux dans sa déposition devant le comité des lords pour la remonte des chevaux, déclara que certains chevaux de selle russes importés dans Hull étaient les meilleurs qu'il avait vus (les meilleurs étrangers qu'il eût vus) mais ils n'étaient pas à bon marché.

Si les prix justsfiaient l'importation, on pourrait réussir pour élever des juments russes de jolie constitution et de bonne qualité, ». Les chevaux russes, dit le correspoudant du « Times » 1er février 1873, sont généralement une race étonnante. La cavalerie cosaque restera en bonne condition même si les chevaux n'ont à manger que les pousses des arbres, et et d'après ce que j'en ai vu je pourrais dire que les chevanx de traîneaux et de voitures de Saint-Pétersbourg sont la race la plus merveilleuse du monde. Ici on ne renvoie jamais, comme à Londres, les voitures quand elles vous ont conduit à dîner ou au théâtre, elles attendent des heures et des heures par quinze ou vingt degrés de froid après que les chevaux ont été échauffés par une course rapide. Les cochers d'après ce que j'ai pu en voir, ne promènent pas leurs chevaux au pas de long en large pendant l'attente, mais restent tranquilles à la porte, ou vont à leur rang et y attendent. Du reste les chevaux ne paraissent pas attraper de mal et on en voit rarement avec un rhume. Frank Forester remarque les mêmes qualités de résistance chez tous les trotteurs américains de bien plus de valeur.

Chevaux Italiens

Les chevaux italiens du dix-septième siècle ont déjà été examinés dans le chapitre VII.

Le gouvernement du royaume uni d'Italie cherche a améliorer les races natales d'Italie par l'importation d'étalons et de juments anglais.

Le climat est favorable, il y a beaucoup de pâturages dans certaines provinces et des milliers d'acres de marais et de jungles pourraient être appropriés, si un état assuré des affaires politiques permettait au gouvernement d'exécuter d'intelligents plans de drainage avec accompagnement de moulins à vent et de pompes à vapeur (1).

Les juments de Toscane et du territoire Romain se croisent bien avec les étalons de sang anglais ; les produits faisant de bons chevaux de troupes, avec une constitution plus endurcie que la race anglaise. Les chevaux ne sont pas bon marché,

(1) De grands projets de drainage et de conversion en pâturages auraient été exécutés depuis longtemps si les actionnaires anglais, pour ne pas dire plus, n'avaient pas acquis l'expérience dans l'affaire du canal Cavour.

le gouvernement paie pour un cheval de quatre ou cinq ans, trente deux livres.

Il y a des haras du gouvernement.mais ils sont insuffisants pour la remonte de l'armée.

Les goûts du roi Victor Emmanuel, en fait de chevaux sont strictement militaires et sa Majesté recherche un porteur de poids dans toute l'acception du terme. Quand le roi va à la chasse à tir il monte un grossier poney Sarde.

Le prince Humbert, prince royal, aime passionément les chevaux comme un fin cavalier, et a autour de lui des conseillers qui comprennent parfaitement comment on pourrait améliorer les races natales.

Nous avons eu l'honneur de choisir pour Son Altesse plusieurs chargers tous du même modèle, ayant à peu près 16 mains de haut, de bonne race, capables de porter du poids, en fait des hunters de premier choix du Leicestershire, mais avec plus d'action du genou, et plus d'élégance dans l'avant-main qu'il n'y en a besoin pour chasser en Angleterre. Le conseiller et l'acheteur du prince (le marquis Orizo, de Rome) est un vieux membre de la chasse romaine, un cavalier de première classe, et a gagné plusieurs steeple-chases, quelques-uns contre des Anglais.

La chasse romaine, patronnée par la Royauté, forme un nombre de gentlemen et de nobles italiens à ce sport, qui est le plus sain et le plus viril de tous les sports.

Chevaux romains

Quand j'allai à Rome pour la première fois, en 1838, les seuls chevaux remarquables étaient les grands chevaux noirs des voitures des cardinaux. Ils étaient très lents, mal élevés, avec des grandes actions rondes dans leur trot lugubre (1).

(1) Virgile avait une meilleure notion du bon cheval que les Italiens du

Les meilleurs étaient élevés par la famille du prince Chigi.
Les meilleurs grands chevaux de selle étaient de la race
Sancto Spirito.

Mon frère Charles (pendant quelques années maître d'équipage des Fox-hounds Romains) acheta un gris de cette espèce qui promettait, et j'ai chassé dessus pendant une saison. Mais aucun cavalier du monde ne pourrait faire passer un animal de cette espèce par-dessus la barre supérieure d'une " astaggionata " (barrière de bois de la campagne), quoique ce gris fût fait de façon à passer à travers beaucoup d'obstacles de ce genre, d'après ce principe de calculer l'impétuosité en multipliant le poids par la vitesse.

xvii· siècle si nous en jugeons par le passage suivant de la 3· Géorgique, dont voici la traduction :

Virgile. — Géorgique III, 75-94.

Continuo pecoris generosi pullus in arvis altius ingreditur et mollia crura reponit. Primus et ire viam et fluvios tentare minaces audet et ignoto sese committere ponti.

Ne vanos horret strepitus. Illi ardua cervix argutemque caput, brevis alvus, obesaque terga.

Luxuriat que toris animosum pecus Honesti spadices, glaucique ; color deterrimus albis, et gilvo. Tum si qua sonum procul arme dedere, stare loco nescit, micat auribus et tremit artus ; collectum que freniens volvit sub naribus ignem. Densa juba et dextro jactata recumbit in armo, at duplex agitur per lumbos spina ; cavat que tellurem et solido graviter sonat ungula cornu. Talis Amyclœi domitus Pollucis habenis. Cyllarus et quorum Graci meminere poetæ, Martis equi bijuges et magni currus Achillis.

Le poulain de bonne race a tout d'abord une allure majestueuse, marchant légèrement sur ses pâturons élastiques. Il est le premier qui ose ouvrir la marche, traverser un torrent menaçant, à s'engager sur un pont inconnu.

Aucun bruit ne l'effraie. Il porte son encolure élevée, sa tête est petite, son ventre court, son dos large.

Les muscles surgissent sur sa noble poitrine. Un bai brillant ou un bon gris sont les meilleures couleurs ; les plus mauvaises sont le blanc ou le brun. S'il entend de loin le bruit des armes, il ne peut tenir en place, il pointe les oreilles, ses membres tremblent et, s'ébrouant, il roule le feu rassemblé dans ses naseaux (littéral, mais pas élégant), et sa crinière est épaisse et danse sur son épaule droite, sur ses reins court un double épi. Son sabot retourne la terre et la creuse profondément avec sa corne solide. Tel était Cyllarus, dressé sous la rêne de Pollux Amycléen ; tels étaient les deux coursiers de Mars, fameux chez les poètes grecs. Tels étaient les coursiers qui traînaient le char d'Achille.

L'établissement d'une meute de fox-hounds, par le comte de Chesterfield entraîna les courses et les steeple-chases qui produisirent un changement immédiat dans la qualité des chevaux élevés dans la campagne romaine. Les premières courses de Rome, sous les auspices des Anglais, eurent lieu à peu près en 1842. En cette année, plusieurs princes romains s'associèrent pour acheter un étalon anglais de pur sang. Peu de temps après, un des grands " mercanti " de la campagne (herbager), signor Polierosi, appelé familerement par les Anglais, " Dusty Bob ", importa plusieurs étalons anglais, et se mit à élever des pur sang. Son exemple fut imité, et le croisement avec des chevaux anglais, de sang, devint une coutume établie. Un fermier me dit qu'il fut obligé de faire le croisement, parce que tous les autres le faisaient.

Signor Polierosi disait que l'élevage du cheval payait ses vêtements, mais il spécula d'abord sur les ouvrages en fer, et fut malheureux ; puis il fit de la politique, et fut exilé. Maintenant, il reçoit une pension du gouvernement du roi d'Italie, comme directeur d'un établissement d'élevage de chevaux dans une des provinces romaines, après en avoir tenu un dans les provinces napolitaines.

Anciennement, dans le mouvement de l'élevage, le prince Borghèse avait essayé plusieurs étalons arabes dans son haras.

« En 1838, je trouvai quelques assez jolis hacks à Rome, élevés en Calabre, avec une grande dose de sang arabe, mais ils n'avaient ni assez de taille, ni assez de force pour chasser. A cette époque, dans Florence, tous les véhicules étaient traînés par des poneys de bonne apparence, importés de Corse et de Sardaigne ».

Cela nous rappelle que le premier cheval du poète Alfieri, un amateur passionné de chevaux, était un Sarde. « Mon premier cheval, dit-il, que j'amenai avec moi dans le pays, était un splendide sarde blanc, de la forme la plus élégante, surtout dans la tête, l'encolure et la poitrine. J'étais amoureux fou de lui ; je ne pouvais dormir (Alfieri avait alors quinze ans), ni

manger, sans penser à lui, s'il était le moins du monde hors
de son assiette ordinaire ; ce qui arrivait souvent, car il était
très courageux et délicat. Mon affection pour lui, cependant,
ne m'empêchait pas de le corriger quand je le montais, s'il ne
faisait pas exactement çe que je lui demandais. " Nous crai-
gnons qu'il n'y ait beaucoup de boys anglais semblables au
jeune noble italien ". La délicatesse de cet admirable animal
me fournit un prétexte pour acheter un autre cheval de selle,
puis deux pour une voiture, puis un pour mon cabriolet, et
puis deux autres chevaux de selle encore ; si bien que, dans le
courant de l'année, je finis par avoir huit chevaux dans mon
écurie. Mon avare gardien protesta, et ce fut toute la satisfac
tion qu'il obtint (1). C'était en 1764.

Voici ce que j'obtins comme information sur la condition
présente des chevaux romains : — « Le vieux cocher romain
n'était pas cocher du tout ; il ne savait que fouetter, fouetter
encore et quand cela ne faisait rien, il ne savait rien faire de
plus. — Le vieux cheval romain pourrait l'affirmer ». Les San
Spirito avaient un croisement de sang d'un étalon importé par
les Pères, et ainsi ils devinrent en quelque sorte la meilleure
race. La race Chigi était la meilleure pour les steppeurs. —
Les deux wheelers de la voiture du Pape étaient d'habitude
des Chigis.

« Le vieux cheval romain n'était pas vite, mais bon pour
voyager, travaillant pendant des jours d'affilée. Maintenant
toutes les races ont été croisées plusieurs fois avec le sang
anglais et les meilleurs chevaux de voiture sont grands et
presque de pur sang. Les éleveurs donnent de gros prix pour
les étalons anglais.

« Tous les chevaux des cardinaux étaient de l'ancienne race
romaine, mais après les premières courses anglaises, à Rome
tous les éleveurs commencèrent à faire des croisements pour
obtenir des animaux plus vites.

« La campagne romaine est un grand emplacement pour

(1) Autobiographie du comte Victor Alfieri.

l'élevage des chevaux, mais les chevaux anglais n'y vivraient pas s'ils étaient obligés d'y courir là comme la race romaine. Il est donc nécessaire de ne pas faire les croisements trop vite, mais de les accoutumer au climat et au mode de traitement avant de l'appliquer.

« Les chevaux romains sont maintenant en grand progrès. Les chevaux croisés d'anglais se comportent souvent bien sur les durs obstacles de la campagne avec les chiens de renards; et, en 1871, je vis de vingt à trente voitures parfaitement bien tenues, attelées de chevaux splendides, qui suivaient un grand enterrement.

« Quand j'allai à Rome pour la première fois, il était difficile de trouver un cheval ayant une arrière-main correspondant à l'avant-main.

« Les statues du Moyen-Age représentent une race de chevaux lents, durant et steppant haut » (1).

Chevaux Norvégiens

Les chevaux, ou plutôt les poneys norvégiens ont été décrits par un voyageur très familier avec eux.

Il y a quelques années, avant que la Norvège ne fut devenue un but d'excursion pour les voyageurs anglais, les poneys norvégiens pouvaient être attelés, achetés dans le pays à bas prix et on en importa un grand nombre.

Quelques jolis spécimens de jaune sombre avec des taches, des crinières et des queues noires, étaient visibles sur des voitures très à la mode à Londres. Les meilleurs ont une jolie action du genou, mais ne sont pas vites, huit milles à l'heure étant leur allure moyenne. A cause de leur docilité, ils forment des paires très convenables pour phaéton de dames ; mais comme leur principal mérite réside dans leur endurance dans les longs trajets avec peu de dépense, et qu'ils sont bien plus demandés dans leur pays, c'est seulement par exception qu'un

(1) Extraits des lettres de Frédéric Winn Knight, Esq. M. P. d'Exmoor et son frère Charles, un ex-maître d'équipage de la meute romaine.

poney norvégien supérieur est rencontré, qui vaille la peine de faire les frais du prix et de la difficulté de l'importation.

Chevaux Américains et Australiens

Il n'y avait pas de chevaux sur le continent américain, jusqu'à ce qu'il ait été colonisé par les Européens. Les bêtes de somme du Pérou étaient des lamas, les chevaux montés par Cortès et ses compagnons étaient pris par les Mexicains pour des espèces de Centaures. En Australie, les plus gros quadrupèdes étaient les kanguroos.

Ce sont les chevaux échappés aux cavaliers Espagnols qui, se multipliant sur les plaines herbeuses et s'avançant vers le Sud, convertirent les tribus à taille élevée de la Patagonie, en une race de cavaliers; se répandant vers le Nord, les fiers indiens Apaches et Commanches, apprivoisèrent les poneys sauvages, les montèrent et formèrent une cavalerie de lanciers qui, plus d'une fois, défirent les hussards et les dragons de la vieille Espagne. Les mustangs sauvages voyagèrent jusqu'aux confins de la colonisation du nord.

Il n'y a pas de preuve pour montrer quand les indiens rouges de l'Amérique du nord commencèrent à monter à cheval, mais le capitaine Butler, dans son " Great Lone Land " établit que le nom indien désignant le cheval, veut dire aussi " grand chien ". Dans les états civilisés de l'Amérique du Sud, le cheval a gardé beaucoup de son caractère original, des fréquentes communications avec la vieille Espagne; et les cavaliers des villes gardent encore les brides, les selles et les ornements orientaux de l'Andalousie.

Les hommes des plaines ou pampas, avec leur nombre illimité de chevaux a monter, leurs grands troupeaux de bestiaux à garder, ont acquis une habileté spéciale, dans les exigences de leurs poursuites journalières, à lancer le lasso et les bolas. Mais tout cela a été si bien décrit, il y a un demi siècle, par sir Francis Heard et les autres voyageurs, qu'ici, en aucune façon, ce n'est pas la peine de recommencer des récits tant de fois répétés.

Le capitaine Chaworth Musters R. N., fils du squire Musters, si longtemps maître d'équipage en Nottinghamshire, immortalisé par son mariage avec la première bien aimée de lord Byron, a publié dernièrement un ouvrage racontant ses aventures pendant sa résidence chez les Patagons; mais bien qu'il semble avoir hérité de l'habileté équestre de son père et eût fait une impression sur les sauvages par son audace, il ne nous dit rien sur le caractère et la race des chevaux patagons. Tous les autres livres que l'écrivain a consultés sont également muets sur la question de ces mustangs ou cosaques américains, soit qu'ils soient sauvages ou domptés par les indiens ou par les colons blancs.

Frank Forester, dans son livre " Horse of united States and the British Provinces of North America ", revu, corrigé et continué jusqu'en 1871 par Messr. Bruce de New-York ne dit rien sur ce sujet intéressant, bien qu'entre 1857 et 1871 les Etats-Unis aient acquis en Californie des milliers de milles de plaines sur lesquels des troupeaux de chevaux errent à l'état sauvage, ou presque sauvage.

Frank Forester, un sportman d'origine anglaise, établi aux Etats-Unis, dit à propos du poney Indien seulement ceci : « Les différentes races de poneys rencontrées dans l'ouest me paraissent généralement être le résultat de croisements entre les mustangs du sud, descendus des chevaux espagnols échappés dans le sud-ouest, et le plus petit type des Canadiens, qui descendent probablement des chevaux importés par les colons Français au Canada. » Frank Forester dit que les chevaux normands, nous devrions dire bretons, diminuent de taille à cause de la misère et du froid du climat.

Le mustang ou cheval indien du sud, où les pâturages sont très nombreux et le climat bienfaisant, devrait être un bel animal. Les poètes depuis Byron ont écrit de belles lignes "sur le cheval sauvage du désert ". Canon Kingsley, dans sa nouvelle " Yeast ", écrite certainement avant qu'il n'ait visité l'Amérique, place un colonel Américain sur un " petit mustang " dans une bonne chasse avec une meute de fox-hounds; mais ce Canon, qui est un fin cavalier et qui, dans les jours où il était prêtre, était un homme bien difficile à battre à travers la campagne, ne commettrait pas maintenant un tel anachronisme.

Le vicomte Southwell exposa un mustang à l'Agricultural Hall en 1867, qu'il décrivait ainsi dans le catalogue : « Ishto Plac, cheval de guerre Indien, bai foncé, 13 mains de haut, Elevé par les Indiens Commanches du Texas du nord, Amérique du Nord. » Ce poney fut envoyé sans bride ni selle, ni per sonne pour le présenter, et fut par conséquent presenté à son grand désavantage. Il était très docile, juste du type que vous auriez pu acheter dans ce temps-là, à une foire des Galles du Sud, pour environ quinze livres. Il n'est pas à présumer que lord Southwell se fût donné la peine d'envoyer en Angleterre un spécimen inférieur.

En Australie, les chevaux s'échappent et s'élèvent à l'état sauvage, pendant des générations, dans les buissons, avec un climat très avantageux, tant qu'ils ne sont pas détruits par les sécheresses auxquelles les colonies sont sujettes.

Mais les observateurs les plus compétents, y compris M. Anthony Trollope, un autre vrai chasseur, s'accordent pour dire que les chevaux sauvages d'Australie (avec leur profusion de crinières et de queues et de robes luisantes), quand ils descendent en foule avec circonspection le soir, conduits par quelque vieil étalon prudent, pour boire à un trou d'eau, quoique faisant un sujet pittoresque pour un artiste qui le contemplerait, sont réellement des brutes au point de vue d'un cavalier; bas dans leur garrot, avec des croupes d'oie (cathammed, herring-gutted), en fait, tout ce qu'un bon cheval ne devrait pas avoir; le principe de la sélection naturelle manquant dans ce cas, comme cela paraît être chez tous les animaux domestiqués. Ainsi, tandis que le cerf augmente de taille, en force et en beauté de bois, suivant l'étendue de la région qu'il peut parcourir, le cheval demande le soin intelligent de l'homme pour lui apporter la perfection de sa force et de sa beauté ; et cette splendide créature, l'âne sauvage ou onagre, ne peut pas être apprivoisé du tout.

Chevaux Canadiens

Pendant le conflit entre la France et l'Allemagne, quand l'Europe semblait sous le coup d'une guerre Européenne, l'attention fut attirée sur le Canada comme une contrée d'où notre ministère de la guerre, en cas d'urgence, pourrait tirer une remonte de chevaux de troupe, aussi longtemps que nous aurions eu le commandement sur les mers.

Le cheval canadien d'à présent est le produit des races françaises déjà mentionnées et des croisements de sang anglais introduit par les colons anglais, par les militaires cantonnés dans le pays et par les Sociétés agricoles Canadiennes, aussi bien que des étalons approuvés, élevés dans les États-Unis. Ils sont entièrement employés au harnais, car, monter à cheval, excepté dans les grandes villes, n'est pas dans les usages du pays, et ce n'est pas possible du tout pendant les longs hivers.

Le colonel White qui commanda un régiment de cavalerie, il y a longtemps au Canada, régiment monté en chevaux du pays, écrivit plusieurs lettres en faveur de l'importation. Il disait qu'ils étaient hardis, actifs, dociles, d'une sûreté de pied remarquable, et de toute façon très propres aux usages de la cavalerie. Ses vues furent confirmées par d'autres autorités équestres parmi lesquelles le colonel Soame Jenyns C. B. qui disait au Comité des Lords pour la remonte que " les chevaux canadiens faisaient des chevaux de troupe hors ligne, très bien élevés, des hacks excellents, un peu droits dans leurs épaules ce qui est du reste une objection, mais étonnemment sains et de parfaits sauteurs — des animaux admirables — comme vous en auriez ici pour 60 ou 70 livres". Les chevaux canadiens sont principalement des chevaux de harnais; personne ne les monte; et il faut beaucoup de mors.

Beaucoup sont exportés aux États-Unis. En réponse à une question du prince de Galles, le colonel Jenyns répond " qu'en général ils n'ont pas autant de valeur que les nôtres, mais que bien choisis, ils vaudraient tout autant. J'en ai acheté 180 et je ne crois pas avoir eu de meilleurs chevaux de troupe." On était en 1870.

Frank Forester considérait que toutes les différentes races avaient été absorbées en une seule : la race américaine, possédant un grand apport de pur sang, et que de là viennent avec le croisement du pur sang, par relation et entraînement les incomparables trotteurs américains. Il parle avec particulière estime du cheval de trait Vermont, qui doit être quelque chose de bien différent de la triste gravure qui orne le chapitre de ce livre — la représentation d'un cheval dans la première période du tétanos. En 1837, dit-il, pendant la récolte canadienne, le 1er dragons de la Garde était magnifiquement remonté en chevaux de Vermont et toute l'artillerie de chevaux plus lourds du même district et, continue-t-il, " j'ai entendu un officier distingué affirmer que l'artillerie n'avait jamais été mieux remontée ".

Mais les résidents des villes des États-Unis ne s'adonnent pas à l'exercice du cheval.

Il y a peu d'hommes ayant des loisirs ; ceux qui sont dans les affaires jugent que cela apporte moins de trouble, détourne moins la pensée des affaires, d'atteler que de monter à cheval ; d'autant plus que probablement, et ce n'est pas une petite considération dans un pays où hommes et femmes dépensent d'aussi grandes sommes aux signes extérieurs et visibles de la richesse, les attelages forcent à déployer plus de dépenses que n'importe quel nombre de chevaux de selle. La même règle, que nous avons signalée dans un des chapitre ci-dessus de ce livre, domine là. Le premier acte de la femme d'un homme nouvellement enrichi, s'élançant dans ce monde — est de commander une voiture dans laquelle elle pourra déployer fourrures, plumes, velours et dentelles — vanité agréable et inoffensive.

Les prix donnés pour une paire de trotteurs américains dépassent de beaucoup tout ce qui est payé pour les plus jolis
steppeurs à Londres ou à Paris.

Mais récemment la mode des voitures européennes, faites
pour le confort et la parade, non pour la vitesse, a fait son
chemin parmi le " dessus du panier " à New-York, pour lesquels nos carrossiers travaillent beaucoup, et ces voitures
doivent être attelés d'animaux bien différents des trotteurs
américains, si difficiles à imiter dans leur forme particulière.

Un fermier de la campagne de Lincolnshire, excellent
chasseur avec les meutes et bon juge en chevaux, qui passa
quelque temps dans les Etats-Unis et qui voyagea de New-
York à San-Francisco, dit à " l'écrivain " que les trotteurs,
pour leur travail ordinaire sur les douces routes sablées de
leur pays, étaient si supérieurs que nous n'avons rien à leur
comparer, mais coûtent de 500 à 1000 livres pièce et un étalon
trotteur, de réputation, atteint de 3000 à 5000 livres. Les chevaux ordinaires que l'on a dans les écuries de louage, sont
remarquables dans leurs jambes et par leur état.

Quand un ami, à San-Francisco, me menait promener avec
un attelage de trotteurs de 4000 dollars, nous n'allions au pas
qu'un demi mille en dehors de la ville et un demi mille au
retour. Trotter à une allure de mail phaéton, huit ou dix
milles à l'heure en parfait style, n'est pas compris du tout;
tout est sacrifié à l'allure. Je n'ai jamais rencontré un Américain se promenant seul à cheval pour son plaisir.

Parmi les éleveurs de troupeaux de chevaux, en Californie,
j'ai rencontré quelques cavaliers fameux, mais la majorité
montait sur les vieilles selles espagnoles, sur lesquelles
sauter est hors de question, car, si votre cheval tombait, vous
seriez empalé sur les piquets.

Chevaux Australiens

Les colonies australiennes ont des chevaux propres à tous
les usages de service et d'apparat. Les premiers, colons les

importèrent exclusivement du Cap et de Valparaiso ; ceux-ci furent croisés avec des étalons pur sang importés de la mère-patrie.

Le pays était aussi favorable à la multiplication des chevaux que les plaines de l'Amérique du Sud et la race était meilleure que celle des Espagnols.

Un des principaux buts des colons — l'élevage des chevaux — demandait de bons hommes de chevaux et ceux-ci, étant Anglais, ne perdent pas de temps à établir des courses; de fait, il a été prouvé qu'en 1870, les enjeux courus pour les courses des colonies australiennes dépassaient, en valeur, ceux de tous les gouvernements du Continent réunis ensemble, sans compter les paris particuliers courus chaque fois que des propriétaires, c'est-à-dire des propriétaires de troupeaux, se trouvent réunis ensemble.

Comme les colons firent fortune, ils s'accordèrent entre autres luxes celui d'importer des chevaux et des juments de pur sang achetés en Angleterre aux plus forts prix d'aujourd'hui.

La conséquence est que les trois colonies de la Nouvelle-Galles du Sud, Victoria et l'Australie du Sud sont bien pourvues en chevaux de pur sang du plus pur pedigree; et Queensland, la grande île de Tasmanie et la Nouvelle-Zélande, la Bretagne du Sud, ont des réunions de courses conduites avec toutes les formes et les cérémonies anglaises. Les chevaux australiens, à tous crins, sont aussi résistants que tout ce qu'on connait dans l'histoire chevaline. Ces dernières années, quelques colons ont importé de très beaux arabes, mais on n'a pas assez de renseignements sur ce sujet pour établir quelque chose de certain sur le résultat. Plus qu'ailleurs, l'arabe transplanté du désert doit se trouver chez lui dans les chaudes plaines de l'Australie.

Il y a eu pendant longtemps un commerce d'exportation d'Australie pour les Indes, au point de vue militaire et au point de vue des courses. Ils y sont connus sous le nom de Walers (Gallois), une abréviation de Nouvelles Galles du Sud.

Le premier agent pour le gouvernement des Indes, fut le colonel Apperley, un fils du célèbre écrivain de sport " Nimrod ".

Le cheval australien a la réputation, aussi bien chez lui qu'aux Indes d'être vicieux, surtout par une sorte de plongeon appelé aux colonies buck jumping (saut de chevreuil).

L'explication en est simple. La race n'a pas le tempérament placide du cheval espagnol et ne supporte pas le traitement brutal sous lequel il fléchit et tremble.

Le temps et le travail dit le colonel Mundy, sont précieux dans ces colonies.

Chaque pauvre animal est brisé par la force en quelques jours. Il est manié, époumonné, monté et vendu " cheval fait " ; brisé dans sa volonté ou " buck jumper " pour la vie. Le " buck jumper " australien faisant le gros dos, bondissant en l'air, et retombant les quatre pieds réunis, avec le nez entre les genoux, non seulement déplacera neuf bons cavaliers sur dix, mais ordinairement renvoie la selle par dessus son garrot s'il ne parvient pas à casser ses sangles.

« Je fus assez heureux, dit le colonel, pour posséder plusieurs excellents chevaux de selle et de harnais, dont une paire de carossiers d'un tel modèle et de telles actions qu'on n'en voit pas comme cela à Rotten Row.

« Mon fidèle Merriman, qui me servit tout le temps de mon stage en Australie, je lui donnai un repos mérité en le tuant deux jours avant mon départ, remportant comme une relique sa splendide crinière tenant a un lambeau de peau.

Les crins ont 26 pouces de long ; et la " rêne " c'est-à-dire l'espace compris entre le côté du cou depuis l'endroit où la crinière commence sur le garrot jusqu'à la racine du toupet, mesure l'incroyable longueur de 4 pieds 7 pouces.

Sa taille était de 15 mains 3 pouces ; tranquille, mais vif comme un charger, doux et sûr comme un cheval de femme, honnête à la voiture, fier mais maniable comme un leader, le vieux Merriman était un entre mille.

La perdition des chevaux australiens doit-être attribuée à

la mauvaise coutume de laisser des troupeaux de chevaux et de juments courir partout sans faire attention à la sélection.

Les grands éleveurs australiens adoptent un plan copié, nous le présumons sur leurs prédécesseurs espagnols. Ils réunissent un étalon et environ quarante juments, les mettent dans un coral, c'est-à-dire les gardent en fourrière pendant un certain nombre de jours et les lâchent ensuite dans les plaines ouvertes.

Les juments restent avec le cheval qui ne permet aucune intrusion, au moins jusqu'à ce qu'il n'ait été battu en combat par quelque étalon rival.

Des voyageurs aux instincts paternels ont pu rencontrer en France et en Allemagne de jolis petits garçons intelligents, musiciens extraordinaires ou danseurs incomparables, mais nous croyons qu'une précocité telle que celle que nous allons décrire est spéciale à la race anglo-saxone.

A l'hôtel de la Marine le poste de garçon était tenu par un garçon d'environ douze ans, le fils de notre hôtelier. Il apportait nos plats, prenait part à la conversation, tirait le vin, aidait à le boire, connaissait tout le monde et toute chose sur la place. Il se constitua lui-même mon guide dans nos chevauchées pour voir les lions du voisinage, m'assurant que sa pouliche de trois ans, par Young Theorem et une jument commune était presque rendue, qu'il l'avait dressée lui-même et qu'elle était un hack agréable.

Un intéressant tableau, c'est la rentrée d'un lot de jeunes chevaux de leurs pâturages.

Deux ou trois gardiens à cheval étaient partis au point du jour pour chasser le nombre demandé. A peu près à dix heures, le claquement d'un fouet, formé par une lourde mèche de 12 ou 14 pieds de long avec un manche de 2 pieds, maniable seulement pour une main exercée, accompagné de grands cris et d'une avalanche comme les piétinements des pampas de l'Amérique du Sud, annonce l'arrivée de la cavalerie. Ils arrivèrent, franchissant les clôtures du jardin à plein train, entourés d'un nuage de poussière, et en quelques minutes environ, 150 chevaux, reniflant, suant, se battant, furent poussés dans une cour entourée de barres de sept ou huit pieds.

Les sauts les plus hauts que j'aie vu accomplir, furent exécutés à cette occasion par quelques-uns de ces jeunes poulains ; plus d'une chute sérieuse, peut-être funeste, en fut le résultat.

La Tasmanie, autrefois connue sous le nom de Terre de Van Diémen, est le " Sleepy Hollow " des colonies australiennes. Avec un magnifique climat, chaud quoique tempéré, sans les inconvénients des vents violents et des tempêtes de neige qui affectent la Nouvelle-Zélande, elle végète par manque de place pour des pâturages et par manque de bienêtre que donnent les mines, quoique ces dernières puissent être découvertes et rendues accessibles chaque jour par le chemin de fer en voie de construction.

En 1874, la plus grande gloire de la Tasmanie était d'avoir élevé le premier saumon australien, mais aucun pays n'élève de meilleurs chevaux ni de meilleurs hommes pour les conduire.

« Sur le chemin des courses, écrit le colonel Mundy, nous fûmes dépassés par un ou deux dog-cart conduits par de jeunes fermiers, par des hacks trottant vite ,montés par des rustiques " Beaux " en bottes avec des chapeaux de paille et des fouets de chasse.

« Les courses furent absolument mauvaises, mais il y avait de très jolis chevaux et quelques-uns de bonne tournure, comme il y en a peu nullé part et comme c'est inconnu dans les Nouvelles-Galles du Sud.

« Parmi les chevaux qui couraient, il y avait une jument qui méritait qu'on fît du chemin pour la voir, " la Fille du Fermier ", une bête splendide pour la taille, la forme, la couleur et l'élevage ; 16 mains de haut, complètement noire sans une tache et d'une symétrie admirable.

« Elle aurait fait sensation à Rotten-Row, montée par un des élégants du moment, quoique loin d'être de première classe comme cheval de course.

« A une vente de yearlings tenue à Melbourne, capitale de Victoria (la colonie la plus florissante d'Australie), en 1874, les prix furent à peu près les prix moyens des ventes de pur sang anglais, excepté ceux d'une ou deux écuries très célèbres ; 400, 500 et 600 guinées furent atteints par plusieurs numéros ! Quelques-uns de ces yearlings descendaient de Fisherman, qui fut acheté d'abord pour renforcer une écurie de l'Australie du Sud et qui fut ensuite transplanté dans la colonie plus riche de Victoria. Victoria possède un journal agricole et de sport plus complet que tout ce qui se fait en France ou même en Amérique ; il est en vérité, en fait d'informations variées et étendues sur tous les sujets de la campagne, dépassé seulement par le Field anglais.

CHAPITRE XII

Chevaux de gros traits.

Le véritable cheval de charrette. — Son allure propre. — Le pas. — Nécessité du poids. — Valeur de la taille. — Le Dray horse est un type exagéré. — L'opposé du cheval de sang. — Le cheval de charrette race distincte. — Pas pour galoper. — Ni pour être monté. — Pour tirer de lourds fardeaux à une allure lente. — Aucun cheval de charrette ne produira un cheval de sang. — Aucun cheval de sang un cheval de charrette. — Cadeau à Runjeet Singh. — Les dray-horses. — Ils étonnent les Sikhs. — Origine des chevaux de charrette dans les Pays-Bas. — Perfection atteinte en Angleterre. — Taille et courage. — Le cheval de trait léger et le cheval de guerre de Rubens. — Division des chevaux de charrette modernes. — Les quatre races. — Le dray-horse à Londres. — Le shire horse. — Le Clydesdale. — Le Suffolk Punch. — Ordinairement bai marron. — De cinq couleurs. — Comment on les a obtenues. — Par le plan de Jacob. — Remarquable docilité. — Estimé par les étrangers. — Le vieux Suffolk Punch du dernier siècle. — Avis de M. John Cullum. — Essais de traction. — Les paris. — Les juments Suffolk employées autrefois pour élever les hunters. — Les demi-sang trop lents maintenant. — Souvenirs sur lord Jersey par lord Strathnairn. — Le shire horse un mélange de races de trait. — Points d'un cheval de charrue modèle. — Un grand estomac est un point capital. — Les charrues doubles de Furrow en faveur. — Elles réclament de forts attelages. — Le Lincolnshire noir autrefois renommé. — Main-

tenant remplacé. — Origine écossaise du Clydesdale. Les bonnes qualités des races anciennes. — Handsome à quatre. — Gravure de l'étalon Lindsay par le colonel Loyd, — La voiture du président traînée
par les van horses de Pickford. — Les champions des chevaux de
charrue ont 16 mains de haut. — Ils ont du poids, — sont vites, —
pétris de courage. — Juments de trait. — Ce qu'elles devraient être.—
Opinion d'un loueur retraité. — Les dos creux sont meilleurs pour
tirer. — Age des chevaux de trait. — Ils commencent à deux ans, —
meurent à vingt.

Le vrai cheval de charrette — l'animal pesant dont l'allure
propre est le pas, dont le puissance consiste au suprême degré
dans le poids, dont les essais au trot ou au galop, sont, sinon
ridicules, du moins dangereux pour sa bonne condition, dont le
tempérament doit être essentiellement placide, qui dépasse de
beaucoup en taille et en poids, la classe si utile des bidets,
pour être de quelque valeur dans les conditions d'existence,
pour lesquelles la nature et l'art l'ont appelé — se trouve dans
sa forme la plus exagérée, dans le cheval de haquet de
Londres.

Le pur sang et le cheval de haquet peuvent se croiser, et
leurs produits être fertiles, mais avec l'exception de ce fait
dans l'histoire naturelle, que leurs qualités diffèrent autant
que celles du cheval et celles de cet ami du pauvre, l'âne, si
endurant. Le cheval de charrette doit avoir du courage, mais
pas la même sorte de courage que l'on demande au pur sang ;
il lui faut du cœur pour remuer et tirer une lourde charge,
pour tirer encore et encore s'il est nécessaire pour remuer la
masse inerte ; mais le cœur du pur sang serait tout à fait déplacé chez lui.

La beauté du cheval de charrette dépend, non de la finesse
ni de la délicate symétrie , mais d'une sorte de pesanteur d'é-
léphant qui dénote la force dans chaque muscle et dans chaque
membre.

Le vrai cheval de charrette, pour tous les usages particuliers, est une race distincte que le sol, le climat, la nourriture, peut faire augmenter ou diminuer de taille; mais que aucun changement, aucune sélection, quoique soigneusement faite, ne peut, depuis les temps historiques, convertir en autre chose qu'en cheval de charrette destiné à traîner de lourds fardeaux à une allure lente.

Dans le même sens, le pur sang sans croisement peut être aussi petit qu'un poney barbe de Sardaigne, ou aussi grand que le dernier monstre poussif du turf anglais; mais aucun changement ne réduira ses os, ses muscles, son sang, à la condition de la race des chevaux de charrette.

Dans l'Est, le lieu originaire du cheval de sang, la race de charrette est inconnue. La race la plus rapprochée, le turcoman, est gros, commun, et a l'apparence du cheval de charrette, mais il peut galopper, ce qui, à moins que ce ne soit pour une centaine de mètres, est au-dessus de la capacité du vrai cheval de charrette, sans risque de surmenage et d'efforts dangereux.

Quand le gouvernement des Indes de l'est, voulut faire un cadeau à Runjeet Singh, le vieux " Lion de Lahore ", on lui envoya une paire de chevaux de haquet, de Londres, de dix-neuf mains de haut, tout à fait inutiles dans cette contrée où les gros travaux sont plutôt faits par des éléphants, mais l'objet de l'admiration et de l'étonnement complets, dans un pays où le cheval qui a plus de quinze mains de haut est grand, et où la race de trait est inconnue.

De très bons spécimens de chevaux de trait se rencontrent dans les Flandres et dans l'Allemagne du Nord; nous en avons tiré les pères de nos races de charrette; en France, on peut acheter ça et là de très jolis attelages surtout à Paris et dans les provinces avoisinant la Belgique. En voyageant dans le Sud vous trouvez le bœuf et la vache faisant le travail du cheval de charrette jusquà ce que vous passiez la ligne, où pour le travail sur les routes, la mule est préférée au bœuf et au cheval.

Mais c'est en Angleterre que le cheval de charrette, comme toute espèce d'animal ayant de la valeur en agriculture, a obtenu la plus grande perfection en moyenne, parce que les principes de l'élevage ont été plus soigneusement suivis par nos fermiers que dans aucune autre contrée, et aussi parce que c'est le pays où, comparé avec les autres pays de l'Europe, les routes sont bonnes, les fermiers riches, et ceux-ci donnent la ligne dans toute espèce d'amélioration d'élevage.

Les premiers gros chevaux de trait, dont nous avons quelques renseignements authentiques, furent élevés dans ces fertiles districts de l'Europe du Nord où l'agriculture était dans un état avancé tandis que notre condition rurale était encore dans la barbarie.

Quand Guillaume III prit possession du trône laissé vacant par Jacques II, les Hollandais qui le suivirent et qui commencèrent à drainer les marais de notre Côte Est, amenèrent avec eux les lourds chevaux noirs de leur pays ; et depuis ce temps-là à peu près le cheval de charrette s'acclimata en Angleterre.

Un animal un peu léger, avec une bonne dose de la race de cheval de charrette, comme nous l'avons montré dans le chapitre VII avait été employé depuis le 17e siècle aussi longtemps qu'on avait porté la lourde armure ; car un demi-sang Mecklembourgeois puissant, pouvait seul porter un chevalier bardé de fer et d'acier. Mais ces énormes animaux ne devaient pas se mouvoir à une autre allure que le pas, excepté pour quelques centaines de mètres, dans un champ clos de tournoi, ou dans une bataille rangée. Les chevaliers ne montaient pas ces animaux de poids et pittoresques pour les voyages, pour leur plaisir ou pour la chasse.

Les écuyers conduisaient le cheval de bataille portant l'armure, tandis que le chevalier, sans son armure, montait un bon bidet, ou un genêt fringant.

Mais les idées du public en général sur le sujet des chevaux de guerre, ont été bien embrouillées par les peintures des éminents artistes qui, s'ils faisaient quelque attention aux détails du costume, en général dessinaient les chevaux d'après un type de convention qui descendait certainement du cheval de charrette. La crinière et la queue étaient les points les plus importants au point de vue artistique; les peintres modernes ont monté les princes de l'Est depuis Saladin jusqu'au dernier Shah de Perse, sur des destriers Flamands; et Boadicée harangue les "Iceni" du haut d'un char romain traîné non par des poneys fougueux des montagnes, mais par des coursiers assez forts pour traîner la voiture de gala de la reine Victoria.

Dans la moderne Angleterre les chevaux de trait ont atteint leur perfection actuelle parqu'ils sont strictement élevés pour tirer de lourds fardeaux et non pour porter des hommes pesants.

Suivant les écrivains agricoles, au commencement du siècle présent il y avait des races distinctes de chevaux de trait dans au moins une demi douzaine des comtés Anglais; à présent presque toute distinction a été effacée et c'est seulement par exception que l'acheteur d'un attelage pour la charrue ou la charrette s'enquiert de la race et du pedigree.

Pour tous les usages pratiques le vrai cheval de trait de d'Angleterre peut être divisé en cheval de haquet de Londres, Sihre Horse. Clydesdale, et Suffolk Punch.

Le Cheval de Haquet

Le cheval de haquet est exclusivement employé par les grands brasseurs (on pourrait dire les brasseurs de Londres) et peut être décrit comme une exagération du cheval de charrette ordinaire — ce qu'un cavalier de la garde est, au pesant cavalier de la ligne, — lent, ayant du poids, imposant, ayant au moins 17 mains de haut, souvent 18, atteignant quelquefois 19 mains, mais, dans ce cas, rarement proportionné en force et en volume; d'un tempérament docile et de toute couleur.

32

Le poids est essentiel parce que les chevaux de brasseurs ont à remuer de gros poids pour de courtes distances et le cheval de limon a souvent à monter, à reculer et à tourner avec de lourds fardeaux ; et quoique les barriques de bière n'aient pas l'air très grosses, quand elles sont pleines, leur poids est beaucoup plus considérable que leur dimension ne le ferait supposer.

Certainement, quelque chose est due à la mode et à la tradition dans l'emploi de ces géants par les rois de la bière, à Londres. Les grands fermiers, qui labourent profondément les terrains les plus lourds, qui ne se contentent pas de ce que M. Mechi appelait " la traditionnelle croûte de pâté agricole de trois pouces ", considèrent que 16 mains sont assez pour le meilleur attelage de chevaux de charrue ou de charrette, quoi qu'ils ne fassent pas d'objection, à un pouce de plus, dans un animal actif et bien conformé.

Autrefois, les douze grands commerçants brasseurs, sous le nom de " Rois de la bière de Londres ", avaient l'usage de se faire remarquer par les couleurs et les attelages de leurs chevaux de haquet aussi bien que les pairs pour leurs attelages à quatre ou pour les voitures de Cour de leurs épouses titrées ; l'un était célèbre par un attelage noir, la couleur originelle du cheval de haquet ; un autre, par un rouan, un gris ou un alezan. Mais à présent, il y a tant de demandes de chevaux de cette classe, qu'ils sont forcés de se contenter de n'importe quelle couleur et de baisser pavillon.

Suivant notre système d'aller à la source des informations spéciales, nous avons posé une série de questions à M. James Moore, Jun, le vétérinaire principal de MM. Barclay Perkins et C°, pour leur écurie de chevaux de haquet de brasseurs, questions auxquelles il nous a répondu, avec la sanction des commerçants, par les réponses énergiques suivantes :

« Les gros chevaux de trait, propres au service des haquets, sont de race anglaise et viennent généralement de Wilthshire, Berkshire, Oxfordshire, Herefordshire, Lincolnshire et Yorkshire; ils sont élevés par les fermiers qui, souvent, sont marchands de chevaux.

« Ils sont achetés à cinq ou six ans jusqu'à dix ans.

« Un des chevaux ici avait 18 mains de haut et pesait à peu près 18 c. wt. C'était un joli et beau cheval rouan vineux (couleur de fraise), nommé "Baly". Quand Garibaldi visita la brasserie, en 1864, il remarqua particulièrement ce cheval qui, depuis, fut connu sous le nom de Garibaldi. Il avait à peu près 17 ans quand il mourut en 1870.

« Il y a, en ce moment à la brasserie, plusieurs chevaux ayant 17 mains 1/2, la plupart de couleur rouanne.

On n'emploie pas de juments à la brasserie.

« Les chevaux employés aux travaux de notre campagne font de 25 à 30 milles par jour. Il est difficile de dire quel trajet font les chevaux qui sont employés aux travaux de la ville.

« Le poids traîné dans un haquet à deux roues, varie de 3 tonnes 16 c wt à 4 tonnes, on emploie deux chevaux, quelquefois trois.

« Le poids traîné dans un chariot à quatre roues est de 6 tonnes à 6 tonnes 10 c wt, trois chevaux sont employés quelquefois quatre.

« Leur nourriture consiste en : avoine 13 livres, fèves 6 livres, maïs 3 livres, c'est-à-dire 22 livres par jour par cheval ; paille de trèfle 15 livres, en tout 37 livres.

« D'avril en septembre, on distribue environ mille bottes de lentilles vertes aux chevaux malades et au repos.

« De mai en août, on donne trois cents bottes de lentilles vertes à tous les chevaux, chaque semaine, pendant environ 14 ou 15 semaines, une botte est donnée à chaque cheval tous les samedi soir et le dimanche matin. On leur donne des carottes à l'occasion.

« Le prix de la nourriture, en comprenant les articles ci-dessus monte à peu près à trois shillings par jour.

« Les chevaux de brasseurs, comme vous avez l'air de l'insinuer, ne sont pas gardés en vue de l'ornement, mais pour le travail

« La ferrure coûte à peu près 1 shilling 8 pences par semaine en comptant environ cinquante-neuf fers par cheval, par année. Du reste, des chevaux usent plus leurs fers que d'autres chevaux.

« Les maladies auxquelles sont sujets les chevaux de brasseurs sont le catarrhe, l'influenza, la bronchite, la congestion des poumons (plutôt en été, à cause des grands efforts), la néphrite, l'épathite, cellulitis, les coliques (plus de cas de colliques quand commence la nourriture en vert), les bleimes, les foulures des pieds, les solbatures, et les blessures acquises en ramassant des clous, des pierres et des corps étrangers dans les rues. Nous avons eu, de 1867 à 1874, plusieurs cas de rupture de foie, les foies pesant dans ce cas 73 livres, 89 livres, 82 livres, 61 livres et 101 livres.

« Les chevaux boivent la bière s'ils peuvent l'atteindre. Nous leur en donnons, en général, quand ils relèvent de maladie et cela avec bon résultat.

« L'idée générale que les chevaux de brasseurs sont nourris de grains mouillés est fausse.

« Les chevaux de haquet ne sont plus aussi lourds qui l'ont été, ils sont plus courts et plus vigoureux.

« S'il est connu pour être " un gros cheval petit ", un cheval plus petit est plus actif et va plus vite, c'est pour cela que l'on demande actuellement, davantage, la race Clydesdale.

« A mon avis, l'opinion populaire que les rouans, rouge et bleu, sont plus énergiques que les chevaux des autres couleurs, est exacte.

« Nous n'employons ni porte rênes, ni œillères aux brides.

« Dans quelques années, les haquets à deux roues seront chose du passé.

« Ils sont d'un grand poids sur le dos des chevaux.

« J'ai plusieurs fois vu des chevaux tomber et se blesser et un tonneau de bière, généralement un poinçon pesant 8 c., w. t. leur rouler sur les reins.

Le Shire-Horse

Le shire horse est un terme accepté pour un véritable che-val de charrette qui n'est pas un cheval de haquet, ni un Suf-folk Punch, ni un Clydesdale, mais qui a souvent le sang des trois.

Il n'a pas de couleur particulière, et peu de race particulière, excepté quand, de mérite suffisant pour concourir à un prix, à une exposition royale d'agriculture ou à une grande expo-sition de comté, son pedigree remonte à un des chevaux cé-lèbres primés, comme Honest Tom, qui passe pour avoir été le meilleur shire-horse de trait qui ait jamais été exposé — ou à quelque ancêtre d'Honest Tom. Il a au moins, comme il a été déjà observé, 16 mains de haut, son tour de sangle est d'au moins 7 pieds 6 pouces. — Le cheval qui remporta le prix à une exposition à Northampton, il y a quelques années, me-surait huit pieds. Mais cela était une exception. Le shire-horse a des membres énormes, ses pieds sont bien couverts par les poils, que les juges raffinés veulent fins comme de la soie, mais les bons fermiers de l'intérieur ne font pas autant atten-tion que cela à la qualité des poils. Une grosse tête pleine n'est pas une objection, tant qu'elle a de l'expression et n'est pas morose.

L'avant main bien proportionné, doit être lourd. " Il doit y avoir du poids dans le collier ", de la forme dans le dos et dans les reins ; des cuisses bien développées, musculaires, sont exigées comme un point indispensable dans un animal dont le but est le gros trait ; mais par-dessus tout, il doit être pro-fond dans les côtés ; de fait, un poulain de charrette qui n'a pas un " bon ventre " ne fera jamais rien de bon.

« La première chose que je regarde, dans un poulain de char rette, dit un éminent fermier de Warwickshire, est son coffre. S'il n'est pas spacieux, le cheval n'aura pas la constitution capable de résister à une journée de travail ».

Les autres points du cheval de trait de shire, sont ceux de

tout cheval de harnais bien fait ; mais il faut toujours considérer que sa besogne ne sera faite qu'au pas. " Avec les charrues à double soc, dont l'usage se répand vite, les chevaux
ayant du train, une bonne taille, sans que cela soit au dépens
de l'activité et de la capacité, sont essentiels ".

Le Shire-horse est de fait le résultat final des améliorations
des chevaux d'agriculture, effectuées dans la dernière moitié
de ce siècle, On le trouve dans les comtés où la catégorie des
plus forts chevaux de charrue est nécessaire ; une race, si
c'est une race, qui a renversé le cheval noir, de Lincolnshire
avec Bakewell de Ditckley, le premier homme qui établit les
principes de l'élevage des animaux et qui était considéré
comme l'ayant amené à la perfection.

Il avait croisé le Lincolnshire avec des étalons Danois et ils
tinrent une grande place dans les ouvrages des écrivains
agricoles jusqu'en 1825. En 1840 M. Burke qui était un des
éditeurs des premiers volumes des transactions de la société
royale d'agriculture d'Angleterre écrivait dans une note sur
les chevaux de charrette : « Un Lincolnshire, noir, de race
pure, est presque toujours à la tête de chacune des races de
charrette dans le royaume » ; mais cette opinion n'a pas été
maintenue par les décisions des juges dans les concours de la
société, la balance étant en faveur des étalons de trait bien
conformés de n'importe quelle race qu'ils soient.

Le fameux cheval noir n'existe plus avec assez de points
distincts pour former une classe comme le Suffolk, mais repa-
raît de temps en temps dans son comté natal de Lincolnshire.
Et la couleur n'est jamais une objection chez un cheval de
charrette bien conformé qui n'est pas un Suffolk.

Le Clydesdale.

Le Clydesdale est d'origine Ecossaise ; suivant la tradition,
le résultat d'un croisement fait par un duc d'Hamilton entre
les juments de trait du pays et des étalons Danois,
C'était une race qui autrefois était rarement trouvée en

Angleterre, excepté dans les fermes de luxe, cultivées sans regarder à la dépense par les grands propriétaires, et dont on gardait les étalons pour les tenanciers. Le Clydesdale est certainement le plus complet des chevaux de race de trait, et manque seulement, avec sa jolie tête et son avant-main gracieux, d'un peu de fini pour représenter un cheval de bataille dans un tableau de quelque imitateur de Van Dick ou de Rubens.

Les Clydesdales sont remarquables par leur action rapide, au pas aussi bien qu'au trot. A un concours local, tenu il y a quelques années sur les dunes de Clifton, près de Bristol, un étalon Clydesdale exposé par le duc de Beaufort, et " pesant presque une tonne " battit au trot pendant quelques centaines de mètres tous les hacks de l'exposition. Le Clydesdale a plus de qualité dans la tête, les crins, la peau et le style que n'importe quel autre cheval de trait. Le bai et le bai brun sont des couleurs dominantes ; les défauts sont : un corps léger, des jambes trop longues, et un caractère trop chaud au travail.

La taille est ordinairement de seize mains à seize mains un pouce, les plus beaux spécimens sont plus hauts ; depuis les dernières années, la légèreté du corps a été corrigée par des croisements judicieux. A un concours de charrues à Versailles, qui eut lieu durant la première exposition internationale de Paris, une paire de Clydesdales, d'après un rapport officiel français, battit facilement plusieurs attelages de trois chevaux des meilleures races Françaises, Percherons, Boulonnais, etc.

Feu le prince Consort avait quelques très beaux Clydesdales de son propre élevage à sa ferme modèle dans le parc de Windsor. Sur la recommandation et l'aimable présentation du vicomte Bridport, un portrait colorié a été fait d'après l'étalon Prince-Albert, probablement un des meilleurs Clydesdales du royaume, la propriété du colonel Loyd Lindsay, V. E. M-P. de Lockinge Park, Berkshire, qui écrivait : " Prince-Albert " a 17 mains de hauteur, 7 pieds 6 pouces de tour, 18 pouces de tour à l'avant-bras, et 10 pouces 1/2 en dessous du genou. Ces dimensions sont tout à fait au-dessus de la moyenne.

Les plus belles exhibitions de Clydesdales se trouvent être dans les concours agricoles tenus à Glasgow et à Edimbourg.

A un concours d'étalons tenu à Glascow en 1874, dans lequel outre le Glascow, plus de vingt autres sociétés contribuèrent, offrant 1,500 livres de prix, vingt-cinq étalons Clydesdales de grande classe passèrent devant les juges. Après que les prix furent distribués, les agents des différents districts d'Ecosse et du nord de l'Angleterre firent des arrangements pour s'assurer des services des chevaux qui leur plaisaient en leur payant une prime pour voyager dans les différents districts. Ces primes, par le moyen des prix de monte, varièrent de 100 à 160 livres pour la saison, dans le derniers cas pour une liste garantie de 160 juments.

Un cheval fut vendu à sir Richard Wallace pour 430 livres pour le service des tenanciers irlandais, une paire de chevaux de trois ans fut vendue 400 livres pour aller en Northumberland. Les couleurs mentionnées à ce grand concours étaient le bai, le bai brun et un noir.

En 1873, les représentants de deux associations pour l'élevage du cheval, formées par les fermiers de Cornouailles achetèrent des étalons Clydesdales en Ecosse à 300 livres pièce. Mais les Cornouaillais ont toujours été renommés pour leur indépendance de caractère et pour pousser eux-mêmes à la roue plutôt que d'implorer Jupiter de descendre dans la rue. La race actuelle des Clydesdales est également compacte et active.

MM. Pickfort et Cie pendant ces dernières années, n'ont pas employé d'autres animaux pour leurs wagons et avaient engagé un marchand qui les achetait à toutes les foires de chevaux d'Ecosse.

Le Suffolk ou Suffolk Punch

Le Suffolk est une autre race très estimée dans son propre district, que l'on trouve rarement en dehors excepté dans les fermes de fantaisie, mais il y a une demande ferme d'étalons Suffolk d'une bonne couleur alzane pour l'exportation sur le continent.

Suivant la croyance populaire le Suffolk est toujours alezan de cinq ou six nuances différentes.

M. Longwood qui lut un papier sur cette race de chevaux devant le Storomarket-Club en 1872, mentionne cinq nuances différentes à savoir : l'alezan foncé, le rouge foncé, l'alezan doré, l'alezan argenté et l'alezan clair. Mais suivant la même autorité il y a dans le comté beancoup d'atelages de Suffolk bais.

Ceux qui élèvent pour la vente tiennent à la pureté de la couleur et la maintiennent par le procédé bien connu de ne garder que des chevaux alezans à la ferme d'élevage et de prendre soin que la jument quand elle prend l'étalon, ait un cheval ou un poney alezan devant. — Expédient qui remonte au temps où Jacob gardait Laban comme berger salarié.

Les Suffolks qu'on élève maintenant, sont forts et atteignent de 15 mains 3 pouces à 16 mains de haut. Autrefois, c'était une race de chevaux petits, épais, trapus, d'où leur nom de "Punch'es": La race est d'un tempérament remarquablement docile et tranquille, très franche au collier et excellente pour les attelages de charrue; mais apte (suivant les autorités en agriculture qui n'habitent pas le Suffolk) à tomber boiteuse dans les travaux sur les routes ou dans les coupes de bois. Un M. Cross qui prit part à la discussion au Storomarket Club, dit que quelques fermiers croyaient que les chevaux croisés des étalons Suffok avec les juments de Cambridgeshire supportaient mieux le travail sur les routes que les Suffolk purs qui étaient sujets à avoir les os trop faibles en dessous du genou.

Mais aucun cheval de trait n'atteignit jamais de plus grand prix de vente que certains spécimens de Suffolk. A une vente faite avant que la disette de chevaux n'ait élevé leur prix dans tout le royaume, six juments furent vendues aux enchères par le comte de Stradbroke pour 1200 guinées.

Voici la description du Suffolk Punch ainsi qu'il était élevé avant que le développement des sociétés d'agriculture n'ait établi une compétition et une comparaison entre les étalons dans chaque comté de culture du royaume.

Ils ont, en général, 15 mains de haut, faits d'une manière remarquablement courte et compacte; des jambes minces, osseuses, des épaules minces chargées de viande.

Leur couleur est souvent alezan lavé, ce qui est aussi remarqué dans quelques parties éloignées du royaume que leur forme. Ils ne sont pas faits pour la rapide impatience de cette génération où tout va à la poste; mais, pour le trait, ils n'ont peut-être pas de rivaux, pas plus que pour leur caractère doux et maniable: et pour montrer les preuves de leur grande puissance, des paris de traction sont faits quelquefois et lès propriétaires sont aussi anxieux des succès de leurs chevaux respectifs que peuvent l'être ceux dont les coursiers aspirent aux prix de courses à Newmarket (1).

Le Suffolk Mercury, 22 juin 1724, annonce ainsi le premier match qui eut lieu.

« Le jeudi, 9 juillet 1724, il y aura concours de trait à Ixworth Bickarel pour une pièce d'argenterie de la valeur de 45 s. et ceux qui veulent engager cinq chevaux ou juments peuvent le faire; et ceux qui auront fait vingt fois les meilleurs et les plus beaux efforts, les rênes libres et ensuite ceux qui pourront enlever le plus fort poids sur le bloc avec le moins d'efforts et de reprises, auront la coupe; les juges seront choisis par les propriétaires d'attelages.

« Réunion à midi, prière de donner les noms (à moins d'être

---

(1) Histoire et antiquités de Flamstead et Hardwick, dans le comté de Suffolk, par le Rév. sir John Cullum F. R. S. F. S. A.

exclu) et de souscrire une demi couronne, par tête, pour être donné en prix à l'attelage primé second. »

Sir Thomas Gery Cullum, dans une note dans le seconde édition de l'ouvrage de son père, sir John, ajoute : « l'épreuve est faite avec un wagon chargé de sable, les roues enfoncées un peu dans le sol avec des blocs de bois placés devant elles pour augmenter les difficultés. Les premiers efforts sont faits avec les rênes attachées comme d'habitude aux colliers, mais les animaux ne peuvent pas, quand ils sont ainsi rassemblés, donner toute leur force, les rênes sont donc plus tard laissées libres sur le cou, et alors ils peuvent donner le summun de leurs forces, ce qu'ils font, en général, en tombant sur leurs genoux et en tirant dans cette position. Afin qu'ils ne puissent pas se briser les genoux par cette opération, on répand du sable fin sur l'emplacement sur lequel ils tirent. »

Dans le Suffolk agricultural Report 1794, page 41, on fait allusion à ces essais de force : « Parmi les grands fermiers, dans les contrées sablonneuses du sud de Woodbridge et d'Oxford, il y avait, il y a quarante ans, un grand esprit d'élevage et l'on engageait des attelages les uns contre les autres pour de fortes sommes. M. Mays de Danisholt Dock passait pour avoir acquis 15 chevaux pour 1500 guinées. « Un acre de notre forte terre à blé, labouré par une paire de ces chevaux en un jour, observe sir John Cullum, et cela communément, est une tâche qui fait ressortir leur valeur, et c'est à peine jugé possible dans beaucoup d'autres comtés. » Bien qu'originaires d'un pays peu accidenté, cependant, ajoute-t-il dans son panégyrique, quand on les transporte dans les pays montagneux, ils semblent être nés pour ce travail. Je les ai vus avec étonnement et gratitude, pleins de feu, sans fouet, méprisant les obstacles qui se présentaient devant eux, traîner ma voiture sur les routes rocailleuses et accidentées de Denbigh et Carnarvonshire.

Suckling, dans son ouvrage sur " l'histoire et les antiquités de Suffolk ", parle des Punches comme d'une race docile qui n'a pas de rivaux quand il faut donner ce qu'on appelle communément un coup de collier désespéré. En les décrivant il dit : « Ils sont de taille moyenne, et quoique bas du devant, ont des allures lestes, et dans les terres légères du comté tire ront une charrue à raison de trois milles à l'heure. »

Dans l'ancien temps ont employait les juments Suffolk pour en faire des poulinières, croisées avec des étalons de pur sang elles devaient produire des hunters et des chevaux de voiture.

Mais la qualité et le train demandés à présent n'admettent plus l'adjonction du sang de trait, quoique le Suffolk, qu trotte avec les charrettes vides en revenant des prairies, apporterait à l'occasion d'heureux hasards.

Le général Lord Strathnairn mentionna au Comité des Lords, dont il était membre, que le comte de Jersey (le cinquième), un cavalier célèbre et un grand chasseur, trouva un de ses meilleurs hunters dans le produit d'une jument Suffolk Punch et d'un étalon Arabe.

A présent un pur sang, net dans sa respiration, peut seul paraître dans le premier peloton, dans le Leicestershire. L'occasion la plus mémorable des jours modernes dans laquelle les races de trait prirent rang avec les chevaux d, voiture se présenta quand Sa Majesté, dans une procession solennelle, alla à Saint-Paul rendre des actions de grâce pour la guérison du prince de Galles atteint de la fièvre typhoïde en 1872. Pour quelque raison inconnue la voiture du président de la Chambre n'était pas, suivant l'usage, traînée par six chevaux, c'est-à-dire quatre à grandes guides et une paire conduite par un postillon, mais bien par une paire des plus beaux chevaux noirs de wagon de MM. Pickford conduits par leurs conducteurs ordinaires, vêtus de livrées somptueuses pour ce jour-là seulement. Ils marchaient avec le carrosse pesant, aussi lourd que celui du lord maire, à un train d'au moins cinq milles à l'heure.

Dans les régions sabloneuses des attelages de charrues de formes légères peuvent être employés avantageusement; ils sont de la même classe que ces magnifiques animaux que l'on

voit passer au trot attelés seuls, en paires ou en licornes, traînant les tapissières des marchands en gros et les wagons des
messageries de chemins de fer dans la cité de Londres. Ces
chevaux autrefois, provenaient des étalons Cleveland et des
juments de charrette ; comment on les élèves mainte
nant, personne ne s'en enquiert. Dans les terrains sablonneux
de Bedforshire et de Norfolk une paire de chevaux de voiture
de rebut ou même de hunters ferait un attelage de charrue ;
mais partout où la terre est lourde il doit y avoir la taille et
le poids.

En dépit de la rapide extension de la culture à vapeur, il y a
encore une masse de travaux, dans toute ferme bien cultivée,
qui ne peuvent être faits que par des chevaux et des charrues.
Pour ces usages, écrit l'un des fermiers d'à présent les plus
pratiques et les plus avancés, donnez-moi des paires de chevaux de charrue ayant au moins 16 mains de haut, aussi
bien conformés que n'importe quel cheval de voiture mesurant de 7 pieds à 7 pieds 6 pouces de tour de sangle, marchant le pas aussi bien qu'un bon hack de parc, avec des
membres vigoureux, et beaucoup de poils aux pieds, un
avant-main pesant pour bien donner dans le collier, une tête
ayant de l'expression mais pas trop petite, un tempéramment
courageux mais docile. Bien nourris et bien logés ils feront
deux fois plus d'ouvrage que ces bonnes brutes mal croisées.

Feu Mr Dickenson, qui fut le plus grand loueur de chevaux
dans Londres, en se retirant des affaires en Mayfair, fit de la
culture en New Forest, et envoya quelques notices sur les chevaux de charrette dans le Journal de la Société Royale d'Agriculture.

Il écrivait, en 1856, que les chevaux de charrette devaient
avoir de 15 mains 1/2 à 16 mains de haut, être longs, bas,
larges, compacts avec un dos court arqué en bas, et les reins
en forme de table, les jambes courtes et nettes, les os larges.
Il estimait que le dos ensellé, qui ordinairement dénote la faiblesse dans un cheval de selle, est un point de force dans tout
cheval de trait, qu'il soit d'origine distinguée ou commune.

Il trouvait que ses chevaux de louage de voiture avec des dos ensellés, duraient plus longtemps que ceux qui avaient le dos fait en bons hacks. L'étalon qu'il employait avec succès était un français ; mais comme il avait obtenu " Napoléon " avec beaucoup de difficulté, et à un grand prix, et " qu'une hirondelle ne fait pas un été ", ce n'est pas nécessaire d'entreprendre une description qui rappellerait celle d'un Clydesdale de prix.

C'était une théorie de Mr Dickenson, que l'âge d'un cheval est réglé par ses capacités d'allures. Par exemple : Le cheval de charrette va au pas, est vieux à seize ans et meurt à vingt ; le cheval de voiture de demi-sang trotte, est vieux à vingt ans et meurt à vingt cinq ; le cheval de pur sang galope, est vieux à vingt ans et souvent vit jusqu'à trente ans, servant d'étalon à vingt-neuf ans. Nous n'admettons pas cette théorie, nous la donnons comme l'opinion d'un homme adroit qui a réussi, dont la vie se passa au milieu des chevaux d'attelage, et dont le lot de chevaux, quand il se retira des affaires, fut vendu quelque chose comme 200,000 livres.

FIN

TABLE DES MATIÈRES

FIN DE LA TABLE.

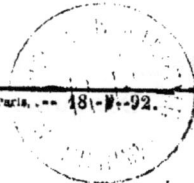

1797. — Imp. Patrault & Cie, 3, passage Nollet, Paris. — 18-92.

www.ingramcontent.com/pod-product-compliance
Lightning Source LLC
Chambersburg PA
CBHW060917220326
41599CB00020B/2993

9 782019 546748